U0683364

国家科学技术学术著作出版基金资助出版
新世纪工程地质学丛书

土石混合体结构及力学特性

李　晓　赫建明　廖秋林　王　宇　著

科学出版社
北　京

内 容 简 介

本书主要研究土石混合体的非均质性、非连续性和多界面效应等,从宏观和微观两个层面总结分析其力学行为。首先分析土石混合体分布、地质成因及结构特点,建立其结构模型,研究其在典型受力状态下的力学行为,验证并阐述其大尺度代表性试样的宏观力学行为特点。然后,研究土石混合体的压缩、变形和破坏的渐进性过程以及强度特征等力学特性,研究并总结考虑其复杂结构特点的破坏准则,基于固-流-热模型实现其在多场耦合作用下的准确求解,对其变形破坏过程中的细观过程进行研究,围绕其结构变化导致的非线性力学行为进行深入研究。最后基于上述研究成果,结合工程实际对土石混合体边坡变形稳定性以及坝基的渗透稳定性进行计算分析。

本书适合工程地质及岩土工程领域的相关科研人员、大学教师参考阅读,也可供相关专业研究生、高年级本科生参考阅读。

图书在版编目(CIP)数据

土石混合体结构及力学特性/李晓等著. —北京:科学出版社,2017.6
(新世纪工程地质学丛书)
ISBN 978-7-03-052926-8

Ⅰ.①土… Ⅱ.①李… Ⅲ.①土石-地质构造-工程地质-工程力学
Ⅳ.①TB12

中国版本图书馆 CIP 数据核字(2017)第 116347 号

责任编辑:牛宇锋 / 责任校对:郭瑞芝
责任印制:张 倩 / 封面设计:蓝正设计

科学出版社 出版
北京东黄城根北街 16 号
邮政编码:100717
http://www.sciencep.com

北京通州皇家印刷厂 印刷
科学出版社发行 各地新华书店经销
*
2017 年 6 月第 一 版 开本:720×1000 1/16
2017 年 6 月第一次印刷 印张:22 3/4
字数:440 000

定价:150.00 元
(如有印装质量问题,我社负责调换)

《新世纪工程地质学丛书》
规划委员会

主　任： 黄润秋

副主任： 彭建兵　殷跃平　伍法权

委　员： 唐辉明　施　斌　王　清　张　炜　化建新

　　　　　武　威　丰明海　杨书涛　李　晓　杨　建

　　　　　许　强

前　言

　　土石混合体是在地球的内外动力耦合作用下,经历了一定地质时期而形成的具有复杂内部结构的地质介质,风化、冻融等作用造成其物质的复杂、多样,而崩滑流、冰川等物理地质作用则搬运、堆积形成土石混合体。土石混合体是一种分布极其广泛而又需要在工程中妥善处理的工程地质材料,例如在长江三峡库区沿岸分布有大量的土石混合堆积体斜坡,另外青藏高原土石混合体的分布也相当广泛。但是,土石混合体成因、成分、结构的复杂性给土石混合体工程地质性质和力学性质的研究带来了极大的困难,既不能用常规的岩体力学的方法来研究,也不能用常规的土力学的方法来研究,而应该发展其自身的研究方法和技术手段。

　　土石混合体材料内部土石混合交互形成的复杂结构具有典型的非均质、非连续以及多界面效应,然而现有的材料科学理论并不完备,尚不能对这种复杂材料的物理力学特性做出全面合理的解释。本书主要在以下几个方面进行理论突破。

　　通过对不同区域、地质环境土石混合体的现场调查、统计,全面总结土石混合体的地质成因、分布特点与结构特征等,指出土石混合体是由不同地质作用形成、与人类工程活动密切相关的非连续、非均质、非均匀地质介质。

　　基于数码图像的成像原理分析,提出全新的土石混合体实测结构模型的建立方法,并实现该结构模型在不同商业程序中力学模型的应用,进行土石混合体的单轴压缩与三轴压缩力学试验,并结合基于土石混合体数码照片实测结构模型的数值分析,首次精确地研究土石混合体的变形、破坏与强度特征、破坏准则等力学特性。

　　基于线性热弹性理论以及前人研究成果,推导并阐述适用于土石混合体多场耦合问题表述的固-流-热三场全耦合的数学模型,并应用 COMSOL Multiphysics 实现该复杂耦合方程的准确求解;运用上述耦合模型,研究土石混合体的渗流特性与固流耦合特性。

　　书中还对土石混合体重塑样的制备、压密特性、力学特性影响因素等问题进行探讨,初步给出对于土石混合体重塑样制备的一个标准流程,揭示土石混合体的压密特性与机制,即土石混合体压密主要是土体的压密,但块石直接影响其压密效果,并提出建立土石混合体的质量评价体系具体而又可行的思路。

　　本书凝聚了作者所在科研小组许多研究工作者的辛勤劳动,正是因为他们的汗水和辛勤劳动才会有本书的顺利完成,作者在此也对他们表示衷心的感谢!

在撰写本书过程中,参阅了国内外相关专业的大量文献,在此向所有论著作者表示由衷的感谢!

由于作者水平有限,难免有错误及不妥之处,敬请读者批评指正。

作　者

2016 年 9 月 20 日于北京

目 录

第1章 绪 论

1.1 土石混合体概念的提出

在广泛的岩土工程与地质工程中,如边坡(滑坡)治理、基坑工程及路基、桥基等工程中,第四纪松散堆积体是广泛存在的一种土体与块石的混合物,其物质组成以砾石、块石与砂土、黏土等为主,如图1-1所示。对于这种由于自然变迁所形成的地质体,工程中往往按照特殊土体来对待,如中华人民共和国国家标准《岩土工程勘察规范》(GB 50021—2001)、《工程地质手册》以及其他规范中将其称为碎石土[1-5]。具体来讲,即通过对土石混合体中的土体进行试验,再乘以一定的强度系数(有些为折减系数,有些为增强系数),从而得到其力学参数。但是,这些松散堆积体,多为残坡积物、崩坡积物和冲洪积物等,物质成分以土夹碎石或碎块石、碎石或碎块石夹土等土石混合物为主,物质结构杂乱无章、分选性差、粒间结合力差、透水性强;强度系数的随意选取使得其所得参数也具有偶然性、随意性,是不可靠的。

(a) 冲洪积堆积形成   (b) 崩塌堆积形成

图1-1 三峡地区出露土石混合体

实际上,这种地质材料是经历一定地质作用所形成的,既不同于一般的均质土体,又不同于一般的碎裂岩体,是一种介于均质土体和碎裂岩体之间的特殊工程地质材料。这种地质材料由于含有不同大小、不同数量和不同分布形式的砾石或块石而具有与一般土体迥然不同的性质:

（1）这类材料中,组成其物质基础的颗粒的物理力学性质差异很大,即岩石和土的差异,而土体中只是不同土颗粒之间的差异。

（2）这类材料结构既有土颗粒之间的细观结构,又有岩石与土颗粒之间的宏观结构。

（3）土力学的常规试验方法和本构模型均很难适用于这类特殊介质。

为了获得这类特殊地质材料的物理力学特性,工程单位与科研单位开展了许多土石骨料压密与强度试验,或就某一特定区域的此类材料通过静载荷试验、位移反分析等方法进行强度估测等,这些均为相关工程以及此类材料的研究提供了一些基础。但这些研究并没有摆脱传统土力学的约束,总是不自觉地将这类物质归属到某一类土体,更没有很好地反映这类复杂地质材料所固有的特点,其研究结果也大相径庭。

根据上述分析,有必要将这类特殊的地质材料完全区分于土体、岩体,开展全新的研究,包括其地质成因、常规物理特性、力学特性、渗透特性及其描述物理指标的确定、研究方法等。为了突出其物质组成和结构特性,2000 年李晓等将其命名为“土石混合体”,英文名称为 rock and soil aggregate(RSA)[6,7],从而提出了一个新的岩土介质类别,拓宽了人们对地质材料的研究领域。

1.2　土石混合体研究的工程价值与理论意义

土石混合体概念的提出使工程地质体从物质结构组成上由以前的土体和岩体两大类进一步细化为土体、岩体和土石混合体。这在学科发展上进一步丰富了岩土工程与地质工程的内涵,那么这一概念的提出及其研究意义何在? 本节将从土石混合体分布特点及其工程实践价值与研究的理论意义等方面进行阐述。

1.2.1　土石混合体分布及其研究的工程价值

土石混合体研究的工程价值集中体现于在广泛的岩土工程与地质工程领域中经常碰到,即土石混合体是一种分布极其广泛而又需要在工程中妥善处理的工程地质材料。长江三峡地区,水库蓄水后长达 5000 余千米的岸线中,共有欠稳定和不稳定库岸 140 段,约 343km,占岸线总长的 6.8%;其中前缘高程低于 175m 的崩塌体 1190 处,总面积约 135.9km²,相当于水库面积的 12.5%左右,体积约 34 亿 m³,相当于总库容的 8.7%。而正是这些土石混合体构成的岸坡、斜坡为库区人们提供了重要的生产、生活场所[8-10]。

青藏高原土石混合体的分布也相当广泛。据调查,川藏公路沿线八一至然乌段 400km 发育的 7 个大型滑坡中就有 6 个为土石混合体滑坡,仅易贡滑坡形成土石混合体的体积就达 3 亿 m³[11-13];此外,公路沿线还分布有大量土石混合体构成的泥石流、崩塌[13,14]。这些地质体稳定性极差,灾害频发,其治理与减灾也成为确保公路安全运营的关键问题。

攀西地区滑坡与滑坡体岩性的调查统计结果表明,攀西地区的 816 个滑坡中,碎石土滑坡 500 个,占 61.3%。我国东南沿海福建、香港等地区花岗岩风化斜坡发育的风化壳,在介质的力学属性上也属土石混合体范畴;而这些地质载体也是当地人们赖以生存的场所。

纵深上,土石混合体的发育深度从十几米到数百米。据调查,三峡地区土石混合体发育厚度大致为 40~60m[8,9],而川藏公路沿线的土石混合体厚度则达 200~400m[11,13]。然而,人类在土石混合体载体上的工程活动大多在此深度之内。

土石混合体的概念提出以后,不可避免地要将之延伸到其他领域,以探求土石混合体在我国国民经济建设中的重大意义,主要体现在以下几个方面的广泛应用。

(1) 土石坝工程。砾质土经碾压后一般可获得较高的密度、较低的压缩性,已被广泛地用作土石坝工程中的防渗材料。据统计,在 100m 以上高土石坝中有 70% 的坝采用该种土料作为心墙填料。在建和已建成的 200m 以上高土石坝中,所占比例更高。由于这种土料颗粒级配范围宽广,且多具有不均匀、不稳定、不连续的特点,其工程力学性质与渗透特性的研究一直是土石坝工程的一项重要研究内容。这种砾质土即是土石混合体的一种。

(2) 露天矿的废土石边坡。露天矿开采的一个重要问题是开采剥离废土石的排放。由于采场地理、经济、地质环境等因素的制约,在一些情况下,必须采用山坡堆积的高阶段排土场。这种排土场存在边界条件复杂、环境恶劣、排放量大、位能高等不利因素。由于这些因素的影响,不少露天矿的高阶段排土场产生泥石流和边坡失稳,污染环境、损害国家财产和人民的生命,例如 1966 年 10 月 22 日发生在南威尔士 Aberfan 煤矿废料堆中的灾难性滑坡。这种边坡的坡体组成主要就是土与石的混合体。

(3) 交通工程中的路基。在一些高速公路、铁路、机场跑道等交通工程的路基中,很多采用土和碎石的混合料作为道床的填筑料。这时对其压缩和蠕变性质的研究就显得十分重要。

(4) 建筑工程中的地基。在我国的很多地方,建筑物的地基都涉及碎石土问题,碎石土的强度和变形直接影响着建筑物的施工设计和建筑质量。

总之,土石混合体这种特殊工程地质材料在全国乃至世界各地均有广泛分布,在纵深上其厚度基本超出了人类一般工程活动的范围;而随着社会的发展,人类的工程活动,如水利、水电、交通、建筑等基础建设,不仅需要继续发展,而且活动强度可能加剧。因此,土石混合体是人类工程活动中,尤其在岩土工程领域更是经常碰到而又必须妥善处理的地质载体。这不仅是该地质材料近几年受到广泛重视的原因,也正是土石混合体研究的巨大工程价值所在。

1.2.2　土石混合体研究的理论意义

正是由于土石混合体在我国多个地方和多个领域的广泛分布和应用,才使得对于它的研究变得越来越重要。但是,土石混合体成因、成分、结构的复杂性给土石混合体工程地质性质和力学性质的研究带来了极大的困难,既不能用常规的岩体力学的方法来研究,也不能用常规的土力学的方法来研究,而应该发展其自身的研究方法和技术手段。

工程实践中,工程师们经常会碰到土石混合体,却由于对这种地质材料研究手段、方法等的匮乏往往只能参照土体进行施工或设计而导致许多工程中不必要的浪费或潜在问题的存在。究其原因,土石混合体作为有别于土体和岩体的另一种地质体,其物理力学特性(如强度特性、变形与破坏特点、本构关系等)既不同于土体或岩体,也不是土体与岩体物理力学属性的简单叠加;现有的岩土力学理论尚不能对这类介于均质土体和碎裂岩体之间的特殊工程地质材料进行准确的描述和概化。另一方面,受试样中岩块尺寸效应影响,现有土体或岩体的室内试验方法也无法表达土石混合体的真实力学特性;而大型原位试验虽能反映其真实力学特性,但也多受试验数量少、很难有代表性以及操作难度大、经费等问题限制而难以推广。此外,从数值模拟分析的角度,原有土体或岩体的有限元、有限差分和离散元等方法在土石混合体模型建立、变形破坏分析等方面也需要改进。

另外,土石混合体的渗透特性也是一个复杂的问题。这类材料是否仍然满足达西定律,其渗流场分布特征、渗透系数的控制因素是什么? 这对于涉及土石混合体较多的水利水电工程是尤其急于需要回答的问题。

因此,土石混合体研究是一个既有巨大实际应用前景,又有理论探讨价值的课题。同时,土石混合体概念的提出也拓宽了人们对土或岩石等地质材料的研究领域,开阔了研究此类材料的思路。当然也给人们提出了大量的新的问题,但是相信随着计算机水平的飞速发展以及各种试验技术的提高,会有越来越多的人投入到这方面的研究当中。具体来讲,十分有必要对土石混合体的物质结构组成、强度特性以及土石混合体变形破坏机理等力学特性与渗透特性进行有针对性的理论研究,提出一套适用于土石混合体的本构关系、试验、数值分析的方法,直接为相关工程服务。

1.3　国内外研究现状

正如前文所述,土石混合体是一种不同于土体和岩体的特殊地质材料。然而,在 2000 年以前的研究与工程实践中,土石混合体都是被直接划分为土体的一种,在对其进行计算时也是将其处理为均质连续材料,力学参数的选取则是通过将土的力学参数乘上一定的系数获得。尽管如此,对于这种地质材料中土体与岩石混合所导致其与土体不一致的特性,工程界和科学界早就有所关注。Chandler 早在 1973 年就提出,当试样中含有异常大砾石时,其强度值就会大幅度提高,而这个强度值并不能反映试样材料的真实强度[15]。之后,针对砾石导致土体强度增加这一特性,土石混合体被广泛应用于地基、路基等工程中;作为一种天然建筑材料,在其土石比、级配、夯实固结方法及检测等方面的研究取得了许多有价值的成果[16-18]。此外,围绕这种特殊地质材料的这一特殊物理性质,一系列的研究与工作也被开展,包括物质组成颗粒特征统计分析、块石含量对其力学参数及渗透性影响的试验研究、本构关系的探讨等方面;尤其是各类有关土石混合体的分类,为相关工程实践起到重要的指导作用。

2000 年后随着土石混合体这一概念的提出并逐渐被工程界认同,尤其是针对性试验研究的开展使土石混合体材料的研究有了长足的进展,研究的范围包括土石混合体的几何结构特性及几何模型的建立、力学试验研究(室内与大型原位试验)、力学模型建立及其变形破坏的数值模拟研究等。为了明确本课题的研究目的,本节将从分类、力学试验研究、几何特性与模型建立及其数值模拟分析等几方面探讨土石混合体的研究现状。

1.3.1 土石混合体分类

首先,国内外常见的对于岩石或土材料分类法从不同层面考虑了土石混合体这类特殊介质。罗姆塔泽 1972 年提出的分类法[18]将与工程建筑有关的岩石与土分为:坚硬岩石、半坚硬岩石、疏松的碎屑岩、松软的黏土类岩石、具特殊成分特殊性质的岩石五大组。为矿山、铁路隧道及地下工程所多年沿用的普氏分类法[18]则根据坚固性系数 f 将岩石和土进行了统一分类,主要分为:高度坚固岩石、非常坚固岩石、坚固岩石、相当坚固岩石、中等坚固岩石、相当软的岩石、硬土、软土、松散土、流砂性土。20 世纪 90 年代,我国的建筑地基基础设计规范(《建筑地基基础设计规范》(GBJ 7—89)、《土的分类标准》(GBJ 145—90))分类法将地基所涉及的土分成:岩石、碎石土、砂土、粉土、黏性土和人工填土。

Dearman[19] 在 Hencher 和 Mcnicholl、Ruxton 和 Berry、Anon 等[20-23] 的基础上按粒度组成对风化岩进行了工程分类(图 1-2),将其分成了三个大组六个等级:岩石(rock)、岩石与土(soil and rock)、土(soil)、新鲜岩石(fresh rock)、轻微风化岩石(slightly weathered)、中等风化岩石(moderately weathered)、高度风化岩石(highly weathered)、完全风化岩石(completely weathered)、土(soil)。

从以上的分类方法可以看出,理论界与工程界都或多或少地考虑了土石混合体这类介质的特殊性。尽管这些分类总是存在这样或那样的问题,如分类体系不完整、分类不统一、分类依据不全面等,给工程应用以及理论研究带来了一定的困

岩体的分化

| 分级 | | 分类边界准则 |

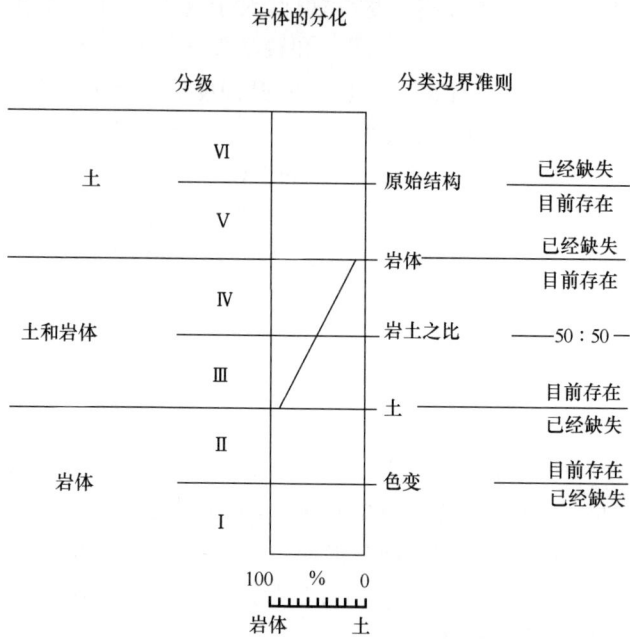

图 1-2　基于岩体风化的土石混合体分类表[19]

难,但是他们还是为土石混合体概念的提出及其针对性研究提供了一些重要基础。

　　但是,对于土石混合体这种物质,国内外还没有统一的叫法,在一些地质报告和学术期刊中主要出现了以下一些名词[8,24-30]:碎块石土、碎石土、块石土、混合土碎石、碎石混合土、混合土碎块石、碎块石混合土、角砾碎石土、角砾土、碎石角砾土、砾质土等。在《工程地质手册》以及其他规范中一般称之为碎石土[2-5,31-34]。蒋彭年将这种土石混合体称为石土混合料,并把含石率(粒径大于 60mm)大于含土量的石土混合料称为土质石,把含土量大于含石率的石土混合料称为石质土[35]。其他一些作者也多采用这种叫法[36-38]。这些标准的划分虽然也能达到一定的目的,但是却把土石混合体这种特殊的介质统统划分为土体的一种,因此,也使得对于它的研究陷入了土力学的误区当中。土石混合体由于含有不同大小、不同数量、不同分布形式的砾石或块石而具有与一般土体截然不同的性质,但它又不属于岩体,而是处于土体和岩体之间的一种特殊的介质。所以理应从一种新的角度对其进行工程分类。

　　此外,将粒度组成作为分类指标已有十分悠久的历史[39-42]。构成土的颗粒的大小及其搭配的比例关系,决定着土的结构特征。组成土的颗粒大小不同,其比表面积也不同,工程地质性质必然相差悬殊。《土的分类标准》(GBJ 145—90)即是根据土的粒径级配中各个粒组的含量和颗粒形状对碎石土进行分类的

(表 1-1)[39-42]。

表 1-1 建筑地基基础设计规范碎石土定名[39-42]

名称	颗粒形状	粒组含量
漂石	圆形及亚圆形为主	粒径 $d>200mm$ 的颗粒含量超过全重 50% 的土
块石	棱角形为主	
卵石	圆形及亚圆形为主	粒径 $d>20mm$ 的颗粒含量超过全重 50% 的土
碎石	棱角形为主	
圆砾	圆形及亚圆形为主	粒径 $d>2mm$ 的颗粒含量超过全重 50% 的土
角砾	棱角形为主	

1.3.2 力学试验研究

力学特性的差异是土石混合体有别于土体与岩体的主要方面之一。因此,开展土石混合体的力学试验研究非常必要,也是探索、建立土石混合体理论的重要途径。

一方面,许多室内试验围绕块石在土石混合体中的作用进行了一系列研究。黄广龙等[15]对散体岩土体的力学试验研究表明,散体岩土体的应力-应变关系为非线性硬化型,体积应变为剪缩,并表现出随围压的增加而减小,材料的应力-应变关系比较符合 Duncan-Chang 模型的双曲线假设。武明[16]对四组土石混合填料的试件分别在大型和中型三轴剪切仪上进行了抗剪强度试验,并对影响抗剪强度的几个指标如粗颗粒含量、干密度、含水率等各自与抗剪强度的关系进行了分析,指出尽管土石混合料的化学成分、风化程度、级配组成不同,但共同的特征是可以将这类土视为由粗、细两种料组成,其工程性质取决于粗、细料的含量。韩世莲等[36]采用小横梁对刚性承载板施加规定荷载于土和碎石混合料试样,获得了碎石土的无侧限抗压强度;通过压缩蠕变试验得到了碎石土的蠕变规律并且回归得到了材料黏弹性模型的各项参数。饶锡保等[43]则主要研究了粗粒含量对砾质土压实性、渗透性、压缩性、应力应变关系的影响,认为砾质土经重型击实或碾压后,具有较好的压实性、较高的抗剪强度和较低的压缩性和渗透性,但随 P5 含量(大于 5mm 的颗粒含量)的不同所表现出的工程性质是复杂的。不同料场的土料最大干密度随 P5 的不同呈不同的抛物线型式,最优含水率的变化规律也不相同;在相同压实度条件下渗透性除与 P5 含量有关外,还与小于 0.1mm 颗粒含量及黏粒含量有关。

关于力学性质特别是强度参数确定方面,苏联远东建筑科学研究院做过较为系统的工作[44]。他们通过野外调研与分析,发现混合土的力学性质参数与其组成成分的下列性质有关:土的颗粒级配、碎石的强度、碎石的磨圆程度、粉粒黏粒充填物的黏性程度、粉粒黏粒充填物的稠度、土的密度。

　　值得一提的是,为突破传统土力学试验的局限,许多科研单位还专门研制了用于土石混合体的力学试验设备。图 1-3 为重庆交通科研设计院研制的大型土石混合体多功能力学试验仪,大、小剪盒尺寸分别为 100cm×100cm×80cm 与 50cm×50cm×40cm,最大垂直荷载 1000kN,最大水平荷载 1000kN。图 1-4 是河海大学针对强度明显高于土体的碎石土专门自行研究的大型碎石土三轴压缩仪。该设备可以考虑较大的碎石粒径,其试样为直径 30cm,最大围压为 2MPa。此外,中国科学院力学研究所还建成了土石混合体柔性边界加载三轴压缩实验机,利用自行研制的超声波测量系统实现了试样柔性边界轴向变形分布的测量,可以更好地从等应力加载的角度研究非均匀非连续的土石混合体、破碎岩体等材料的力学特性,如图 1-5 所示。其主要运行参数为:轴向压力范围 0~10MPa、围压压力范围 0~5MPa、轴向位移变化范围 0~200mm、超声波测量轴向变形的分辨率 0.05mm、光栅测量应变的分辨率 10 微应变、应力和位移的测量误差均为 1‰、最大试样尺寸可达直径 300mm 高 700mm。遗憾的是,目前仍没有见到这些仪器的相关试验结果与研究成果的报道。

图 1-3　大型土石混合体多功能力学试验仪　　　　图 1-4　碎石土三轴压缩仪

　　另一方面,现场原位试验对于土石混合体材料的研究有着重要的意义,也有相当数量的现场原位试验围绕土石混合体的变形破坏特点等力学特性进行了探索。李晓等在长江三峡地区进行的土石混合体现场原位推剪试验表明,土石混合体的变形破坏具有材料变形破坏和结构变形破坏两种特性,其试验示意图和试验结果如图 1-6 和图 1-7 所示。在土石混合体屈服时,其变形特性仍是土体或块石本身的材料特性,即土体材料首先屈服;但土石混合体的残余强度并无明显降低,即表现出显著的塑性流动特征。这是由于土石混合体的整体结构性尚未丧失,故其承载力没有明显降低。当试件变形过大时,土石混合体的整体结构丧失,试件完全破坏[6]。

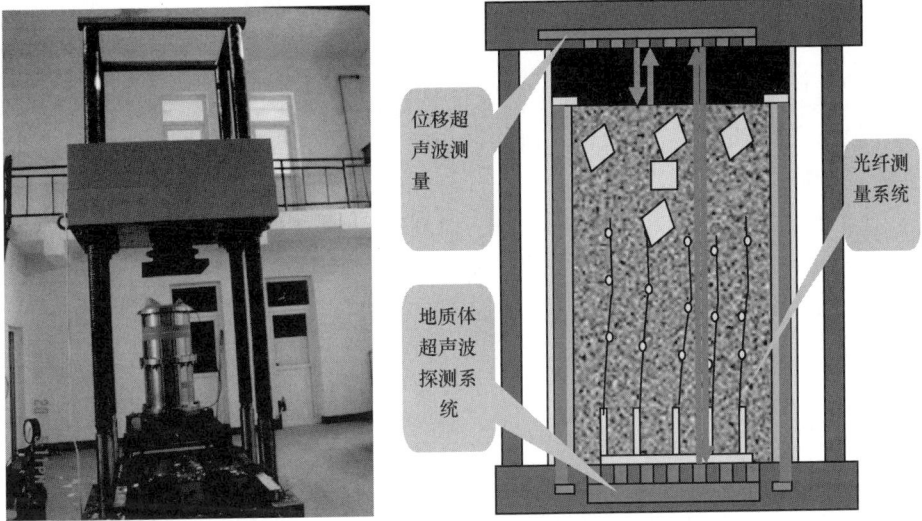

图 1-5　土石混合体柔性边界加载三轴压缩试验机

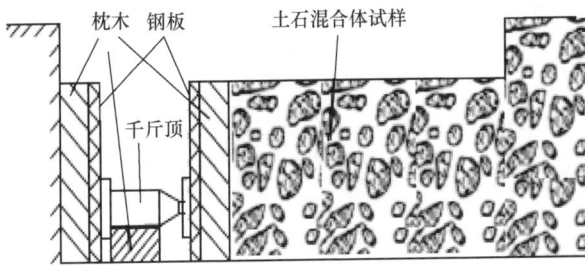

图 1-6　土石混合体现场推剪试验示意图[6]

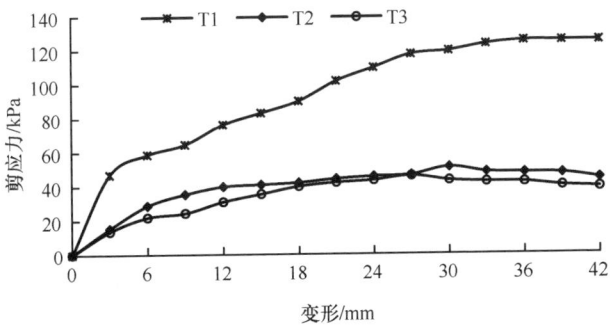

图 1-7　土石混合体现场试验剪应力-变形曲线[6]

1.3.3　几何结构特性

土石混合体的物理力学特性之所以有别于土体、岩体，其材料结构的差异是主要原因之一。因此，土石混合体几何结构与模型的研究也越来越得到重视。尤其是，随着计算机与图像技术的发展，这一研究更为可行与完美。

在土石混合体二维几何模型研究中，Li 等基于野外对土石混合体结构特征的统计分析指出，土石混合体是一种非均质、非连续体，其力学性质的变化主要受控于土体内部结构；并运用 Monte-Carlo 原理模拟块石在土石混合体中的分布特征，包括块石的空间位置、含量、大小、形状和方位等，建立了土石混合体的随机结构模型[6]。油新华等提出了利用数码摄像、自动图像识别和计算机数值仿真技术，建立土石混合体的精细结构力学模型的方法[45,46]。Yue 等则通过对土石混合体的数码照片进行灰度处理、增加对比度和除噪等技术处理，建立了土石混合体的平面几何模型，体现了这一材料的非均质性等细观结构，如图 1-8 所示[47]。

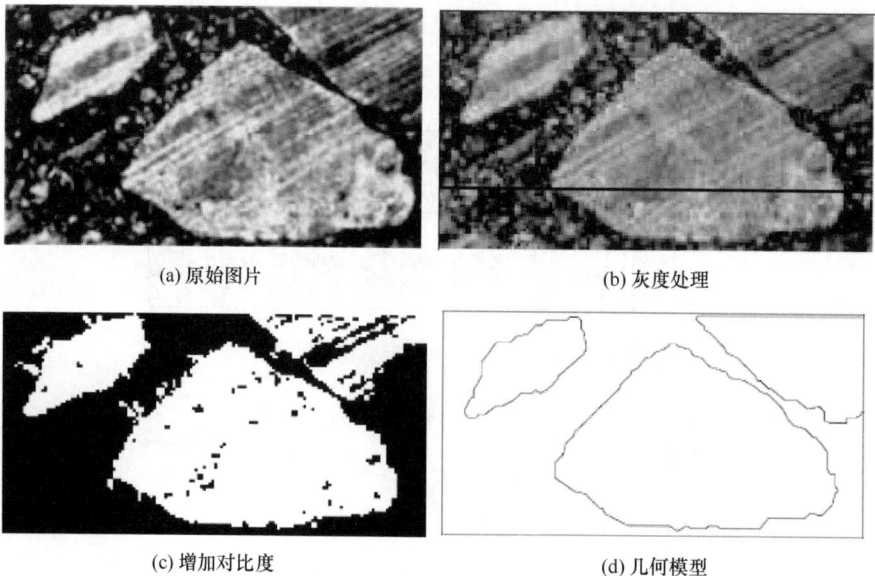

(a) 原始图片　　　　　　　　　　　　　(b) 灰度处理

(c) 增加对比度　　　　　　　　　　　　(d) 几何模型

图 1-8　土石混合体数码照片几何结构模型的建立[47]

对于土石混合体三维结构的探索也有一些有价值的研究成果。Lanaro 和 Tolppanen[48]开发出一种全新的方法来获得砾石土中砾石的尺寸、形状以及粗糙度等方面的信息。通过使用激光扫描技术对砾石土进行扫描就可以获得其中砾石的三维图像，并且对扫描结果分别利用傅里叶以及几何分析方法进行分析而获得了砾石块体的具体参数，这种对砾石尺度的全新分析方法对于砾石的形状以及拓扑参数等能够给出较为可靠的结果。

1.3.4 数值模拟研究

数值模拟一直是岩土工程与工程地质工程实践与研究的一个重要方法。土石混合体由于具有高度非均质、非连续、非线性等特点,其力学试验研究受到一定局限;而随着计算机技术的发展,土石混合体的数值分析则可以从不同角度探讨其变形破坏机理、强度特征等力学特性。Yue 利用有限单元方法对土石混合体的数码照片模拟了经典巴西劈裂试验,并与真实试验进行对比。研究发现,土石混合体材料的非均质性对试样拉应力的分布有重要影响,这一结果也证实了有限单元分析方法可以很好地反映这种材料的非均质性及其细观结构特性[47]。油新华采用FLAC3D 有限差分程序对块石在土石混合体中的力学效应进行了详细分析,指出块石形状、分布对土石混合体的变形破坏起着控制作用;大量随机结构模型的数值模拟回归出了土石混合体的弹性模量和含石率的关系[46]。Li 等也采用 FLAC3D程序对一个土石混合体现场原位推剪试验进行了模拟,指出土石混合体的结构效应导致其应变强化的出现及弹性模量与强度的增加,还获得了试样破坏过程等许多力学试验无法获取的信息[6]。赫建明采用颗粒离散单元法 PFC3D 程序对比了不同含石率土石混合体的力学特性,随着含石率的提高,试样的抗剪强度有明显提高,含石率越高,强度的提升幅度也越大,即含石率较低(30%)的情况下波动过程中应力值的提升不明显,提高幅度只能达到剪切强度值的 10% 左右,基本保持水平。随着含石率的提高(40%、50%),应力-应变曲线第一个转折点之后应力值提升幅度增大,提高幅度能够达到试样剪切强度的 50% 左右[49]。

此外,李世海等提出了使用三维离散元块体-颗粒模型描述非连续介质,用该模型模拟了土石混合体单轴压缩试验、现场大剪试验,计算结果揭示了土石混合体非均匀、非连续介质新的力学现象;还给出了三维离散元随机结构面力学模型用于研究土石混合体具有非连通结构面的力学特性[51]。

1.3.5 其他方面的研究

土石混合体的研究除了从力学试验、几何结构和数值模拟等方面取得一定成果外,许多学者还从土石混合体水力学特性、地质成因、本构关系及工程应用等角度进行了一定探索。

刘令瑶等研究了宽级配砾石土的水力劈裂特性,认为宽级配砾石土的水力劈裂特性随含砾量的变化而不同,含砾量是决定宽级配砾石土变形破坏形式的主要因素[38]。朱建华等对大坝防渗材料-砾石土进行了研究,认为对于以砾石为骨架的宽级配砾石土,细料含量对土的渗透稳定性具有很大的影响,小于 0.1mm 的细粒含量是砾石土渗透性的主要控制因素[37]。此外,针对大量路基工程、水利水电土石坝工程中土石料的渗漏稳定性稳定,许多专家与科研单位开展了大量的土石料以及堆石坝的渗透特性与防渗实验研究[51-56]。这些研究虽然不是针对自然的地质介质-土石混合体而开展的,但其研究方法与结果可以为土石混合体的相关研究提供借鉴。

赫建明根据对三峡库区土石混合体的现场调查,将土石混合体的地质成因分为滑坡堆积、崩塌堆积物、残坡堆积物和冲洪堆积物四类[49]。油新华根据土石混合体的力学性质研究提出对于不同土石混合体边坡工程应结合其工程尺度将边坡材料分别看成均质连续体、等效的均质连续体、非均质不连续体和结构面控制的非连续体四种情况来处理[45]。

1.3.6　存在问题

土石混合体在我国,尤其在山区地区广泛分布,而由其构成的山区坡地、平地等则是多数山区人们赖以生存的场所。因此,为确保这些场所的建筑与工程的稳定与安全,对这种地质材料工程地质与物理力学特性的基础研究有着重要的工程实践意义和理论价值。近年来,随着对土石混合体与岩土体差异认识的加深,土石混合体作为岩土工程与地质工程中的第三种地质材料的物理力学特性的研究已取得了重要进展,研究范围也涉及岩土力学的各个方面,包括材料变形破坏及强度特点、材料几何结构、地质成因、本构关系与水理特性等,其研究成果主要体现在以下几方面。

第一,立足于试验仪器设计及力学试验与多种数值模拟开展了大量的土石混合体力学特性研究,且通过大量现场原位试验的开展积累了相当丰富的试验资料。研究表明,土石混合体力学特性具有典型的结构效应,这一特点对土石混合体研究有着重要意义。一方面,土石混合体的变形破坏过程表现出显著的塑性流动特征。另一方面,砾石含量对土石混合体强度与渗透性的影响显著,且存在明显阈值。含石率低于25%时,砾石含量在土料中只起填料作用,故对土石混合体的抗剪强度与渗透系数影响甚微;当含石率超过了25%时,砾石起骨架结构作用而土体起充填作用,土石混合体的抗剪强度与渗透系数随着含石率的增加而急剧地增大,大致成一直线关系。所以砾石含量影响土石混合体抗剪强度与渗透系数的阈值大致是20%~30%。但当含石率超过60%时,砾石起完整骨架作用,土石混合体的性质主要取决于砾石。

第二,基于土石混合体数码图像自动识别与随机结构模型,探索了建立土石混合体的精细结构力学模型方法,逐步探讨了土石混合体数值仿真试验研究的方法。

第三,对土石混合体大量野外工程地质调查和统计分析发现,土石混合体中块石的分布特征是有一定规律的,并对其几何结构特征进行了一定探索,从理论上为深入研究土石混合体的结构效应奠定了基础。

第四,对于单个或几个规则块石与土体构成的土石混合体重塑样的力学特性取得了重要进展,搞清了其力学机制。

总之,在短短几年中土石混合体的研究已取得如此重大成果是值得肯定的。但是,土石混合体的研究中仍存在许多问题需要进一步深入研究,我们认为主要包括以下几方面。

第一,对土石混合体的地质成因、物质组成结构特点等认识不足。已有关于土石混合体地质成因、结构特点的研究多基于某个工程的统计分析,且大多局限于三峡地区,有片面之嫌,难有普遍性。

第二,力学试验方面虽然有一些成果,但对土石混合体本身的力学响应机理仍不清楚;而且许多专门设计的实验设备并未产生数据。尤其是,土石混合体由于块石的骨架结构引起的结构效应只停留在模糊的表述上,实际是如何影响土石混合体的变形、破坏以及强度变化仍需要进一步深入研究[57]。

第三,岩土材料往往与水密切相关,土石混合体也不例外。岩石和土体已有较为成熟的渗透特性与水力学特性等方面研究的理论基础、方法,并取得了许多重要成果[58-63]。但土石混合体水力学特性方面的研究基本没有,只有其渗透特性的少量研究。

此外,对于土石混合体数码图像自动识别与随机结构模型的建立仍局限于简化或简单的结构模型。究其原因,主要是对于图像识别原理的应用上是基于块石与土体的接触边界,而这些边界并不是很清楚;随机结构则可以通过程序来考虑块石更多样的几何形状、分布特征,以更真实地反映土石混合体的空间特征。

1.4 研究方法

国内一般的做法是首先现场取样,然后去掉粒径较大的颗粒,进行实验室试验,之后再考虑大颗粒的影响,取一折减系数来确定其力学参数。例如,戴福初在对香港地区火山岩风化残破积土进行等压固结排水和不排水剪等试验时,"为了试验方便起见,将粒径大于 5mm 的土颗粒去掉",虽然得出了一系列的结果和曲线,但是能否真正代表此类土的性质,还值得商榷。

屈智炯等[64]利用等量代换法和相似级配法对冰碛土的力学性质进行了研究,取得了一系列的研究成果,在三轴试验中,替代法试样的应力-应变曲线可分为三段,即线弹性段、应力随应变增加的非线性段以及随应变增加强度减小变化不大的稳定阶段。而相似级配法试样除具有上述三格阶段外,还存在应力-应变曲线的软化段。这种方法在原来的基础上更进了一步,但是对于大颗粒的影响,由于砾石的粒径效应和试件的难以采集以及其他各种原因而很难达到预期的效果。

于是,作者想到了利用数值试验的方法来研究土石混合体。数值试验以前多用于气象预测、机械设计、热传导计算中,现在在岩土力学中也逐渐出现了此方面的报道[37-42]。破裂可视化、重复性强、易于操作等特点使得利用数值试验来模拟物理过程和揭示破坏机理成为可能。本书即采用数值试验的方法来模拟土石混合体的单轴抗压、直接剪切试验,以研究它在受压和受剪情况下的破坏机理,并获取有关的变形和强度指标。

根据前文探讨,应该从以下几方面进一步深入研究土石混合体的物理特性,也即本书的主要研究内容与技术路线,如图 1-9 所示。

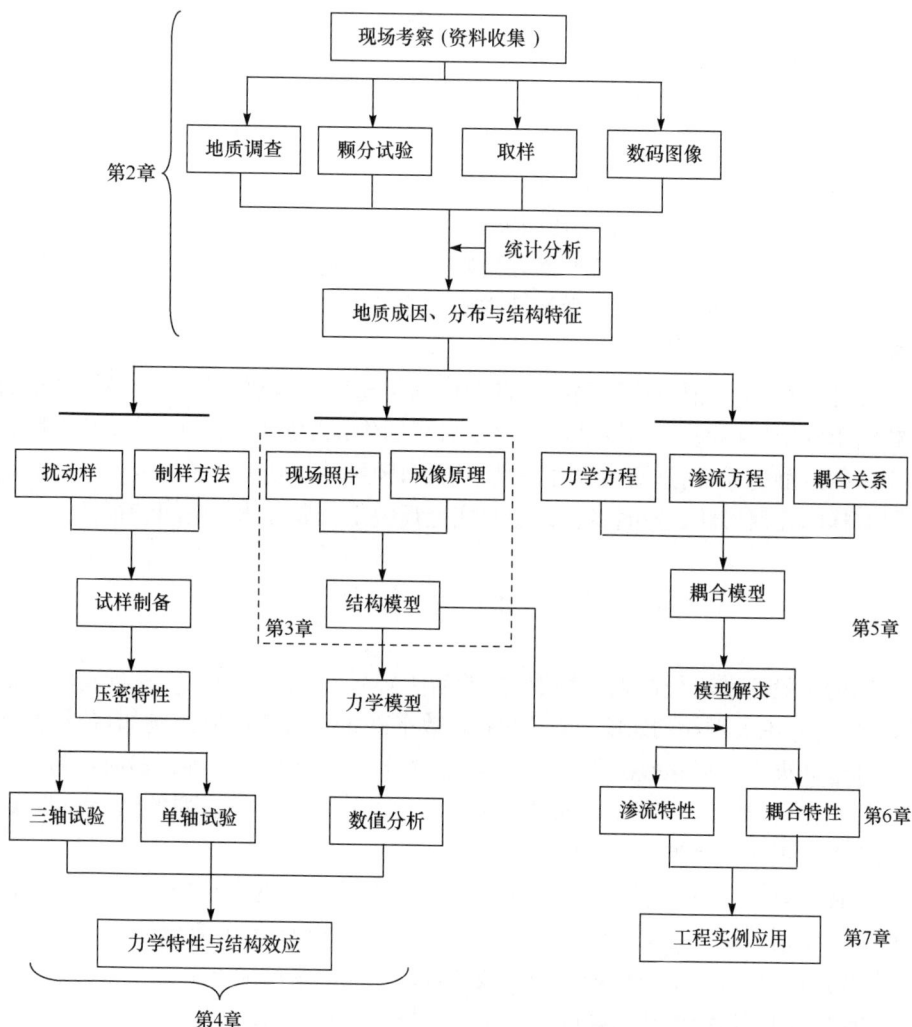

图 1-9　本书研究内容及其技术路线

第一,土石混合体的地质成因、物质组成结构特点分析。地质成因的认识是研究地质体物理力学特性的根本,因此也非常有必要正确认识土石混合体的地质成因。土石混合体是第四纪以来岩体在风化、剥蚀、搬运、沉积等地球外动力作用为主的地质过程中,在基岩之上形成的地质体,因此其地质成因及物质组成结构特点具有复杂、多样的特点。

鉴于此,应该选择不同地质背景下的土石混合体进行调查、统计分析,扩大考察范围、样本,以翔实的调查资料分析土石混合体的地质成因与物质组成结构特点。着眼于风化作用、河流作用、冰川作用、滑坡崩塌作用、泥石流堆积作用、地震等不同地质营力为出发点研究这一目标,调查区域(结合文献收集)将包括三峡地区、虎跳峡地区、青藏高原地区、东南沿海花岗岩风化地区、黄河阶地和戈壁滩等;同时,对不同地区、类型的土石混合体进行现场描述、数码图像获取、颗分试验等,以准确得到土石混合体的物质组成结构特征。

第二,土石混合体自动建模方法的推进,以真正实现数码图像-力学模型直接转换。此外,在原有随机结构模型基础上应进一步开发能反映土石混合体更复杂空间结构的随机结构模型。由于土石混合体成因的复杂、多样,其物质组成、空间结构也并不是一些规则图形的简单组合,有必要真正建立接近或反映土石混合体实际空间结构的建模方法,以确保数值模拟更好反映其力学特性。

研究思路可以概括如下:数码图像以点阵数字的形式记录实体信息,无疑为这一问题的解决提供了一个有利平台。基于数码成像原理分析,利用土石混合体中块石与土体颜色属性的巨大差异,提出了基于数码图像的土石混合体结构模型的自动生成方法,以最直接、快捷、准确地反映土石混合体的空间结构。此外,对于随机结构模型的开发主要还是从现场统计到块石分布特征总结,然后通过程序来实现,尽可能接近土石混合体复杂的空间结构。

第三,土石混合体变形、破坏、强度等力学特性、机理或机制的深入研究与揭示。这一研究不再局限于规则块石与土体的简单组合而成重塑样的力学试验或数值模拟的研究,而是基于实际土石混合体的重塑样或土石混合体的实测结构模型。

该项研究内容的技术路线包括两方面:其一,以现场扰动试样的重塑样进行力学试验,包括不同含石率土石混合体的单轴压缩试验、不同围压的三轴压缩试验,分别获得土石混合体单轴压缩条件下的变形、破坏特征、应力-应变曲线以及破坏准则、强度曲线等(其中,还涉及土石混合体重塑样的制备、土石混合体室内力学试验方法、力学试验机的控制精度等问题);其二,基于现场实测数码照片建立的土石混合体结构模型,结合室内力学试验的边界条件进行数值分析,该部分重点监测试验机上无法获取的应力、位移分布与变化的等信息,从深层次揭示土石混合体结构效应的力学作用机理等。

第四,水对土石混合体力学特性的影响及其耦合理论与机理的研究。水对岩体、土体力学特性的影响已被工程界认可,也是多年来岩土力学的研究热点与难题之一[40,41]。土石混合体成因上大多与水有关,且多分布于大江、大河、水库等地区,因此水与土石混合体的相互作用更应被相关研究、工程所重视。据初步分析,土石混合体是一种典型的非连续、材料非均质、结构非均匀介质;一方面,水对土体的软化作用将由于块石的存在而被放大;另一方面,由于土与块石接触不充分形成许多潜在裂隙,有利于潜蚀、土体液化等现象发生,导致土石混合体结构整体失稳。因此,水对土石混合体力学特性的影响应更显著。

对于这一问题的研究,我们认为应引入针对石油工程与核废料处理等多年研究的多场耦合研究理论,以正确评价水与土石混合体的耦合作用,尤其是水对土石混合体力学特性的影响。首先,探讨适于土石混合体力学与渗流耦合分析的理论模型以及对这一理论问题的数值求解方法,并以经典固流耦合问题进行校验;其次,通过求解功能强大的 COMSOL Multiphysics 结合上述理论模型,模拟土石混合体应力场与渗流场的相互作用,揭示两场的耦合机理与特性;最后,结合大渡河土石混合体坝基的实际工程开展针对性研究,将本书理论研究成果直接服务于生产。

1.5 本书的主要研究成果

本书将主要在以下几个方面进行理论突破,并力求取得创新性成果:

第一,开拓性地进行土石混合体的单轴压缩与三轴压缩力学试验,并结合基于土石混合体数码照片实测结构模型的数值分析,首次精确地研究土石混合体的变形、破坏与强度特征、破坏准则等力学特性。研究表明,土石混合体中骨架结构与胶结引起其力学响应的结构效应是土石混合体力学特性有别于土体、岩体的重要因素。此外,试验中还首次明确土石混合体重塑样的制备仪器、方法与流程等,并分析其压密特性。

第二,首次提出土石混合体的应力场与渗流场完全耦合的理论模型,并应用 COMSOL Multiphysics 实现该复杂耦合方程的准确求解;运用上述耦合模型,研究土石混合体的渗流特性与固流耦合特性。研究表明,骨架结构对土石混合体渗流场的影响显著;耦合作用下,渗流场引起试样内应力增加(尤其是块石的应力)以及土体压缩变形的增加;压应力边界的作用也使试样渗透系数减小,使土体中水压力明显增加、流速减小。此外,本书还将该耦合模型应用于大渡河双江口土石混合体坝基的渗透稳定性分析,取得良好结果。

第三,基于数码图像的成像原理分析,提出全新的土石混合体实测结构模型的建立方法,并实现该结构模型在不同商业程序中力学模型的应用。

第四,基于对不同区域、地质环境土石混合体的现场调查、统计,全面地总结土石混合体的地质成因、分布特点与结构特征等,指出土石混合体是由不同地质作用形成、与人类工程活动密切相关的非连续、非均质、非均匀地质介质。

参 考 文 献

[1] 中华人民共和国国家标准. 岩土工程勘察规范(GB 50021—2001). 北京:中国建筑工业出版社,2002.

[2] 《工程地质手册》编写委员会. 工程地质手册. 北京:中国建筑工业出版社,1992.

[3] 中华人民共和国水利电力部. 土工试验规程(SDS01—79). 上册. 北京:水利出版社,1980.

[4] 交通部公路土工试验规程. 土的基本分类(JTJ051—85). 北京:人民交通出版社,1986.

[5] 铁道部铁道工程土工试验方法. 土的分类及其性质的划分(TBJ102—87). 北京:中国铁道出版社,1988.

[6] Li X,Liao Q L,He J M. In-situ tests and stochastic structural model of rock and soil aggregate in the three gorges reservoir area. International Journal of Rock Mechanics and Mining Sciences,2004,41(3):702-707.

[7] 殷跃平,等. 长江三峡库区移民迁建新址重大地质灾害及防治研究. 北京:地质出版社,2004.

[8] 长江委综合勘测局. 长江三峡工程库区奉节县白衣庵滑坡治理规划阶段工程地质勘察报告. 1999,12.

[9] 殷跃平,张加桂,陈宝荪,等. 三峡库区巫山移民新城址松散堆积体成因机制研究. 工程地质学报,2000,8(3):265-271.

[10] 严福章. 水库滑坡复活机理及其发展趋势预测研究[博士学位论文]. 北京:中国科学院研究生院,2004.

[11] Shang Y J,Yang Z F,Li L H,et al. A super-large landslide in Tibet in 2000:background, occurrence,disaster and origin. Geomorphology,2003,54(3-4):225-243.

[12] 尚彦军,杨志法,廖秋林,等. 雅鲁藏布江大拐弯北段地质灾害分布规律及防治对策. 中国地质灾害与防治学报,2001,12(4):30-40.

[13] 廖秋林,李晓,董艳辉,等. 川藏公路林芝一八宿段地质灾害特征及形成机制初探. 地质力学学报,2004,10(1):33-39.

[14] 西藏自治区地质矿产局. 西藏自治区区域地质志. 北京:地质出版社,1993.

[15] 黄广龙,周建. 矿山排土场散体岩土的强度变形特性. 浙江大学学报(工学版),2000, 34(1):54-58.

[16] 武明. 土石混合非均质填料力学特性试验研究. 公路,1997,(1):40-49.

[17] 王龙,马松林. 土石混合料的结构分类. 哈尔滨建筑大学学报,2000,33(6):129-132.

[18] 南京大学水文地质工程地质教研室. 工程地质学. 北京:地质出版社,1982.

[19] Dearman W R. Description and classification of weathered rocks for engineering purposes: the Background to the BS5930:1981 proposals. Quarterly Journal of Engineering Geology, 1995,28(3):267-276.

[20] Hencher S R,Mcnicholl D P. Engineering in weathered rock. Quarterly Journal of Engineering Geology,1995,28(3):253-266.

[21] Anon A. The description and classification of weathered rocks for engineering purposes.

Quarterly Journal of Engineering Geology,1995,28(3):207-242.

[22] Ruxton B P,Berry L. Weathered of granite and associated erosional features in Hong Kong. Bulletin of the Geological Society of America,1957,68 (10):1263-1292.

[23] Hencher S R,Martin R P. The description and classification of weathered rocks in Hong Kong for engineering purposes. Proceedings of the 7th south East Asian Geotechnical Conference,1982,1:125-142.

[24] 中国地质大学(武汉)工程学院,长江委综合勘测局. 长江三峡水利枢纽库区奉节县白马小区迁建城镇新址工程地质论证报告. 1999.9.

[25] 长江委长江勘测规划设计研究院. 长江三峡工程库区巫山县北门坡滑坡治理规划报告. 2000.1.

[26] 长江委长江勘测规划设计研究院. 长江三峡工程库区巫山县马家屋场—后坪滑坡治理规划报告. 2000.1.

[27] 长江委长江勘测规划设计研究院. 长江三峡工程库区奉节县白衣庵滑坡防治工程规划设计说明. 2000.1.

[28] 长江委长江勘测规划设计研究院. 长江三峡工程库区奉节县藕塘滑坡防治工程规划设计说明. 2000.1.

[29] 长江委长江勘测规划设计研究院. 长江三峡工程库区巴东县黄土滑坡治理工程情况说明. 2000.1.

[30] 长江委长江勘测规划设计研究院. 长江三峡工程库区巴东县榨坊坪滑坡防治工程规划设计说明. 2000.1.

[31] 地质矿产部土工试验规程. 土质分类(DT-82)T-01. 北京:地质出版社,1984.

[32] 中华人民共和国国家标准. 建筑地基基础设计规范(GBJ 7—89). 北京:中国建筑工业出版社,1989.

[33] 中华人民共和国国家标准. 土的分类标准(GBJ 145—90). 北京:中国计划出版社,1992.

[34] 中华人民共和国国家标准. 土工试验方法标准(GBJ 123—88). 北京:中国计划出版社,1989.

[35] 蒋彭年. 土的分类建议. 岩土工程学报,1991,(3):1-12.

[36] 韩世莲,周虎鑫,陈荣生. 土和碎石混合料的蠕变试验研究. 岩土工程学报,1999,21(2):196-199.

[37] 朱建华,游凡,杨凯虹. 宽级配砾石土坝料的防渗性及反滤. 岩土工程学报,1993,15(6):18-27.

[38] 刘令瑶,崔亦昊,张广文. 宽级配砾石土水力劈裂特性的研究. 岩土工程学报,1998,20(6):10-13.

[39] 罗国煜,李生林. 工程地质学基础. 南京:南京大学出版社,1990.

[40] 南京大学水文地质工程地质教研室. 工程地质学. 北京:地质出版社,1982.

[41] 华东水利学院土力学教研室. 土工原理与计算. 北京:水利电力出版社,1982.

[42] 陈仲颐,周景星,王洪瑾. 土力学. 北京:清华大学出版社,1994.

[43] 饶锡保,何晓民. 粗粒含量对砾质土工程性质影响的研究. 长江科学院院报,1999,16(1):

21-25.

[44] 姚雨凤. 混合土的强度及压缩性的评价新方法. 工程勘察,1990,(5):22-29.

[45] 油新华. 土石混合体的随机结构模型及其应用研究[博士学位论文]. 北京:北方交通大学,2001.

[46] 油新华,何刚,李晓. 土石混合体边坡的细观处理技术. 水文地质工程地质,2003(1):18-21.

[47] Yue Z Q,Chen S. Finite element modeling of geomaterials using digital image processing. Computers and Geotechnics,2003,30(5):375-397.

[48] Lanaro F,Tolppanen P. 3D characterization of coarse aggregate. Engineering Geology,2002, 65(1):17-30.

[49] 赫建明. 三峡库区土石混合体的变形与破坏机理研究[博士学位论文]. 北京:中国矿业大学(北京校区),2004.

[50] Li S H,Zhao M H,Wang Y N. A new numerical method for DEM-block and particle model. International Journal of Rock Mechanics and Mining Sciences,2004,41(3):436.

[51] 郭熙灵,饶锡保. 水布垭堆石坝心墙防渗料试验研究. 人民长江,1998,29(8):42-44.

[52] 王勇智,戚炜,赵法锁. 西安市黑河水库左坝肩渗透变形及稳定性分析. 长安大学学报(地球科学版),2003,25(4):67-72.

[53] 杨石眉,高峰. 下米庄水库坝基土渗透稳定性分析及工程处理. 山西水利,2003,(4):41-44.

[54] 葛畅,张允亭. 本钢南芬拦水坝坝基渗透变形勘察——关于碎石类土的渗透变形试验. 油气田地面工程,2003,22(12):37-38.

[55] 崔银祥,聂德新,刘惠军. 通过三维渗流计算评价某滑坡坝渗透稳定性. 水土保持研究, 2005,12(2):98-100.

[56] 朱崇辉,王增红,刘俊民. 粗粒土的渗透破坏坡降与颗粒级配的关系研究. 中国农村水利水电,2006,(3):72-74,77.

[57] 李晓,廖秋林,赫建明,等. 土石混合力学特性的原位试验研究. 岩石力学与工程学报, 2007,26(12):2377-2384.

[58] 王大纯,张人权,史毅虹,等. 水文地质学基础. 北京:地质出版社,1995.

[59] 杨天鸿,唐春安,徐涛,等. 岩石破裂过程的渗流特性-理论模型与应用. 北京:科学出版社,2004.

[60] 陈仲颐,周景星,王洪瑾. 土力学. 北京:清华大学出版社,1994.

[61] 杨天鸿. 岩石破裂过程渗透性质及其与应力耦合作用研究[博士学位论文]. 沈阳:东北大学,2001.

[62] 盛金昌,速宝玉. 裂隙岩体渗流应力耦合研究综述. 土力学,1998,19(2):92-98.

[63] Brown S,Caprihan A,Hardy R. Experimental observation of fluid flow channels in a single-fracture. Journal of Geophysical Research,1995,100(6):5975-5990.

[64] 屈智炯,徐广峰. 砾石土宽级配土料在高坝应力状态下工程性质的研究. 水电站设计, 1996,12(2):47-55.

第 2 章　土石混合体分布、地质成因及其结构特征

在工程界或相关科学研究中,土石混合体往往被看作一类特殊的土体。实际上,土是指覆盖在地表上碎散的、没有胶结或胶结很弱的颗粒堆积物。从定义上,土是易碎的、没有胶结的颗粒,而土石混合体中具有强度很高的石块,且多具有较强的胶结。因此,从定义上很难将土石混合体归为土的一类。此外,大多数土力学研究中均把土体看作是均质材料,而土石混合体因含有许多形状不同、强度不同的块石而难以当作均质材料来对待。因此,从其力学特性的研究来说也很难将土石混合体归为土体的一类。许多规范中,也只能把土石混合体单独看作一类地质介质,其物理力学特性多参照土体,这也是尚无土石混合体有关研究成果的一种无奈之举。总之,与土体、岩体类似,土石混合体是地质历史时期形成的一类地质介质。

土石混合体作为一类地质材料与工程载体,对其任何物理特性的研究首先应着眼于这类物质的起源。一方面,与土体、岩体一样是在一定地质环境条件下经过一定地质作用,在特定历地质历史时期形成的地质产物。另一方面,与土体、岩体不同的地质材料与工程载体,其材料属性上与岩体、土体的差异很大程度上也是其地质成因上与岩土体差异的结果。而地质成因的差异同时也导致土石混合体在分布特征、结构特征等方面有其本身固有的属性。土石混合体的地质成因、分布特征及其结构特征也是土石混合体力学特性、渗流特性等研究的基础。因此,立足于大量的野外调查、现场统计以及相关文献资料,本章首先从面的角度分析土石混合体的分布特征;然后基于工程地质成因的观点阐述土石混合体物质来源、堆积成因的主要地质动力作用;最后,根据大量的点上工作深入分析土石混合体的结构特征。

2.1　土石混合体的分布特征

在广泛的岩土工程与地质工程领域中,经常碰到土石混合体,而工程设计与施工都应严格根据工程所处地质载体开展,以尽可能避免潜在安全风险或浪费。因此,本着服务于工程,尤其是重大工程,研究土石混合体的分布特征具有重要意义。基于对多个地区的实地考察及相关资料的分析,作者对土石混合体在我国的分布进行了较为系统的统计与分析,其特征可概括为以下几方面。

2.1.1　与崩滑流等地质灾害共生

崩塌、滑坡与泥石流等地质灾害发生后必然产生大量松散的岩块、碎石和土，并在灾害发生地点或就近堆积，最终大多形成土石混合体。其中，有许多灾害的物质基础本身就是土石混合体。因此在崩滑流等地质灾害密集地区大多分布有大量的土石混合体。例如，川藏公路沿线八一至然乌段 400km 发育的 7 个大型滑坡处都分布有巨厚的土石混合体，其中就有 6 个为土石混合体滑坡，仅易贡滑坡形成土石混合体的体积就达 3 亿 m³[1-3]；在攀西地区的 816 个滑坡也形成了大量的土石混合体，其中土石混合体滑坡 500 个，占 61.3%；长江三峡地区，长达 5000 余千米的库岸线中，仅前缘高程低于 175m 的崩塌滑坡体 1190 处，并形成了总面积约 135.9km²、体积约 34 亿 m³ 的土石混合体，分别相当于水库面积和总库容的 12.5% 与 8.7%。因此，可以结合崩滑流地质灾害在我国的分布来探讨土石混合体的分布特征。

我国是世界上崩塌、滑坡和泥石流灾害最为发育的国家之一。据国土资源部《全国地质灾害防治"十三五"规划》，截至 2015 年底，全国有地质灾害隐患点 288525 处，其中崩塌 67478 处，滑坡 148214 处，泥石流 31687 处，其他地质灾害合计 41146 处，共威胁 1891 万人和 4431 亿元财产的安全。如此众多的崩滑流灾害体集中分布于若干个地区，也是土石混合体发育的地区。值得注意的是，这些崩滑流地质灾害在成因、诱发上大多与水有关，土石混合体的分布与水也密切相关。

2.1.2　与河流伴生

河流对于人类历史与社会的发展有着重要的作用，不仅提供人们生活最基本物质——水，而且河流在其形成演化过程中形成了大量的河流堆积物，从而为人们提供了生产活动的重要场所。在这些河流堆积物中，有相当一部分就是土石混合体。由于我国水系分布广泛，拥有长江、黄河等多条大江、大河，因此也广泛分布有与河流伴生的土石混合体。这些土石混合体主要包括，由河流带来大量冲积物在河流下游或沉降区堆积而成的平原，如三角洲平原等；河床演化形成的古河床、阶地堆积以及河漫滩等；河流侵蚀诱发的岸坡坍塌堆积，崩塌、滑坡堆积等。这些堆积体不仅为农业发展提供了肥沃的土地，在现代社会中人们在这些地区进行工程建设更有重要意义。在以往的生产与研究中，这些土石混合体往往被简单按土体来对待，造成了一些潜在的风险。因此，应该认识到土石混合体与河流伴生、在河流地区分布的客观性。

2.1.3　与人类活动密切相关

无论是崩滑流灾害，还是河流堆积形成的土石混合体，都在相对平缓的地形地域上。土石混合体是人类休养生息的重要场所,包括了农业种植、人民定居、公路铁路以及重要水利水电等工程基础设施的建设等。从岩土工程的角度,土石混合体既可做建筑材料,也可以是工程施工的平台;而重大工程往往都以挖掘或深埋桩载荷于基岩中等方式避开土石混合体层。此外,土石混合体还可能因其自身结构失稳,以地质灾害的形式威胁人们的生产与生活。

在纵深上,土石混合体的发育深度从十几米到数百米。人类在土石混合体载体上的工程活动大多在此深度之内。而随着社会的发展,人类的工程活动,如水利、水电、交通、建筑等基础建设,不仅需要继续发展,而且活动强度可能加剧。因此,在人类工程活动中,尤其是在岩土工程领域,土石混合体是经常碰到且必须妥善处理的地质载体。这不仅是该地质材料近几年受到广泛的重视的原因,也是土石混合体研究的巨大工程价值所在。

根据以上分析,土石混合体在分布特征上具有与灾害共生、与河流伴生、与人类活动密切相关等特点,表明土石混合体是工程领域必须面对的一种特殊地质载体与地质材料,尤其是其与水在分布上的强相关性应加强土石混合体与水相互作用的研究。

2.2　土石混合体的地质成因

土石混合体是在第三纪中晚期以来,尤其是在第四纪期间,老地层基岩表层在地壳抬升、河流切割、风化、剥蚀、搬运等地球内外动力作用下,其原岩结构被破坏,经堆积或沉积形成的最年轻的地层之一,而土体则是在同一时期形成的最年轻的另一主要地层。土体和土石混合体交错组合或单独覆盖于原基岩之上,构成了人类生产活动的主要地质载体之一。对于土体的地质成因研究较早,且已基本形成对这一问题的共识,即土体在成因上主要分为风成和水成两种,而土石混合体的地质成因则相对复杂得多。许多学者基于不同生产与工程实例,针对这一问题进行了很多点或局部地区的个体研究,并根据不同的依据对土石混合体的地质成因作了一些分类。例如,刘衡秋等把金沙江中虎跳峡左岸两家人土石混合体斜坡的地质成因定为滑坡、崩塌和崩坡积多期次复合的内外动力耦合作用[4]。赫建明则根据对三峡库区大量土石混合体的研究,把该地区土石混合体的地质成因总结为滑坡作用、崩塌作用、残积作用以及冲洪积作用等四类[5]。

对土石混合体地质成因的研究虽有些值得认同的成果,但仍是有限的。究其原因,个体研究的片面和系统研究的缺乏使这一研究始终停滞不前。另一方面,由于土石混合体大多是经历了风化、剥蚀、搬运、沉积等复杂的地球外动力作用而形成的,因此其地质成因本身具有复杂、多样的特点。鉴于此,本小节选择不同地质背景下的土石混合体进行调查、统计分析,扩大考察范围、样本,从土石混合体物质来源和堆积形成的地质动力作用两个角度系统分析土石混合体的地质成因,着重探讨土石混合体块石的物质来源及其成为土石混合体的搬运堆积过程。具体调查区域(结合文献收集)主要是三峡地区、虎跳峡地区、青藏高原地区、东南沿海花岗岩风化地区、黄河阶地和戈壁滩等。

2.2.1　物质来源成因分析

土石混合体的物质来源主要有两种:岩石碎块与原有土体组合,或者岩石结构破坏直接变为土石混合体。对于原有土体的成因在此不作讨论。那么,由岩石到块石、碎石或直接变成土石混合体是如何转变的?

1) 风化作用

风化作用是土石混合体物质来源的主要动力,主要是指岩石在地表新的物理、化学条件下在原地发生的破坏作用,包括岩石一切物理状态与化学成分变化的改变,如图 2-1。风化作用的营力主要有温度变化、降水、地下水、冰,以及二氧化碳、氧和动植物有机体等。按作用性质把风化作用分为物理风化作用、化学风化作用和生物风化作用三种类型。

(a)　　　　　　　　　　　　　　(b)

图 2-1　岩石风化作用形成的土石混合体

物理风化作用以温度变化为主要影响因素,是一种不改变或很少改变岩石化学成分的破坏作用。组成岩石的各矿物颗粒的膨胀率往往不同,因此,在冬夏或昼夜气温变化时,岩石中的各种颗粒便会发生不均匀的膨胀和收缩,久而久之便会使岩石发生破碎形成土石混合体。我国西北地区显著的冬夏与昼夜温差加速了岩石的风化、破碎,这也是大面积戈壁滩土石混合体的主要物质来源。此外,水的参与导致岩石干湿变化,都会使岩石沿着已有的联结软弱部位(如未开裂的层理、片理、劈理,以及矿物颗粒的集合面、矿物解理面等),形成新的裂隙,即风化裂隙;或者对原有裂隙进一步增宽、加深、延展和扩大。随着这种岩石裂隙的生成或加剧,岩石逐渐破碎。长江三峡、云贵高原等灰岩地区大量出露的古溶洞土石混合体的形成就与这种水的楔入作用有着密切的关系。

化学风化作用是以水为主要影响因素,是一种通过化学反应来改变岩石化学成分的破坏作用。这一作用在长江三峡、云贵高原等灰岩地区土石混合体形成中尤为典型。一方面,通过水溶蚀、水解岩石中的某些可溶物质,岩石矿物颗粒间的联结被削弱或破坏;另一方面,通过分解、破坏岩石中复杂的矿物(主要使原生的硅铝酸盐矿物),并产生次生黏土矿物,岩石的力学强度降低,岩石的物理性质和水理性质改变,最终导致岩石破碎。

生物风化作用是在生物参与下的机械、化学破坏作用,主要是通过动植物对岩体的敲击、楔入等扰动作用力,或是其分泌物对岩石化学分解、腐蚀,从而导致岩石破碎。

值得一提的是,不同类型的风化作用大多同时或交错作用于岩石之上,削弱破坏岩石颗粒间的连接,形成、扩大岩体裂隙,导致岩石破碎,为土石混合体的形成提供了物质基础。

2) 冻融作用

冻融作用是一种与水密切相关的寒冻风化作用,属风化作用的一种。单独作为土石混合体物质来源的一类成因,是因为青藏高原及东北地区广泛分布有这类成因的土石混合体。首先,在寒冻风化地区的地表浅层岩石,由于冬夏或昼夜气温在 0℃ 上下波动下,岩石本身的物理风化作用也明显加剧,各种颗粒不均匀的膨胀和收缩增强,容易导致岩石裂隙的形成。另一方面,气温在 0℃ 上下波动的时间较长,岩石中的水反复经历冻胀与融缩。当温度低于 0℃ 岩石因空隙中水的冻结而体积增大,使岩石中的裂隙膨胀而继续扩展;当温度升至 0℃ 以上时,岩石体积又随冰的熔解趋于缩小。一次循环后,岩石不仅更破碎,裂隙也有新的发展,为水在岩石中分布提供更大的空间。当温度再一次降至 0℃ 以下时,扩大的裂隙中水的冻胀作用更为强烈。反复经历这种"冰-水-冰"循环,冻融作用对岩石裂隙影响持续叠加,而使岩石结构破坏[6,7]。

通过量测天山高山冰缘环境中崩落在公路上的冻融风化碎屑,刘耕年等还给出了该地区冻融风化剥蚀率,为 0.0115~0.0018m/a,并指出冻融风化作用的主要影响因素有海拔、坡向、温度和降水、岩性构造及地形条件等[8]。图 2-2 就是冻融作用产生的大量大小不等的棱角状岩块及岩屑,由于地形平缓,大多在原地残留下来,形成碎石覆盖地面的石海。

3) 冲刷作用

冲刷作用是指河流、泥石流或暴雨时期的暂时性洪水以及融雪等水流对其经过路径的岩体的动力扰动作用。其结果往往导致岩体被侵蚀、剥蚀、裂隙化直至碎裂成块状,或者将大块岩块磨成砾石与卵石等。图 2-3 表明,河流冲刷作用一方面对河岸产生侵蚀、剥蚀,另一方面冲刷河床中已有的块石。

图 2-2　冻融作用形成的石海(青海风火山垭口)

图 2-3　河流冲刷作用

4) 岩溶作用

岩溶是水(地表水和地下水)对易溶岩石进行溶解、淋滤、冲刷等的地质作用。在岩溶作用下,岩体一部分被保留下来,大多形成了独特的地貌景观;另一部分则在水的作用下呈现岩体结构孔洞化、裂隙化,直至异常破碎、失稳。这些破碎的岩体要么随水流搬运(即水土流失),要么就地形成地面塌陷及岩溶崩滑等地质灾害。无论这些破碎岩体就近堆积还是经搬运再堆积,无疑都是土石混合体的物质来源之一。

我国灰岩等碳酸盐岩分布较多,如三峡地区、云贵高原地区都有大面积的碳酸盐岩分布。因此,岩溶作用形成的土石混合体也相当多。

此外,重力卸荷、崩解、火山以及地震等多种动力地质作用都可将完整岩体演变为块状、碎石状的岩块或砾石,成为土石混合体的物质来源。

2.2.2　土石混合体堆积成因分析

土石混合体的物质来源成因是复杂多样的,且部分物质来源可能本身就形成了土石混合体。然而,这些物质中大多数还需要一定的搬运、堆积等动力地质作用,最终形成土石混合体。针对土石混合体的成因,分如下几种情况加以说明。

1) 滑坡(崩塌)堆积

滑坡(崩塌)是指在重力以及其他外力作用下,大量岩土体沿滑面蠕动和迅速下滑或脱离边坡下落的物理地质现象。滑坡(崩塌)作用过程中,一方面由于运动所产生的拉裂以及变形而造成大量完整岩体破碎;另一方面,还携带堆积于斜坡之上的松散物质,并最终在斜坡的坡脚处、相对缓坡处或相对低洼处堆积,形成土石混合体。这一类型的土石混合体以碎石或岩块夹土为主,堆积厚度变化大,碎块石具有一定的排列顺序或者杂乱无章,物质分选性极差。

野外考察中也发现了相当多的这一成因的土石混合体。图 2-4 为 2000 年 4 月西藏易贡特大滑坡形成土石混合体,体积达 3 亿 m³[9]。据记载,该滑坡在 1900 年曾发生过,并形成了近 5 亿 m³ 的土石混合体[1]。据分析,由于该滑坡地区强烈的冻融作用、寒冬风化作用产生大量的块石、碎石等松散堆积物堆积于斜坡上,当堆积到一定程度经降雨等诱发以滑坡的形式搬运,并堆积于坡脚,形成土石混合体。图 2-5 为 2003 年 7 月湖北秭归千将坪滑坡形成的土石混合体,该滑坡则是以坡面已有松散物质以及滑坡产生的破碎岩体为物质基础,经滑坡搬运在坡脚形成土石混合体[10]。此外,三峡地区还有大量土石混合体也是由于滑坡作用堆积而成的[11-13]。

图 2-4　易贡滑坡土石混合体

2) 泥石流堆积

泥石流是山区特有的一种突发性地质灾害现象,是发生在山地沟谷中或斜坡上的一种由大量泥砂石块和水组合而成的流体。其结果往往将沟谷(斜坡)中的松散物质或崩塌滑坡堆积物汇聚、搬运,堆积于山口等平缓处,在一定时间的自重固结下形成结构极不均匀且有一定固结的土石混合体。这一类型的土石混合体多呈扇状堆积于沟口或山口,厚度差别较小,但物质组成结构差异大,分选极差[14]。

图 2-5　千将坪滑坡形成的土石混合体

　　我国泥石流分布广泛,西南地区尤甚[15-17]。图 2-6 为加马其美沟泥石流形成的土石混合体。该条泥石流产生于 1950 年,1960～1973 年处于旺盛发展阶段,频频爆发,沟床切深达 100m,沟谷拓宽约 150m,大量土石混合体堆积于沟口[16]。

图 2-6　泥石流形成的土石混合体
(川藏公路加马其美沟)

3) 冰川堆积

　　冰川具有巨大的侵蚀力量,其侵蚀力可能超过一般河流的 10～20 倍。冰川运动时携带冰川已有块碎石等松散堆积物,以其巨大的体积、重量在冰床上滑动,对冰床产生强烈切割作用,形成大量碎屑物质,即冰碛物,并与冰川一起向雪线移动;冰川最终停滞于雪线附近,而冰碛物则多以侧碛和终碛的形式堆积于冰床下游的两侧和冰床的前缘,经历一定地质时间、在巨大的冰川自重压力下形成土石混合体。由于青藏高原的冰川非常发育(仅西藏境内就发育有冰川 22468 条,面积达 28645km²)且多期次发生[1-3,18],这一类型的土石混合体在该地区分布很广。这些土石混合体多由不同期次冰川作用的新老冰碛层叠加形成的,其厚度达 200～

400m，其固结好，密实，力学强度较高，但层与层之间物理力学性质也有差异较大。图 2-7 是川藏公路松宗段出露的冰川成因的土石混合体(巨厚冰碛物)。

图 2-7　冰川作用形成的巨厚冰碛物
(川藏公路松宗段)

4) 冲洪堆积

冲洪堆积是指河流或暂时性洪水等携带、搬运块碎石等，并在水流缓慢处逐渐沉积形成阶地堆积等，并在自重作用下形成具有一定结构的土石混合体。冲洪积作用一方面搬运、改造水流中的碎屑物质，同时还侵蚀、剥蚀水流路径上的岩土体。

冲积主要是由于现代和古代的河谷阶地及河床堆积而成，冲积土体的最上层一般是黏土类土，下层夹有大量的砾石、卵石等。

洪积主要是由于山区河流、泥石流或暴雨时期的暂时性洪水以及融雪水流所形成。主要堆积于山前平原或山间谷地，其成分复杂，既有砂、碎石以及块石，也有分选良好的粉土及黏土。图 2-8 就是一典型的洪积成因的土石混合体。

图 2-8　洪积成因的土石混合体

5）残坡积

岩石风化产物就地或就近残留堆积，形成一定厚度的土石混合体。残坡积成因的土石混合体主要由砂土、黏土、碎石以及块石构成；受地形控制，厚度很不均一，颗粒多为棱角状，其均质性很差，如图 2-9 所示。

图 2-9　残坡积成因的土石混合体

总之，土石混合体是地质历史进程中，在地球的内外动力耦合作用下，经历了一定地质时期而形成的具有其固有结构的地质介质。成因分析表明，无论是其物质来源，还是堆积形成的动力地质作用，土石混合体的成因都是复杂多样的；而且在很多情况下，在同一个时段以上各种成因所形成的土石混合体混杂在一起的，很难将之区分开。土石混合体地质成因这一特点一方面是土石混合体广泛分布的原因所在；另一方面，也表明其结构特征与物理力学特性的相对复杂。值得关注的是，土石混合体的复杂地质成因中大多与水密切相关。

2.3　土石混合体的现场统计结果

从野外考察结果来看，土石混合体是由碎石、块石与土和水、气体组成的多相混合物，而且在颗粒组成上具有多粒径的特点，这对于其结构特点以及力学特性、渗流特性等具有重要影响。因此，非常有必要对土石混合体的颗粒特征进行分析。但是，由于土石混合体的分布范围极其广泛，而且随着成因类型的不同，其性质也有所不同，所以造成了在较大范围内对土石混合体进行统计研究的困难性。所以，在这里只是以长江三峡库区奉节县白衣庵滑坡大量分布的土石混合体进行颗粒特征研究。颗粒分析采用的方法仍为土工试验中常用的筛分试验，并仍采用土工试验规范中规定的标准不同粒径的筛子。此外，还采取对土石混合体的局部小断面上砾石分布进行统计分析的办法对其中砾石在剖面内的粒径及分布特点进行研究。

2.3.1　筛分统计结果分析

　　针对土石混合体中砾石分布杂乱无章的特点,为了找出其粒径分布的内部规律,采用标准石子筛对土石混合体取样后进行筛分试验。通过筛分试验,得到了土石混合体中砾石粒径大小的分布特征,这些结果为土石混合体随机模型的建立提供了一定的依据,同时为后续章节土石混合体重塑样的试验研究也提供了一定的依据,还可以为搞清土石混合体内部砾石的粒径及空间分布奠定一定的基础。

　　对于土石混合体的研究,首先应该确定土体与砾石的界限值,因为在土石混合体的分类中,主要根据砾石的百分含量作为主要指标。我国通用的粒组界限值一般规定为2mm,而且这也是国际上普遍采用的标准,美国关于土的统一分类标准采用4.75mm。但是大量的研究成果表明,土体中2～5mm的颗粒含量甚小,通常只占百分之几,故采用2mm或者5mm作为分界粒径,对其工程特性影响甚微。另外,采用5mm作为分界粒径,可利用孔径5mm的标准化筛,有利于试验统计和分析,所以在这里将5mm界定为土体与砾石之间的粒径界限[16]。

　　颗粒分析试验于长江三峡库区奉节县白衣庵滑坡区域分三处试验地点对土石混合体共进行了12个试样的筛分试验,具体的筛分试验地点描述详见表2-1。筛分时采用的是标准石子筛,具体的筛子孔径以及现场筛分结果详见表2-2。

表 2-1　筛分试验地点描述

试验地点	地点描述	岩性描述	试验编号
1号筛分试验地点	白衣庵滑坡西侧	较多的钙质结核,含有极少量的砂岩碎石块及灰岩,分布杂乱无章	S_1、S_2、S_3、S_4
2号筛分试验地点	白衣庵滑坡后壁	黄色黏土夹碎石块,石块主要以砂岩为主,另有少量灰岩,砂岩体积较大	S_5、S_6、S_7、S_8
3号筛分试验地点	白衣庵滑坡前沿	黄色黏土夹泥岩、灰岩块,黏土呈砂性易碎,黏性较差	S_9、S_{10}、S_{11}、S_{12}

　　具体的筛分结果如图2-10、图2-11、图2-12所示,图中所列出的为粒径不小于5mm的砾石的粒径分布直方图,小于5mm的认为归于土体而不予考虑。

　　1号试验地点位于白衣庵滑坡中部段,主要物质为坡积物、残积物,土石混合体中的砾石块体主要为姜石。姜石主要是在漫长的地质年代中,经过水的长期淋滤作用生成的钙质结核,一般来说块体尺寸较小,试验过程中发现的最大粒径一般为8～10cm。通过表2-2的筛分结果也可以看出来,粒径大于63mm的砾石含量很少,主要分布在25～50mm;表2-2还表明,该位置筛分试验结果的离散性不大,含石率大都保持在40%左右。

表 2-2 筛分试验结果明细

试验地点	编号	取样总重/g	石子筛孔径 φ/mm											含石率/%
			φ≥63	60>φ≥50	50>φ≥40	40>φ≥31.5	31.5>φ≥25	25>φ≥20	20>φ≥16	16>φ≥10	10>φ≥5	5>φ≥2.5	φ≤2.5	
1号	S₁	9880	180	250	350	750	720	544	420	390	388	390	5498	40.4
	S₂	9995	110	145	775	775	725	490	410	390	282	200	5693	40.0
	S₃	9980	0	450	175	825	625	650	400	403	328	560	5564	38.6
	S₄	10290	0	125	650	975	740	400	350	370	276	415	5989	37.8
2号	S₅	9725	1280	640	630	500	400	225	205	225	570	428	4622	48.1
	S₆	10150	1200	620	490	500	420	350	250	300	510	400	5110	46.7
	S₇	9975	1120	500	470	580	475	375	270	255	564	545	4821	46.2
	S₈	9940	1380	500	410	560	320	300	265	276	495	545	4889	46.3
3号	S₉	9830	780	825	950	460	725	600	380	570	636	300	3604	50.3
	S₁₀	9985	690	800	125	230	145	110	100	270	609	808	6098	30.8
	S₁₁	10315	825	810	375	500	410	380	410	285	588	608	5124	44.4
	S₁₂	10315	900	980	675	380	510	250	320	558	645	548	4549	50.68

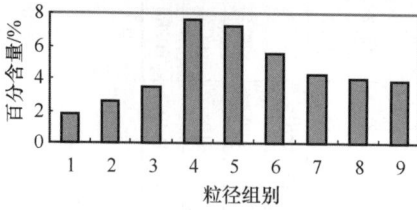

(a) S_1 试验结果

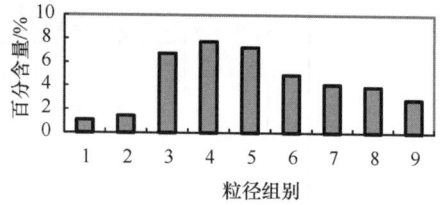

(b) S_2 试验结果

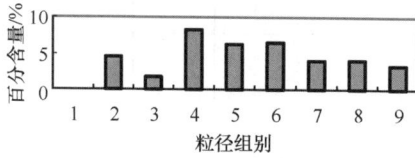

(c) S_3 试验结果

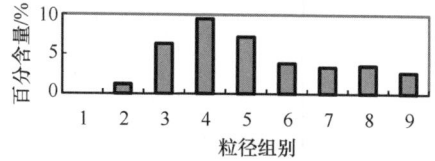

(d) S_4 试验结果

图 2-10 1 号试验地点的筛分结果图

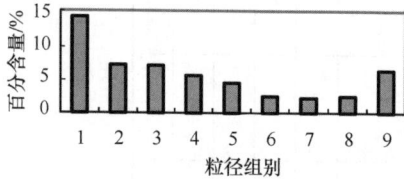

(a) S_5 试验结果

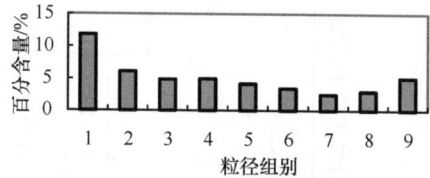

(b) S_6 试验结果

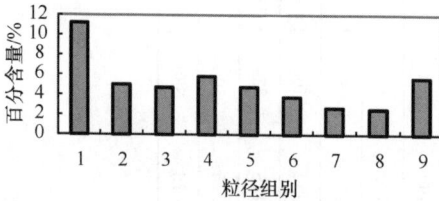

(c) S_7 试验结果

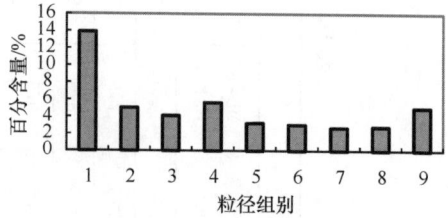

(d) S_8 试验结果

图 2-11 2 号试验地点的筛分结果图

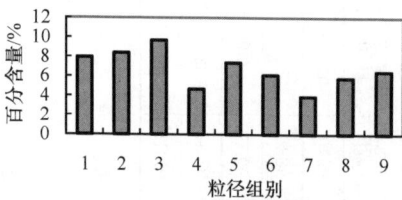

(a) S_9 试验结果

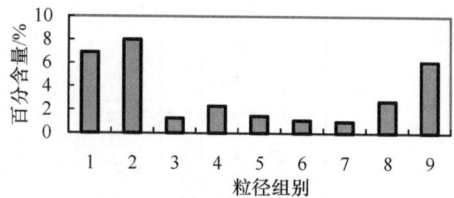

(b) S_{10} 试验结果

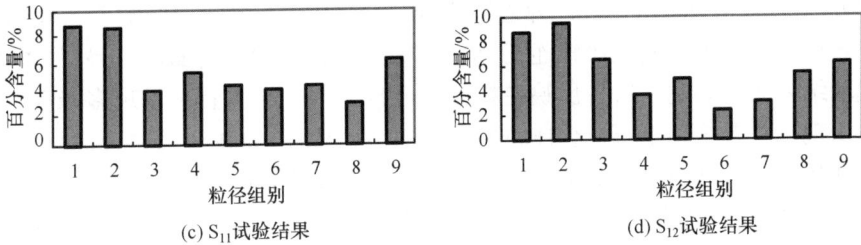

(c) S_{11} 试验结果　　　　　　　(d) S_{12} 试验结果

图 2-12　3 号试验地点的筛分结果图

　　2 号试验地点位于白衣庵滑坡靠近后壁的位置,该位置处土体中主要夹杂有砂岩块石,由砂岩层崩塌堆积而成,所以块度较大。筛分结果也表明,粒径大于 63mm 的砂岩块体百分含量超过了 10%,明显高于其他粒组砾石的百分含量,大块砂岩较多。有些位置砂岩的风化程度较为严重,砂岩块体与土体之间明显夹有细砂层。通过表 2-2 可以反映出该位置的含石率比 1 号试验地点的含石率要相对高一些,试验结果的离散性也不大,结果基本保持在 45%~50%。

　　3 号试验地点位于滑坡前沿,砾石主要以灰岩为主,主要是由于地表水沿滑坡的长期冲刷沉积形成,通过粒径分布图可以看出,块石粒径较大,而且各粒组百分含量相差不大,说明砾石尺寸比较均一。灰岩表面光滑,次棱角状。粒径分布主要集中在 5~10cm 范围内。通过表 2-2 可以发现该位置试验结果的离散性较大,含石率的变形范围为 30%~50%,波动幅度较大,这也从另一个侧面反映了土石混合体研究的困难性,在同一试验地点的试验结果的规律性也比较难以把握。

　　通过以上筛分试验可以看出,对于不同的试验地点所进行筛分的土石混合体,通过其粒径分布直方图所反映出来的分布规律并不相同。在同一个试验地点,块石粒径分布的规律性比较强,粒径组成基本上符合同一种形态,而在不同的试验地点其粒径分布规律并不相同。在 3 号试验地点所得到的试验结果规律性不强,这主要是由于该位置处土石混合体中的砾石是经过地表水长期冲刷搬运沉积下来的,所以试验结果的离散性较大,而且总体来看该处位置的砾石尺寸与其他两处位置相比较均匀。

　　以上分析表明,在同一位置处土石混合体中砾石的粒径分布一般具有相似性,而不同位置的土石混合体粒径分布差别较大。这也就说明了自然界土石混合体中的砾石的粒径分布并不是杂乱无章的,而是有规律可循的;但也说明土石混合体中砾石的粒径分布随其成因的不同而不同。同一种成因形成的土石混合体的粒径分布比较接近,这也为土石混合体的进一步简化研究奠定了基础;同时也有必要进行不同成因类型土石混合体的研究。

　　土石混合体中所含砾石的组成不同时,其各项性能差别甚大,从上面各个试验地点的粒径分布直方图可以看出不同位置土石混合体的粒径组别区别较大,组成极为分散,反映在级配上,一种为连续级配,一种为缺乏中间粒径的不连续级配。前者表现在粒径组成曲线比较连续,整个曲线呈现单峰型,例如,在 1 号位置进行的试验结果即是如此。后者反映在粒径组成直方图上可以看到呈现多峰型,多峰型的出现标志着这种土石混合体粒径组成的不连续性,如在 3 号位置进行的试验结果即是如此。通过表 2-2 中的试验结果也可以看出,粒径为 2～5mm 的颗粒含量较少,一般只占总重的百分之几,所以这也验证了将 5mm 作为砾石与土体分界线的正确性。

纵观上述各个位置的粒径分布,虽然每个位置土石混合体都各自有其粒径分布特点,但是从总体来说还是有一定的共性的,图 2-13 是根据上面试验结果总结出来的土石混合体中砾石分布的整体趋势曲线。根据上述的砾石组成特点,可以认为在土石混合体中,粒径较大的砾石形成骨架,粒径较小的砾石以及土体充填其中,充填越好,则土体的密度越大,其强度也会相应越高,所以粒径组成是决定土石混合体工程特性的主要因素,为此在研究中应着重研究砾石含量、土体性质与土石混合体力学特性的变化规律。

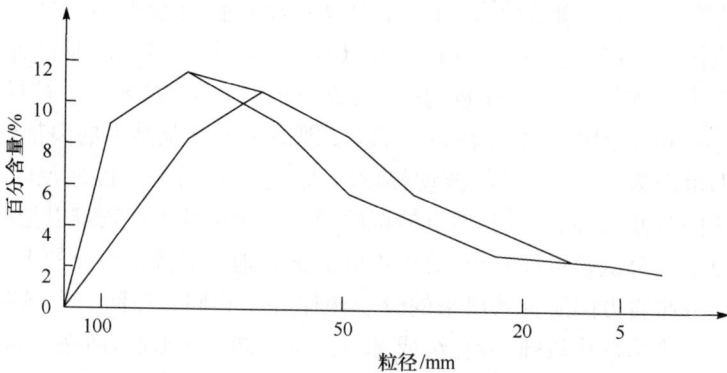

图 2-13　土石混合体砾石粒径组成曲线

2.3.2　单个剖面统计结果

为了研究土石混合体在空间位置的分布特点,在第二处筛分试验地点布置了小剖面,对土石混合体的石块的大小以及分布位置进行了量测(量测粒径在 1cm 以上的块石),图 2-14、图 2-15 和图 2-16 即为在试验现场对土石混合体进行小剖面量测后所得出的块石位置分布图,从图中也可以看出土石混合体中块石分布的无序随机性的分布特点。

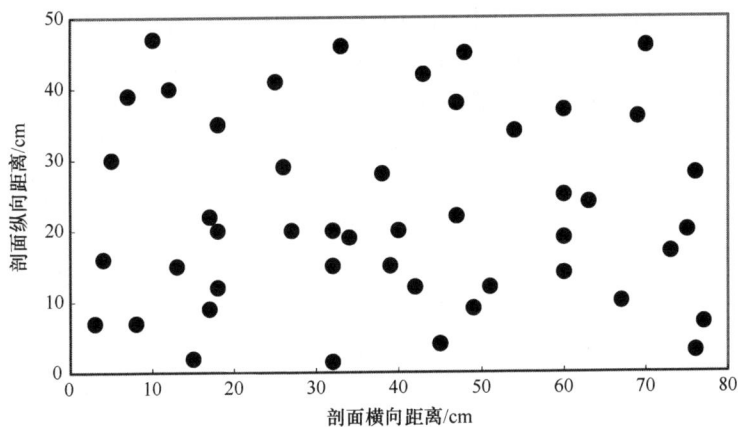

图 2-14　1 号剖面中各砾石的中心位置

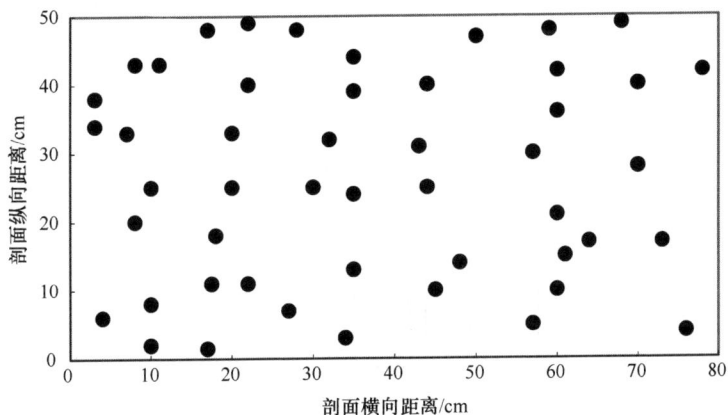

图 2-15　2 号剖面中各砾石的中心位置

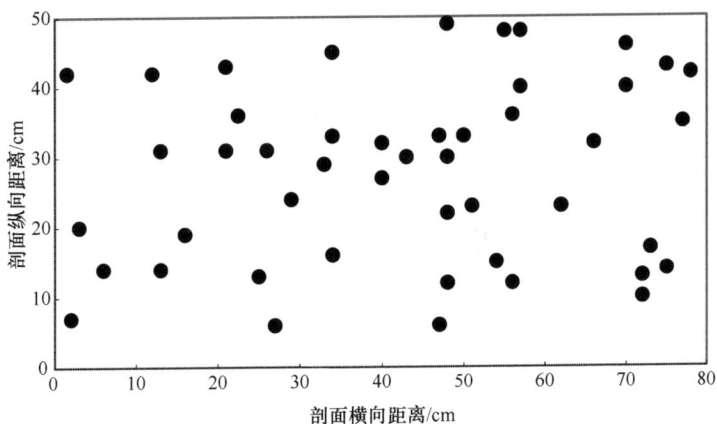

图 2-16　3 号剖面中各砾石的中心位置

　　通过对图 2-14、图 2-15 和图 2-16 中三个剖面砾石位置的统计结果进行分析，发现很难找出其中有什么规律，完全是随机分布的，这就为计算机建立土石混合体的二维随机结构计算模型提供了依据，可以使用随机函数来生成在平面内随机分布的点来确定土石混合体中砾石块体的中心位置。本次对库区土石混合体单个剖面中砾石的统计只限于粒径尺寸超过 1cm 的砾石块体。通过对土石混合体单个剖面的统计发现，在某一个单独的平面内，相对大粒径的砾石块体数目以及相对小粒径的砾石块体数目都比较少，多数砾石块体的尺寸保持在相对靠近中间尺寸的位置。

　　另外，对小剖面内粒径的大小分布也进行了统计，通过统计分析可以看出块石粒径的分布特点。图 2-17、图 2-18 和图 2-19 即为对单个剖面块石粒径统计后所得出的统计分析图，通过柱状图可以看出，在土石混合体的局部，单个剖面内中间尺寸的砾石块数较多，这些结果的得出也为针对土石混合体的数值计算建模提供了基础。

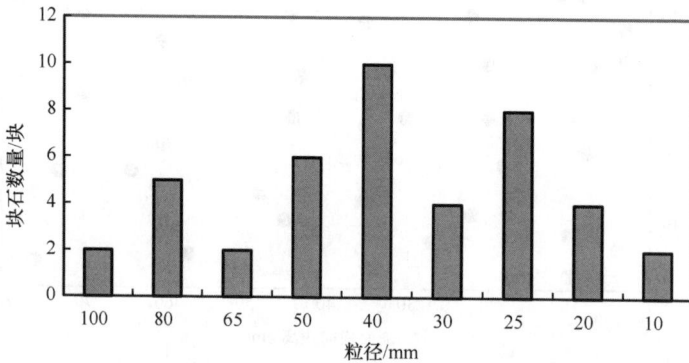

图 2-17　1 号剖面中不同粒径块石数量的统计结果

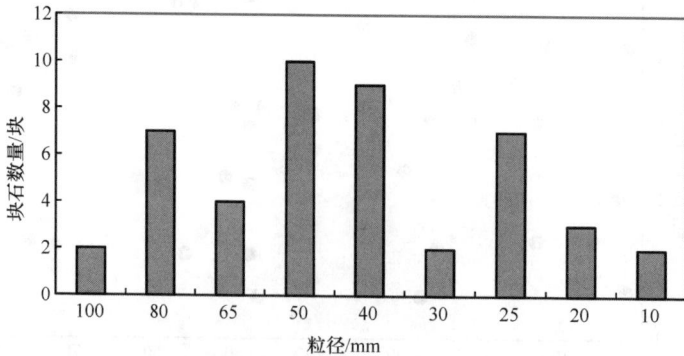

图 2-18　2 号剖面中不同粒径块石数量的统计结果

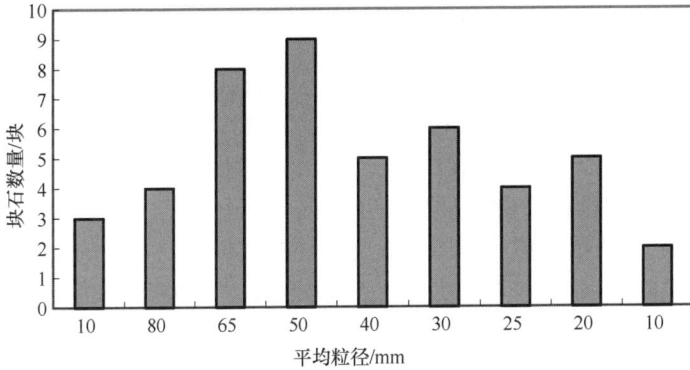

图 2-19　3 号剖面中不同粒径块石数量的统计结果

2.4　土石混合体的结构特征

材料的组构特征(fabric)通常指其物质组成(texture)和结构(structure)。近年来,岩土材料的结构(包括细观结构和微观结构)越来越被重视,也有许多相关研究理论,如岩体结构控制论、土体微结构力学等。土石混合体是地质历史进程中经历了一定地质时期与地质作用形成的地质介质,其地质成因复杂、多样,但作为一种地质材料,其组构特征具有许多共性:土石混合体由强度较低的黏土或砂土充填物与强度较高的砾石块体两种介质组成,块石大小相差比较悬殊等。下面就土石混合体自身结构的特点分别进行总结阐述。

2.4.1　非均质性

在物质组成上,土石混合体与岩体、土体有着本质的差异。土石混合体包含强度较低的黏土或砂土充填物与强度较高的砾石块体两种介质,这使其具有明显的材料非均质性。结构上,由于土石混合体所含的石块形状各异、大小不等、分布随机,这又使其具有明显的结构非均匀性。而就土石混合体非均匀性而言,块石的形状、大小与分布具有控制作用,分述如下:①块石形状非常多样,磨圆度从棱角状碎石到磨圆非常好的卵石;②块石大小从数毫米到数米,由分选到毫无分选;③块石空间分布随机性极强。

在实际工程中,岩土体的非均匀性不仅仅表现为物质成分分布的非均质性,而且更主要地表现为岩土体结构的非均匀性。正是由于土石混合体物质上的非均匀性、结构的非均匀性,从而使其物理-力学性质表现为明显的非均质性、各向异性和不连续性和应力重分布的复杂性。

2.4.2　非连续性与土石胶结特点

介质非连续性在岩土工程中主要是指岩体的不连续。岩体中由于存在着各种各样的不连续面而表现出应力和位移的不连续。岩体的不连续面系指岩体在生成过程中以及生成后若干地质年代中,受地壳构造作用形成的各种断裂面,即从微裂隙、片理、页理、节理到整个断层带。在土石混合体中,由于包含硬度大小不同的两种或多种物质,土石混合体的不连续主要体现在两种不同物质的交界面上。就这些土与块石的交界面而言,土与块石的胶结主要呈现两种形态。

1) 完全胶结

土石混合体形成时都有相当大的负压,而且土石混合体的物质源都是破碎、强风化的风化物。土与块石的交界面一定的负压和外界对风化物的物理化学作用产生的大量可起强胶结作用的钙质、硅质等在交界面的富集,无疑大大提高了土石混合体中土与石交界面的力学强度。但是,相对土石混合体中的块石与土体而言,由于块石与土体强度差异太大,在应力作用下交界面仍极易成为应力位移分布的不连续面。

2) 欠胶结

土石混合体的形成过程中,由于其局部有空气和一些植物等滞留于土石混合体中或者经历固结时间很短,导致土与块石的不完全接触,形成一些裂隙或潜在的裂隙。但是,由于这种不完全胶结本身是土石混合体中潜在的弱面,也是应力(位移)场出现应力(位移)不连续的关键因素。

土石混合体中土与块石无论以何种形式胶结,在受力变形时沿块石和土体的交界面极易产生拉裂和滑移,应力和位移分布出现不连续性,使其表现为典型的介质不连续性。

2.4.3　尺寸效应

土石混合体由大量的块石与土体混合组成,由于研究对象尺度选择,其物理力学特性表现出明显的差异,也即土石混合体具有典型的尺寸效应。当试样(研究对象)尺寸很小时,试样基本可以被看成是岩石或土,如图 2-20 中Ⅰ区所示;而随着试样尺寸增大,材料的非均匀性和非均质性逐渐表现出来,试样中所包含的裂隙所产生的非连续性也将更加显著,材料表现出与岩石或土体迥然不同的物理力学特性,如图 2-20 中的Ⅱ区和Ⅲ区所示。但是,当研究对象尺度非常大时,土石混合体材料的非均匀性、非均质性和非连续性在整个试样反而减小,试样整体上表现为一种均质材料。因此,大尺度岩土工程中往往把土石混合体仍按均匀、均质材料对待,如土石混合体滑坡的稳定性分析。然而,这些大尺度工程的关键部位(如滑坡滑带、坡脚及后缘等)应该区分对待,这也即土石混合体的多尺度问题。

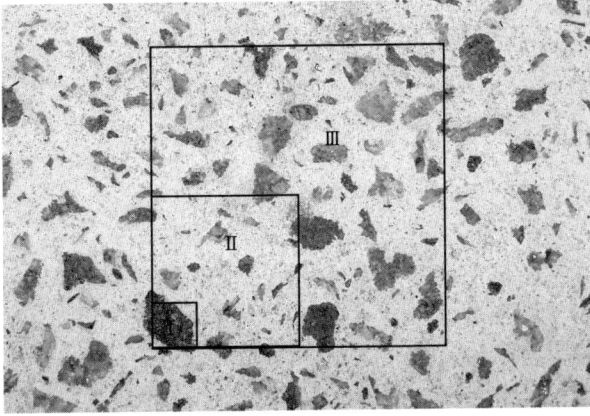

图 2-20　土石混合体的尺寸效应

对于典型的土石混合体力学特性研究,试样的尺寸和级配必须满足两个明显的准则。首先,任何试样的大小必须足以包含足够多的颗粒,以避免当含有异常大的颗粒时出现尺寸效应。英国标准《关于土建工程的土壤试验方法》(BS1377: 1990)指出,直剪试验试件的厚度必须大于最大颗粒直径的 5 倍;三轴试验试件的直径必须大于 5 倍。其次,试样的级配必须和整体的级配相同。在许多情况下,具有代表性的性质可以通过测试与大比例尺级配几何相似的小比例试件来得到,当然要假定绝对颗粒大小的影响是非常小的。

2.5　本章小结

作为与土体、岩体不同的地质材料与工程载体,土石混合体的地质成因、分布特征及其结构特征是深入研究土石混合体物理特性的基础。立足于大量的野外调查、现场统计以及相关文献资料等,本章就以上几个问题分别进行了分析、讨论,主要结论如下。

(1)土石混合体在分布特征上具有与灾害共生、与河流伴生、与人类活动密切相关等特点,表明土石混合体是工程领域必须面对的一种特殊地质载体与地质材料,尤其是其与水在分布上的强相关性应加强土石混合体与水相互作用的研究。

(2)土石混合体是地质历史进程中,在地球的内外动力耦合作用下经历了一定地质时期而形成的具有其固有结构的地质介质。风化、冻融作用等形成了复杂、多样的土石混合体物质来源,而崩滑流、冰川等物理地质作用则以不同形式搬运、堆积土石混合体。值得关注的是,土石混合体的复杂地质成因中大多与水密切相关。

(3)由于地质成因的复杂多样,土石混合体具有材料非均质、块石分布非均匀、土石胶结非连续和典型的尺寸效应等组织结构特征,这也是其与岩土体物理力学性质差异的关键原因。

参 考 文 献

[1] Shang Y J, Yang Z F, Li L H, et al. A super-large landslide in Tibet in 2000: background, occurrence, disaster and origin. Geomorphology, 2003, 54(3-4): 225-243.

[2] 尚彦军, 杨志法, 廖秋林, 等. 雅鲁藏布江大拐弯北段地质灾害分布规律及防治对策. 中国地质灾害与防治学报, 2001, 12(4): 30-40.

[3] 廖秋林, 李晓, 董艳辉, 等. 川藏公路林芝—八宿段地质灾害特征及形成机制初探. 地质力学学报, 2004, 10(1): 33-39.

[4] 刘衡秋, 胡瑞林, 曾如意. 云南虎跳峡两家人松散堆积体的基本特征及成因探讨. 第四纪研究, 2005, 25(1): 100-106.

[5] 赫建明. 三峡库区土石混合体的变形与破坏机理研究[博士学位论文]. 北京: 中国矿业大学(北京校区), 2004.

[6] 廖秋林, 李晓, 尚彦军, 等. 水岩作用对雅鲁藏布大拐弯北段滑坡的影响. 水文地质工程地质, 2002, 29(5): 19-21.

[7] 廖秋林, 李晓, 李守定, 等. 水岩作用对川藏公路 102 滑坡形成与演化的影响. 工程地质学报, 2003, 11(4): 390-395.

[8] 刘耕年, 熊黑钢. 中国天山高山冰缘环境中的寒冻风化剥蚀作用及其影响因素. 冰川冻土, 1992, 14(4): 332-341.

[9] 郭广猛. 对西藏易贡特大滑坡的新认识. 地学前缘, 2005, 12(2): 276-276.

[10] 廖秋林, 李晓, 李守定, 等. 三峡库区千将坪滑坡的发生、地质地貌特征、成因及滑坡判据研究. 岩石力学与工程学报, 2005, 24(17): 3146-3153.

[11] 殷跃平. 三峡工程库区移民迁建区地质灾害与防治. 地质通报, 2002, 21(12): 876-880.

[12] 简文星, 殷坤龙, 郑磊, 等. 万州安乐寺滑坡前缘松散堆积体成因与防治对策. 地球科学, 2005, 30(4): 487-492, 502.

[13] 简文星, 殷坤龙, 汪洋, 等. 万州西溪铺松散堆积体成因分析及稳定性评价. 地质科学情报, 2005, 24(s1): 165-169.

[14] 朱颖彦, 崔鹏, 陈晓晴. 泥石流堆积体边坡失稳机理的试验与稳定性分析. 岩石力学与工程学报, 2005, 24(21): 3927-3927.

[15] 欧国强, 游勇, 刘希林, 等. 南水北调西线一期工程泥石流研究及其他山地灾害现状. 岩石力学与工程学报, 2005, 24(20): 3691-3691.

[16] 中国科学院, 水利部成都山地灾害与环境研究所, 西藏自治区交通厅科学研究所. 川藏公路典型山地灾害研究. 成都: 成都科技大学出版社, 1999.

[17] 中国科学院青藏高原综合考察队. 西藏自然地理. 北京: 科学出版社, 1982.

[18] 施雅风. 中国冰川与环境——现在、过去和未来. 北京: 科学出版社, 2000.

第3章 土石混合体结构模型的建立

鉴于土石混合体具有典型的非均匀、非均质和非连续等结构特征,数值分析中难以通过常规方法建立反映土石混合体力学性质的结构模型,而数码图像以点阵数字的形式记录实体信息,无疑为这一问题的解决提供了一个有利平台。基于数码成像原理分析,本章利用土石混合体中块石与土体颜色属性的巨大差异,提出基于数码图像的土石混合体结构模型的自动生成方法,以最直接、快捷、准确地反映土石混合体的空间结构。此外,本章还介绍基于现场统计的土石混合体随机结构模型的建立原理与方法,实现复杂几何形状及其复杂组合的随机结构来接近真实土石混合体空间结构特征。

3.1 土石混合体结构模型建立的目的与意义

岩土工程从定性到定量转化的重要标志是岩土介质模型的建立,而模型的合理有效性是保证工程定量分析结果精确可靠性的基本前提。岩土体的力学特性不仅取决于其材料特性,也受控于其内部结构。中国科学院地质研究所早在20世纪80年代就提出岩体结构控制论,并为大量工程实际所证实。因此,岩土体结构模型的准确建立是岩土工程研究的关键,其模型的合理与有效是保证工程定量分析结果精确可靠的基本前提。

岩土数值模拟研究开展以来,对于连续、均质岩土介质模型以及考虑断层、节理与岩层层面的工程尺度模型的建立已形成了一套成熟的建模方法,如 ANSYS、ADINA 和 FLAC 等许多有限元或有限差分程序的前处理。但是,非连续性、非均质、非均匀的介质结构模型的建立仍是一个新课题,而且这类非连续性、非均质、非均匀介质材料的力学特性,相比连续介质而言更多地受其内部结构影响。例如,土石混合体就是一种典型的非均质、不连续体,其力学性质就更大程度上受控于土石混合体的内部结构。因此,为掌握这类特殊介质材料的力学特性,非常有必要开展土石混合体等非连续性、非均质、非均匀介质结构模型的概化与建立的研究。然而,土石混合体由于含有不同大小、不同种类、不同数量的砾石块体而具有典型的非均质、不连续性,通过对岩土介质体测量得到的几何信息提取来建立模型基本不可能。因而,另辟新路、突破连续介质力学模型的束缚是土石混合体等非线性结构特征材料模型建立的关键所在,这也是本章研究的重点。

根据前文关于土石混合体结构特征的分析,其结构复杂主要体现在以下几方面:第一,材料内部块石形状多样;第二,块石分布极不均匀;第三,块石大小差异大。因此,可以从两方面着手寻找土石混合体结构模型的建立方法:其一,利用统计规律确定块石在土石混合体中的分布特征,并以确定的几何形式表达以建立其几何模型;其二,利用计算机对复杂图形的表述,提取相关信息以建立土石混合体的几何模型,如土石混合体的数码图片。

3.2　基于数码图像的实测结构模型

数码照相可以很容易地获取其数字化信息,包括几何、物质材料属性等。作者曾对很多剖面不同种类的土石混合体进行了数码照相,以此记录土石混合体的结构特点。这些数码图像主要是以不同的颜色、亮度、对比度等指标来来表示土石混合体中不同块石、土体的不同颜色属性,从而表达土石混合体中不同物质材料的物理属性及结构信息等。一般地,土石混合体图像信息中不同颜色指标应该对应不同材料或矿物,因此可以根据图像的各种指标进行土石混合体中不同目标物理力学属性的赋值,从而建立土石混合体的结构模型。为达到这一目的,我们有必要立足于数码图像数字成像的基本原理,从而有选择地将其数字信息提取出来用于其力学结构模型的建立。

3.2.1　数码图像数字成像原理

数码图像通常以矩阵列的图像单元或像素(pixels)组成,而每个像素又通过被给定不同值的各种指标表示物体的图像信息,如颜色、亮度和对比度等。因此,数码图像包含了丰富的数字信息,通常用以下两种颜色格式进行描述——RGB 和 HSI。RGB 格式是应用最为普遍的颜色格式,数码相机照出的照片一般是以 RGB 格式存储。RGB 格式图像中,每个像素都是正方形的且被给定三个整数值,分别表示红、绿、蓝(red,green,blue)。因此,这些图像的数据信息可以由三个离散函数 $f_k(i,j)$ 来表示:

$$f_k(i,j) = \begin{bmatrix} f(1,1) & f(1,2) & \cdots & f(1,M) \\ f(2,1) & f(2,2) & \cdots & f(2,M) \\ \vdots & \vdots & & \vdots \\ f(N,1) & f(N,2) & \cdots & f(N,M) \end{bmatrix} (k=1,2,3) \qquad (3\text{-}1)$$

式中,$i=1,2,3\cdots N$;$j=1,2,3\cdots M$;$k=1,2,3$,分别代表红、绿、蓝三种颜色;M 与 N 分别表示图像中水平与垂直方向的像素数量[1-3]。

在 RGB 格式图像中,这三个函数分别准确表达了图像中各像素红、绿、蓝的色彩度。通常,RGB 图像的颜色区域可以用笛卡儿坐标系的彩色立方体来表示,x、y 和 z 三个轴分别代表 R、G 和 B 三种颜色。对于常用的 8 位色图像,每个轴的取值

范围为 0～255。因此,在该彩色立方体中,点(0,0,0) 表示黑色,点(255,255,255)
表示白色,立方体的对角线则表示各颜色的亮度值或灰度值,如图 3-1(a)所示。许
多程序,如 Visual C++和 MATLAB 等,已经开发了可以从 Bitmap 和 JPEG 格
式图像中直接获取红绿蓝值函数 $f_k(i,j)$ 的技术,这也为本研究提供了一个重要
平台。

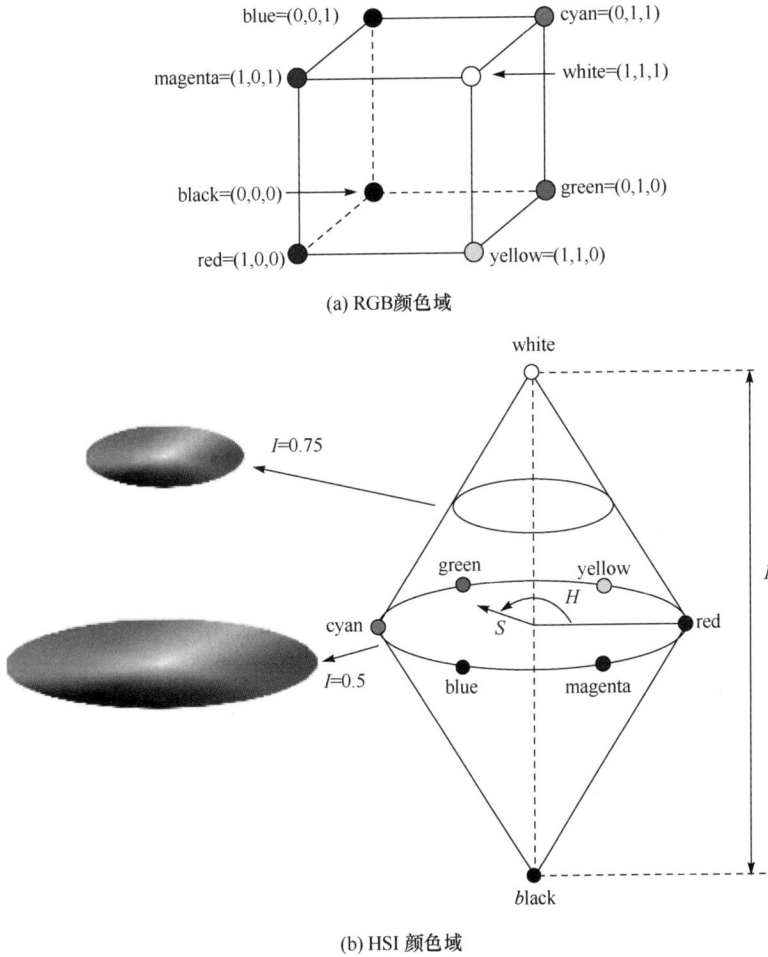

(a) RGB颜色域

(b) HSI 颜色域

图 3-1　RGB 与 HIS 图像格式的颜色域对比

HSI 格式图像也是最为普遍应用的格式之一。HSI 格式图像中,H、S 和 I 分
别是色调(hue)、颜色饱和度(saturation)与强度(intensity)。其中,色调 H 可看作
是从棱镜分出来的颜色;饱和度 S 和强度 I 则作为调节色调的基本手段,分别表示
相对白色的对比度和与颜色无关的亮度。图像的这种显示格式可以更直观地选择
适合的颜色,有效地区分图像内之间颜色的差异。通常 HIS 图像的颜色区域用柱

坐标系$(\omega、r、z)$中圆柱体表示,如图3-1(b)所示。该柱坐标系中,角度坐标ω表示不同颜色的色调,取值范围为$0°\sim360°$,并假定起点$0°$位置为红色,逆时针方向$120°$和$240°$分别是绿色和蓝色。半径坐标r表示颜色饱和度S,自圆柱体中心向其外边界S值由0%逐渐增加到100%。柱坐标z是圆柱体中轴线的高度值,表示该颜色域中的亮度,其取值从原点到圆柱顶部为$0\sim1$。当图像亮度值为0时,整个图像显示为黑色;当亮度值达到1时,图像几乎全为白色。

根据以上分析,RGB格式图像中像素R、G和B三种颜色值以及HSI格式图像中像素的H、S和I值等均可作为区分图像中不同物质的颜色指标。其中,HSI格式图像的各指标计算较为复杂,但大多还是根据RGB格式图像中的R、G和B值换算,本书选用了下面的关系式:

$$H=\begin{cases}\cos^{-1}\left[\dfrac{(R-G)+(R-B)}{2\sqrt{(R-G)^2+(R-B)(G-B)}}\right] & (B\leqslant G)\\[4mm]2\pi-\cos^{-1}\left[\dfrac{(R-G)+(R-B)}{2\sqrt{(R-G)^2+(R-B)(G-B)}}\right] & (B>G)\end{cases} \tag{3-2}$$

式中,$R\neq G$或$R\neq B$。

$$S=1-\frac{3}{R+G+B}\min(R,G,B) \tag{3-3}$$

$$I=\frac{R+G+B}{3} \tag{3-4}$$

式中,$\min(R,G,B)$是一个判断函数,用以找出每个像素的R、G和B值的最小值;S和I值的区间为$[0,1]$;H值的取值区间也由$[0,360]$标准化为$[0,1]$。

3.2.2　土石混合体数码图像建模分析与流程

根据以上数码图像数字成像原理,不同属性的物质在数码图像中对应像素的各图像指标一般有不同值。由于土石混合体中块石与土具有较为明显的物质差异,数码图像中块石与土对应像素各图像指标是否具有明显的差异呢? 本节将在详细分析土石混合体数码图像数字信息的存储方式的基础上,实现其结构模型的自动生成。

3.2.2.1　土石混合体图像数据存储

图3-2是在澳大利亚西部海岸堆积的土石混合体的数码图像。该图像清晰地表明,土石混合体中土与块石在图像信息上对比较为明显。根据前文关于数码图像成像原理的分析,图像是以阵列式的矩阵数字表达图像信息;那么土石混合体照片中块石与土体的图像数字信息是否也有显著的差异呢? 针对这一问题,我们应用MATIAB中已有的获取红绿蓝值的函数$f_k(i,j)$对图3-2进行了其图像红、

绿、蓝值的分析；同时，详细、具体地阐述了数码图像数字表达的原理。鉴于图 3-2
反映的土石混合体中数字信息很多，本书只取能代表块石与土的图像局部区域进
行分析，即图中右侧放大的 15×10 像素区域。

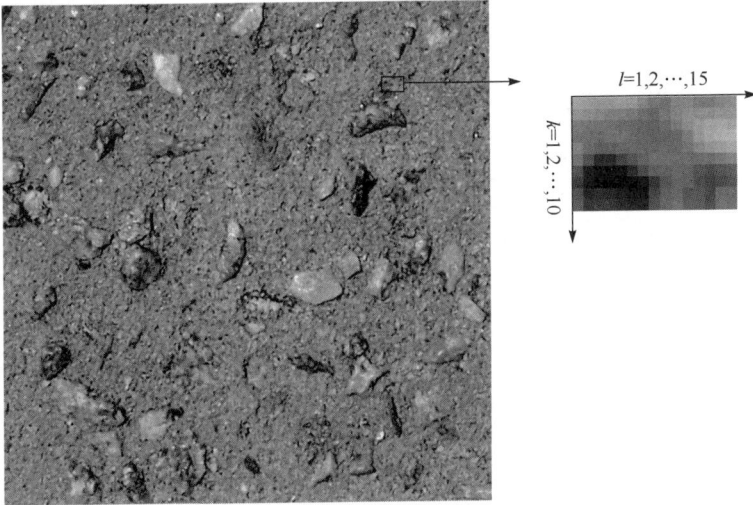

图 3-2　土石混合体数码图像及其局部放大

　　表 3-1～表 3-3 给出了研究的土石混合体局部区域的红、绿、蓝值（图 3-2 右
侧）。各表中的列对应该图像区域中的 l 方向，行对应区域中的 k 方向，表中每个
数字即为图像区域中对应像素的红、绿、蓝值。这也就是数码图像对于实体的数字
存储与表达形式。将表中数据与图像局部区域对比发现，各表中左下角部分（表中
加黑数字）的位置总体上基本与图像中岩石位置对应。这表明图像中各像素的红、
绿、蓝值都基本反映块石与土体颜色属性的差异，也为其结构模型的建立提供了基
本数据。

表 3-1　土石混合体试样图像局部红值

176	177	182	180	170	156	154	168	172	162	160	171	178
160	156	155	153	148	142	155	170	178	178	180	184	186
143	142	140	139	137	138	147	158	175	188	197	198	196
137	141	144	143	140	139	138	145	162	186	201	206	207
124	127	135	137	137	139	143	144	152	169	183	192	198
91	**92**	**105**	**118**	131	142	144	144	143	144	148	154	162
65	**66**	**78**	**93**	**112**	129	132	137	136	125	121	127	133
63	**63**	**65**	**70**	**85**	102	121	134	135	122	116	124	128
85	**84**	**81**	**78**	**80**	106	126	135	124	125	118	142	140
87	**86**	**85**	**81**	**84**	110	127	137	124	124	119	144	144

表 3-2　土石混合体试样图像局部绿值

166	161	157	158	161	159	144	130	126	140	142	133	129	141	145
151	146	141	136	135	132	123	116	129	142	150	149	149	154	153
128	127	125	124	122	119	115	113	122	132	147	160	168	169	166
126	123	123	127	128	124	119	117	116	120	136	158	173	177	178
137	123	112	115	120	122	120	120	122	122	130	145	158	164	170
125	102	**82**	**83**	**94**	105	116	125	125	123	123	122	124	130	137
101	**79**	**60**	**61**	**71**	**83**	**101**	116	117	120	117	105	100	106	109
94	**77**	**62**	**60**	**62**	**65**	**75**	90	108	119	118	103	96	103	107
103	**83**	**85**	**84**	**79**	**75**	**74**	99	115	122	107	106	98	123	119
108	**87**	**90**	**89**	**83**	**79**	**78**	103	117	124	109	108	99	125	123

表 3-3　土石混合体试样图像局部蓝值

160	155	153	154	160	158	145	131	125	137	140	127	124	133	136
147	142	137	135	134	131	126	117	130	141	147	145	144	146	146
126	124	123	124	122	120	118	116	125	133	146	157	164	163	158
125	122	123	127	131	128	124	120	119	123	137	157	170	173	172
136	122	114	117	125	127	126	124	127	125	132	145	154	160	166
127	104	**87**	**88**	100	112	123	131	131	128	125	124	122	126	133
104	**82**	**66**	**67**	**78**	**91**	109	125	124	126	121	107	99	103	105
99	**82**	**68**	**67**	**71**	**72**	**84**	100	117	126	124	105	97	100	104
110	**90**	**93**	**92**	**90**	**84**	**84**	107	123	129	113	108	99	119	116
117	**96**	**99**	**98**	**94**	**90**	**88**	111	126	131	114	109	100	121	120

另一方面,图像红、绿、蓝值在表征块石与土时与实际情况仍存在一定差异,即根据图像红、绿、蓝值差异对所选区域中块石的界定(各表中加黑数字部分)不完全一致。究其原因,不同属性材料对红、绿、蓝颜色的体现不一致。因此有必要充分考虑不同颜色对于材料属性的表征,而 HIS 图像格式就更能考虑不同颜色的影响。本书在建立土石混合体结构模型时采用的图像信息即为 HIS 图像格式数据,其具体分析将在后面实例分析中讨论。

此外,各表数据还表明块石与土体数据差异不是很大,这可能导致在建立整个试样的结构模型时区分土体与块石的图像指标阈值不易确定。因此,有必要对土石混合体数码图像进行预处理,以放大块石与土的差异,即通过 Photoshop、Adobe Photodeluxe 等图像软件修改图像的对比度和亮度以及消噪等处理。

3.2.2.2　结构模型生成思路、流程与程序编制

通过前面的分析，我们可以从数码照片中提取可以区分土石混合体中块石与土的图像数字信息。那么，如何将这些信息用于实体数值结构模型的建立？这是一个信息传递的问题。

图像像素是正方形的，而实体数值结构模型建立时单元的形状、尺寸是可以设定的，如三角形、四边形等（二维问题），因此，我们可以在建立结构模型时将其单元设定为正方形，并与图像像素一一对应起来；其单元尺寸大小并不必须与像素大小完全一致，但各个单元的尺寸必须完全一致。这样就可以将图像像素的信息逐一传递给结构模型的各个单元，再根据这些单元信息区分模型不同的材料。因此，总体上基于数码图像土石混合体结构模型的自动生成可以概括如下（图 3-3）：

（1）数码照片获取。尽可能以高分辨率采集土石混合体图像，拍摄前一定将浮土等影响图像真实、清晰的物质清除。

（2）预处理。受野外光线等影响，土石混合体实测数码照片一般需要预处理

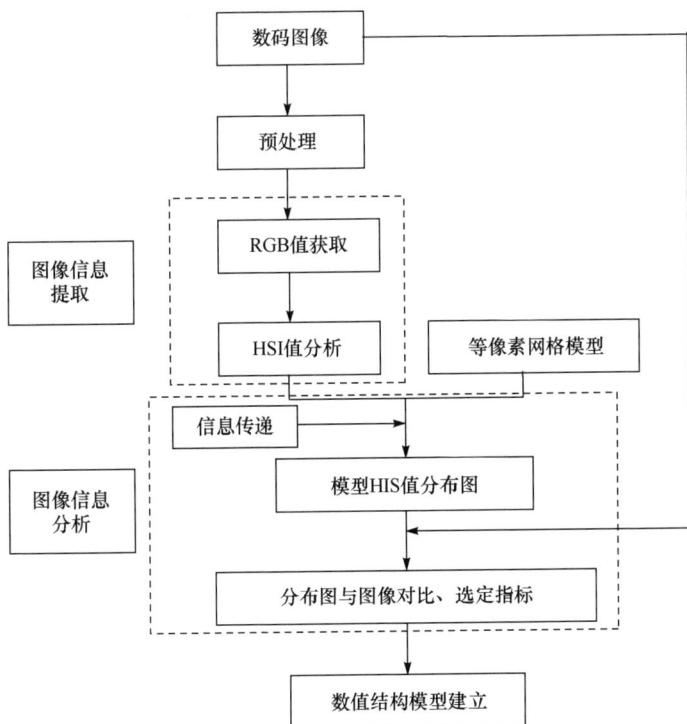

图 3-3　基于数码图像土石混合体结构模型自动生成流程图

以获得更好的图像信息并加大图像中块石与土的对比度。一般是通过图像软件根据块石的边界进行修改,包括图像的对比度和亮度以及消噪等处理。

(3) 提取数据。将待研究土石混合体数码照片导入程序,并计算图像各像素 RGB 格式与 HSI 格式的各图像指标值,即 R、G 和 B 值以及 H、S 和 I 值。

(4) 信息传递。将图像像素与模型单元一一对应起来,并把图像信息传递到对应单元。

(5) 指标比选。将各指标(不同图像信息)在图像域中值的分布以图像形式表达,并分别将之与数码图片对比,选择最能表达原数码照片的指标及土(或块石)对应的指标阈值或区间,即该指标低于阈值或属于该区间的像素都为土(或块石),其他的像素都为块石(或土)。

(6) 模型建立。根据选定的指标及其阈值(或区间)建模,进行土与块石的各物理力学参数的赋值,并根据块石像素数量与图像总像素数量之比计算土石混合体数码照片的含石率。

根据以上对土石混合体结构模型自动生成思路与流程的分析,我们基于 MA-TIAB 软件中直接获取 JPEG 格式图像红绿蓝值的函数 $f_k(i,j)$,在 MATIAB 平台下开发基于数码图像土石混合体自动建模程序 DIB-rsa,其代码详见表 3-4。

表 3-4　基于数码图像土石混合体自动建模程序代码

```
function a=DIB-rsa(x,y)
%    A=DIB-rsa(X,Y)interpolates rock fracture aperture from sampled data.
%    X and Y are coordinates for node points in an unstructured grid.
%    A is the interpolated color in the node points.
%    L and W represent actual size of the sample.
MeshLength=0.60;
MeshWidth=0.60;
im=IMREAD('sample.JPG');
%im=rgb2hsv(im);
[k,l,m]=size(im);
Ar=zeros(k,l);
Ag=zeros(k,l);
Ab=zeros(k,l);
for n=1:k
    for o=1:l
        %value of RGB
        Rd=double(im(n,o,1));
        Gd=double(im(n,o,2));
        Bd=double(im(n,o,3));
        Ar(n,o)=Rd;
```

```
        Ag(n,o)=Gd；
        Ab(n,o)=Bd；
        %normalized RGB
        R=double(im(n,o,1))/255；
        G=double(im(n,o,2))/255；
        B=double(im(n,o,3))/255；
        %value of Hue in degree
        if(R~=G||R~=B)
            H(n,o)=acosd(0.5*(2*R-G-B)/sqrt((R-G)^2+(R-B)*(G-B)));
            if(B>G)
                H(n,o)=360-H(n,o)；
            end
        else
            H(n,o)=0.0；
        end
        %value of Saturation
        %find the min(R,G,B)
        if(R<G)
            temp=R；
        else
            temp=G；
        end
        if(B<temp)
            temp=B；
        end
        if(R+G+B~=0)
            S(n,o)=1.0-3.0/(R+G+B)*temp；
        else
            S(n,o)=0.0；
        end
        %value of Intensity
        I(n,o)=(R+G+B)/3.0；
    end
end
Ar
Ag
Ab
%Obtain the value of H,S and I,and normalized to [0 1]
%Rn is the number of rock in the sample
bm=I；
Rn=0；
```

```
for n=1:k
    for o=1:l
        if(bm(n,o)>=0&bm(n,o)<0.75)
            Rn=Rn+1;
        end
    end
end
Rn
% Create sample coordinates.
[m,n]=size(bm);
dx =(MeshLength/m)*(1+0.02);
dy =(MeshWidth/n)*(1+0.02);
%dx*(m-1) should larger than the 1,which is the side length of domain,otherwise the data %near the
boundary should not be obtained. The side length of model in FEMlab is 1.
[x1,y1]=meshgrid(0:dx:(n-1)*dx,0:dy:(m-1)*dy);
% Interpolate from rectangular grid to unstructured grid.
a=interp2(x1,y1,bm,x,y);
```

3.2.3　基于数码图像建模实例分析

　　以上从理论知识准备、原理以及技术实现等方面探讨了基于数码图像土石混合体结构模型的建立,下面就以澳大利亚西海岸两个土石混合体的实际数码图像为例,进行其结构模型的建立。如图 3-4 所示,试样 a 和 b 大小均为 0.6m×0.6m,对应图像像素为 300×300,也即由 90000 个像素构成。试样中块石多为石英或石英砂岩,土体充填物为红色的中-粗颗粒的砂土,固结好且密实。图中清晰表明,块石与土体颜色差异较为显著。

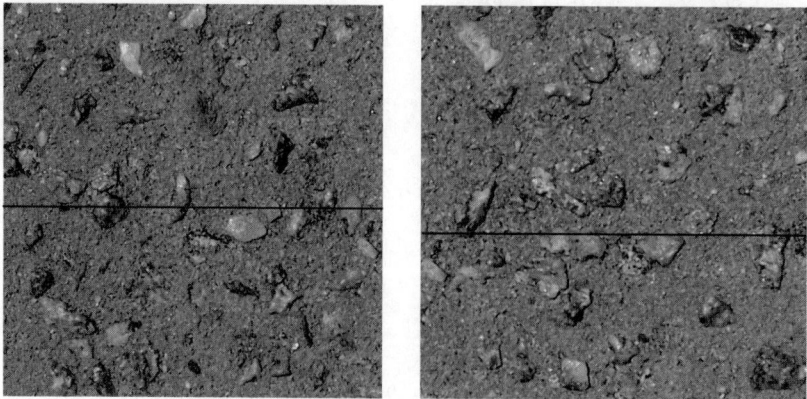

(a) 试样a　　　　　　　　　　　　(b) 试样b

图 3-4　土石混合体数码照片

(澳大利亚西部海岸堆积)

3.2.3.1 图像数据获取与分析

根据 DIB-rsa 程序,我们可以得到土石混合体试样 a 和 b 图像的 R、G 和 B 值,均为 300×300 的矩阵,这也是待分析两个试样的基本图像数字信息。考虑到该矩阵数据量太大,本书不给出其详细数据。同时,该程序还计算并给出了试样 a 和 b 图像的 H、I 和 S 值。本书以各指标空间分布图形式表示,分别如图 3-5 与 3-6 中(a1)、(b1)和(c1)所示。为了更清晰地显示图像对土石混合体中块石与土差异的数字体现,本书还沿试样指定断面绘制了图像 H、I 和 S 值变化与块石和土的实际分布对比分析图,这也为其结构模型建立所需指标及其阈值的选定提供更直观的依据,如图 3-5 与 3-6 中(a2)、(b2)和(c2)所示。

试样 a 中,图像 H、I 与 S 值分布都很好地反映了块石与土体在试样中的空间分布,如图 3-5(a1)、(b1)和(c1)所示;而试样中部 $y = 0.3m$ 处 H、I 与 S 值与其块石实际分布对比也均显示了土体与块石具有明显不同的 H、I 与 S 值,如图 3-5 (a2)、(b2)和(c2)。将 H、I 与 S 值仔细与块石实际分布对比,并考虑到块石与土接触界面的岩石颜色的弱化,该试样最后取 $H \leqslant 0.8$ 为块石、其余都为土作为该试样结构模型建立的基本指标。根据 DIB-rsa 程序对块石图像像素数的计算,$Rn = 16583$,即该试样体积含石率为 18.5%。

试样 b 中,图像 H 与 I 值分布图较好地反映了块石与土体在试样中的空间分布,如图 3-6 中(a1)与(b1)所示;而 S 值分布图虽也能模糊看到块石的轮廓,但难以准确界定块石的边界,如图 3-6 中(c1)。同样,试样中部 $y = 0.25m$ 处 H、I 与 S 值与其块石实际分布对比也表明,H 与 I 值更为准确地显示了块石与土体地差异,如图 3-6 中(a2)、(b2)和(c2)。经对 H、I 与 S 值与块石实际分布反复对比,确定 $H \leqslant 0.85$ 为块石、其余都为土作为该试样结构模型建立的基本指标。根据 DIB-rsa 程序对块石图像像素数的计算,$Rn = 20424$,即该试样含石率为 22.7%。

根据土石混合体实体图像(图 3-4),两个试样中块石与土颜色差异看似基本一致,但图像数据分析显示其 H、I 与 S 值还是存在较大差异。这一方面表明数码图像对实体信息的精确表达,即使实体很小的图像差异也能区别;另一方面也说明在进行基于数码图像建模时,要慎重选用图像指标、准确确定其阈值。

3.2.3.2 结构模型建立

前面探讨了土石混合体图像数据的获取。如何将这些图像数据转化为数值分析中可用于计算的力学数值模型?这里需要对图像的格式特点与数值模型中常用的单元格式进行对比,并将数值模型中的单元特征值转化到图像格式中。由于图像数据为正方形的 pixels,而数值模型也有正方形单元,因此可以直接用图像中的 pixels 作为数值模型中的基本单元(如果单元足够小,可以表达任何形状的结构

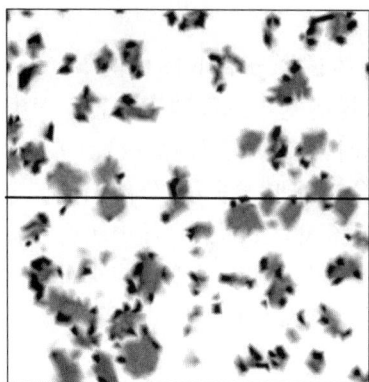

(a1) H值分布图

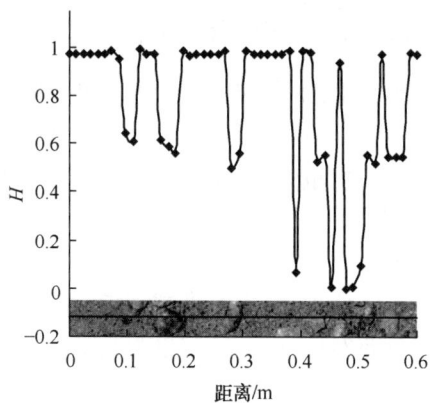

(a2) y=0.3m处H值与块石分布对比

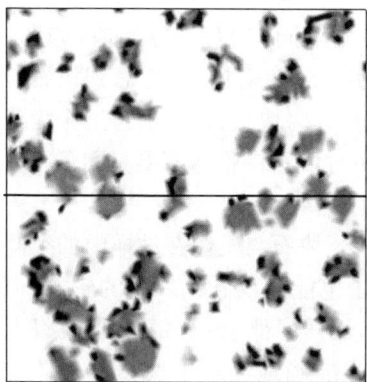

(b1) I值分布图

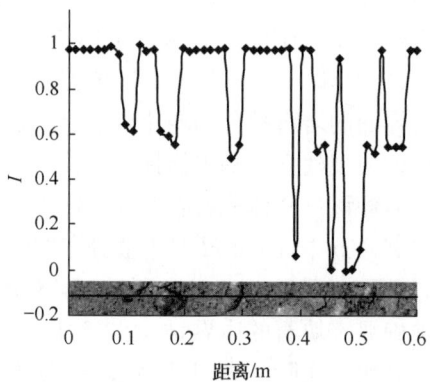

(b2) y=0.3m处I值与块石分布对比

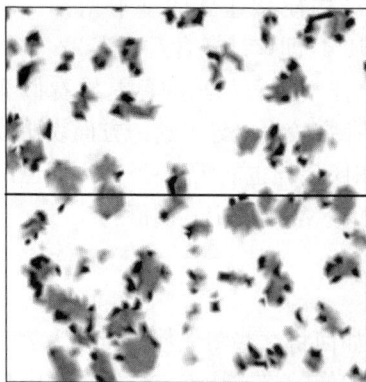

(c1) S值分布图

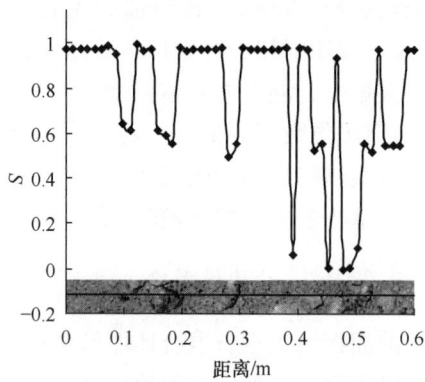

(c2) y=0.3m处S值与块石分布对比

图 3-5　试样 a 的图像 HIS 值及其指标分析对比图

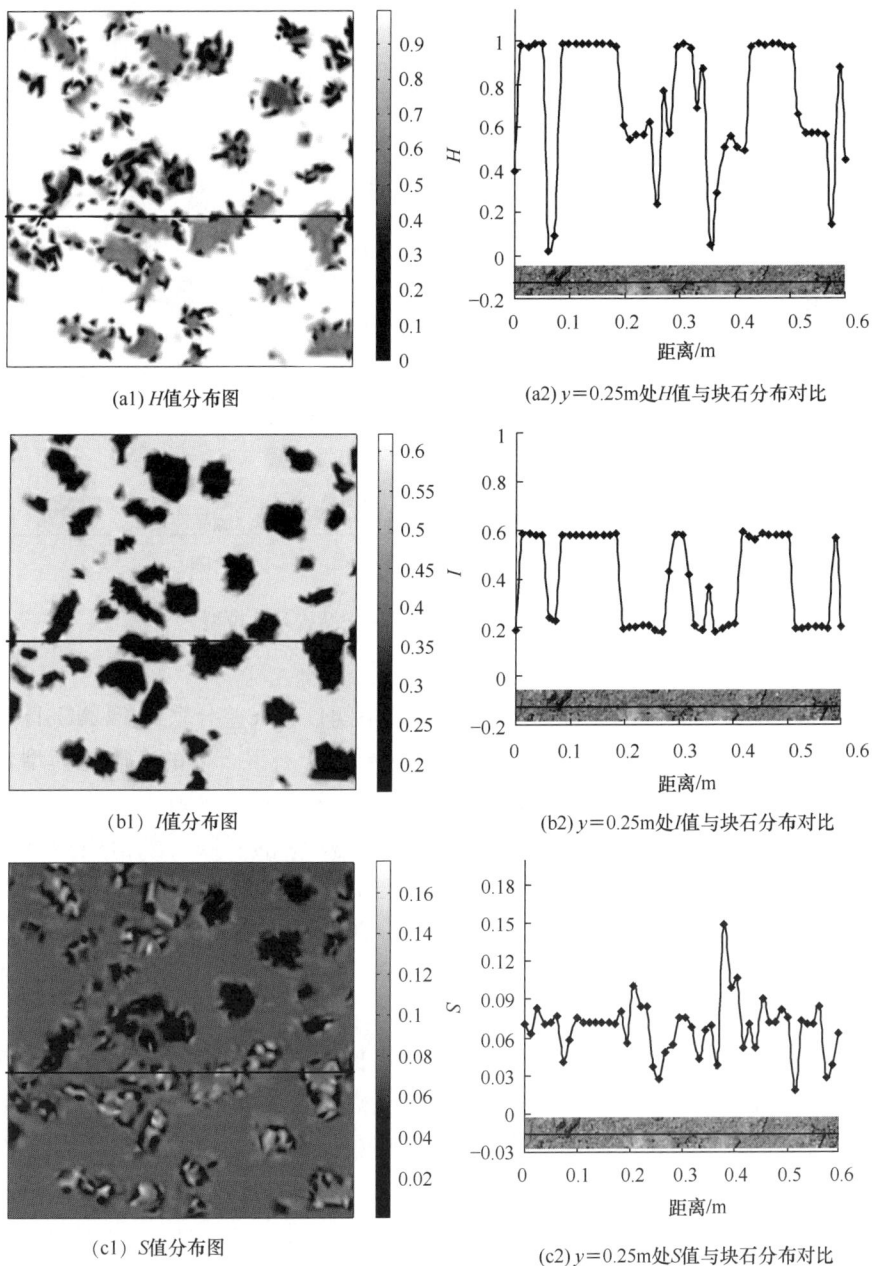

(a1) *H* 值分布图

(a2) *y*=0.25m 处 *H* 值与块石分布对比

(b1) *I* 值分布图

(b2) *y*=0.25m 处 *I* 值与块石分布对比

(c1) *S* 值分布图

(c2) *y*=0.25m 处 *S* 值与块石分布对比

图 3-6　试样 b 的图像 HIS 值及其指标分析对比图

体，现有计算机技术完全可以满足）。为达到这一目的，本章研究应用了直接拥有这一功能 COMSOL Mutiphysics 软件，该软件具有开放再开发特点的，且可以进行渗流、力学、温度等多物理场的计算分析。该软件与 MATIAB 兼容,可以直接调用前文的 DIB-rsa 程序,因此,我们可以根据前文对两个土石混合体试样的图像指标及其阈值,直接生成其有限元数值模型,如图 3-7 所示。

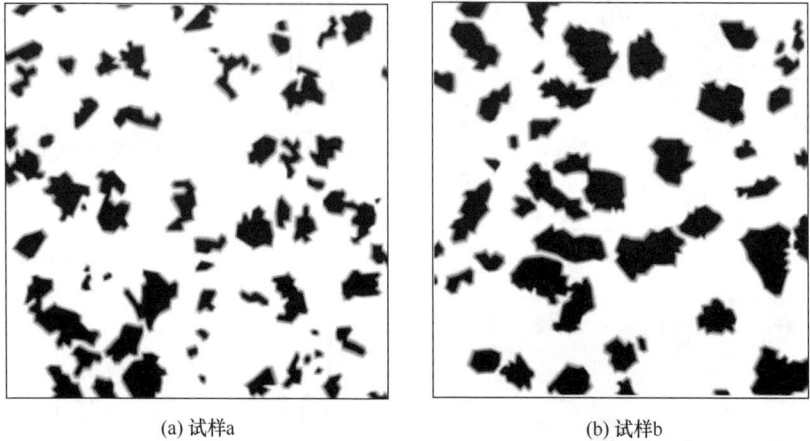

(a) 试样a   (b) 试样b

图 3-7　COMSOL Mutiphysics 中结构几何模型

(黑色为块石、白色为土)

此外,本书后续研究中用到了基于快速拉格朗日有限差分软件 FLAC3D 进行有关土石混合体的力学特征分析。因此,有必要将土石混合体的有限元模型转化为有限差分模型。由于 COMSOL Mutiphysics 而 FLAC3D 程序是一个相对封闭的计算环境,但其数值模型和 COMSOL Mutiphysics 的有限元数值模型基本一致,即都是由单元、节点及其属性构成,因此,通过对两种软件中数值模型单元、节点及其属性记录数据格式的对比,本节编写了 COMSOL Mutiphysics-FLAC3D 数值模型格式转换程序,得到 FLAC3D 建模的单元数据文件,并生成土石混合体的 FLAC3D 数值模型,如图 3-8 所示。

通过将生成的数值模型与实际数码图像对比发现,数值模型基本真实、准确地反映了土石混合体中块石与土体的实际分布特点。这也表明本书提出的基于数码图像的土石混合体结构模型建立的方法与程序可行、有效。需要指出,数值模型在块石与土体接触边界上与实体有一些出入。究其原因,一方面受计算机技术限制,单元精度不够,即图像像素虽可以达到 500 万,甚至更多,但数值模型中单元数仍是有限的;另一方面,块石与土体颜色差异在接触边界上过渡大多是连续的,块石边界一定程度被弱化了,块石与土体差异并不十分显著。

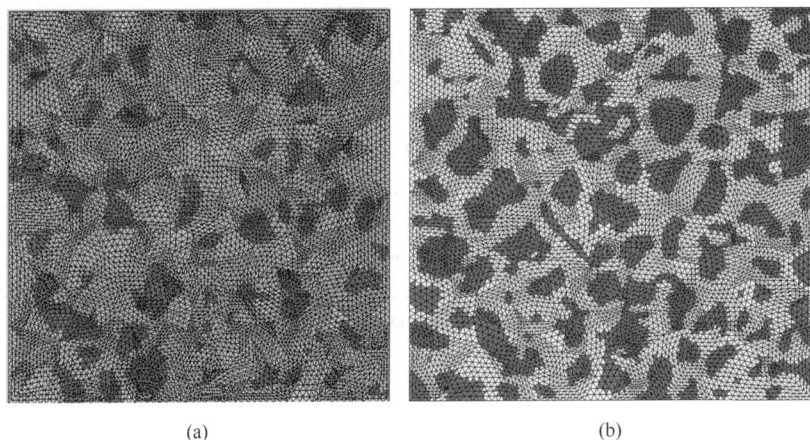

(a)   (b)

图 3-8 FLAC3D 中结构几何模型

3.3 基于数码图像的线框结构模型

数码照相是获取物体数字化信息最直接最有效的手段。在对土石混合体进行野外地质勘察的时候,对很多剖面不同种类的土石混合体进行了数码照相。在这些照片的基础上,首先经过灰度处理,然后对此图像进行识别,生成只包含点和线的线框模型。之后,可通过计算软件识别直接建立用于数值计算的力学模型[4,5],其流程图如图 3-9 所示。

3.3.1 数码照片的图像处理

数码图像是一种基于有损压缩的 JPEG 图像格式,它包含了丰富的数字信息。但是普通数码相机拍摄的照片是彩色的(图 3-10),不能直接应用于图像识别。与前一种方法一样,基框结构模型的建立也需要提前通过图像处理软件如 Photoshop、Adobe Photodeluxe 等将土石混合体图像进行预处理,而这里是将其处理成灰度图像(图 3-11)。

在灰度图像中,不同的只是颜色的深浅,不同的材料区域应该有不同的颜色属性。这时可以给出一定的颜色阀值,对所有的小单元体进行循环,判断其颜色值,大于此阀值的定为石,小于的则定为土。如果小单元体取的足够小,则可以直接识别出砾石的形状、大小和数量。目前这样的软件多使用在土的微结构研究中[6],如原地质矿产部水文地质与工程地质研究所与合肥工业大学合作开发的土体微结构图像分析计算机系统(MIPS)。本节将灰度图像导入 COREDRAW,充分利用 CORE-DRAW 的自由绘图功能实现图像的人工识别,即利用多义线对土石体中的砾石进行任意形状的逼近。这时就可以生成只包含点和线的线框模型,如图 3-12 所示。

```
┌─────────────────┐
│     数码照片      │
└─────────────────┘
         │
         ↓←──────────── 灰度处理
┌─────────────────┐
│     灰度图像      │
└─────────────────┘
         │
         ↓←──────────── 图像识别
┌─────────────────┐
│     线框模型      │
└─────────────────┘
         │
         ↓←──────────── 信息提取
   ┌─────┼─────────────────┐
   ↓     ↓                 ↓
┌────────┐  ┌────────┐  ┌────────┐
│ 面的信息 │  │ 线的信息 │  │ 点的信息 │
└────────┘  └────────┘  └────────┘
   │           │
   └───┬───────┘
       ↓                        ↓
┌──────────────┐          ┌──────────┐
│  模型的量化指标  │          │  力学模型  │
└──────────────┘          └──────────┘
```

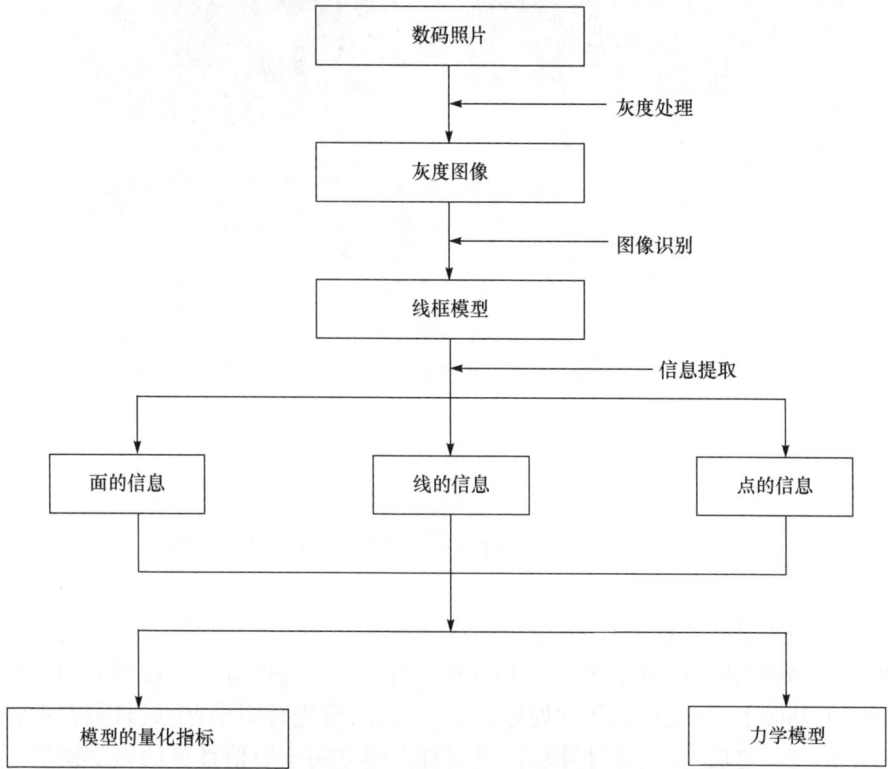

图 3-9　基于数码图像线框结构模型的建立流程图

图 3-10　土石混合体的数码照片

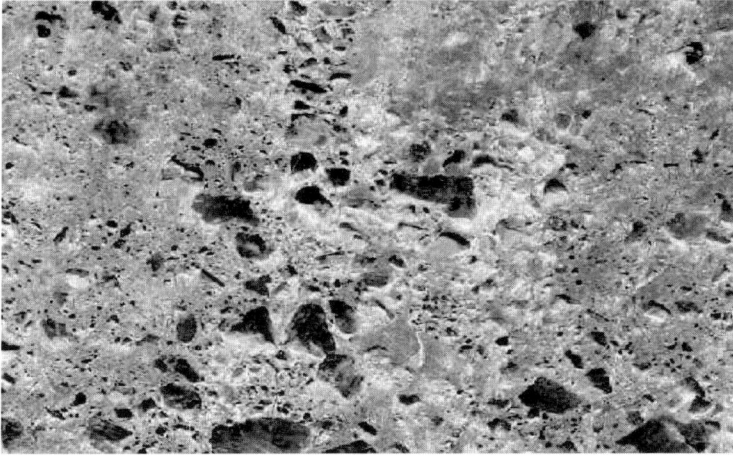

图 3-11　经过灰度处理的灰度照片

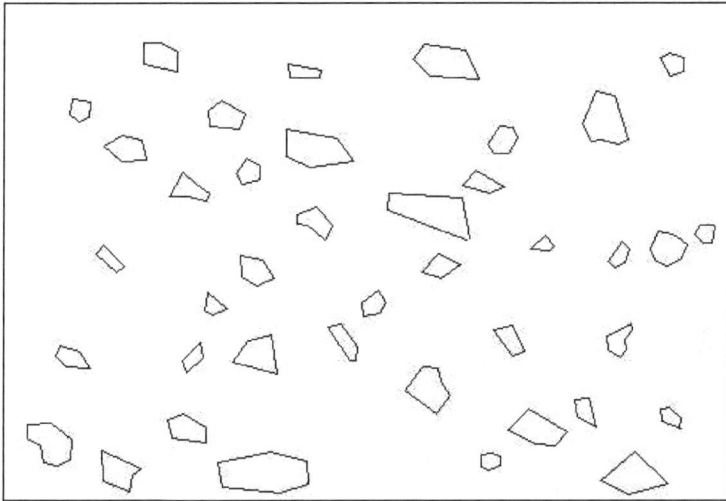

图 3-12　经过图像识别处理的线框模型

　　在对土石混合体进行室内实验时,必须遵循前面关于尺寸效应中制定的原则,即对于和试样尺寸相比异常大的砾石(最大粒径大于试样最小尺寸的 1/5)予以剔除。这时现场通常的做法是补充相同数量的、粒径符合要求的砾石,但是这样可能得不到理想的结果。而在数值实验中,则可以根据试样的实际结构来建立模型,当然对于较小的砾石(即最大粒径约小于试样尺寸的 1/100)不予考虑。因此,这里给出的这一实例(图 3-12)并没有和原图(图 3-11)严格对应,而是作了一定的简化和处理。

3.3.2　量化信息的提取

前面所生成的线框模型(图 3-12),仅包含点和线,每条线由两端点组成。图中最外面的四条直线围成一个长方形环,构成了试样的轮廓。中间 40 个是由线组成的不同形状的环,每个环代表一个砾石块体,由此构成了土石混合体的结构分布图。在这个结构图上,可以提取很多有用的信息,以用于下面的分析中。

提取量化信息的工具,采用国际知名的通用有限元程序 ANSYS。ANSYS 具有强大的前处理功能,具备较强的图像处理功能,可以由"点-线-面"通过多条线围成一个面,再由多个面的内部形成体;还具有强大的实体模型库,用于直接建立不同形状的体。此外,该软件具有强大的单元网格自动划分方法,比较适合于复杂的模型。对于从"数码图像-线框模型-力学模型"的建模方法中,从图像到线框模型的建立是较为关键的一个过程,即图像量化信息的提取。这里采用 COREDRAW 与 ANSYS 两个软件的联合处理,下面详细介绍。

由 COREDRAW 生成的线框模型包含了基本的点和线,导入到 ANSYS 以后,这些点和线就被识别为建模所需的关键点和线,组成环的几条线就可以围成一个面,每个面代表一个砾石块体。因此经过 ANSYS 处理以后,就可以输出以下信息:

(1) 面的信息,包括面的序号、组成面的线的条数和编号、面的面积、面的类型等。

(2) 线的信息,包括线的编号、线的两个节点、线的长度等。

(3) 点的信息,包括点的编号、点的 xyz 三个方向的坐标。

根据这些信息,就可以统计出以下量化指标:

(1) 砾石块体的面积。这可以由面的信息直接得出,在图 3-12 中,砾石的总面积为 0.126m^2。

(2) 砾石块体的周长。周长是由组成面的各条线的长度求和得来的(图 3-13),即根据下式得到:

$$P = \sum_1^n l_i \tag{3-5}$$

式中,P 为砾石块体的周长;l_i 为块体某边的长度;n 为块体的边数。

(3) 土石混合体的含石率。它可以定义为各个砾石块体的面积总和与试样总面积的比率,其公式为

$$h = \frac{\sum_1^n A_i}{A} \tag{3-6}$$

式中，h 为含石率；A_i 为某一块体的面积；A 为试样的总面积。

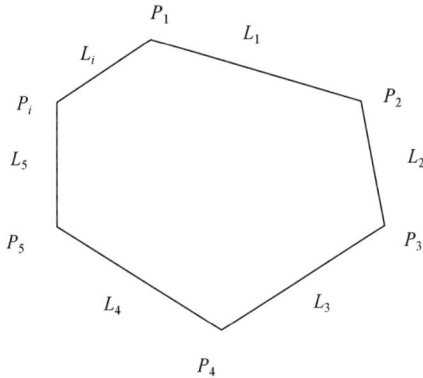

图 3-13　块体周长计算示意图

试样的总面积是 $1.5\mathrm{m}^2$，砾石的总面积为 $0.126\mathrm{m}^2$，所以含石率为 8.4%。很明显，含石率的不同将带来强度的差异。

（4）砾石的面周比。面周比即面积和周长的比值：

$$a = \frac{A}{P} \tag{3-7}$$

式中，a 为块体的面周比；A 为块体的面积；P 为块体的周长。

这个参数可以反映砾石块体的粗糙程度。对于面积相等的三角形、正方形和圆，其周长，圆最小，三角形最大。由此而引起的圆形块体的磨圆度最好，而三角形的最差。因此面周比越大，磨圆度越好。进而影响土石混合体的力学性质，所以可以将这个参数反映到土石混合体的强度公式中去。

（5）砾石块体的长细比。长细比即块体最长直径与最短直径的比值，如图 3-14 所示。对于三角形和四边形来说，长细比为最长边与最短边的比值。

$$b = \frac{\max(l_{ij})}{\min(l_{ij})} \tag{3-8}$$

式中，b 为块体的长细比；$\max(l_{ij})$ 为最长的内径；$\min(l_{ij})$ 为最短的内径。l_{ij} 代表 P_1P_3、P_1P_4、P_1P_5、$\cdots$、P_1P_n、P_2P_4、P_2P_5、$\cdots$、$P_{n-2}P_n$，即某节点与非相临节点连线的长度。

块体的长细比反映了块体的尖锐程度，长细比越大，块体越尖锐，对土石混合体的强度越不利。因此也可把长细比作为影响其强度的一个因素。

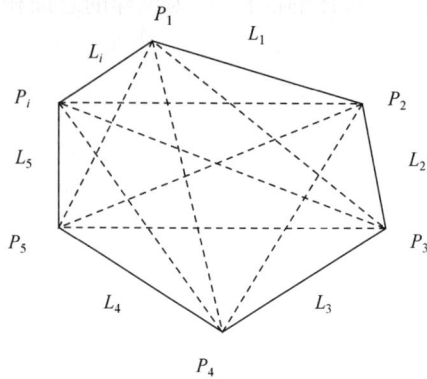

图 3-14　块体细长比计算示意图

3.3.3　结构模型的建立

由 COREDRAW 生成的线框模型在 ANSYS 中构造实体模型。首先用环上的线构造面,每个环形成一个面,每个面代表一个块体;同时还可以通过 ANSYS 中图形变换功能将不同的面组合成三维实体。但是在这个过程中需要注意的是,在构建三维实体前必须对每个面赋以不同的参数,以便有限元计算模型的参数赋值时中对不同的材料进行分组。之后,即可以由 ANSYS 进行实体的自动网格划分,建立具有力学特征的结构模型。

需要指出的是,ANSYS 还可以将结构模型的网格单元信息输出,再通过接口程序生成其他计算软件所需要的网格模型。例如,本书后续章节分析所用的快速拉格朗日差分法 FLAC3D 程序中土石混合体网格模型即是由这一方法建立的数值结构模型。下面也简单介绍一下 ANSYS-FLAC3D 之间结构模型的转换实现过程[7]。

1) FLAC3D 与 ANSYS 单元数据关系

要将 ANSYS 所生成的单元数据文件为 FLAC3D 利用,有必要掌握 FLAC3D 与 ANSYS 单元数据之间的关系。在模拟对象的单元处理上,FLAC3D 与 ANSYS 都提供丰富的单元形状。根据地质体的特征和计算精度要求以及单元形状的空间展布特点,仅考虑以下五种单元形状:六面体、五面楔形体、五面锥形体、四面体和圆柱体。这五种单元体基本能满足各种地质体数值模型的建立。这两种软件所采用单元节点编制对应关系如表 3-5 所示。此外,由于有限元程序 ANSYS 存在单元退化和二次单元等问题,而 FLAC3D 则只能通过对 ANSYS 单元退化节点的判断用低节点的单元替换退化的高节点单元。例如,六面体单元可退化为五面楔形体、五面锥形体和四面体,如表 3-5 所示。

表 3-5　ANSYS-FLAC3D 单元数据关系对照

单元类型	ANSYS 单元	FLAC 单元	备注
六面体	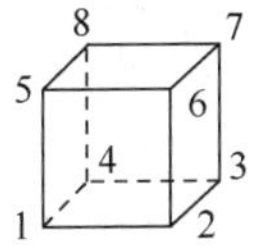	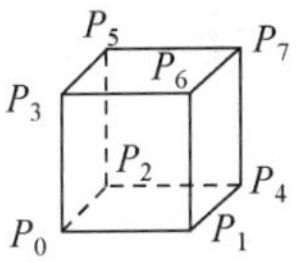	BRICK 单元
五面楔形体	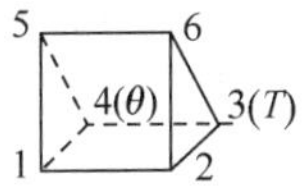	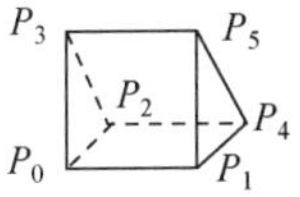	其 ANSYS 单元为 BRICK 退化单元
五面锥形体	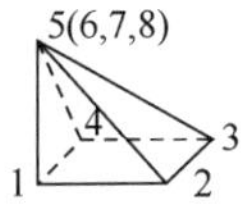	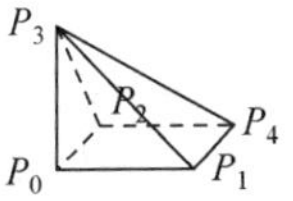	其 ANSYS 单元为 BRICK 退化单元
四面体（Ⅰ）	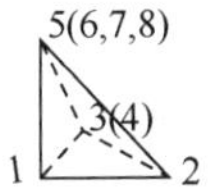	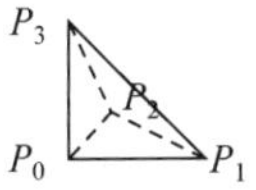	其 ANSYS 单元为 BRICK 退化单元
四面体（Ⅱ）	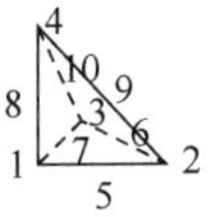	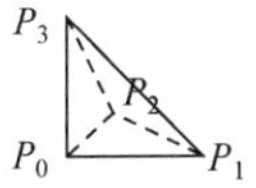	

2) 接口程序的编写

根据以上对 FLAC3D 与 ANSYS 单元数据关系的分析,作者利用 Visual Basic 语言编写了 FLAC3D-ANSYS 接口程序包。首先,程序将单元节点坐标转化成 FLAC3D 单元节点坐标;其次,根据 ANSYS 提供的单元信息 ele. dat 的文件格式特点,该程序自动判断其每一单元的形状(也考虑了退化单元的转换),并生成相应 FLAC3D 单元。该程序除了实现两种软件的单元数据的转换之外,还将 ANSYS 定义的不同实体遗传到 FLAC3D 中,并形成相应的 group,方便了计算参数的赋值。

最后,通过 FLAC3D 命令 call 调入由接口程序输出的数据文件,并加入边界条件、初始条件,以及岩土体的力学参数,即可生成数值模型。图 3-15 即为数码图像(图 3-10)经过基于数码图像线框结构模型建立方法所建立的 FLAC3D 数值结构模型。

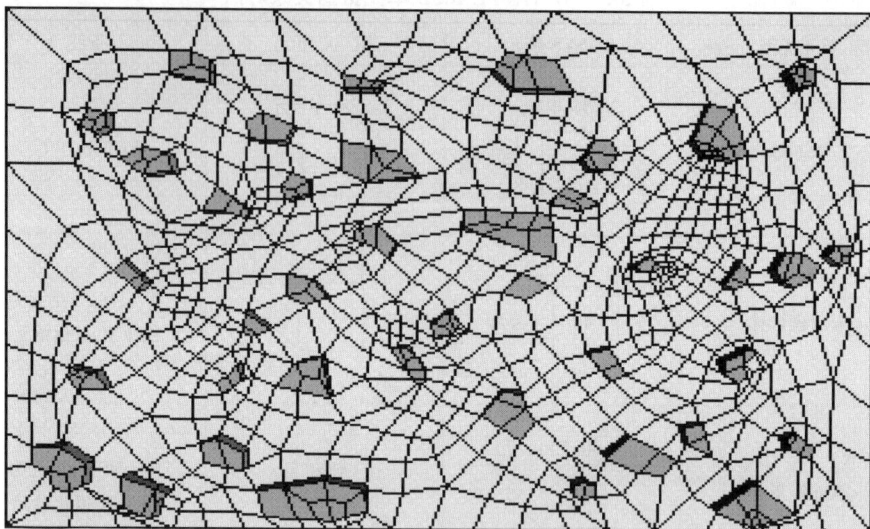

图 3-15　土石混合体实测结构模型

3.4　基于现场统计的土石混合体结构模型

现场统计是岩土力学野外调查工作中的重要手段和工作内容。尽管土石混合体的非均质性和非均匀性使得块石在整个介质中的分布杂乱无章，但研究中仍可以根据统计原理概化出块石的分布规律特点，以近似地反映土石混合体的空间结构。例如，蒙特卡罗(Monte-Carlo)法就是一种很好的模拟现场砾石随机分布的方法。另一方面，数码照相是研究现场实际情况的一种必要而有效的手段和方法，但是它同时也受到其他很多方面的约束。例如，很少能做到将所有研究的区域都进行照相；同时，也很难找到为某种研究目的而需要的理想剖面。这时，就需要找出一种能模拟现场砾石分布情况的技术和方法，它必须能生成符合各种研究目的而需要的结构模型。例如，为了研究土石混合体的力学性质与含石率的关系、土石混合体强度与砾石分布状态的关系、土石混合体变形破坏形式与砾石形状的关系等。因此，作者还提出了基于现场统计的随机结构建模方法，这也是对基于数码图像土石混合体结构模型的一种补充，在工程实践中具有一定的实用价值。

对三峡地区大量土石混合体的现场统计表明，土石混合体中块石的分布可以概化为块石大小、分布、方位、形状和含量等指标。而就某一土石混合体地质材料的研究对象(如单个滑坡、边坡等工程尺度地质体)而言，这些指标可以根据多样本统计并给出其分布规律，再根据这些规律编制图形绘制程序来再现土石混合体的空间结构，也即基于现场统计的土石混合体结构模型的建立方法。本节就以长江

三峡库区白衣庵滑坡区域的土石混合体为例来阐述这一方法在工程实践中的
应用。

3.4.1　块石分布统计方法研究

这里利用蒙特卡罗法来模拟土石混合体中砾石的大小、方位和空间分布,以建
立基于随机分布的土石混合体随机结构模型。蒙特卡罗法又称随机模拟方法或统
计计算方法,是一种由统计抽样理论所确定的随机变量在计算机上模拟的数值计
算方法[8-10]。它的应用非常广泛,在岩土工程中,用蒙特卡罗法进行节理裂隙的模
拟引起了广泛的注意,在不少工程中得到了实际应用;将蒙特卡罗法与有限元等数
值方法相结合而发展起来的随机有限元法,随机边界元法等方法正在得到进一步
发展。

基于蒙特卡罗法土石混合体结构特征表达的基本思想是:根据对土石混合体
的野外地质调查以及对典型试样的粒组分析和含石率统计,同时基于研究工程实
例的实际情况,假定砾石在土石混合体中的空间位置服从均匀分布,砾石的大小及
方位服从对数正态分布。首先,在某一研究区域中,均匀产生一位置点,然后给其
赋予大小和方位两个随机地质参数,由这些属性参数并利用 AutoCAD 或 ANSYS
的绘图功能,即可建立土石混合体的随机结构模型。

3.4.2　结构特征模型概化

对白衣庵滑坡 10 余个土石混合体试样进行了现场调查与统计,这里首先介绍
该区域土石混合体中块石大小、分布、方位、形状和含量等指标的概化,然后利用蒙
特卡罗随机模拟方法将其以统计函数的形式表达出来。

1) 块石的空间位置

土石混合体在分布上杂乱无章,块石往往随机散布在土石混合体中。因此,可
以假设块石在空间中的分布基本上服从随机分布。为此,在给定模型空间内产生
一系列随机分布的点(x_i, y_i)以确定块石的空间位置。

在随机模拟中,均匀分布的随机数的产生很重要。区间[0,1]内的均匀随机数
是指服从均匀分布随机变量的抽样值,所谓均匀分布是指其定义域内的任一点,它
出现的概率是均等的。在[0,1]区间上均匀分布的随机变量 X,概率密度函数为

$$f(x) = \begin{cases} 1 & (0 \leqslant x \leqslant 1) \\ 0 & (x < 0, x > 1) \end{cases} \tag{3-9}$$

分布函数:

$$F(x) = \begin{cases} 0 & (x < 0) \\ x & (0 \leqslant x \leqslant 1) \\ 1 & (x \geqslant 1) \end{cases} \tag{3-10}$$

均值和方差分别为

$$E[X]=1/2 \qquad Var[X]=1/12$$

产生[0,1]区间内均匀分布随机数的方法很多,但通常是数学方法,这种方法迅速简单、经济方便。然而用数学公式产生的随机数并非是真正随机的,因此称之为"伪随机数"。但是只要该随机数序列的均匀性、独立性和周期性能满足模拟要求,也可以当作真正的随机数应用。所以,对于产生 [0,1] 区间的随机数列必须满足以下要求:

(1) 较理想的均匀性和随机性;

(2) 统计上的独立性;

(3) 有足够长的周期,即在其达到循环之前,能产生足够使用的随机数;

(4) 产生的随机数可以复现,以便在相同的条件下模拟不同的结构设计方案。

目前基本上所有的计算机语言中,都有产生[0,1]区间随机数的函数[11,12],可以直接应用。本书采用 Visual Basic 语言中的 Random(0,1)函数得到随机数对(a_i,b_i),再分别乘以模型的长和宽求出块石在土石混合体结构模型中的随机分布点坐标(x_i,y_i),如图 3-16 所示。

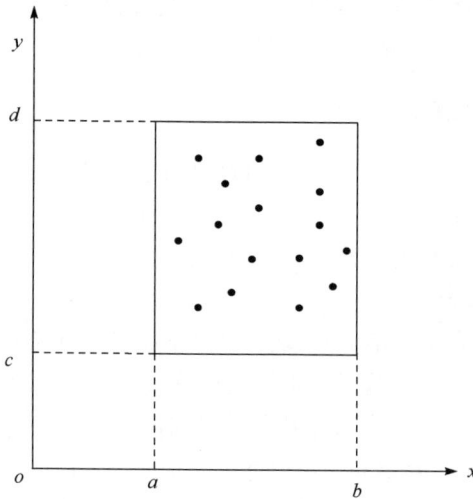

图 3-16　块石中心位置随机分布图

从总体上看,块体在试样中是均匀随机分布的,如图 3-16 所示。这里,由于考虑的是平面问题,所以需要产生的是一个随机分布的数对(x,y)。这就涉及一个二维随机变量的问题,x、y 分别是点的 X、Y 坐标。由实际情况可知,随机变量 x、y 是统计独立的,其联合概率密度函数为

$$f_{xy}(xy)=f_X(x)f_Y(y) \tag{3-11}$$

式中,$f_X(x)$为 x 的边缘分布密度函数。

这时可以运用前面单随机变量的情形,彼此分开和相互独立地生成每一个随机变量的随机数。在具体应用中,可以利用反函数法生成两个属于不同区间的随机序列,即

$$x=a+(b-a)r_i \quad y=c+(d-c)r_i \tag{3-12}$$
$$x_i \in [a,b], y_i \in [c,d]$$

由此可以得到一个随机数对 $(x_i、y_i)$,即在如图所示的区域内产生一个点。

2) 块石的大小

通过对滑坡区 10 余个点土石混合体的块石粒径量测,发现该区域土石混合体中块石大小基本服从对数正态分布,图 3-17 所示为一处滑坡的不同粒径组别直方图所示。图中横坐标分别代表不同的粒径组别,例如,1:0.5~1cm;2:1~2cm;3:2~4cm;4:4~6cm;5:6~8cm;6:8~10cm;7:10~12cm;8:12~14cm。

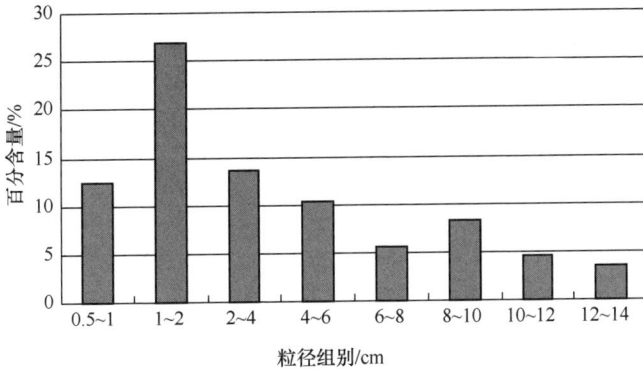

图 3-17　白衣庵滑坡土石混合体中块石大小分布

因此,由图中可以看出粒径的大小基本上符合对数正态分布,由一系列随机数 r_i 表述块石粒径的大小。r_i 符合对数正态分布,即

$$f(r)=\frac{1}{r\sqrt{2\pi\sigma^2}}\exp\left[\frac{-(\ln r-\mu)^2}{2\sigma^2}\right] \tag{3-13}$$

其均值为

$$\mu_r=\ln\mu+\frac{1}{2}\sigma_r^2 \tag{3-14}$$

方差为

$$\sigma_r^2=\ln\left(1+\frac{\sigma^2}{\mu^2}\right) \tag{3-15}$$

对数正态分布的密度函数 $f(r)$ 是偏正态的,如图 3-18 所示。由图可知,对数正态分布的随机变量 x 均在正值域取值,所以在工程中相当多的随机变量,如土的黏聚力、内摩擦角等都服从对数正态分布[13]。

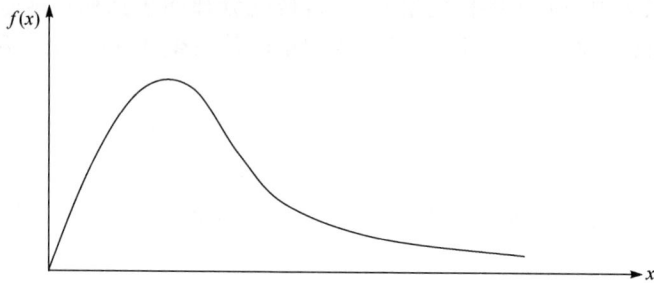

图 3-18　对数正态分布的概率密度函数

3）块石方位

将块石的方位定义为块石沿其中心点旋转过程中,某点和坐标原点连线与 x 轴正向的夹角,由于定义多边形可绕原点自由旋转,所以将夹角的区间定义为0°～360°,如图 3-19 所示。

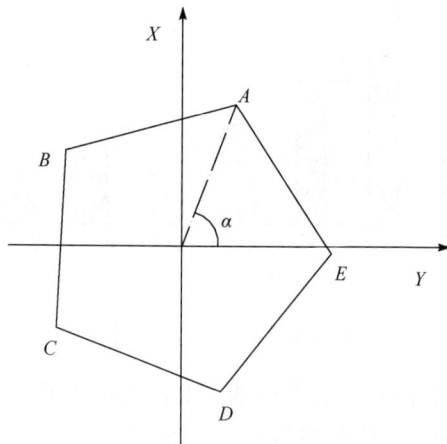

图 3-19　块石的方位角示意图

由于块石在空间的方位是随机的[14-16],很难确定其具体的方位是如何分布的,采用现场统计的方法难以实现,所以在这里将土石混合体的方位定义为随机分布,通过计算机生成一系列 0°～360°之间的随机数来确定每块块石在空间的具体方位。

4）块石的形状

现场调查表明,白衣庵滑坡区土石混合体主要是由滑坡堆积物形成,其中的块体磨圆度较好,大多为多边形或亚圆形。因此,本书采用了四边形、五边形、六边形、七边形和八边形的块石形状。用一系列均匀随机数 n_i 表述形状参数,$n_i=4$,5,6,7,8 分别表示四边形、五边形、六边形、七边形和八边形的块石形状,如图 3-20

所示。

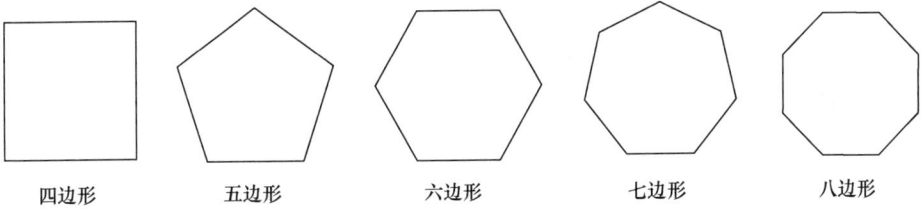

| 四边形 | 五边形 | 六边形 | 七边形 | 八边形 |

图 3-20 块石形状简化

5）含石率的确定

受重力搬运与堆积作用影响，滑坡形成的土石混合体在滑坡不同位置具有明显不同的含石率。根据现场统计，白衣庵滑坡土石混合体重量含石率在 23%～57%，其中具体 10 个统计点分别为：23.34%、32.57%、38.73%、40.47%、40.64%、41.78%、42.97%、44.18%、56.66%、57.55%。

因此，在土石混合体结构模型建立时要针对研究对象所处不同滑坡位置给出合适的值。本书研究中，定义所有块石面积之和与模型总面积之比为块石含量，即体积含石率（根据密度可以与重量含石率换算）。在土石混合体随机结构模型生成的程序中，我们定义了一个含石率变量，并确保所有块石面积与模型总面积之比等该变量。同时，设定任何两块石形心之间的距离大于两块石外接圆半径之和，以确保块石之间不因重叠而影响含石率的计算。

3.4.3 程序编制与模型建立

根据以上对土石混合体各几何指标特征的分析，我们编制了基于现场统计土石混合体随机结构模型生成程序。程序的具体编制思路及其代码这里就不作详细阐述。通过给定模型大小、边界以及块石的各指标信息，可以很容易生成土石混合体结构模型，如图 3-21 所示。

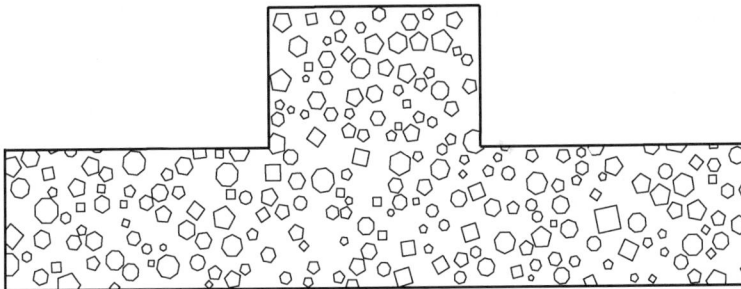

(a) 含石率30%

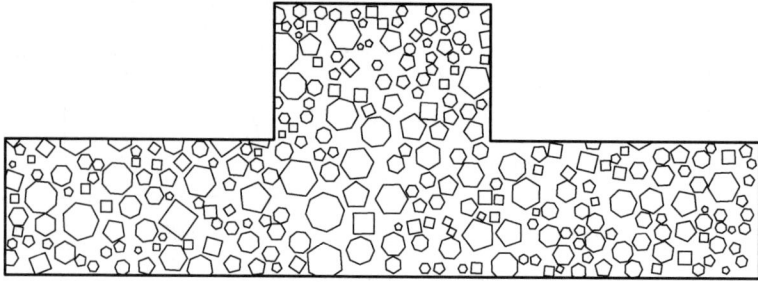

(b) 含石率45%

图 3-21　基于现场统计的土石混合体结构模型

　　本节提出的基于现场统计的随机结构建模方法,虽对土石混合体的实体结构信息有所简化,但其在一定程度上仍能代表这种地质材料的结构特点,且立足于岩土体传统颗粒,在工程实践中具有一定的实用价值。

参 考 文 献

[1] Zhu W C,Tang C A,Wang S Y. Numerical study on the influence of mesomechanical properties on macroscopic failure of concrete. Structural Engineering and Mechanics,2005,19 (5): 519-533.

[2] Zhu W C,Liu J S,Elsworth D,et al. Tracer diffusion-convection in a fractured chalk:X-ray CT characterization and DIB simulation. Transport in Porous Media,2007,70(1):25-42.

[3] Zhu W C, Tang C A. Micromechanical model for simulating the fracture process of rock. Rock Mechanics and Rock Engineering,2004,37 (1):25-56.

[4] 油新华,何刚,李晓. 土石混合体边坡的细观处理技术. 水文地质工程地质,2003,30(1): 18-21.

[5] 徐文杰,胡瑞林,岳中琦,等. 土石混合体细观结构及力学特性数值模拟研究. 岩石力学与工程学报,2007,26(2):300-311.

[6] 胡瑞林,李向全. 粘性土微结构的定量化研究进展//第五届全国工程地质大会文集. 北京: 地震出版社,1996.

[7] 廖秋林,曾钱帮,刘彤,等. 基于 ANSYS 平台复杂地质体 FLAC3D 模型的自动生成. 岩石力学与工程学报,2005,24(6):1010-1013.

[8] 王家臣. 边坡工程随机分析原理. 北京:煤炭工业出版社,1996.

[9] 祝玉学. 边坡可靠性分析. 北京:冶金工业出版社,1993.

[10] 黄运飞,冯静. 计算工程地质学. 北京:兵器工业出版社,1992.

[11] 阎凤文. 测量数据处理方法. 北京:原子能出版社,1988.

[12] 徐颖,谢德刚. Borland C++3.0 程序员指南. 北京:海洋出版社,1992.

［13］武明. 土石混合非均质填料力学特性试验研究. 公路,1997,(1):40-49.

［14］赵旭,冯克久. BASIC 实用程序 100 例. 北京:电子工业出版社,1985.

［15］Lilliu G,van Mier J G M. 3D lattice type fracture model for concrete. Engineering Fracture Mechanics,2003,70(7):927-941.

［16］Zhu W C,Tang C A. Numerical simulation on shear fracture process of concrete using mesoscopic mechanical model. Construction and Building Materials,2002,16(8):453-463.

第4章 土石混合体的现场原位试验研究

土石混合体是一类有别于岩体与土体的复杂地质介质,其力学特性的研究却远落后于土体与岩体,目前基本没有相关的理论与经验模型等。由于土石混合体具有物质组成的复杂性、结构分布的不规则性以及试样的难以采集性等固有特征,在实际工程中一般都将其以某类特殊土体来对待,岩土力学研究也尽量回避这个问题。因此,关于土石混合体力学特性的研究也鲜有报道。许多规范中往往在考虑土石混合体一类材料的力学参数时仅按其中土体的力学参数进行一定的系数处理,而且有的为折减,有的为增加。这些表明土石混合体力学特性的研究存在以下三方面的问题:

(1) 土石混合体力学特性的研究具有迫切性,工程实践与科学研究都大量遇到且无法回避。

(2) 土石混合体力学特性复杂,难以用土体、岩体力学理论替代求解。

(3) 土石混合体力学特性研究的困难性以及研究方法的不足。

针对上述土石混合体力学特性研究的特点,近年来也有一些尝试性的研究。例如,许多学者围绕块石在土石混合体中的作用进行了一系列室内试验与数值模拟研究[1-5];武明对四组土石混合填料的试件分别在大型和中型三轴剪切仪上进行了抗剪强度试验[6];韩世莲等采用小横梁对刚性承载板施加规定荷载于土和碎石混合料试样,获得了碎石土的无侧限抗压强度[7]。重庆建筑大学、河海大学与中国科学院力学研究所等研制了用于土石混合体的力学试验设备[8-10]。李世海等针对土石混合体结构特征专门提出了三维离散元块体-颗粒模型,揭示了土石混合体非均匀、非连续介质新的力学现象[11-13]。

由于土石混合体具有高度非均质和非均匀性,室内试验和数值模拟研究只是停留在对其力学特性的摸索中,或是揭示一些土石混合体特有的力学现象,因此也难以建立土石混合体力学模型的理论公式等。作者认为,土石混合体力学特性研究停滞不前的原因是土石混合体结构的特殊性导致许多学者在研究中完全抛开岩体、土体的传统研究方法。实际上,土石混合体也和土体、岩体一样,是地质历史过程中形成的材料,因此可以借鉴岩体、土体力学特性的研究方法,并在研究过程中寻找更适用这类复杂地质介质的新研究方法,掌握其力学特性。鉴于此,作者选用现场原位试验作为揭示土石混合体力学特性的第一步,并以不同类型的土石混合体进行了大量的现场试验。下面详细介绍试验方法、试验结果等。

4.1　试验方法研究

岩土体力学特性包括抗剪、抗压、抗拉等多个方面,而每个方面所需进行试验研究的方法也有所差异。岩土体在受剪状态下的力学响应及其变形破坏特征是岩土体力学特性的一个最为重要的方面,因为许多建筑物地基的破坏、人工和自然边坡的滑动以及挡土墙的移动和倾倒等都主要是由于作用在岩土体上的剪应力超过了材料自身的抗剪强度而引起的,所以对土石混合体在受剪状态下所表现出来力学特性的研究就显得尤为重要[14]。鉴于此,这里主要进行土石混合体抗剪特性的现场试验研究。

4.1.1　试验方法选择

正如前文所述,目前仍没有一套具体针对土石混合体这种特殊工程地质材料的完整试验体系,而且现有的规范中也查找不到相应的试验方法,因此,这里仍借鉴土体与岩体的有关试验方法。

就土体的抗剪试验方法而言,主要有大剪仪法、水平推挤法、十字板剪切等[15,16],各试验方法的特点与原理介绍如下。

(1) 大剪仪法。大剪仪法适用于测试各类土以及岩土接触面或滑面的抗剪强度。这一试验方法的原理主要根据库仑定律:

$$\tau_f = c + \sigma \tan \phi$$

式中,τ_f 为剪切破坏面上的剪应力(kPa),即土体的抗剪强度;σ 为破坏面上的法向应力(kPa);c 为土的内聚力(kPa);ϕ 为土的内摩擦角(°)。

依据测得的 τ_f 就可以求出 c 和 ϕ。

(2) 水平推挤法。水平推挤法适用于碎石土,受试坑深度限制小。该试验方法主要是通过推挤现场制备的试样沿一定弧面破坏,获得其破坏的最大推力与最小推力,从而根据实测的圆弧剖面按条分法计算得到土体的黏聚力和内摩擦角。该方法是基于大量现场试验积累而形成一种较为实用的方法,工程生产中被大量采用。其试验过程可以简单概括如下:在试坑预定深度将土体加工成三面垂直临空的半岛状试样(试样尺寸 H 为大于 5 倍最大土粒经,$H/B=1/3 \sim 1/4$,$L=(0.8 \sim 1.0)B$,H、B、L 分别为试样的高、宽、长);将装有压力表或测力计并经过标定的卧式千斤顶顶在试样的 $1/3H$ 与 $1/2B$ 处,并以每 $15 \sim 20$min 内水平位移约 4.0mm 的缓慢速度施加水平推力;当压力表读数开始下降时的压力为最大推力 P_{max},千斤顶达到最大值后松开油阀,然后关闭油阀重新加压,依其峰值作为最小推力 P_{min};确定滑面位置并测滑面上各点的距离和高度,绘制滑面剖面图,根据实测的圆弧剖面按条分法计算黏聚力和内摩擦角。

（3）十字板剪切。十字板剪切试验适用于测定饱和软黏土的不排水抗剪强度和灵敏度。其原理是用插入土中的标准十字板探头以一定的速率旋转，量测破坏时的抵抗力矩，测求出土的不排水抗剪强度 C_u。

十字板仪结构简单，测试可靠，现场确定软土抗剪强度，测试深度可达 30m。十字形的测试头定位于要求深度上，由延长钻杆与地面的扭转头相连接。由人工操作扭转头给测试头施加扭力。随着扭力的增加，弹簧件按比例伸长。土体受到剪切，通过测读所施加的扭力确定土体抗剪强度。

针对岩体的现场直剪试验主要有：岩体直剪试验、岩体沿软弱结构面试验、岩体单点法抗剪试验、原位岩体三轴试验等方法[17,18]，各试验方法的特点与原理介绍如下。

（1）直剪试验。直剪试验是岩体力学试验中常用的方法，可分为岩体本身、岩体沿结构面。一般在平硐中进行，如在试坑或大口径钻孔内进行，则需设置反力装置；在平硐中制备试件，并以两个千斤顶分别在垂直和水平方向施加外力而进行的直剪试验。试件尺寸视裂隙发育情况而定，但其断面积不宜小于 $50\text{cm} \times 50\text{cm}$，试件高一般为断面边长的 0.5 倍。如果岩体软弱破碎则需浇注钢筋混凝土保护罩。每组试验需 5 个以上试件，各试件的岩性及结构面等情况应大致相同，避开大的断层和破碎带。试验装置主要有法向荷载系统、剪切荷载系统及测量系统。试验时，先施加垂直荷载，待其变形稳定后，再逐级施加水平剪力直至试件破坏。试验结束后，测量剪切面的面积，进行描述，并根据摩尔库仑准则确定 C_m 与 ϕ_m。

（2）岩体单点法抗剪试验。该试验方法是直剪试验的一种，利用一个试件在多级法向应力下反复剪切，但除最后一级法向应力下将试件剪断外，其余各级均不剪断试件，只将剪应力加至临近剪断状态后即卸荷。

（3）原位岩体三轴试验。原位岩体三轴试验一般是在平硐中进行的，即在平硐中加工试件，并施加三向压力，然后根据莫尔理论求岩体的抗压强度及 E_0、μ 等参数。试验又分为等围压（$\sigma_1 > \sigma_2 = \sigma_3$）三轴试验和真三轴（$\sigma_1 > \sigma_2 > \sigma_3$）试验两种，可根据实际情况选用。因此，为了确定围压和轴向压力的大小和加荷方式，试验前应了解岩体的天然应力状态及工程荷载情况。

根据上述各试验方法特点以及土石混合体特有的结构特征，决定采用水平推剪以及在法向荷载作用下的压剪试验对土石混合体进行现场原位试验研究。对于土石混合体来说，由于试件的尺寸效应而要求试验试样必须足够大，这无疑给试验带来一定难度，且由于其设备复杂，操作烦琐，又须花费大量的人力、物力和财力而使得这方面的试验和资料更为宝贵。

为了更全面认识土石混合体的力学特性,这里参照土体与岩体现场原位试验方法,提出并规范了针对土石混合体的原位推剪与压剪试验方法、步骤及其关键问题等,下面分别介绍。

4.1.2　压剪试验原理与方法

压剪试验是通过改变作用在试样上的法向荷载大小,对试样进行直接剪切,通过剪应力 - 剪位移关系曲线分析土石混合体的变形破坏特性。试验所需要的主要设备为:气囊 1 个(自制)、法向荷载用千斤顶 1 个、侧面约束用千斤顶 2 个、测位移用大量程百分表 2 块、液压泵 2 台、以及传压板、钢板、钢卷尺等。其试验装置结构图与现场照片分别如图 4-1 与图 4-2 所示。具体试验方法如下:

(1) 在选定的试验场地首先挖掉一定深度的表层土约 $40\sim60$cm,同时平整表面,放线布置。用环刀取土测定土的容重、含水率等。

(2) 在预定深度处预留四面临空的试验用土石混合体作为试样。试样两侧预留 25cm 左右的边槽,试样正面预留 30cm 的空间用来安装气囊加压装置,试样后部预留一定空间来容纳试验过程中发生的剪切位移即可。试样的正面以及两边侧面采用黏土找平。

(3) 在试样两侧安装约束用压力系统。首先在试样两侧边槽的两边壁面上布置钢板,然后分别在两侧边槽中安装额定压力为 4t 的约束用小千斤顶。两个千斤顶连接到同一台手动油泵上,利用手动油泵给出油压,使得千斤顶将两边的土体压紧密实。

(4) 试样前部安装气囊,确保气囊全部密封到气囊箍环中去,然后填土并稍加夯实。上部安装反力架,在试样顶部安装两块钢板,钢板之间用黄油粘上钢珠,然后在其上部安放千斤顶,用反力钢板顶住千斤顶来提供反力,固定好后开始收紧钢丝绳花扣,以防止在试验开始后钢丝绳变形太大而出现法向荷载无法保持住。在试样前部钢板伸出的两翼部位安装百分表。

(5) 将千斤顶与油泵连接好,并将油路控制阀打到出油的位置,施加法向荷载待达到预定值后停止。首先给摇动给油手柄施加法向荷载用的千斤顶加压,待压力到达预定值后即停止加压,在整个试验过程中由于钢丝绳应变以及钢钎位移而可能造成压力下降,如果下降数值较大,就需要摇动油泵手柄补充压力。待法向压力达到预定数值后就可以施加侧向推剪力,气囊加压采用高压气筒手动加压,控制加压速度使得百分表转速基本保持恒定。气压表每转过 100kPa 就读取一组数据,具体包括气囊压力表读数、法向千斤顶压力表读数、约束千斤顶压力表读数并进行记录。当气囊压力表读数达到最大值,然后压力表开始下降时,试样已经剪切破坏,记录下峰值时各个表的读数。

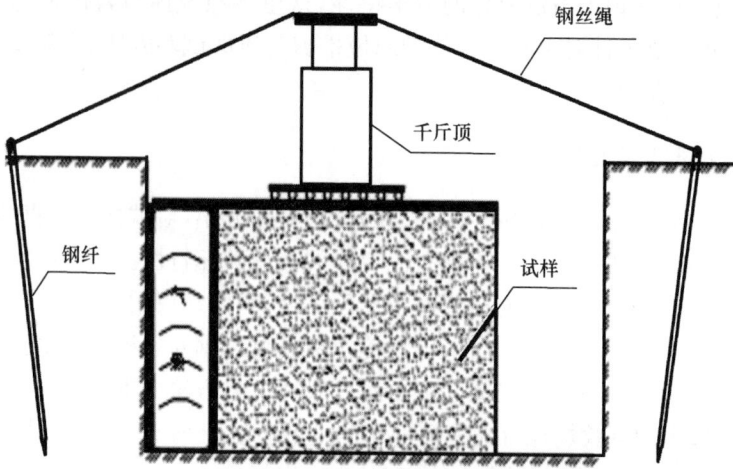

图 4-1　压剪试验装置结构图

图 4-2　土石混合体压剪试验现场照片

4.1.3　推剪试验原理与方法

推剪试验的基本原理是对土体施加推力,使试样达到极限强度后失去稳定而滑动。根据极限平衡状态下滑动力等于抗滑力,可求出土石混合体的抗剪强度指标;同时,可以通过推剪过程得到的应力-位移关系曲线与推剪面来分析土石混合体在受剪力作用下的变形破坏特性[16,18,20,21]。试验所需要的主要设备为:推力用千斤顶或者油缸 1 个,侧面约束用千斤顶 2 个,液压泵 2 台,大量程百分表数块以及传压板、钢板、钢卷尺等。

试验装置结构图与现场安装照片分别如图 4-3 与图 4-4 所示。

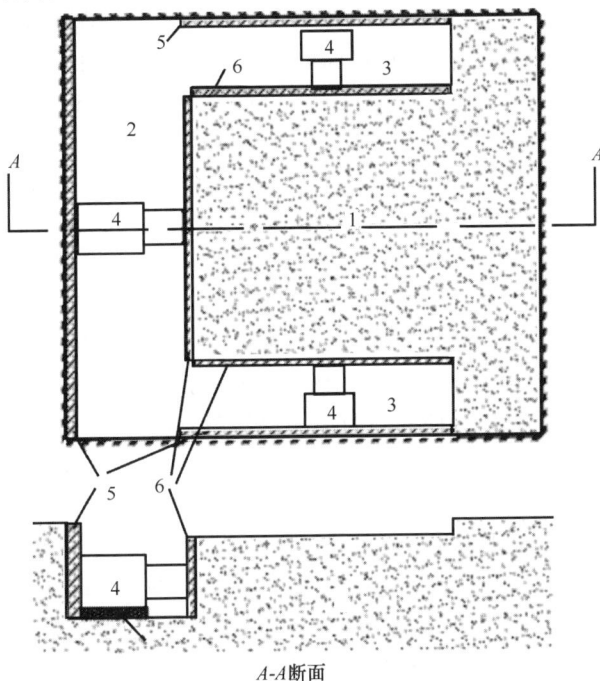

A-A断面

图 4-3　推剪试验装置结构图

1. 推剪土体;2. 水平推力槽;3. 两侧断裂槽;4. 千斤顶;5. 支撑板;6. 传力板

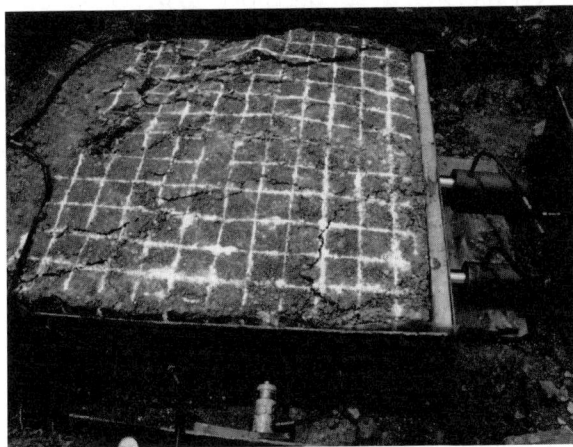

图 4-4　土石混合体推剪试验现场照片

具体试验方法如下：

（1）在选定的试验场地首先挖掉一定深度的表层土约 40～60cm，同时平整表面，放线布置。用环刀取土测定土的容重、含水率等。

（2）根据试验要求在预定深度处留出一个三面临空的长方形试样，试样两边各挖宽 20cm 的小槽，正面留宽约 30cm 的槽，试样的三个临空面和顶面都要用黏土抹平。鉴于进行土石混合体推剪试验时，确定滑动弧比较困难，试验前在试样顶面用白石灰画上边长为 10cm 的网格，两个侧面各画上一组平行的垂线；同时沿推力方向打几个孔柱，灌进白色石灰，使之形成滑弧面。

（3）开挖施加推力设备的安装坑，在试样正面槽的前方和后方各放置一块钢板和木板，在两块钢板之间安装已经与油压表和油泵相连的卧式千斤顶，在千斤顶和前面钢板之间加上两块涂有凡士林的白铁皮，用以代替带有滚珠的钢板。若加载千斤顶超过 2 个，要沿垂直加载方向平均设置，具体安装如图 4-3 所示。

（4）在试样两侧开挖边槽，槽中放置涂有凡士林的薄铁板，在两侧安装侧向约束的千斤顶，或者将挖出的土回填在侧槽内，稍加夯实。

（5）调节千斤顶的螺丝，使其与前面的钢板紧密接触，并在千斤顶上安装百分表，指针垂直于前面的钢板，并对准其 1/2 处，调节表的读数为零。

（6）待各种安装设备安装完毕后，记录各起始读数，开始分级施加水平推力。逐级施加荷载直至试样破坏并记录各级位移、压力数值。千斤顶加载速度控制在水平位移为 3mm 左右，读数周期为位移每 3mm 读一次。当加压一直到土体出现剪切面时，压力表上的读数达到最大值，继续加载，压力表的读数不仅不增加，反而下降。此时认为土体已经被推剪破坏。

（7）对土体的破坏形状、尺寸以及滑动面的位置进行现场量测与描绘。

此外，根据滑坡计算的条分法土石混合体推剪试验还可得到其 c、ϕ 值。试验过程中当试样开始出现剪切面，且压力表上的读数增加到一定值反而下降，此时即认为土已被剪坏，记录的最大读数，即 P_{max} 值。之后停止加载，使油压表读数后退并达到一稳定值，松开油阀，然后关上油阀重新加载，以其峰值作为 P_{min} 值。根据这两个关键参数与试样尺寸、容重可计算其 c、ϕ 值，其计算方法如下：

$$c = \frac{(P_{max} - P_{min})}{b \sum_{i=1}^{n} l_i}$$

$$\tan\phi = \frac{\dfrac{P_{max}}{G} \sum_{i=1}^{n} g_i \cos\alpha_i - \sum_{i=1}^{n} g_i \sin\alpha_i - cb \sum_{i=1}^{n} l_i}{\dfrac{P_{max}}{G} \sum_{i=1}^{n} g_i \sin\alpha_i + \sum_{i=1}^{n} g_i \cos\alpha_i}$$

式中，P_{max} 为最大水平推力（kN）；P_{min} 为最小水平推力（kN）；g_i 为第 i 条块的重力（kN）；G 为滑动体的重力（kN）；α_i 为第 i 条块滑动面与水平面夹角（°）；l_i 为第 i 条块滑动线长度(m);b 为条块的宽度(m)。

试样尺寸应满足如下要求:H>最大土颗粒直径的 5 倍,$H/B=1/3\sim1/4$,$L=(0.8\sim1.0)B$,其中 H、L、B 分别代表试样的高度、长度和宽度。

4.2　试验地点及其地质概况

为了更全面认识土石混合体的力学特性,本次试验历时近 1 年,先后在三峡库区白衣庵滑坡体上选取典型的土石混合体进行了 23 个大尺度的土石混合体原位推剪和压剪试验。这里首先介绍白衣庵滑坡的工程地质概况、该区域土石混合体的物理特征、试验点的分布,以及各试样基本物理特性与尺寸等。

4.2.1　白衣庵滑坡概况

白衣庵滑坡是三峡库区的一个大型古滑坡,位于重庆市奉节县老县城西约 1km 的长江北岸,面积为 0.473km²,体积为 $3.6\times10^7\text{m}^3$。1990 年以来,白衣庵滑坡成为三峡库区重点勘察研究的 38 个大型崩滑体之一。该滑坡中前部地形略显凸出,东西边界各发育长年有水直流入长江的冲沟,后缘部位多处见陡壁,具备典型的圈椅状滑坡地形特征,如图 4-5 所示。

图 4-5　长江三峡蓄水前白衣庵滑坡全貌

　　白衣庵滑坡中前部被覆盖在第四纪松散冲洪积物形成的阶地与崩塌堆积物之下,这些堆积物在漫长的地质历史过程中形成了各种不同地质成因的土石混合体。白衣庵滑坡土石混合体的形成特征与结构特征在整个长江三峡地区具有显著的代表性,因此选择在这一重要滑坡进行其土石混合体力学特性的原位试验研究不仅是土石混合体力学特性及其研究方法的探索,也必将为整个长江三峡地区滑坡稳定性评价与治理提供重要的科学数据与依据。

4.2.2　试验位置及岩性描述

　　本次试验主要在白衣庵滑坡的 5 处试验地点进行试验,试验充分考虑了崩塌堆积、冲积堆积、洪积堆积等不同地质作用形成的土石混合体,将试验点分布在滑坡不同位置,以尽可能全面认识不同土石混合体的力学特性,各试验点的具体位置如图 4-6 所示。试验共进行了 23 个,其中有 6 个在试验过程中受各种因素影响未完成,其余 17 个均取得了全过程试验数据。下面仅以取得全过程试验数据的 17个试验为样本进行土石混合体原位试验结果整理与力学特性分析。各试验点试样具体分布如下:在 S1 与 S2 两处试验地点分别进行了推剪以及在不同法向荷载作用下的压剪试验,在其余 3 处试验地点只进行了推剪试验。其中,推剪试验总共进行了 12 组,试样编号分别为 L4、L5、L7、L8、L11、B1、B2、B3、B4、B5、B6、B7;压剪试验共进行了 5 组,试样编号分别为 L1、L2、L3、L6、L9、L10,各试样的具体位置、含石率与岩性描述见表 4-1。

表 4-1　各试验点试样编号、尺寸及其岩性描述

试验点	试样编号	地点描述	岩性描述	试件尺寸
S1	L1、L2、L3 L4、L5	白衣庵滑坡西侧陡壁上,靠近滑坡中部	较多的钙质结核,含有极少量的砂岩碎石块以及灰岩,分布杂乱无章。含石率约为 35%～40%	压剪 80cm×80cm×50cm 推剪 80cm×80cm×25cm
S2	L7、L8、L11 L6、L9、L10	白衣庵滑坡西侧后壁的位置	黄色黏土夹碎石块,石块主要以砂岩为主,另有少量灰岩,砂岩体积较大。含石率约为 45%～50%	推剪 80cm×80cm×25cm 压剪 80cm×80cm×50cm
S3	B1、B2、B3、B4	白衣庵滑坡前沿东部位置	黄色黏土夹泥岩、灰岩块,黏土呈砂性易碎,黏性较差。各个位置含石率差别较大,范围约为 30%～50%	推剪 120cm×120cm×40cm 80cm×80cm×25cm
S4	B5、B6	白衣庵滑坡东侧后壁的位置	坡积层碎石土,含石率约为 40%～54%	推剪 90cm×60cm×30cm
S5	B7	白衣庵滑坡中部后缘	黄色黏土夹泥岩、灰岩块,黏土较细,含石率约为 15%	推剪 90cm×60cm×30cm

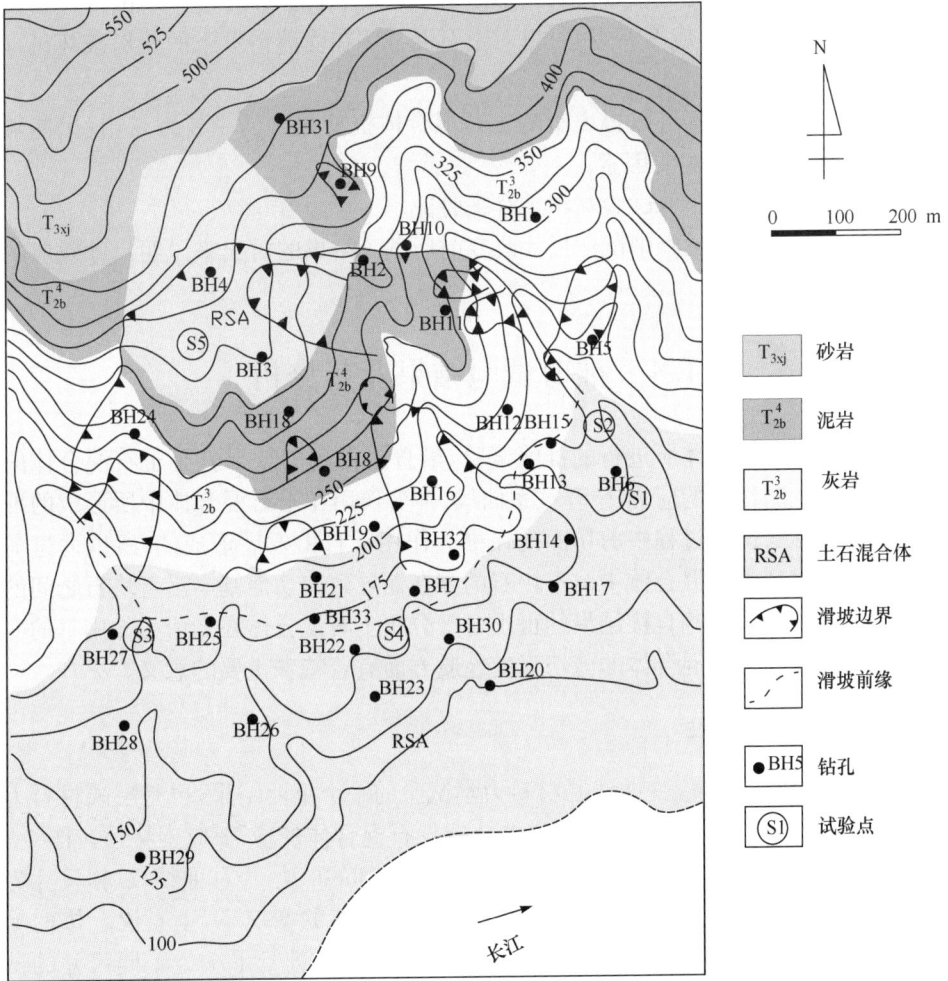

图 4-6 白衣庵滑坡土石混合体分布及试验点位置

4.3 试 验 目 的

本次试验主要通过大型原位压剪以及推剪试验揭示土石混合体的剪切变形破坏特点和强度性质,通过试验可以获得具体工程设计以及稳定性评价所需要的参数,同时在对试验结果进行分析的基础上,根据现场试验情况确定支配土石混合体抗剪强度的主要因素,为土石混合体抗剪强度的确定提供一定的依据。主要试验目的包括以下几个方面:

（1）通过现场压剪试验，可以得到现场真实条件下土石混合体原位材料在压剪试验过程中的应力-应变特点，可以对土石混合体在受剪情形下的变形破坏机理进行研究。

（2）通过试验观察可以得出影响土石混合体抗剪强度的主要因素，找出能够支配抗剪强度的几个主要因素。

（3）推剪试验与压剪试验互相结合来验证。

（4）通过对推剪试验中试样尺寸改变前后试验结果的对比来说明尺寸效应的存在。

4.4　推剪试验结果及其分析

通过对土石混合体所进行的推剪试验，最直接得到的结果就是土石混合体的推剪过程中量测得到的应力-位移关系曲线、推剪作用在土石混合体中所形成的推剪面。由于推剪试验过程中剪切面是在推力作用下自由发展形成的，所以通过剪切面可以观察到土石混合体中由于块石的存在而导致剪切面基本沿着块石之间的土体发展的过程。这些直接结果的得出对于分析土石混合体在受剪力作用下的变形破坏特性以及土石混合体的剪切强度性质方面有着特殊重要的意义。

4.4.1　应力-应变特性

推剪试验的应力-应变曲线是材料力学试验的一个重要结果，也是反映材料力学特性的一个关键信息，因此这里首先分析土石混合体的应力-应变特性。图 4-7 给出了 S1 与 S2 号试验地点各试样推剪试验所得到的应力-位移曲线，试样尺寸为 $80cm \times 80cm \times 25cm$。为了研究在试件尺寸发生变化的情况下，土石混合体的剪切破坏以及强度变化特点，在 S3、S4 与 S5 号试验地点进行了 7 组不同尺寸的试验，其应力-位移结果曲线如图 4-8 与图 4-9 所示。含石率是土石混合体力学特性的一个关键指标，因此在试验结束后进行了各试样的现场颗分试验，各试样含石率基本为 40%～50%，仅 B3 与 B7 为 30% 与 15%，具体见表 4-2。

表 4-2　推剪试验中各试样的含石率　　　　　　（单位：%）

L4	L5	L7	L8	L11	B1	B2	B3	B4	B5	B6	B7
40	40	46	48	50	50	45	30	50	47	54	15

通过对试验所得到的应力-应变曲线可以看出，在水平推剪过程中，土石混合体出现明显的应力屈服和塑性变形特征。由于土石混合体组成的多相性和结构的不均匀性，其变形破坏具有与一般岩土体材料明显不同的特点。

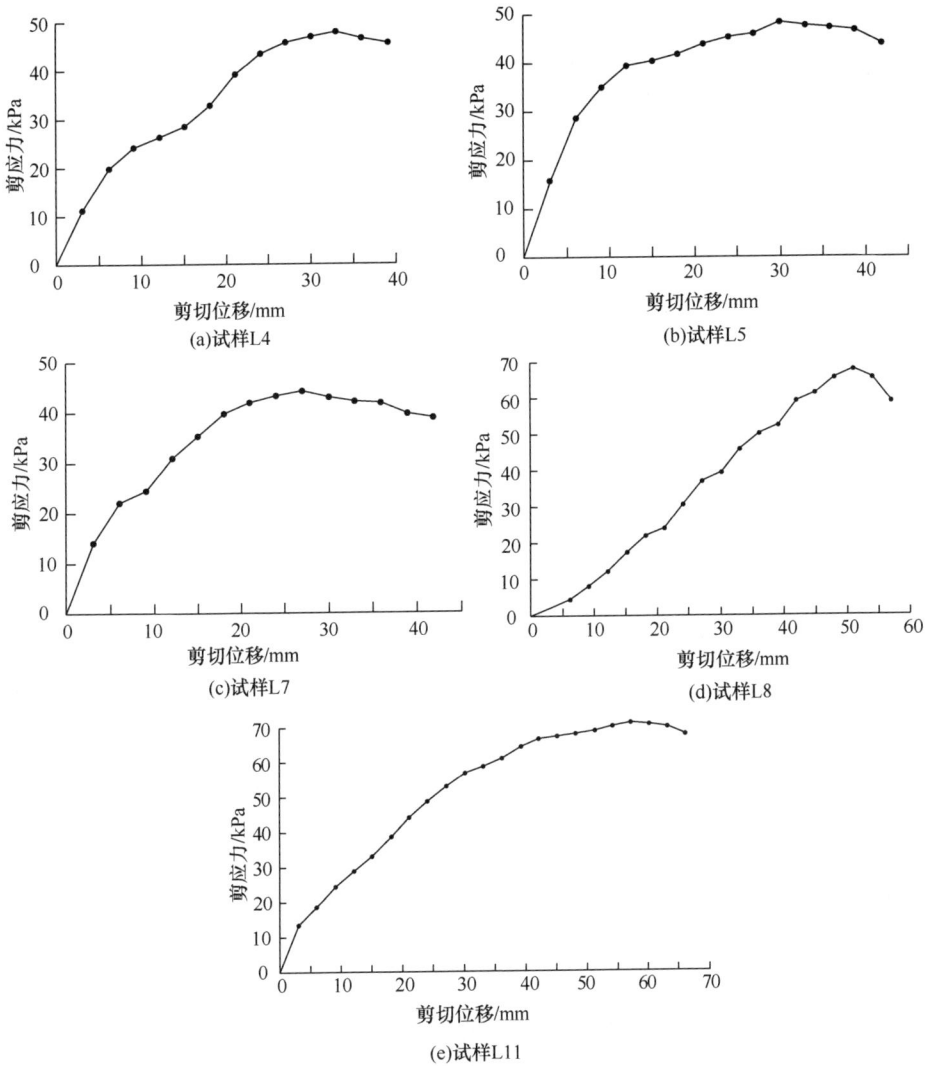

(a)试样L4

(b)试样L5

(c)试样L7

(d)试样L8

(e)试样L11

图 4-7　推剪试验剪应力-位移关系曲线(S1、S2 试验地点)

通过对曲线进行分析与比较,结果表明:

(1) 在水平推剪过程中,土石混合体出现明显的应力屈服和塑性变形特征。

(2) 土石混合体基本上表现出全应力-应变曲线。整个曲线的发展呈现四个明显的阶段:①线弹性变形段,应力与应变之间近似于线性发展;②弹塑性变形段,试样中开始产生破裂,但是在该阶段破裂传播的速度比较缓慢,在这一阶段曲线上大都出现了一些不规则的变化段(据观察,这种现象主要是由于试样中的块石与土体相互挤压而造成);③峰值段,随应力增大,应变速度明显增大,破裂开始快速传

(a)试样B1

(b)试样B2

(c)试样B3

(d)试样B4

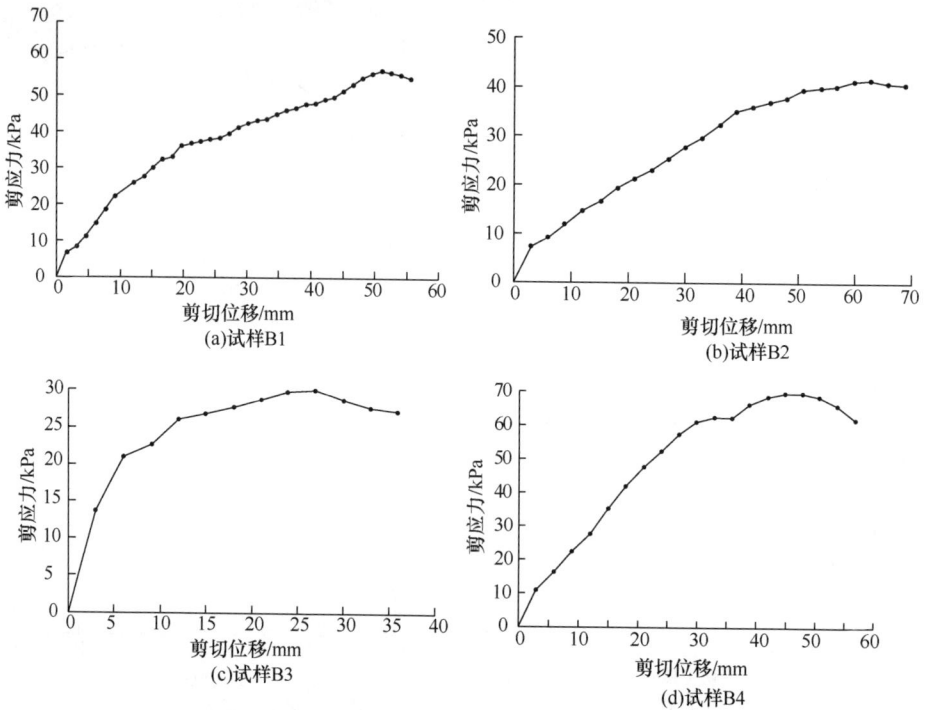

图 4-8　推剪试验应力-位移曲线(S3 试验地点)

播,这一阶段应力值只有较小增大,而应变增幅较大,最终导致试样在极限位置产生破坏;④应变软化段,峰值应力点以后,出现应力随着应变继续增大而下降的现象,最后达到强度的残余值。由于土石混合体是一种高度非均质的材料,所以在应力-应变曲线上可以看到由于土体中块石与土体的相互作用而导致在应力-应变曲线上产生的高低起伏的不规则变化段。

(3)通过上面 L7 与 L11 曲线对比还发现,虽然试验在同一地点进行,但推剪应力-位移曲线还是有较大的变化,这主要是由于在 L7 位置处的砂岩风化较为严重,尤其是在土体与砂岩接触面之间风化更为强烈。这也反映出土石混合体原位试验结果的离散性较大,对试验结果的影响因素很多,同时也说明了对土石混合体研究的困难性。

(4)在 S1 试验地点的土石混合体的含石率与土体的密实度均明显低于 S2 试验地点,所以整体上来说强度要比 S2 试验地点的强度低一些。而 2 号试验地点 L7 试样强度较低,且低于 S1 试验地点试样。这主要是由于试验位置处的砂岩风化较为严重,尤其是在土体与砂岩接触面。由此可见,土体与岩石之间接触面的强弱也直接影响着土石混合体的变形破坏以及峰值强度。

(5)不同尺寸大小试样推剪试验的结果表明,在含石率基本相同的情况下,随着试样尺寸的增大,在剪应力-位移曲线上所反映出来的峰值强度明显下降,说明

(a)试样B5

(b)试样B6

(c)试样B7

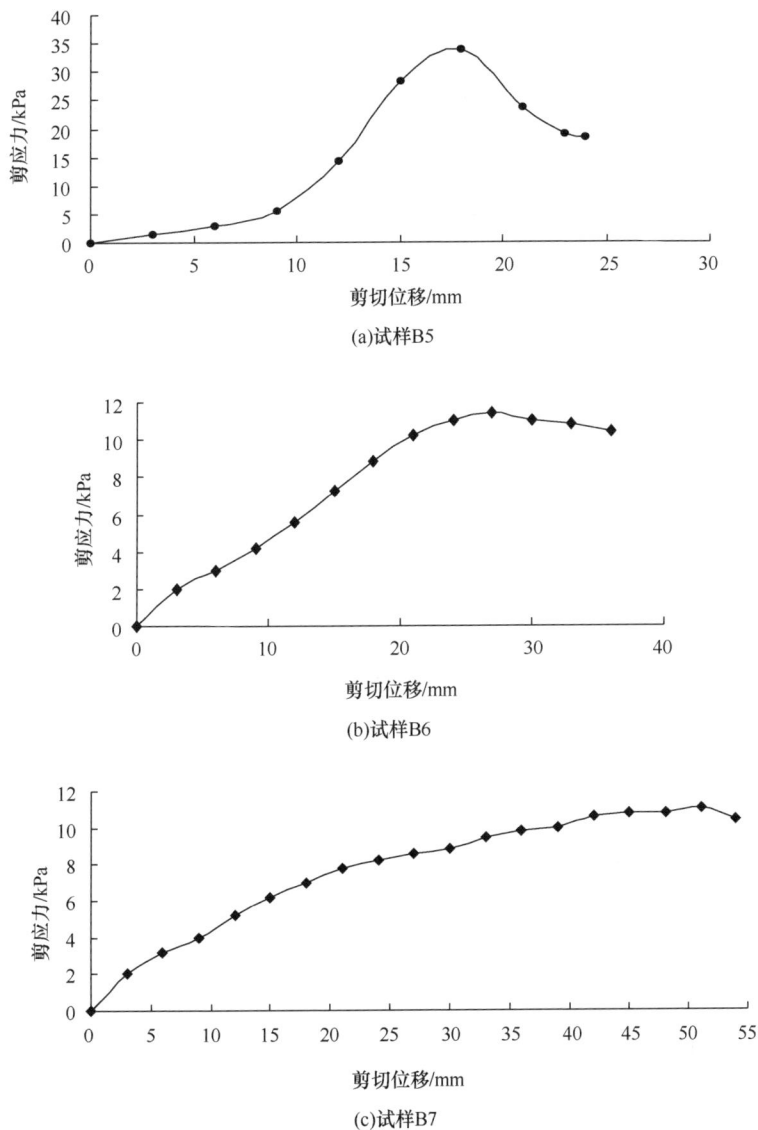

图 4-9 推剪试验应力-位移曲线(S4 与 S5 试验地点)

试样具有明显的尺寸效应。

（6）含石率作为土石混合体力学特性的一个关键因素，与土石混合体的力学特性密切相关。同样试样尺寸条件下，含石率越高其强度也越高。当含石率较小时试样表现为典型的土体力学特征，如含石率为 15％的试样 B7。

应该指出，现场原位推剪试验不像室内试验那样能够严格控制应力、排水条件，在分析计算中还有一些近似假定等不足之处，有待进一步研究，以求完善。

4.4.2 破坏形式与特征

图 4-10 是推剪试验完成后各试样的滑动实测破坏断面。

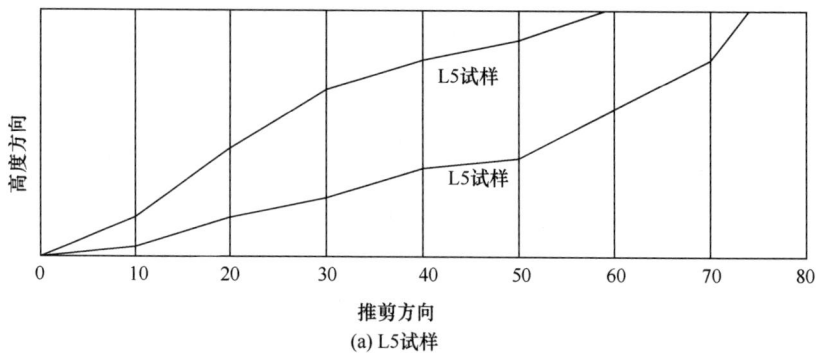

(a) L5试样

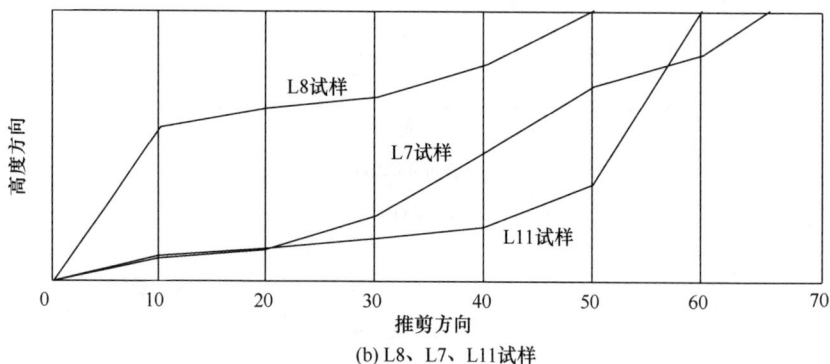

(b) L8、L7、L11试样

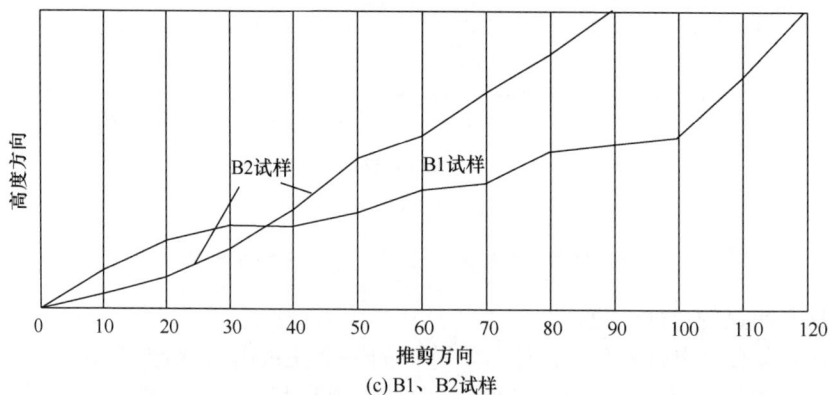

(c) B1、B2试样

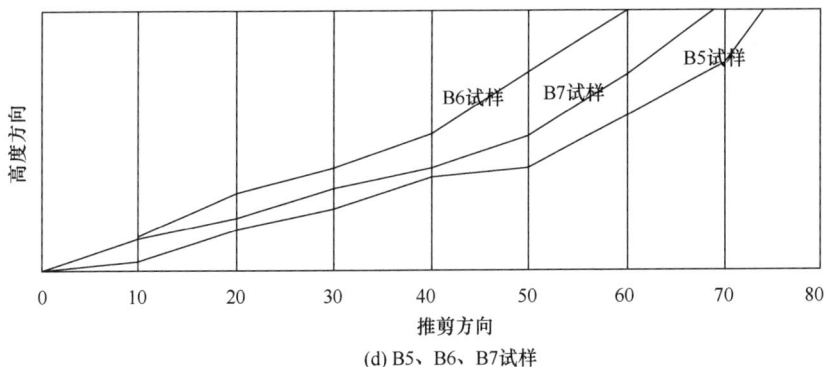

（d）B5、B6、B7试样

图 4-10　推剪试验完成后各试样的滑动实测破坏断面

推剪试验中试件的破坏面呈自由发展状态，所以一般形成滑动面，其破坏特征可描述如下：

（1）在 S1 试验地点所形成的断面比较规则，而且滑弧较长，而在 S2 试验地点试验所形成的滑弧则极不规则，而且滑弧较短。这主要是由于该处位置的土石混合体含石率较高，同时砂岩块体较大而对滑弧的形成产生了较大的影响而造成的。

（2）在土石混合体中，由推剪力所形成的滑弧破坏面受到土中石块的影响，当滑弧通过石块时，石块可能剪断，也可能绕开，所以在土石混合体中岩石块度较大时，对于滑弧的形成有较大的影响。

（3）在 S2 试验地点含石率较高且试样尺寸较小的情况下，破裂面的发展显得较为凌乱，破裂面的发展受块石的影响比较大，而在 S3 试验地点试样尺寸加大的情况下，破裂面则更为规则、连续。这也从一定意义上反映出土石混合体的尺寸效应对现场原位试验的影响。

总之，在推剪作用下土石混合体的破裂面形态为典型的滑弧面，且沿试样纵断面的对角线方向自下而上连续展布。试样破裂面形态局部受石块分布影响显著，并与含石率、试样尺寸密切相关。尽管不同试样的破裂面形态有所差异，但其在力学机理基本体现为推剪作用下典型的剪切破坏面，即试样前端加载推移——中上部剪切滑移模式。另一方面，试样间破裂面形态的差异可以解释为试样中不同部位力学特性差异的结果。例如，试样 L8 被推剪的破裂面明显要靠上，可能是破裂面以下的材料力学特性要优于其上部。

4.4.3　含石率对变形强度的影响

含石率是土石混合体的强度、变形等力学特性的重要影响因素。图 4-11 给出了几个不同含石率试样的推剪试验应力-应变曲线。图 4-11 也清楚地表明，土石混合体的变形与强度特性和其含石率密切相关。

当试样的含石率较低时（40％以下），块石与块石几乎不直接接触，而由土体作

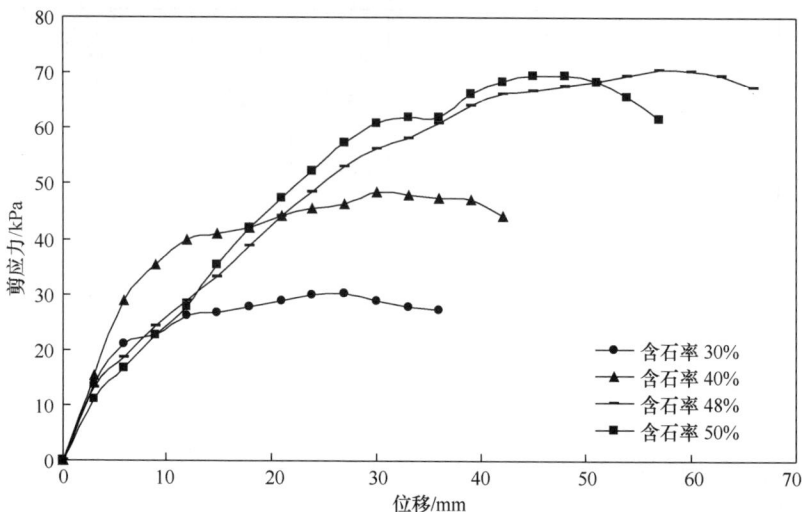

图 4-11　不同含石率情况下的应力-位移曲线

为其间的胶结质。由于块石与土体的变形与强度参数相差很大,这时土石混合体的变形特性主要受土的制约和控制,表现为变形模量较小、强度较低,接近于土的力学特性(如 B3 和 L5 试样)。当试样含石率较大时,多数块体已直接接触,土只作为一种充填物。这时土石混合体的变形特性将主要受块石和土体的联合控制,表现为强度显著提高(如 L11 和 B4 试样)。因此,土石混合体的强度与含石率关系并不是线性递增的,可能存在一个含石率的阈值,当含石率超过此值时,土石混合体的强度将显著增大。本次试验结果表明,土石混合体力学特性明显区别于土体的含石率阈值大致为 40%。

4.4.4　剪切强度参数计算

在绘制滑动体实测断面图的基础上,根据滑动弧的转折点或按等距将滑动体划分成若干条块,计算单位宽度的每块土体的重力,然后根据前文所述公式来计算土石混合体的 c、ϕ 值(表 4-3)。

在 S3 试验地点进行试验的推剪试验试样尺寸大小不同,分别为 120cm×120cm×40cm 和 80cm×80cm×25cm,这主要是为了试验在试样尺寸发生变化的情况下土石混合体推剪时的强度以及变形所发生的变化。

表 4-3　各试样剪切强度计算结果

试验编号	滑动体重力 G/kN	最大推力 P_{max}/kN	最小推力 P_{min}/kN	$\sum g_i \cos\alpha_i$ /kN	$\sum g_i \sin\alpha_i$ /kN	$\sum l_i$ /m	c /kPa	ϕ /(°)
L4	1.558	9.719	7.51	1.447	0.533	0.661	33.468	42.78
L5	2.332	10.161	7.952	2.243	0.554	0.942	33.438	46.41

续表

试验编号	滑动体重力 G/kN	最大推力 P_{max}/kN	最小推力 P_{min}/kN	$\sum g_i \cos\alpha_i$ /kN	$\sum g_i \sin\alpha_i$ /kN	$\sum l_i$ /m	c /kPa	ϕ /(°)
L7	1.637	10.161	7.775	1.526	0.555	0.624	32.247	42.71
L8	2.067	15.021	11.928	1.972	0.582	0.742	41.687	49.80
L11	2.272	14.137	11.486	2.156	0.488	0.700	37.879	50.20
B1	5.546	27.391	19.880	5.268	1.403	1.288	48.325	54.51
B2	4.041	19.880	13.430	3.741	1.407	0.995	44.826	44.69
B3	1.096	6.008	4.418	0.955	0.517	0.491	32.361	36.53
B4	2.372	13.916	10.603	2.263	0.552	0.766	43.265	50.27
B5	3.02	85.4	46.22	2.946	0.440	91.83	51	45
B6	1.43	35.16	22.10	1.304	0.572	67.57	32	23
B7	1.19	27.64	12.56	1.060	0.516	67.92	37	34

4.5　压剪试验结果分析

土石混合体压剪试验取得的数据主要为试样的剪应力-位移关系曲线与破坏形式特征,这也揭示了土石混合体在受压剪作用下的变形破坏特性以及土石混合体的剪切强度特征。同时,该试验结果可得到不同法向应力载荷作用下的强度特征曲线,这还可明确土石混合体是否与岩体、土体一样满足莫尔-库仑强度准则。

4.5.1　应力-应变特性

图 4-12 与图 4-13 分别是 S1 与 S2 试验地点各试样应力-位移测量结果曲线。通过对曲线进行分析可以看出,土石混合体在压剪作用下所产生变形直到剪切破坏的整个过程中,其应力-位移曲线大致可分为如下三个主要变形破坏阶段:

第一阶段。在试样刚开始受力变形阶段,土石混合体主要表现为弹性变形阶段,在这一阶段土石混合体的应力-变形呈现由直线逐渐变弯的过程,在试验现场可以看到在这个阶段试样只是在试样底部产生了一些小变形,没有形成明显的贯通剪切面。

第二阶段。土石混合体产生屈服点缓慢进入塑性变形,之后试样的变形快速增大,应力-变形关系曲线开始转入平缓发展阶段,整个试样虽然变形很大,但依然具有承载能力,整个材料的变形表现出塑性流动,应力表现为一个强化过程,而这也恰恰是土石混合体所特有的变形破坏特点。同时观察到整个试样的剪切面已经基本发展形成,强度的提高主要依靠土体与岩石之间相互作用所形成的结构效应,

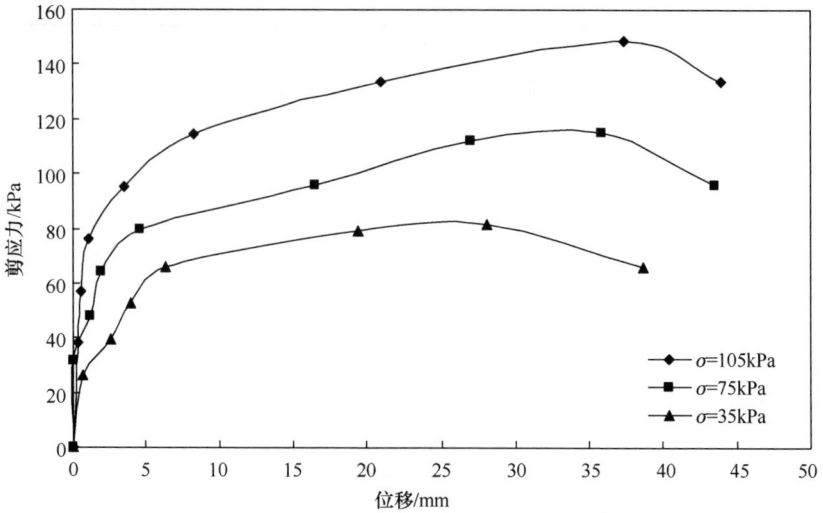

图 4-12　S1 试验地点各试样的应力-位移曲线

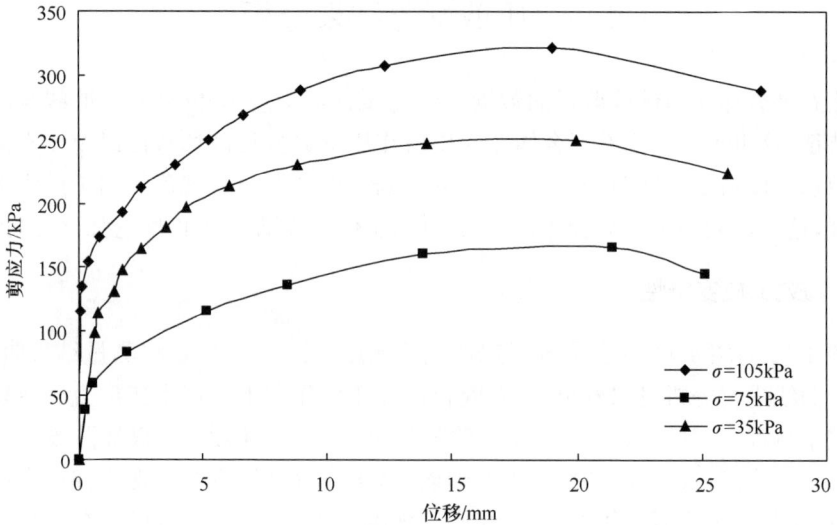

图 4-13　S2 试验地点各试样的应力-位移曲线

经过一定的变形后应力最终达到峰值强度。

　　第三阶段。土石混合体应力-应变曲线达到峰值后,材料的整体结构开始破坏。在含石率较低的情况下,应力值迅速下降;在含石率较高的情况下,应力值下降速度较慢,整个试件沿剪切面整体推动,最终只是上下剪切面之间的摩擦力在起作用。

4.5.2　破坏形式与特征

图 4-14 给出了两组压剪试验剪切面与裂隙的分布状态。压剪作用下,土石混合体试样破坏过程中基本上是沿着试样的底部面发生剪断破坏的;同时在试样上远离剪切力加载面一侧,可以看到由于试件体内产生拉应力而出现的拉张裂缝。其中,S1 试验地点的试样最终剪切破坏面是沿着试件底部面破坏;S2 试验地点的试样剪切破坏面则通过试件底面以下某个弱面破坏。

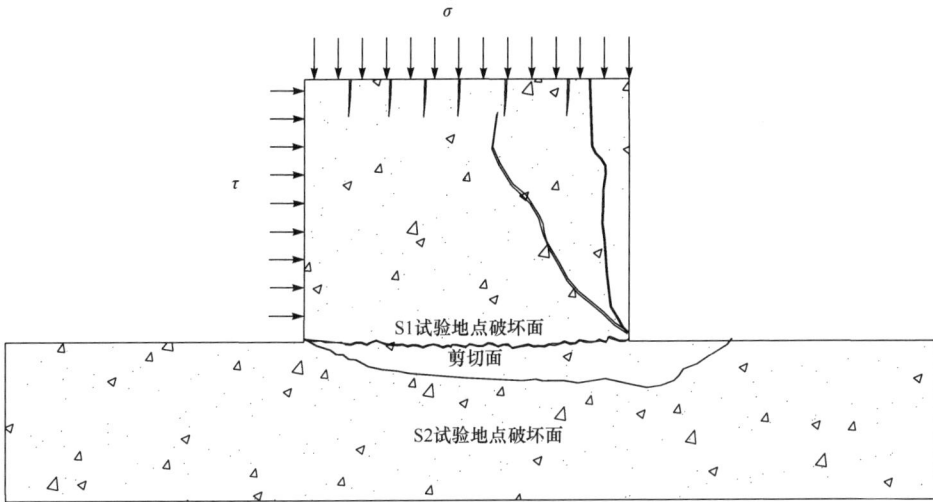

图 4-14　压剪试验剪切面以及主要拉张裂隙分布

压剪作用下,土石混合体的破坏特征呈现压裂面与剪切面共存的典型现象,这也是与土体的显著差异之一(压剪作用下,土体多为剪切面导致的破坏)。究其原因,可以概括为以下三方面:其一,由于土石混合体内块石结构在试样内形成的结构差异性,使得潜在微裂隙容易沿某一方向贯通;其二,土石混合体强度较高,试样不至于在微裂隙贯通之前就破坏;其三,压剪的加载方式使得试样后部应力差比较大,容易引起压裂破坏。

4.5.3　强度特性与力学参数确定

压剪试验中法向应力分不同级别,具体有 35kPa、70kPa 与 105kPa 法向应力三级加压;每一对应法向应力作用下试验剪切破坏时均有对应的剪切应力。本次试验共进行两组试验,包括 6 个试样。试验中每组试验的 3 个试样就近取样,其含石率、基本物理特性基本一致,这也使得绘制土石混合体强度特征曲线更有根据、合理。表 4-4 给出了各级法向应力作用下,各试样破坏时的剪切应力。

表 4-4　压剪试验结果汇总表

试验编号	法向应力/kPa	剪切应力/kPa
L1	105	148.73
L2	70	115.13
L3	35	81.52
L6	35	165.837
L9	70	246.19
L10	105	326.54

　　根据每组压剪试验的 3 种法向荷载情况,通过将相应法向应力作用下土石混合体材料的抗剪强度绘制到同一坐标系下就可以获得该处地点的抗剪强度包络线图,这次原位试验两处试验地点土石混合体材料的强度包络线分别如图 4-15 与图 4-16 所示。

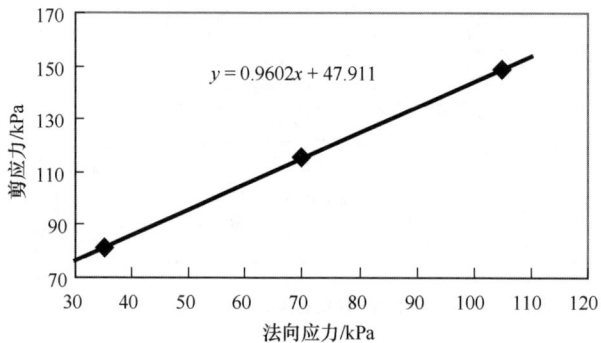

$$y = 0.9602x + 47.911$$

图 4-15　S1 试验地点土石混合体的强度曲线(含石率 40%)

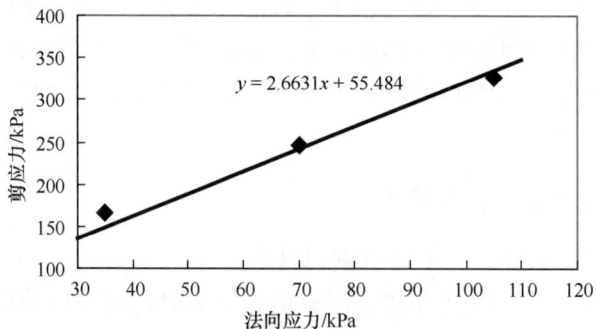

$$y = 2.6631x + 55.484$$

图 4-16　S2 试验地点土石混合体的强度曲线(含石率 50%)

　　根据图中曲线的回归直线方程就可以得到在这两处试验位置土石混合体的内摩擦角和黏聚力,见表4-5。可以看出,土石混合体的力学特性介于土体与岩石之间:就黏聚力而言,在含石率较高的情况下,土石混合体表现出来的力学性质接近于岩体,在含石率较低的情况下,其表现出来的力学性质接近于土体。土石混合体的内摩擦角不仅高于土体,甚至比岩体还高。这是土石混合体特有的非均质性所体现的特殊的力学行为,也正是土石混合体特殊的结构力学效应的体现。对其力学机制可作如下解释:由于土石混合体中块石和土体的弹性模量相差很大,软硬混杂(高度非均质),在试样产生大变形和破裂过程中,不同形状的块石会发生滑移甚至转动,使得摩擦力增加,块石的磨圆度越差,摩擦力越大,在宏观上就表现为试体的内摩擦角增大。

表 4-5　压剪试验剪切强度参数计算结果

编号	含石率/%	黏聚力/kPa	内摩擦角/(°)
L1,L2,L3	40	47.911	43.8
L6,L9,L10	50	55.484	65.4

　　图4-15与图4-16还表明,土石混合体在一定意义上满足莫尔-库仑强度准则,可以通过不同法向载荷的压剪试验来确定其力学参数,这也值得相关工程借鉴。

4.6　本 章 小 结

　　土石混合体是由土体与不规则岩块混合形成的一种特殊地质介质,在我国山区广泛分布,但人们对其力学特性了解甚少。野外大尺度原位试验是揭示这类高度非均质和非均匀性复杂地质介质力学特性的一种有效办法。结合三峡库区白衣庵滑坡典型的土石混合体,本书共进行了23个大尺度的土石混合体原位推剪和压剪试验,获得了不同含石率、不同尺寸大小和不同应力状态下土石混合体的剪应力与剪切位移曲线、剪切强度曲线、破坏形式以及相应的抗剪强度参数。在大量试验的基础上初步探讨了土石混合体在剪切情况下的变形特点和强度特性,主要得出以下结论:

　　(1)土石混合体具有明显的应力屈服和塑性变形特征,并表现出典型的全应力-应变曲线特征,具有明显的线弹性变形、弹塑性变形、峰值等曲线段;而峰值后,试样的应变软化段是土石混合体特有高非均质与非均匀结构导致的固有力学属性。

　　(2)含石率是土石混合体力学特性体现的一个关键因素。含石率较低时,土石混合体的变形特性主要受土的制约和控制,接近于土的力学特性。含石率较高时,多数块石直接接触,土只作为一种充填物,这时土石混合体的变形特性将主要受块石和土体的联合控制,表现为强度显著提高。此外,压剪试验还表明高含石率的土石混合体在破坏时剪切面是沿着试样底部以下某个弱面发展破坏,而低含石率的土石混合体剪切面基本沿着试件底部面破坏。

(3) 土石混合体具有典型的尺寸效应。试样尺寸较小的情况下,破裂面的发展显得较为凌乱,破裂面的发展受块石的影响比较大,而在试样尺寸加大的情况下,破裂面的发展虽然仍受到块石的影响,但相对平滑、规则。

(4) 压剪试验表明,通过压剪试验可以确定土石混合体的剪切强度参数,土石混合体特有结构导致其具有高内摩擦角。

(5) 由于土石混合体结构和强度的特殊性,其原位试验方法与土体、岩体有所差别。参照土体与岩体现场原位试验方法,作者首先提出并规范了针对土石混合体的原位推剪与压剪试验仪器、方法、步骤及其关键问题等,该试验方法与步骤取得了很好的科学数据,值得推广于相关研究与工程实践借鉴。

总之,土石混合体具有典型的全应力-应变曲线、应变软化、高内摩擦角等特有特征,这也是其特殊的物质组成结构特征的体现。试验结果还表明,含石率是影响土石混合体强度与破坏形式的重要因素;而尺寸效应也是土石混合体的一个重要力学特性。作者关于土石混合体原位试验的研究在试验方法与科学数据积累等角度为进一步研究这种非岩非土复杂介质的力学特性奠定了基础。

参 考 文 献

[1] Li X,Liao Q L,He J M. In-situ tests and stochastic structural model of rock and soil aggregate in the three gorges reservoir area. International Journal of Rock Mechanics and Mining Sciences,2004,41(3):494.

[2] Vallejo L E,Zhou Y. The mechanical properties of simulated soil-rock mixtures. Proceedings of the 13th International Conference on Soil Mechanics and Foundation Engineering, New Delhi,5-10 January,1994,(1):365-368.

[3] Vallejo L E, Mawby R. Porosity influence on the shear strength of granular material-clay mixtures. Engineering Geology,2000(58):125-136.

[4] 黄广龙,周建. 矿山排土场散体岩土的强度变形特性. 浙江大学学报(工学版),2000,34(1):54-58.

[5] 王龙,马松林. 土石混合料的结构分类. 哈尔滨建筑大学学报,2000,33(6):129-132.

[6] 武明. 土石混合非均质填料力学特性试验研究. 公路,1997,(1):40-49.

[7] 韩世莲,周虎鑫,陈荣生. 土和碎石混合料的蠕变试验研究. 岩土工程学报,1999,21(3):196-199.

[8] 廖秋林. 土石混合体地质成因、结构模型及其力学特性、固流耦合特性研究[博士学位论文]. 北京:中国科学院研究生院,2007.

[9] 赫建明. 三峡库区土石混合体的变形与破坏机制研究[博士学位论文]. 北京:中国矿业大

学,2004.

[10] 油新华. 土石混合体随机结构模型及其应用研究[博士学位论文]. 北京:北京交通大学,2001.

[11] 李世海,汪远年. 三维离散元土石混合体随机计算模型及单向加载试验数值模拟. 岩土工程学报,2004,26(2):172-177.

[12] Li S H,Zhao M H,Wang Y N. A new numerical method for DEM-block and particle model. International Journal of Rock Mechanics and Mining Sciences,2004,41(3):436.

[13] Axelrad D R. Stochastic mechanics of discrete media. Berlin Heidelberg:Springer-Verlag,1993.

[14] 刘听成,高应才. 岩石力学有关名词解释. 北京:煤炭工业出版社,1986.

[15] 吴兴春. 基于工程地质特性的岩体力学参数确定方法研究. 中科院地质所博士后出站报告,1997.

[16] 林宗元. 岩土工程勘查设计手册. 沈阳:辽宁科学技术出版社,1996.

[17] 王锺琦,孙广忠. 岩土工程测试技术. 北京:中国建筑工业出版社,1986.

[18] 孙广忠. 岩体结构力学. 北京:科学出版社,1988.

[19] 徐文杰,胡瑞林,曾如意. 水下土石混合体的原位大型水平推剪试验研究. 岩土工程学报,2006,28(7):814-818.

[20] 徐文杰,胡瑞林,谭儒蛟,等. 虎跳峡龙蟠右岸土石混合体野外试验研究. 岩石力学与工程学报,2006,25(6):1270-1277.

[21] Miller E A,Sowers G F. The strength characteristics of soil-aggregate mixtures. Highway Research Board Bulletin,1957,183:16-23.

第5章　土石混合体物理模拟试验及其力学结构效应

前文研究已表明,土石混合体不仅在结构特征上与岩体、土体存在差别,其力学特性也迥然不同。土石混合体是由材料物理性质相差很大的土体与块石组成,且块石分布随机性强,因此具有物质组成和结构的高非均匀性。第4章通过土石混合体大量的现场原位试验从宏观上揭示了土石混合体具有典型的全应力-应变曲线、应变软化、高内摩擦角等特有力学特性,这也是其特殊的物质组成结构特征的体现。试验结果表明,含石率是影响土石混合体强度与破坏形式的重要因素。然而,如何进一步深入研究土石混合体的力学特性以及土石混合体特殊结构对其力学强度变形特性的影响机理仍需要开展针对性的研究。

鉴于土石混合体极其复杂的材料非均一、结构非均匀性,在一定应力条件下其应力重分布、位移受其内部块石与块石分布影响必然十分显著,这也是掌握其变形破坏机理与强度特性的关键所在。这就决定了准确获取土石混合体变形破坏机理与强度特性应该从单块块石、多块块石等对整个试样力学特性的影响分析入手,逐步分析、掌握土石混合体的力学特性的深层机理;同时,在这一研究过程中块石的形状及其在试样中的排列也应由简单到复杂逐步考虑。许多学者围绕块石在土石混合体中的作用进行了一系列室内试验与数值模拟研究[1-5]。武明对4组土石混合填料的试件分别在大型和中型三轴剪切仪上进行了抗剪强度试验[6]。韩世莲等采用小横梁对刚性承载板施加规定荷载于土和碎石混合料试样,获得了碎石土的无侧限抗压强度[7]。李维树、时卫民等分别通过室内试验研究了土石混合体的承载力与抗剪强度[8,9]。然而,上述研究仍主要是从建筑材料,尤其是碎石土级配的角度获得了一下科学数据,要开展土石混合体力学特性的系列深入研究,目前并没有相应的成熟试验方法与设备。

针对以上问题,作者立足于传统材料力学物理模拟试验的方法,尤其是土力学与岩石力学的室内试验方法,探索土石混合体试样制备、单轴压缩试验与三轴压缩试验的室内试验方法,分析土石混合体的应力-位移曲线、单轴抗压强度和变形模量以及变形、破坏特征等。试验内容主要分为三部分:

(1) 块石的形状以及排列对土石混合体变形破坏机理影响的研究。

(2) 土石混合体的单轴压缩试验对土石混合体力学特性的揭示。

(3) 土石混合体的三轴压缩试验对土石混合体力学特性的揭示。

下面分别具体介绍各试验内容的试验方法、过程及其试验结果所揭示的土石混合体的应力-位移曲线、单轴抗压强度和变形模量以及变形破坏机理等力学特性。

5.1　块石在土石混合体中的力学响应

土石混合体的强度与土体、块石的强度和块石的形状及排列方式等都有着较为密切的关系。由于在现场取样难度太大,而且真实条件下土石混合体材料杂乱无章且外界影响因素太多,通过试验发现规律较难,所以这里采用实验室物理模拟试验的办法,建立简化的土石混合体模型来逐步深入地揭示其规律性。现场土石混合体原样中块石形状变化复杂,物理模拟试验无法达到这种要求,所以根据土石混合体中土体、岩石的各自强度要求以及试验简化的原则,实验室采用在现场土样中放置形状简单的混凝土块体来代替块石的方法来模拟土石混合体单轴受压情况下的变形破坏特点。通过研究块石在形状及排列简单情况下的变形破坏规律,对土石混合体的变形及破坏规律进行一些初步的探讨。

5.1.1　试验方法与设备研制

将土石混合体单轴受压情况下的变形破坏简化为二维平面问题来进行考虑,在试验中观察当土体中引入块石后的情况下其变形破坏规律及峰值强度等力学特性,并将整个模型最终的变形破坏特点与均质土体的变形与破坏特点进行对比研究,根据土石混合体所发生的变形破坏特点,对比两种简单形状岩块所组成土石混合体之间在变形破坏方面的具体差异性。通过简化情况下的物理模拟试验来得出一些土石混合体材料自身所特有的力学特性。

试验模型采用的模型长度为 60cm,宽度为 50cm,长宽比为 1.2,模型的厚度为 10cm。物理模拟试验所采用的土样来自长江三峡白衣庵滑坡现场原位试验取回来的土样,土石混合体中的石块采用形状简单的现浇混凝土块体来代替,形状主要考虑两种简单情况:圆形和正四边形。考虑到试样中砾石尺寸不能超过整个试件尺寸 1/5 的原则,将现浇混凝土块体的粒径定为 10cm。

试验方法就是通过对预制土石混合体物理模型的加载来模拟土石混合体单轴受压状态,以获取其变形破坏等力学特性,如图 5-1 所示。为进行这一试验,作者等专门研制用于加大尺寸试样的单轴加载设备系统,如图 5-2 所示。

加载系统共由试样固定支架、侧限约束压力系统与轴向加载液压系统等 3 部分组成。试样的前后采用厚度为 2.5cm 的有机玻璃板进行边界约束,有机玻璃板使用自行设计的架子来进行固定。试样的侧限约束则通过侧向的一组液压系统维持试样侧向不位移。轴向加载液压系统通过顶部采用一条油缸来实现加载,油压表量程为 0~6MPa。千斤顶的左右两边分别固定大量程百分表来量测试件沿轴向的应变大小。

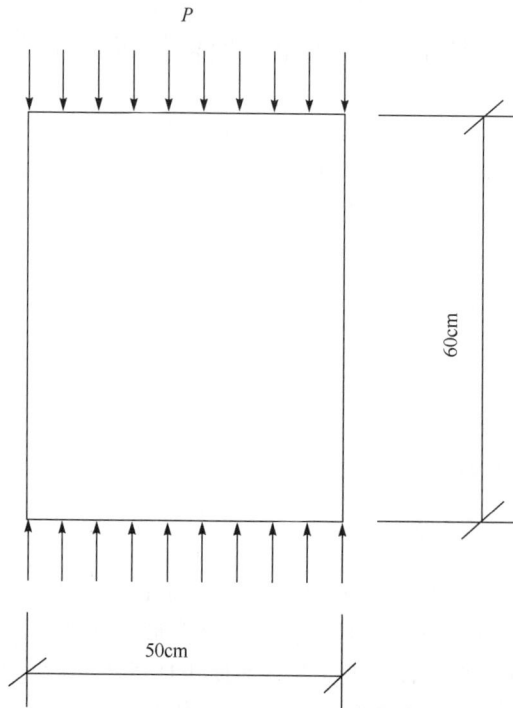

图 5-1　模型加载示意图

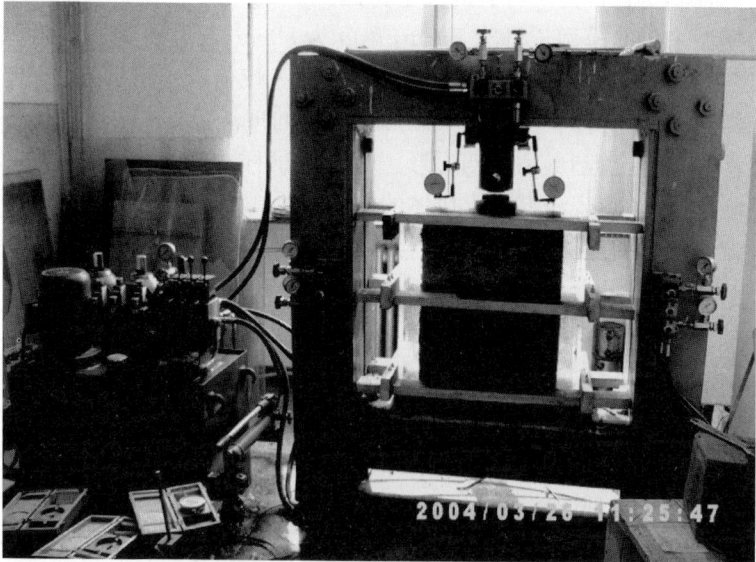

图 5-2　物理模拟试验的二维平面加载设备

试验过程中采用手动液压控制加载速度的方式来完成,油缸输出的压力通过上部加载钢板来传递给试件,通过油压表来给出油缸内的油压,油压表最大量程为6MPa,然后通过换算来得出作用在试件上的压力。试件在试验过程中会产生变形,特别是沿试件轴向的变化,试验中采用在上部加载钢板上固定大量程百分表来测量试件沿轴向方向所产生的位移,这样就可以得出试件在整个受力过程中的轴向应力-应变变化曲线[10]。

5.1.2　物理模拟试验模型

本次试验考虑到在含石率较低的情况下很难观察出强度随着含石率的变化情况,所以模型分别采用了 3 块、6 块、9 块岩石的情况作为考虑,形状考虑了正方形和圆形两种块体形状,排列形式采用了交错排列以及并行排列的方式。具体的物理模拟试验模型如图 5-3 所示(阴影部分表示块石)。

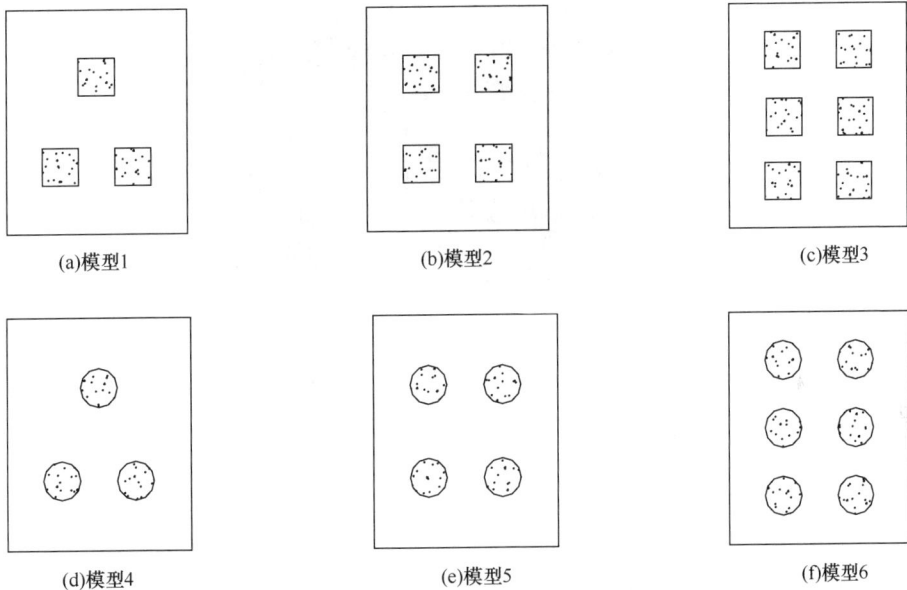

(a)模型1　　　　　　　　(b)模型2　　　　　　　　(c)模型3

(d)模型4　　　　　　　　(e)模型5　　　　　　　　(f)模型6

图 5-3　试验中土石混合体物理模型示意图

试验所采用的土样来自长江三峡白衣庵滑坡现场原位试验取回来的土样,土石混合体中的石块采用形状简单的现浇混凝土块体来代替,粒径定为 10cm;形状主要考虑两种简单情况圆形和正四边形。

5.1.3　模拟试验结果及其分析

1) 变形破坏形式的分析

在此次物理模拟试验中,为了比较方便,首先对均质土体进行了单轴抗压的试验,图5-4为均质土体在单轴受压情形下的变形破坏后的现场照片。观察均质土体试样可以发现试样的破坏主要是以剪切为主的破坏,试样两侧由于剪切而形成条块状破坏。由于上下承载面压应力作用而产生的剪切面贯通导致破坏,条块最宽部分达到了约10cm。在变形破坏的过程中,首先在试样上下端部两侧出现裂隙,随着变形的发展,裂隙逐渐向中部扩展。峰值强度后,试件变形持续增大而产生整体破坏,其破坏形式也说明了被试验材料的均质性。

图 5-4　均质土体的最终变形破坏图

　　图5-5为模型1~模型6在单轴受压情形下变形破坏后的现场照片。模型中引入块石后在试验过程中观察可以发现,试样仍然以剪切破坏为主,块石的引进对土石混合体的变形及破坏有一定的影响,试样中剪切裂隙的形成并最终贯通主要受控于块石的分布情况及块石的形状。

　　模型1的最终变形破坏图表明,由于块石的引入而导致土体中剪切面的发展受到阻碍,这也是试件峰值强度与土体相比提高的原因之一。在试验过程中也可以看到,裂隙首先在块石的棱角处形成,然后逐步扩展与土体中形成的剪切面贯通。下部块石的布置则直接影响了剪切面的形成,对土石混合体的变形破坏起着至关重要的作用。

　　模型2中块石的存在阻碍了土体中剪切面的形成,导致其沿着块石的侧面发展并最终贯通。试样中部土体由于被块石挤压密实与块石共同承载,这也是土石混合体强度提高的另一个原因。

(a) 模型1

(b) 模型2

(c) 模型3

(d) 模型4

(e) 模型5

(f) 模型6

图 5-5　各土石混合体模型的最终变形破坏图

　　模型 3 由于引入块石较多(6 块),导致试样的整体刚度增幅较大,整个试样仍然以剪破坏为主。由于块石数量较多,块体的棱角部位均出现由于应力集中而产生的裂隙,整个试样分布的裂隙数目明显增多。块石与块石之间只有少量土体,很快就被挤压密实,这也导致承压性能有明显提高。

　　模型 4 中引入圆形块石后可以发现由于磨圆度较好,对剪切面的形成阻碍作用较小,破坏形式为试样两侧产生剪切贯通,与均质土体破坏形式较为相似。应力集中在圆形块石的两侧,并且产生了较多裂隙,两侧破坏土体宽度达到 15cm。试验过程中首先在块石周围形成裂隙,随着变形的发展与土体中的裂隙汇合后贯通破坏。

　　模型 5 与模型 4 相比变形及破坏形式变化不大,两侧破坏土体宽度也达到了约 15cm。

　　模型 6 中引入 6 块圆形块石后中部块石对破坏的影响较大,由于它们的存在而使得剪切面的形成刚好绕过中部块石而在中部两块岩石的内侧贯通,上下两部分形成以中性面为对称轴的曲面楔形体。

　　通过对各个物理模拟试验变形破坏的最终结果分析可以发现,各个试样在引进块石后,试样中部的块石和土体经过挤压作用形成了一种共同作用结构,两者之间相互作用来共同承担外部荷载。各个试样的破坏主要以剪切为主,上下剪切面贯通后试件即破坏。岩石块体为正四边形的情况下,由于块体的存在阻碍了上下剪切的形成而导致剪切面沿其他方向发展并最终贯通,而块体为圆形的情况下对剪切面形成的阻碍作用较小,所以土石混合体中磨圆度较好的块石对试样强度及破坏形式所产生的作用较小,如图 5-6 与图 5-7 所示。

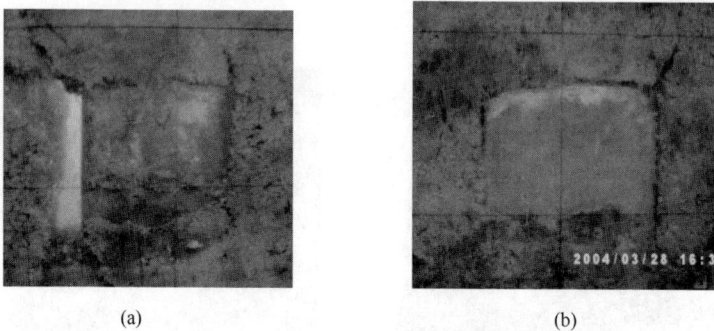

(a)　　　　　　　　　　　　　　　　(b)

图 5-6　方形块石周围产生的裂隙

　　总之,土石混合体单轴受压状态下的主要变形破坏方式表现为材料的剪切破坏,土石混合体中块石的排列方式、块石的形及块石的数量都会对剪切面的形成产生影响,从而导致土石混合体的变形破坏方式产生相应的变化。土石混合体中块石的数量及块石的磨圆度对整个试样的强度产生影响。在其他条件不变的情况下,土石混合体中块石的磨圆度越好其强度值也就相应越低。

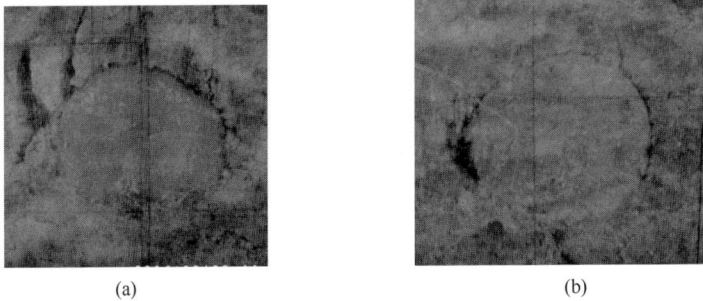

(a)　　　　　　　　　　　　　　　(b)

图 5-7　圆形块石周围产生的裂隙

2）应力-应变曲线特点分析

材料的应力-应变曲线可以直接反映材料在整个变形破坏过程中的特点,在本次试验中通过控制应力的方法对应力与应变进行记录,即油压表每跳过一个读数,就进行一次试验记录,将最终记录所得到的油压表读数进行换算,将两块百分表读数进行平均处理并换算为应变值,这样就可以得到材料的应力-应变曲线。

图 5-8 为均质土体的应力-应变曲线。均质土体在单轴受压情况下的应力-应变曲线属于典型的弹塑性变形,在加载的初始阶段可以看到明显的压密段,在压密段试样的变形较大。然后材料发展进入弹塑性变形阶段,到了接近峰值时,产生明显的塑性变形,最终产生变形破坏,应力值开始缓慢下降。

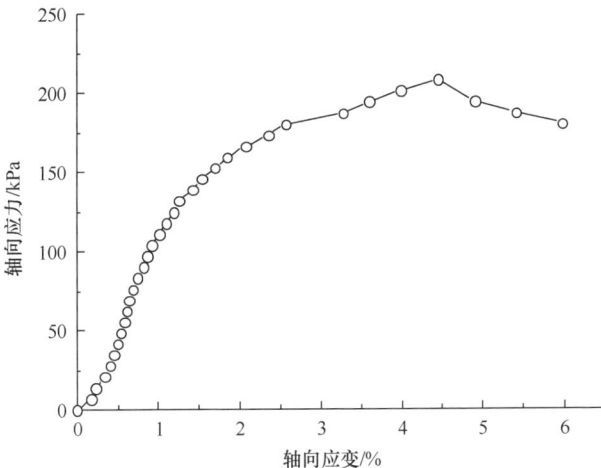

图 5-8　均质土体的应力-应变曲线

图 5-9 为各个土石混合体模型所得到的应力-应变曲线。对各个试样的应力-应变曲线进行比较,发现在土体中引入块石后,试样的整体刚度增加,所以造成在应力达到峰值时应变的变化较大,均质土体到达峰值前的应变明显要大于引入块

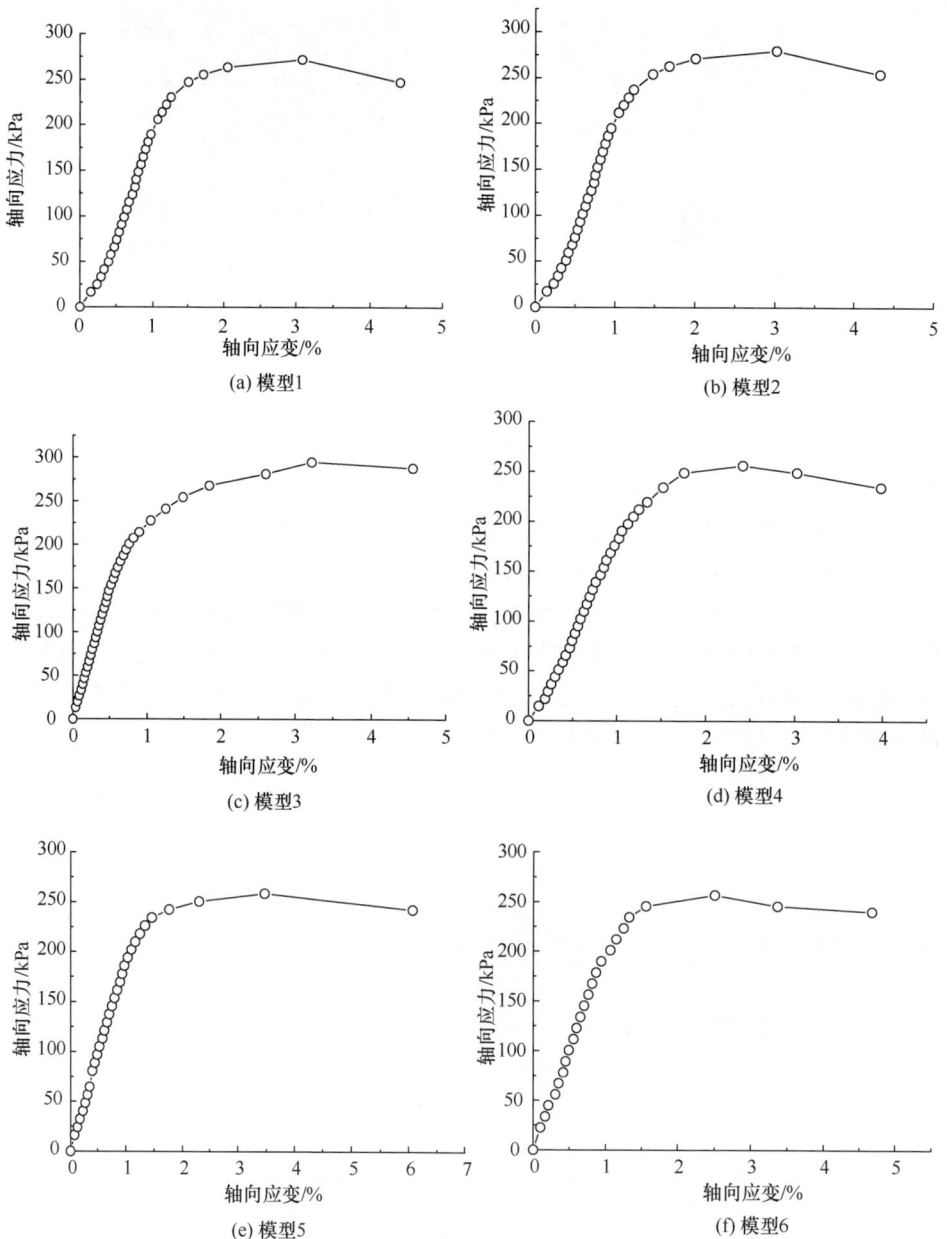

(a) 模型1

(b) 模型2

(c) 模型3

(d) 模型4

(e) 模型5

(f) 模型6

图 5-9　各土石混合体模型的应力-应变曲线

石后试样的应变。各个模型的极限强度随着含石率的增大也在不断增大,但是由于试样的整体含石率比较低,所以强度值变化不大,但是随着块数的增多,整体呈现增长趋势。

通过对各个引入块石后模型的应力-应变曲线进行比较还可以发现,在试样中加入块石后应力-应变曲线上可以看到初始弹性模量增大。所有试样的应力-应变曲线在峰值前后很宽的范围内几乎呈水平状发展,这也就意味着该种介质既具有较高的承载能力,又具有很大的变形性。

此外,在土体中引入块石后,在单轴受压的情况下,应力-应变曲线与均质土体相比产生了较为显著的变化,主要表现在初始弹性模量增大曲线变陡,所有试样的应力-应变曲线在峰值前后很宽的范围几乎呈水平状发展,这也就意味着该材料既具有很高的承载能力,又具有很大的变形性。

3) 块石形状不同对试样破坏以及强度的影响

在本次物理模拟试验中,具体各个模型的情况及试样的最终强度值如表 5-1 所示。对模型 1 和模型 4 进行对比分析可以看到,由于块石形状的改变而导致试样的破坏方式也发生了相应的变化,模型 1 的变形破坏接近于均质土体,而模型 4 中剪切裂隙的发展主要受控于下部块石,试样剪切破坏后上部形成楔形体。正四边形块体的裂隙主要集中在棱角的部位,而圆形块体则由于压应力作用造成长度较短的拉张裂隙,长度一般为 3～5cm。

表 5-1　各模型的块石分布情况以及峰值抗压强度

编号	块石个数/块	粒径/cm	形状	强度/kPa
均质土体	0	10	—	221
模型 1	3	10	正四边形	271
模型 2	4	10	正四边形	279
模型 3	6	10	正四边形	294
模型 4	3	10	圆形	265
模型 5	4	10	圆形	265
模型 6	6	10	圆形	278

模型 2 与模型 5 相比,二者的最终破坏方式差别不大,只是由于方形块石在压应力作用下的应力集中现象发生在四个角,而圆形块石在压应力作用下的应力集中部位在圆周的上下两个顶点部位,这就造成沿块石周边所产生的裂隙部位不同,所以造成试样两侧所形成的剪切破裂线形式有所差别。

模型 3 和模型 6 相比,同样可以看到块石在圆形的情况下剪切面形成的位置和形状与正四边形有明显的差别。

对表 5-1 中强度值的比较发现,在含石率基本相同的情况下,加入圆形块石后试样的强度要比加入方形块石后试样的强度低,随着含石率的增大,加入圆形块石试样的强度增幅也要比加入方形块石后试样的增幅低一些,这主要是由于正四边形块石在剪切面形成过程中所起到的阻碍作用造成的。这也能够说明土石混合体在其他条件不变的情况下,块石的磨圆度越好其强度值也就相应越低。

对表 5-1 中各个试样的强度进行比较分析可以发现,在试样中引入 3 块岩石后,整个试样的强度呈现较为明显的增长,而岩石继续增多,强度变化则不太明显。这主要是由于在模型试验中试样所含的块石尺寸单一,而且粒径较大,缺乏中间尺寸的砾石。大粒径的块石与土体在压应力作用下,块石之间的土体挤压密实后会产生相互作用而形成承载结构,这样会导致强度增幅较大。

4) 块石排列方式不同对试样破坏方式的影响

由于土体与岩石是两种力学性质完全不同的材料,所以在受到压应力时,其变形也有很大差别,二者变形的不协调导致岩石周围的土体与岩石容易脱开而产生裂隙。另外,由于块石与土体接触边界处所形成的应力集中也导致土体中产生裂隙。通过在试验过程中所进行的观察可以发现,每个试样最初的裂隙都产生在块石与土体接触边界的应力集中部位,并且随着压应力的增大而逐步扩展并相互贯通,导致试样最终破坏。试样中块石排列方式不同,应力集中的部位也不同,也会导致试件中裂隙的起始发展部位不同,其最终破坏方式也有所差别。

模型 1 和模型 2、模型 4 和模型 5 块石的排列方式不同,可以发现其变形破坏的方式也产生了比较大的变化。同时在土体与岩体的接触部位,也可以看到由于两种材料的变形不协调所导致的裂隙。上述分析表明,块石排列方式不同会导致试样的变形破坏方式产生相应的变化。

上述物理模拟试验表明,块石的存在使得土石混合体具有与土体完全不一样的力学特性。也就是在一定应力条件下其应力重分布、位移受其内部块石与块石分布影响显著,我们称之为土石混合体的力学结构效应。由于在试验中块石的尺寸均保持一致,缺乏中间粒径的块石,所以整个试样的结构与真实土石混合体的材料内部结构相比仍然有一定的差距,后续还需要进行大量的工作。本试验仅限于对土石混合体材料所表现出来的力学特性进行初步的探讨。

5.2　土石混合体单轴压缩试验研究

目前关于土石混合体力学特性的研究仍主要局限于现场原位推剪、压剪、静载荷试验以及各种数值模拟等。其中,原位试验虽可靠、有效,但限于操作难度、费用较高而难以大量开展,且试验中许多参数难以控制,如含石率、含水率等,不利于其复杂力学机理的探索。前文从块石对土石混合体的力学响应进行了试验研究,初步揭示了土石混合体变形破坏的机制,这也表明实验室物理模拟试验是材料力学特性机理与机制探索的有效手段,岩石力学与土力学的很多经典理论就来自实验室的大量试验。下面就基于岩石力学、土力学及土石混合料的力学实验室单轴压缩试验原理与方法,探索适宜土石混合体实验室力学特性单轴试验研究的原理与方法,并通过大量试验有针对性地、深入地研究土石混合体的力学特性。

单轴压缩试验是研究岩土力学特性的一个重要手段,而这一试验条件下的岩土材料的变形破坏特性、应力-应变曲线特点以及单轴抗压强度、弹性模量等则是认识岩土力学特性的重要内容。土石混合体作为一类新的地质介质被提出来,虽然已有许多大型野外原位试验结果及数值模拟结果,但其单轴力学特性仍很少被研究。本节就通过对上述土体以及不同含石率的土石混合体的重塑样的试验对比,从单轴压缩试验的角度研究其力学特性。

5.2.1　土石混合体试样制备及其击实特性

为了进行土石混合体的室内试验研究,相应的试样制备是一个重要环节。原状试样的研究虽然可以很好地探索土石混合体力学特性,但对于这种高非均质材料而言,其力学机理的认识更重要,而这应该通过有针对性的重塑样的试验研究能达到目的。因此,本节基于土力学中关于重塑样的一些理论与方法,主要对土石混合体重塑样的制备、击实特性等问题进行探索。

5.2.1.1　试样制备

为了有针对性地、更深入地研究土石混合体的力学特性,力学试验试样采用了有一定的含石率、粒径、形状的块石与土体重塑试样。试样中的土体取自长江三峡奉节白衣庵古滑坡的堆积物,成分为淤泥质粉土;试样中块石为灰岩,其弹性模量与单轴抗压强度等力学强度指标远优于土体。

试样制备采用重型击实仪由击实筒、击锤和护筒等组成,如图 5-10(a)所示。击实筒的直径为 150mm 或 100mm(内径),高度约 120mm;击锤直径 51mm,重4.5kg,击锤下落高度 457mm。此外,相应的辅助仪器还有筛子、喷壶、取样架、千斤顶、土工刀和削样台等。

为确保力学试验中的试样制备的可重复性,本书制定了统一、明确的试样制备流程,包括如下步骤:

(1) 准备土体与块石。试样中土体均碾碎,用 2mm 直径的筛子过筛,并均匀补充一定水分,使其尽可能接近土体的天然含水率;块石为大小不一、形状各异的灰岩碎块,其粒径从几毫米到 30mm,如图 5-10(b)所示。考虑到尺寸效应,块石最大粒径不超过试样直径(150mm)的 1/5,即 30mm;如果试样尺寸有变化,则相应调整块石的粒径。

(2) 分层击实。先将击实筒内壁涂上凡士林,这样可以减少试样成样后试样从击实筒内取出时与筒壁的摩擦力。将准备好的土与块石均匀混合,并放入击实筒内一定厚度的混合体;然后通过击锤均匀击实,击实次数是一定的,具体根据试验目的与要求来确定。之后,再放入一层同样厚度的混合体于击实筒内,并击实,

图 5-10　土石混合体重塑试样制备流程

如图 5-10(c)所示。如此,逐层击实,直至击实筒满为止(同一试样中每层的击实次数必须一致)。由于块石的存在,每层厚度不宜小于 50mm。

(3)成样。先用土工刀将击实筒表面找平,通过油压千斤顶与反力架将试样缓慢顶出,然后通过制样台将试样削成试验所需试样尺寸,如图 5-10(d)与(e)所示。

(4)试样描述及其常规物理特性测试,包括质量、体积以及含水率等。

实验室试样尺寸多为直径 50mm、75mm 或 100mm 的圆柱体,而土石混合体受块石的尺寸效应影响,试样尺寸越大才越可能考虑块石对试样整体力学特性的影响。因此,本书尽可能采用 150mm 或 100mm 的试样进行力学试验。同时,这也避免了土石混合体试样在制样筒成样后削样时对块石的处理这一难题。

此外,为对比土石混合体与土体物理力学特性的差异,本书还用以上方法制备一些土体重塑试样。

5.2.1.2　土石混合体的击实特性

对于重塑土体试样,其压密效果是试样物理力学特性的重要因素。《土工试验规程》(SL 237—1999)等规范中对于土体重塑样的压密有明确规定,即在相同含水率条件下重塑样的密度需与原状样密度基本一致[11]。试样重塑的压实是大小颗粒在力的作用下克服颗粒间阻力产生位移的过程,即大小颗粒重新排列,相互靠近,使孔隙体积减小,单位体积内固体颗粒数量增加的过程。已有研究大多集中在土石混合体随含石率增加其整体压密特性的分析,刘自楷、赵勇与武明等通过试验得出了基本一致的结论:当含石率小于 40% 时,压实密度的增长与含石率增多几乎成直线变化;当含石率大于 40% 时,土中块石渐起骨架作用,相应的击实最大干密度随含石率的增加迅速增大;含石率超过 70%,干密度上升缓慢,并随土填充不满块石之间孔隙而下降[12-15]。那么,对于土体以及不同含石率的土石混合体,击实到什么程度才算完全压密或者可以反映其力学特性,即土石混合体压实过程所体现的特性? 对于土体试样重塑,由于其颗粒大小差别较小,这一过程相对简单;而土石混合体中由于块石的影响,其压实过程与击实特性是否与土体的压密过程一致? 本节针对相同含水率的土体与土石混合体(含石率为 40% 与 50%)进行了不同锤击数的击实,以研究土石混合体的击实特性。

本节针对土体与含石率为 40% 与 50% 的土石混合体等 3 组试样共进行了锤击数为 15 次、30 次、40 次、50 次与 70 次等不同方案的击实试验。试验中,各试样土体的含水率基本为 6.5% 左右,接近天然含水率。本次试验中,共进行重塑试样 30 个,其中,土体试样有 10 个,有效试样 7 个;含石率为 40% 的土石混合体 11 个;含石率为 50% 的土石混合体 5 个。此外,还有含石率未统计(估计大致为 20% 左右)的试样 4 个。

图 5-11 给出了上述三组试样的密度随锤击数增加的变化关系曲线,soil 为土体试样组,RSA I 为含石率为 40% 的土石混合体试样组,RSA II 为含石率为 50% 的土石混合体试样组。首先,试验结果表明土石混合体试样的密度明显高于土体,而且随着含石率增加(从 0→40%→50%),其密度也明显增加。这也与刘自楷等学者的研究结果完全一致。土体与块石的密度差别可以解释土石混合体击实后密度变化的特点。土体密度最密实条件下也只有 2.2g/cm³,而试验中采用块石的密度高达 2.5g/cm³,密实的土体中增加一定量的密度高于土体的块石,导致土石混合体密度的增加。

锤击数少于 50 次时,土体与土石混合体的密度均随着锤击数的增加而较快地增加,而之后密度随锤击数增加变化并不明显,即密度随锤击数增加而增加的变化曲线有一个拐点。本书将这个拐点定义为土石混合体或土体重塑样的最佳压密锤击数,这也是土石混合体室内试验研究的一个关键指标。图 5-11 还表明,本节试验研究的 3 组试样的最佳压密锤击数基本一致,大致为 50 次左右。但是,由于块石的作用,土石混合体的最佳锤击数随含石率增加必然会有所变化,这一规律需要更多试验数据的支持。本节研究初步表明,随含石率增加而增加,试样重塑的最佳压密锤击数逐渐增加;当含石率达到一定时最佳锤击数的增加趋势趋于平缓,甚至由增加变为减小。还需明确指出,对于不同规格的击实器与击实方法、含水率,同一试样的最佳压密锤击数会有所差异,在此不作深入讨论。

土石混合体重塑样的压密机制仍是试样内土体的压密,但随含石率变化其机制有所不同。试验中还发现,土石混合体重塑样的压实过程主要是试样整体中土

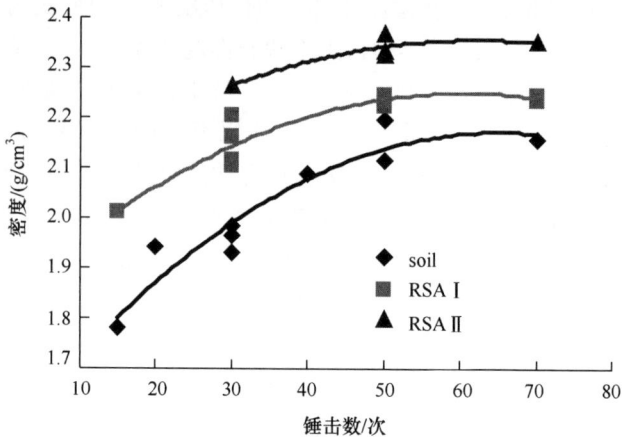

图 5-11　土石混合体与试样土体密度随锤击数变化

体的压密；而块石本身仅作为不可压缩的骨料，在击锤的打击下基本不被压密，只是随土体的压密位置调整或转动。另一方面，土石混合体在受力条件下的变形与破坏主要发生在强度相对弱的土体，其强度特性也在一定程度上受土体强度特性控制，尤其是含石率较低时。因此，本书以土石混合体中土体的密实度，即土体的密度，作为衡量试样压密效果的一个关键指标，这也是土石混合体单轴抗压强度、弹性模量以及变形模量等力学指标的重要因素。图 5-12 给出了土体与土石混合体试样中土体密度随锤击数变化的关系曲线。图 5-12 表明，随含石率增加，相同锤击数的土石混合体试样中土体的压密程度比土体试样低；但当含石率增加到 50%以上时，相同锤击数的土石混合体试样中土体的压密程度反而高于土体。究其原因，含石率较低时，土体是传递击实能量的主要介质，而块石只是随土体的压密位置调整或转动；随含石率增加，块石随土体的压密位置调整或转动所消耗的能量增加，从而影响了土体的压密。但当含石率增加到一定程度时，块石之间形成了一定镶嵌结构，而土体只是填充于块石之间的细粒，即此时块石是传递击实能量的主要介质；在这一条件下，土体的含量越高其击实效果就越好。

　　总之，对于土石混合体室内试验的研究是研究其力学特性的一个关键关节。本节基于土力学中关于重塑样的一些理论与方法，主要对土石混合体重塑样的制备、击实特性等问题进行了探索，初步给出对于土石混合体重塑样制备的一个标准流程，为深入研究其力学特性奠定了一个基础。此外，对于本次试验所选用的土体与块石而言，土石混合体的最佳锤击数基本为 50 次，即锤击 50 次后基本可以达到试样强度最佳的力学特性。

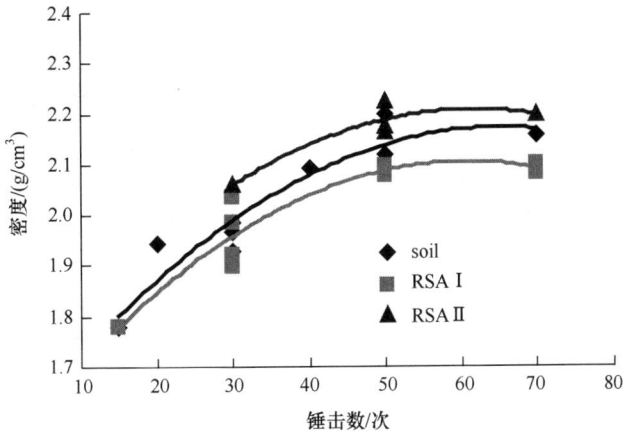

图 5-12　土体与土石混合体试样中土体密度随锤击数变化

5.2.2　单轴压缩试验仪器与方法

对于土体的单轴压缩试验(无侧限抗压试验),《土工试验规程》(SL 237—1999)等规范从仪器、加载等方面都有明确规定。但土石混合体由于其内部块石骨架作用的存在,其强度可能明显优于土体,即试验中所需载荷较高,传统土力学加载仪器难以满足试验的要求。因此,本书选用了具有高精度控制的岩石力学仪器。

试验机主机采用美国 MTS 三轴主机结构(图 5-13(a)),刚度达 10GN/m 以上;轴向最大试验力 2000kN,测力分辨率 20N,测力精度 ±1%;最大围压100MPa,围压测控精度 ±2%,围压分辨率 0.02MPa;变形测控范围:轴向 0~10mm,径向 0~5mm,测量分辨率 0.0001mm,测量精度 ±1%,变形速度控制范围0.01~50mm/min;位移测控范围:0~100mm,测量精度 <±0.2%FS,测量分辨率高于万分之一。

试验方法上也充分借鉴了岩石单轴加载的方法。如图 5-13(b)所示,试验时,将试样固定刚性承载板上,通过仪器轴向液压向上以等位移速率推动承载板对试样施加载荷。本次试验采用位移加载速率为 0.1mm/min。由于该设备控制系统精度很高,试验中对土石混合体试验要求的低载荷加载控制很稳定,避免了普通岩石力学单轴压缩设备在低载荷运行的不稳定现象;同时还获得了试样在单轴加载下破坏后的应力-应变曲线。在试样周围均匀布置了 4 个位移百分表,随位移加载过程读取试样在单轴压缩载荷下的侧向变形,本试验设定加载位移每 1/3mm 测读一次,再结合轴向位移数据即可得到试样在加载过程中体积应变的变化趋势。同时,试验中对试样的变形破坏过程还实施了全程数码摄像监测,以最大程度获取试验信息。

(a) 试验机

(b) 加载试验

图 5-13   土石混合体单轴加载试验

5.2.3   试验结果分析

本次试验对不同压密程度的土体与土石混合体(不同含石率)的一系列试样进行了单轴压缩试验,得到了应变、变形系数与抗压强度的关系等。试验的试样数量总共为 30 个,各试样的含水率、含石率以及密度等物理特性如表 5-2 所示。试样的尺寸大多以直径 150mm、高 120mm 左右的圆柱体为主;而直径 100mm、高 120mm 左右的圆柱体试样都是在试验研究的初步阶段完成,主要是本次试验研究中制样与试验设计可行性与方案的探索,其结果与之后进行的大尺寸试样试验对比性较差。因此,本节试验结果分析以直径 150mm 的试样为主。此外,各试样含水率基本一致,均在 5%～7% 之间,因此本研究可以忽略含水率对材料力学特性的影响。

表 5-2   单轴压缩试验各试样的基本物理特性

编号	试样组别	尺寸/mm		密度/(g/cm³)		含石率/%		含水率
		直径	高度	ρ	ρ_s	质量	体积	/%
S0	土体,不同锤击数	100	121	1.979	1.979	0	0	—
S1		150	118	1.78	1.78	0	0	—
S2		150	120	2.09	2.09	0	0	7.146
S3		150	121	1.965	1.965	0	0	5.792
S4		150	118	1.943	1.943	0	0	6.057
S5		150	105	1.93	1.93	0	0	5.115
S6		150	123	1.986	1.986	0	0	4.926
S7		150	114	2.197	2.197	0	0	7.292
S8		150	121	2.117	2.117	0	0	6.425
S9		150	121	2.157	2.157	0	0	6.32

编号	试样组别	尺寸/mm		密度/(g/cm³)		含石率/%		含水率/%
		直径	高度	ρ	ρ_s	质量	体积	
RSA-1	RSA，含石率为20%	100	120	2.203	—	—	—	—
RSA-2		100	108	2.11	—	—	—	—
RSA-3		100	114	2.246	—	—	—	—
RSA-5	RSA I，含石率约为40%	150	125	2.002	1.741	46.83	38.21	—
RSA-6		150	120	2.114	1.898	42.41	36.59	—
RSA-7		150	138	2.01	1.780	39.80	32.65	8.561
RSA-8		150	132	2.102	1.919	37.35	32.04	6.299
RSA-9		150	124	2.16	1.987	38.99	34.37	—
RSA-10		150	120	2.203	2.034	41.26	37.11	6.127
RSA-11		150	123	2.246	2.097	41.19	37.76	5.77
RSA-12		150	121	2.223	2.077	38.69	35.10	5.471
RSA-13		150	122	2.235	2.080	41.10	37.49	5.186
RSA-14		150	121	2.246	2.099	40.75	37.36	5.664
RSA-15		150	120	2.243	2.095	40.78	37.34	5.84
RSA-16	RSA II，含石率约为50%	150	121.5	2.335	2.174	52.69	49.21	6.274
RSA-17		150	121	2.326	2.163	52.05	48.44	5.248
RSA-18		150	121	2.265	2.060	51.32	46.49	—
RSA-19		150	121	2.368	2.226	54.57	51.68	6.17
RSA-20		150	119	2.352	2.197	54.36	51.14	5.94

注：表中，编号 S* 为土体试样，RSA* 为土石混合体试样；ρ 为试样整体密度，ρ_s 为试样中土体的密度；试样含水率为试样中土体的含水率。

图 5-14 和图 5-15 分别为本次试验中直径 150mm 的土体试样与土石混合体试样的全应力-应变曲线，图中 σ 为轴向应力，ε_1 为轴向应变，ε_2 为侧向应变，ε_0 为试样体积应变。通过这些试验数据，我们可以得到各个试样的弹性模量、单轴抗压强度以及加载过程中轴向应变、侧向应变、体积应变等变形破坏特性。土体的力学特性已基本清楚，因此可以从不同角度以土石混合体试样与土体的对比，深入研究土石混合体的力学特性。下面就分别从单轴抗压强度、弹性模量和变形破坏特征等三个方面进行详细分析。

1）单轴抗压强度分析

单轴抗压强度是岩土力学特性的一个很重要的参数，在工程实践中得到广泛应用。土石混合体是一种高非均质、非连续与非均匀的材料，那么我们就从其含石率、胶结程度以及密实度等方面分析其单轴抗压强度特性。

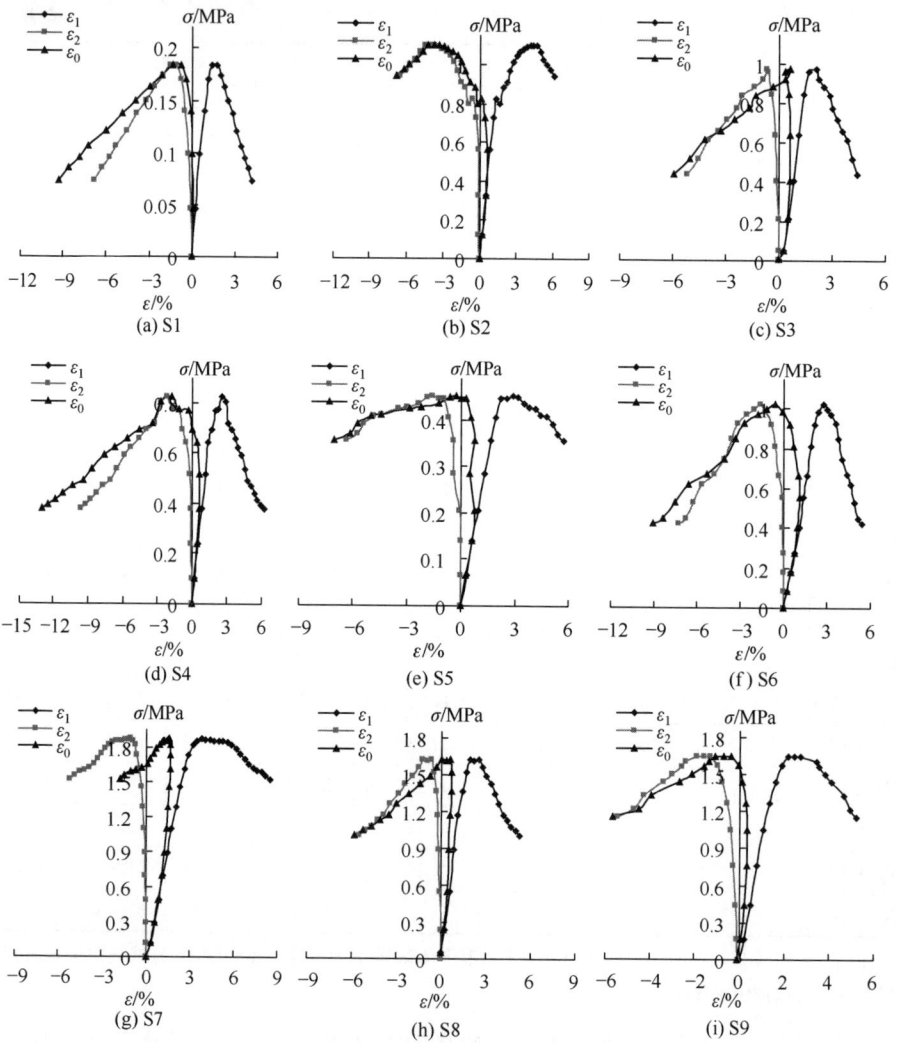

图 5-14　单轴加载下土体试样的应力-应变全过程曲线

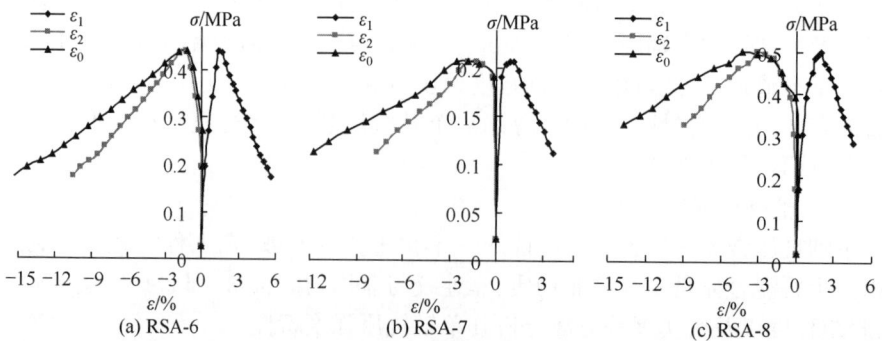

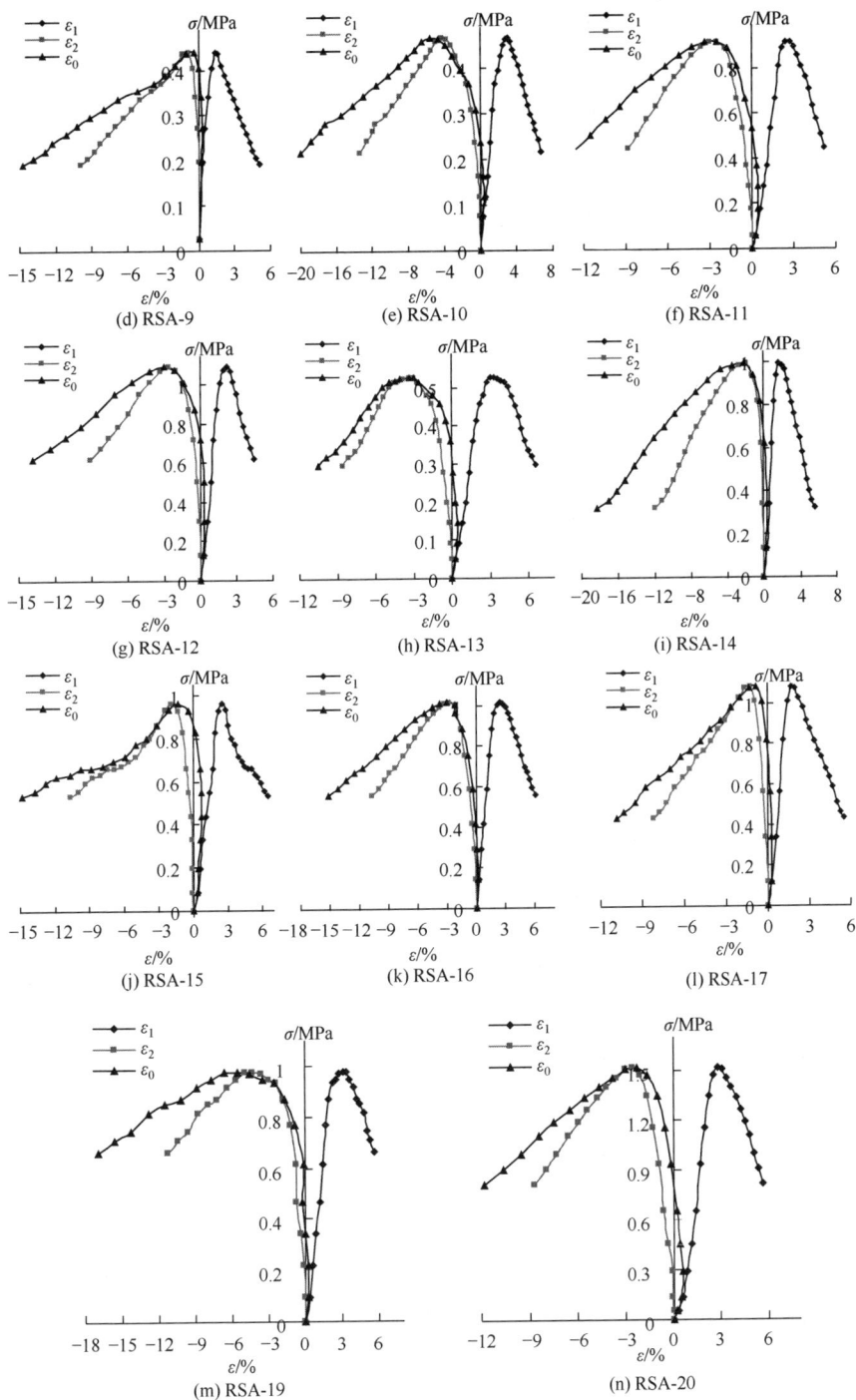

图 5-15   单轴加载下土石混合体试样的应力-应变全过程曲线

（1）含石率与胶结分析。首先，这里有必要讨论一下低含石率土石混合体的单轴抗压强度。本次试验最先设计了 1 个直径为 100mm 的土体试样与 3 个含石率约为 20％的土石混合体试样（3 个试样中块石的粒径大小不一，RSA-1、RSA-2、RSA-3 与 S0 对比）的对比试验研究；试样的锤击数均为 30 次，含水率基本一致，由于块石的影响，土石混合体试样的密度明显也大于土体试样。试验结果显示，土体与 3 个土石混合体试样的单轴抗压强度分别为 0.908MPa 与 0.926MPa、1.051MPa、0.957MPa，即土体与土石混合体具有类似的单轴抗压强度。其力学机理可以解释如下：当含石率较低时，土石混合体中土体承担了主要的载荷，尽管块石的强度远高于土体，块石之间没有形成支撑结构，块石只是悬浮于土体中随土体变形而转动或移动，即低含石率的土石混合体为密实-悬浮结构。因此，在整体上仍表现为土体的力学特性，只是局部变形破坏面在一定程度上受块石影响，即破坏面沿块石与土体的接触面产生。

随着含石率增加，土石混合体的单轴抗压强度所体现的力学强度特性变化更为复杂，这也是本节研究的一个重点。结合土石混合体重塑样的压密特性分析，本次试验以直径为 150mm 的土体、RSAⅠ（含石率约 40％）、RSAⅡ（含石率约 50％）等 3 组试样在不同压密程度的条件下进行了无侧限单轴抗压试验，研究不同含石率条件下土石混合体随压密程度的强度变化。

图 5-16 为土体与土石混合体单轴抗压强度随锤击数与试样中土体密度的对比曲线。图中清晰地显示，随含石率增加，就具有相应的锤击数或密度的试样而言，两组土石混合体的单轴抗压强度均明显低于土体的强度。这一结论似乎与已有的认识正好相反[15-19]（实际上这方面的试验鲜有报道，大多结论是根据经验总结的）。据分析，随含石率增加，块石不是悬浮于土体中的，块石之间相互接触且块石与土体相互填充，形成密实-骨架结构。相对低含石率的土石混合体而言，这些试样中块石形成的骨架的确承担了主要载荷。但是，由于没有侧限约束且土体与块石之间的胶结未形成或很弱，这一骨架结构的承载能力相对很低，即骨架结构在载荷作用下很容易结构失稳（尽管块石本身强度很高且在试验中根本不破坏）。从试样受力分析来讲，块石的骨架结构承担了主要载荷，是应力传递的主体；在力的作用下未胶结的骨架结构容易结构失稳并带动其附近的土体变形、破坏，从而导致试样整体破坏。总体上，充填于块石之间的土体承担载荷很小，即相当于试样受力面积减小；同时，土体填充于块石之间，还起到了有助于骨架结构破坏的"润滑剂"作用，这导致试样整体单轴抗压强度的降低。另一方面，图 5-16 中两组土石混合体试样的强度差异还表明，随着含石率增加到一定时土石混合体的强度会逐渐增加。这主要是由于含石率很大时块石在力的作用下就位、嵌挤，骨架结构在块石相互接触形成的摩擦力作用下整体性大大增强，骨架作用得到更好的发挥，因此试样整体强度也有所提高，甚至高于土体试样强度。

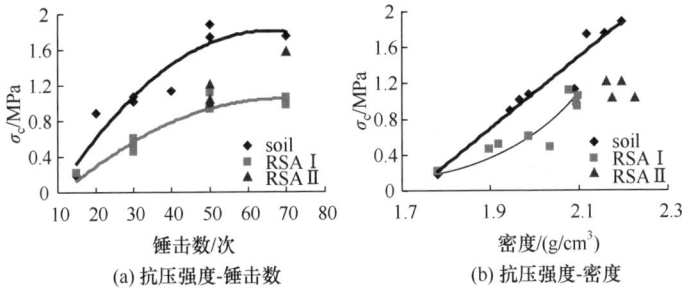

图 5-16　土体与土石混合体试样单轴抗压强度随锤击数、密度变化特征

因此,本书认为对于胶结不充分的土石混合体而言,含石率为 40% 左右时,其单轴抗压强度明显低于土体,而随着含石率增加试样内块石形成的骨架作用得到增强,使得土石混合体强度有所增加,但有可能高于土体。自然界中,有些胶结很好的土石混合体其强度明显高于土体,如青藏地区的冰碛物、三峡地区的古冲洪堆积物等[20,21]。这也表明,土石混合体中土体与块石的胶结状态、胶结程度也是影响其力学特性的一个重要因素。

(2) 密实度分析。土石混合体的单轴抗压强度与其密实度有密切关系(由于块石不可能被压密,本书以锤击数和各试样中土体的密度作为密实度的评价指标)。随锤击数增加,土体与 RSAⅠ 两组试样单轴抗压强度迅速增加,锤击数达到最佳锤击数后,其增加趋势趋于平缓;随试样中土体密度增加,土体与 RSAⅠ 两组试样单轴抗压强度呈线性增加,如图 5-16 所示。就土体而言,锤击数越多,土颗粒之间的孔隙越少,同应力作用下试样的可压缩变形越小,其单轴抗压强度也越高,当锤击数达到 50 次以上时,试样孔隙体积基本达到最小,其强度趋于最大值;其单轴抗压强度与密度则基本是线性增加的关系。而随锤击数增加,含石率为 40% 的 RSAⅠ 组土石混合体试样强度变化也遵循先增加后趋于平缓的规律,但其强度值与增幅明显小于土体。究其原因,主要是随试样密实度增加,试样中块石形成的骨架结构强度增加不如土体显著,而试样中土体又受块石影响,其密实度要低于土体试样中的密实度。

当含石率达到 50% 时(RSAⅡ组),试样的单轴抗压强度则受密实度的影响较小。这也表明含石率达到 50% 时,块石形成的骨架结构起到主要承载作用,试样中土体只是起充填块石之间孔隙的作用,土体密实与否对于试样整体强度影响很小。据分析,随着含石率进一步增加,土石混合体的强度可能高于土体的强度。总之,土石混合体中土体的密实度是决定其单轴抗压强度的一个因素,但随含石率的不同其影响程度并不一致。

总之,土石混合体的单轴抗压强度受材料内土体与块石强度、块石与土体胶结程度、含石率、密实度等各种因素的影响,而且其强度与各因素之间的影响并不是线性的。此外,块石的形状与块石级配、含水率等也影响土石混合体的强度特性。

2) 弹性模量分析

弹性模量是无侧限条件下压应力与相应压缩应变的比值,反映材料抵抗弹塑性变形的能力,可用于弹塑性问题的分析计算,因此也是岩土力学特性的一个重要参数。由于土石混合体不是理想的弹性体,为非线性变形,故也称为变形模量。对于土体或土石混合体弹性模量的确定,许多学者以及规范提出很多方法,例如《土工试验规程》(SL 237—1999)明确的三轴压缩试验法[11],董金梅等提出用破坏应变的一半应变及其所对应的应力之比作为变形模量的计算公式等[22]。由于本书试验采用仪器的控制性很好,获得了试样变形破坏的全应力-应变曲线,因此本书就取该曲线直线段的斜率作为试样的弹性模量。

(1) 含石率与胶结分析。首先,这里也先讨论直径为 100mm 的土体与低含石率(约 20%)的土石混合体试样的弹性模量。试验结果显示,土体与 3 个土石混合体试样(RSA-1、RSA-2、RSA-3 与 S0 对比)的弹性模量分别为 82.04MPa 和 45.36MPa、48.92MPa、75.24MPa,即土体的弹性模量要稍高于土石混合体。理论上似乎可以这样认为,由于有高强度、高弹性模量的块石存在,土石混合体抵抗变形的能力较土体应有所提高,即土石混合体的弹性模量要高于土体。而实际上,试验结果与这一认识正好相反。据分析,块石悬浮于土体中不仅不能提高土体强度,且在轴向应力作用下转动或向侧向移动,使轴向应力的传递方向发生偏转(即相当于侧向应力增加),试样侧向膨胀加剧,其结果是给轴向变形提供了空间(图 5-14 和 5-15 所示),使得轴向变形也有所提高,最终导致弹性模量降低。后面关于土石混合体变形特性分析中,土石混合体与土体侧向膨胀的差异可以证明土石混合体的侧向膨胀增加。

其次,随着含石率增加,土石混合体试样的弹性模量总体上仍然要低于土体试样,如图 5-17 所示。当含石率达到 40% 以上时,块石之间相互接触且块石与土体相互填充,形成了密实-骨架结构的试样。因此,理论上也似乎应该是土石混合体的弹性模量要高于土体。但是,这种密实的骨架结构在没有被很好胶结的情况下,载荷作用下形状各异的块石受力产生偏转、移动,导致骨架结构逐渐被破坏,块石之间形成许多架空的空隙,使其抵抗变形能力降低;而土体虽仍能承担一定变形,但在随骨架结构的破坏土体极易向侧向产生变形,其抵抗轴向变形能力也有所降低,其结果是试样整体弹性模量相对土体降低。值得注意的是,由于试样内块石大小、形状、分布等结构差异,相同含石率不同试样之间弹性模量相差还较大;表现为图中数据离散性很大,难以拟合相应趋势的曲线。当含石率达到 50% 以上时,试样中块石形成的骨架结构在试样抵抗变形能力中完全起着主导作用,这也表现在该组试样的弹性模量与试样密实度基本没有任何关系。而且,由于试样内部骨架结构的个体差异,试样弹性模量差异比较大,如图 5-17 所示。以上分析还表明,土石混合体内的胶结(包括块石之间、块石与土体之间)也是其抵抗变形的一个重要因素,但随着含石率增大,胶结作用对弹性模量的影响相对减小。

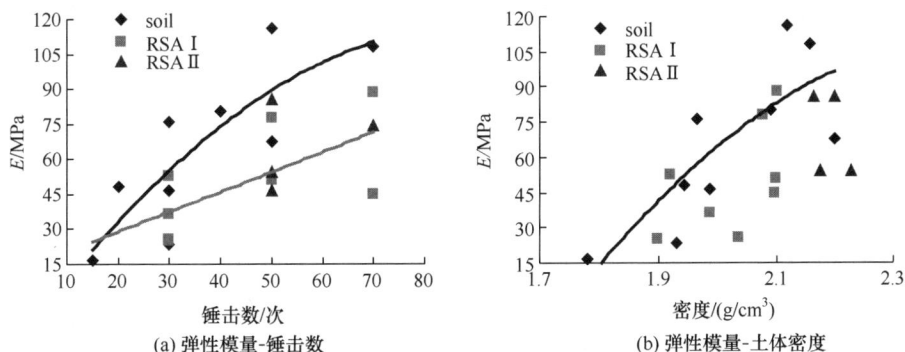

图 5-17   土体与土石混合体试样弹性模量随锤击数、试样土体密度变化特征

(2) 密实度分析。土石混合体试样的弹性模量与试样密实度也有着一定的相关性。随试样密实度增加,土体与 RSA Ⅰ 两组试样弹性模量逐渐增加,如图 5-17 所示。就土体而言,锤击数越多,土颗粒之间的孔隙越少,试样的可压缩变形越小,其弹性模量也越高,这是毋庸置疑的。而含石率为 40% 的 RSA Ⅰ 组土石混合体试样,随密实度增加其弹性模量增加不如土体显著。究其原因,主要是试样中块石形成的骨架结构随试样密实度增加其抵抗变形的能力并不增加,因此仅为土体可压缩变形的减小,试样整体抵抗变形能力增加不显著。

当含石率达到 50% 以上时,试样的力学特性更主要取决于块石构成的骨架结构,而试样中土体压密程度增加对于弹性模量的影响则更加减弱。因此,试样的弹性模量与其密实度的相关性越不明显,这也是土石混合体特有的结构效应的一个体现。

总之,土石混合体的弹性模量受材料内土体与块石本身弹性模量与胶结程度、含石率、密实度等各种因素的影响;而且随含石率不同,胶结程度与密实度对试样弹性模量影响的力学机理并不一致,也导致这两个因素在低含石率与高含石率土石混合体中引起其弹性模量增加的差别。此外,块石的形状、块石级配等结构特征以及含水率等也影响土石混合体的弹性模量。

3) 变形、破坏特性分析

岩土体变形破坏机理与特征是岩土体力学特性的一个重要方面,而试验研究中岩土体变形破坏特性与机理分析主要通过两个途径:一是力学试验过程中试样轴向与侧向应变的变化监测;二是试样变形破坏过程的细观或微观观测,主要是照片、电子扫描以及 CT 等图像信息实时记录方式。近年来,基于上述两种手段,尤其是岩土体的微裂隙发展过程的观测,对于岩石或土体变形破坏的研究已得出了大量的非常有意义的结论[23-28]。而基于大量试验对土石混合体这种材料的变形破坏机理分析则很少有人涉及。土石混合体是由两种以上软硬不同的多种颗粒组成的高非均质材料,其变形破坏特性必然与均质的岩体或土体有很大的不同之处。本节就基于多个试样单轴加载下变形破坏的全过程从应变监测与加载过程中的实时数码图像观测来分析土石混合体的变形破坏机理与特征。

(1) 应变监测数据分析。应力-应变曲线清楚表明,土石混合体在单轴载荷作用下其变形破坏有明确的三个阶段,即弹性变形阶段、微裂隙发展与扩容阶段,以及材料破坏阶段,这与岩石、土体的变形破坏特性基本相似,如图 5-14 和 5-15 所示。下面我们就从这三个阶段来分析土石混合体的变形特性。

第一,土石混合体在加载过程中变形的线弹性阶段很短,往往很快就进入了扩容阶段(要早于土体)。由于土石混合体中块石骨架结构是试样载荷承担的主要部分,而骨架结构在力作用下块石发生位置调整或转动,其变形就不再是线弹性变形的,因此,土石混合体的线弹性变形要小于土体。但是,土石混合体在线弹性阶段的变形特征仍基本表现为土体的变形特征。我们可以通过试样泊松比的变化来具体阐述这一问题。经典岩土力学理论基本均认为,岩土体单轴载荷条件下的变形破坏都可分为三个阶段:弹性变形阶段、微裂隙发展与扩容阶段,以及材料破坏阶段。因此,我们可以将扩容之前的材料变形定义为弹性变形阶段,也就可以通过体积应变由压缩转为膨胀的数据点的侧向应变与轴向应变之比近似计算试样的泊松比 ν。图 5-18 给出了土体、RSA I 与 RSA II 等三组试样泊松比随试样密实度(锤击数和试样中土体密度)变化散点图。所有试样的泊松比均在 0.4~0.5,土石混合体与土体并没有明显的差别,这证实了土石混合体在线弹性阶段的变形特征仍基本表现为土体的变形特征这一特征。同时,图 5-18 中各试样泊松比与密实度相关性很差。这也表明,含石率、密实度等因素对土石混合体的线弹性变形影响不大。

第二,土石混合体的变形进入扩容阶段后,试样在扩容与破坏两个阶段产生的侧向膨胀变形与体积扩容明显高于土体,如图 5-14 和 5-15 所示,即单轴载荷作用下土石混合体塑性变形破坏主要以侧向变形为主。为定量研究土石混合体这一变形特征,本书将试样破坏后的膨胀体积应变与轴向应变之比定义为破坏膨胀系数 ν_f。图 5-19 是土体、RSA I 与 RSA II 等三组试样破坏膨胀系数随试样密实度(锤击数和试样中土体密度)变化散点图。土石混合体的破坏膨胀系数明显要高于土体试样,这也说明土石混合体的塑性变形破坏的确是以侧向变形为主。这一变形机理可以解释如下:由于组成骨架结构的各块石之间无胶结或弱胶结,导致骨架结

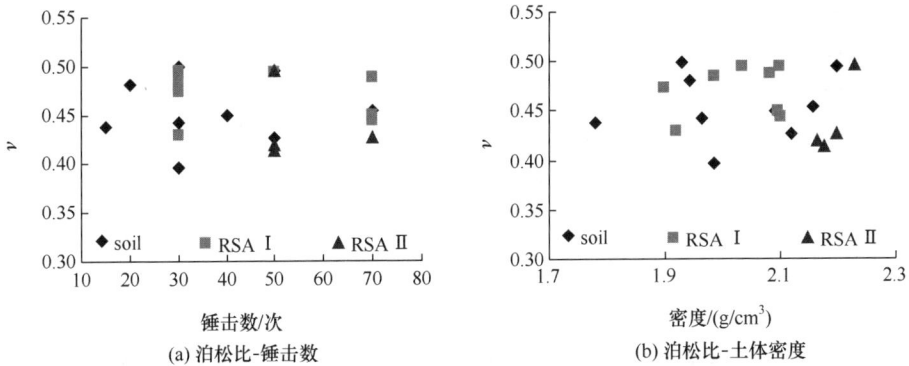

图 5-18　土体与土石混合体试样泊松比随锤击数、试样土体密度变化

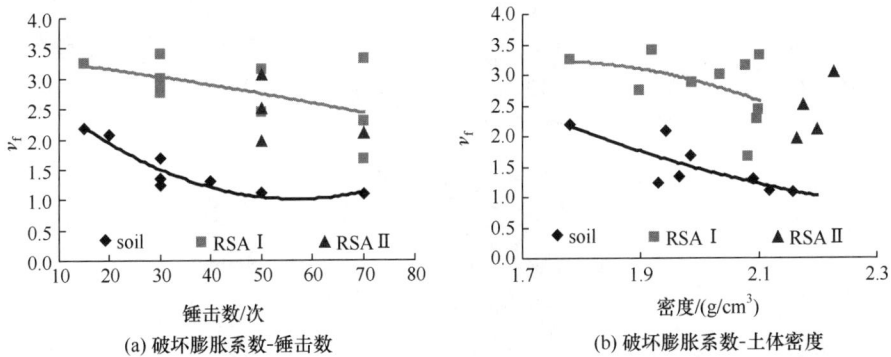

图 5-19　土体与土石混合体试样破坏膨胀系数随锤击数、试样土体密度变化特征对比

构自身整体性差,在轴向载荷作用下,试样的线弹性变形抵抗变形能力就弱于土体。随应力增加,土石混合体的骨架结构很容易结构失稳;失稳后的骨架结构中的块石仍然是应力集中的骨架,在力的作用下块石只能向侧向移动或转动并带动充填于块石之间的土体侧向变形,这也是土石混合体骨架结构产生的变形结构效应。

从图 5-19 中,我们还发现,随试样密实度增加,土石混合体和土体的破坏膨胀系数呈逐渐减小的趋势。这说明,试样越密实,破坏时的总变形就越小。但是,这一规律也只适用于土体和含石率低于 40% 的土石混合体,即试样含石率较低时,土体在试样整体力学特性上起主要或一定作用,试样密实程度才对力学特性有影响。当含石率很高,土体含量就较低,在试样整体特性上基本不发挥作用,这类土石混合体的力学特性与试样密实程度就基本不相关。

(2)实时数码照片分析。我们还从试验加载过程中土体与土石混合体变形破坏的实时数码照片来对比分析土石混合体的变形破坏特征,主要是试验过程中试样裂纹的发展、分布及其破坏形态。图 5-20 与图 5-21 分别是单轴加载下土体与土石混合体试样的变形破坏过程。

　　首先,我们分析土体在单轴加载下试样的裂纹发展及其破坏的过程。土体试样加载过程中,裂纹发展的早期大多是自试样顶部向下的垂直裂纹,一般有几条且裂纹多限于试样浅表部;之后,相近的两条裂纹下部趋于汇合,形成一个贯通面,最终导致裂纹贯通面控制的土体破坏并脱离试样;其他裂纹进一步向试样内部发展,导致多块土体破坏并脱离试样,直至整个试样破坏,如图 5-20 所示。总之,土体试样的裂纹发展是试样外部逐渐向内发展,将试样切割成若干小块,直至破坏。

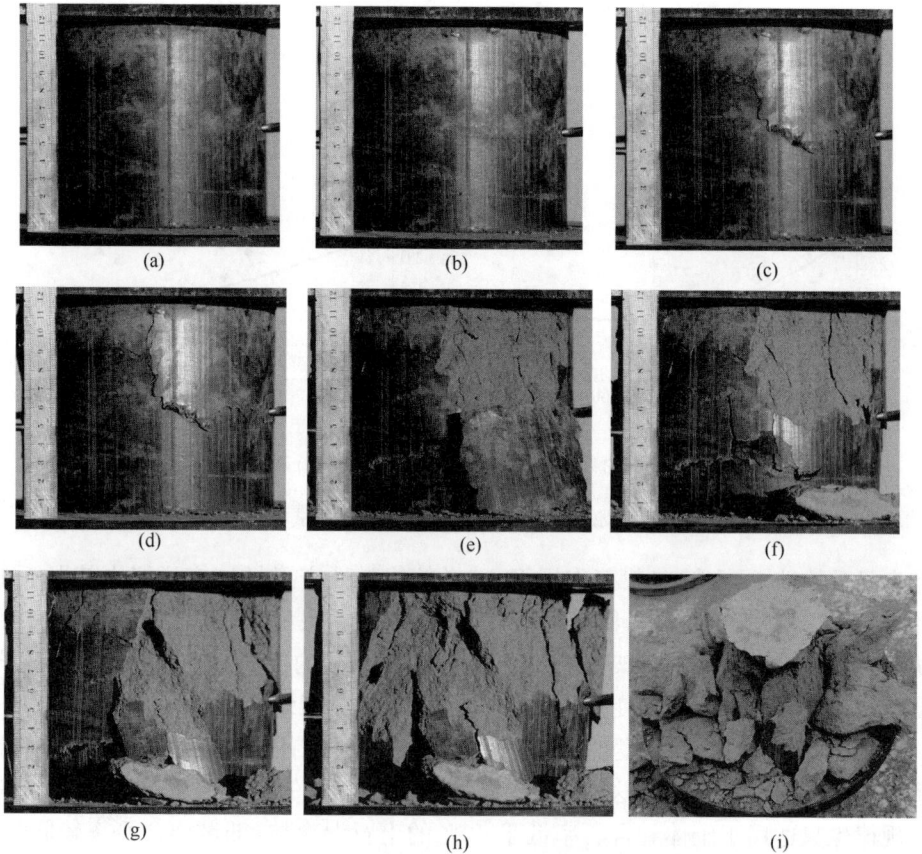

图 5-20　单轴加载下土体试样的变形破坏过程

　　由于土石混合体由土体与岩石两种力学性质完全不同的材料组成,其裂纹发展与变形破坏特点明显受其物质组成结构特点控制。从试样表面看,试样加载过程中裂纹发展经历了如下一个过程:局部小裂纹出现－裂纹扩展－相邻裂纹贯通－形成破裂面。与土体截然不同的是,裂纹的扩展与贯通完全受试样中块石构成的骨架结构控制,总是迁就块石,沿块石面纵向、横向发展,以致最终在试样表面形成了龟裂状分布的裂纹,如图 5-21 所示。

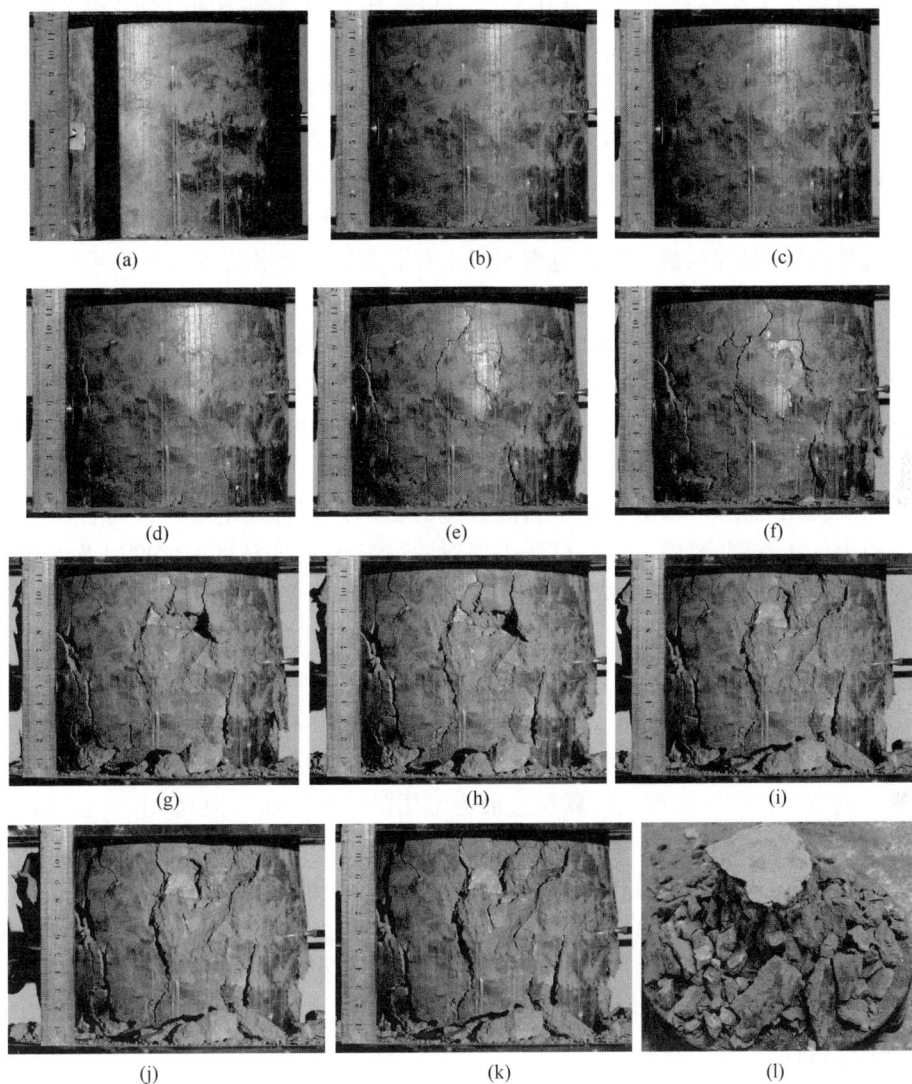

图 5-21　单轴加载下土石混合体试样的变形破坏过程

据分析,土石混合体与土体裂纹产生的机理也是完全不一致的。在载荷作用下,土体试样承受相同的应力,而其表面没有侧向约束,因此首先出现裂纹;随着应力增加,裂纹逐渐向试样内部发展,并向就近的裂纹延伸、扩展,直至贯通。而土石混合体的裂纹首先出现在块石与土体的接触面上。首先,由于土体与岩石是两种力学性质完全不同的材料,所以在受到压应力时,其变形也有很大差别,二者变形的不协调导致岩石周围的土体与岩石容易脱开而产生裂隙;其次,由于块石的骨架结构是主要应力集中的部分,而与块石接触边界处的土体所形成的应力也相对较高且足以导致土体局部破坏并产生裂隙;最后,块石组成的骨架结构在载荷作用下,结构失稳只能沿试样径向外侧方向鼓胀,在试样表面形成裂纹。通过在试验过程中所进行的观察可以发现,每个试样最初的裂隙都产生在块石与土体接触边界的应力集中部位,并且随着压应力的增大而逐步扩展并相互贯通导致试样最终破坏。因此,可以认为土石混合体的裂纹实际是由试样内部块石与土体的非均匀变形开始,并逐渐向外扩展;而土体试样的裂纹是由试样表面逐渐向内部扩展。

此外,试样最终的破坏形态也表明了土石混合体的变形破坏与土体截然不同。试验过程中,土石混合体则是随试验进入破坏阶段后不停地掉块石与碎土;而土体的破坏则是整块的土块沿破坏面裂开。土石混合体破坏是块石与土体接触界面裂纹发展的最后结果,呈块石与土体的散体状破坏;而土体是块状的逐渐脱离试样,最终呈块状破坏。这也证实了土石混合体承载过程中裂纹发展是受其结构控制,是与土体不一致的。

需要指出的是,本节分析的土石混合体的变形破坏特征主要是针对含石率为40%以上的土石混合体。还有,试样中块石的组织结构、土体的密实度以及含水率等对于其变形破坏的影响,本书暂未做深入研究。

5.3　三轴压缩试验研究

三轴压缩试验是最基本和应用最为广泛的岩土力学试验手段,也是确定土体与岩石强度和各种本构模型计算参数最为常用的试验方法。但是,由于土石混合体材料的特殊性,如取样与制样难度大、高非均质性等,传统土体三轴压缩仪难以满足试验目的,而岩石试验机又难以保持低围压下低荷载加载的稳定,因此鲜有土石混合体三轴力学试验的研究。可查到的类似研究也是基于土工试验方法研究粗粒土的三轴压缩条件下的力学特性[29-31]。这里利用性能有所改善的岩石三轴伺服试验机成功地进行了土石混合体的三轴压缩试验,获得了其剪切强度与本构模型等力学特性。

5.3.1　试验仪器与方法

本节选用了具有高精度控制的岩石三轴伺服试验机,仪器性能见 5.2.2 节。

试验方法上也充分借鉴了岩石三轴加载的方法。将试样置于三轴缸后首先施加围压;待围压稳定后进行轴向加载。不同的是,岩石三轴试验中轴压加载控制方法一般采用等应力控制,而土石混合体强度低于岩石、试样内材料强度差异大且变形较大,试验仪器很难实现加载过程中的等应力控制,因此本次试验轴压加载采用等位移加载,速率为 0.1mm/min。

为分析土石混合体的强度特性与力学本构特征,本次试验设计了 4 级不同围压条件下的三轴试验以获得其强度曲线,围压分别为 0.5MPa、1MPa、1.5MPa 和 2MPa。其中,4 个试样均为重塑样,具有相同锤击特征(包括锤击数和锤重、落锤高度),也具有类似组成结构特征,即相同的含石率约(40%左右),相同的岩块岩性(灰岩)、相同的块石尺寸;试样中的土体均为取自长江三峡奉节白衣庵古滑坡堆积体的淤泥质粉土,其基本物理特性见表 5-3。另外,加上单轴试验中 40%含石率的压缩试验,相当于共有 5 级围压土石混合体的试验应力-应变曲线与强度值。

表 5-3　三轴压缩试验各试样的基本物理特性

编号	试样组别	尺寸/mm		密度/(g/cm³)		含石率/%		含水率 /%
		直径	高度	ρ	ρ_s	质量	体积	
RSAt-1	土石混合体	100	114	2.324	2.213	41.71	38.78	6.21
RSAt-2		100	120	2.341	2.234	42.77	40.04	6.15
RSAt-3		100	122.8	2.344	2.248	40.88	38.34	6.97
RSAt-4		100	130	2.233	2.086	39.84	35.59	5.57
St-1	土体	100	129.8	2.104	2.104	0		6.811

注:表中,编号 S* 为土体试样,RSA* 为土石混合体试样;ρ 为试样整体密度,ρ_s 为试样中土体的密度;试样含水率为试样中土体的含水率。

为对比土石混合体与土体在三轴压缩状态下的力学特性差异,这里对土体试样还进行围压为 1MPa 条件下的与土石混合体相同试验方法的加载试验。

5.3.2　试验结果分析

本节试验结果主要包括三方面的内容:其一是土石混合体在三轴压缩试验条件下的变形与强度特性及其强度曲线特征;其二是土石混合体与土体变形、强度特性的对比;其三是土石混合体在三轴压缩试验条件下的破坏特性及其与土体破坏特性的对比分析。下面分别讨论。

1) 土石混合体的强度特性与变形特性

图 5-22 给出了不同围压下土石混合体的主应力差-轴向应变的曲线,图中横坐标为试样轴向应变,纵坐标为最大、最小主应力差。试样的应力-应变曲线与单轴压缩试验结果具有明显差异。土石混合体各级围压下的应力-应变曲线均呈现明显的残余强度特性,即试样达到峰值后应力并不降低,而是随位移加载保持不变或很小的幅度增加。我们在这里将土石混合体在三轴压缩条件下应力-应变曲线曲率拐点所对应的轴向应力定义为试样的峰值强度。这一特性一方面表明试样在屈服后仍保留一定的强度;另一方面则反映了试样在载荷作用下的变形特性。这

均与土体的强度、变形特性较为相似。因此,含石率为40%左右的土石混合体整体上仍表现为一定的土体强度、变形等力学特性。但是,实际上土石混合体的力学特性的机制与土体是否完全一致? 从单轴试验结果的分析来看,两者还是存在较大差异的;我们也将从三轴试验结果的进一步分析来探讨这一问题。

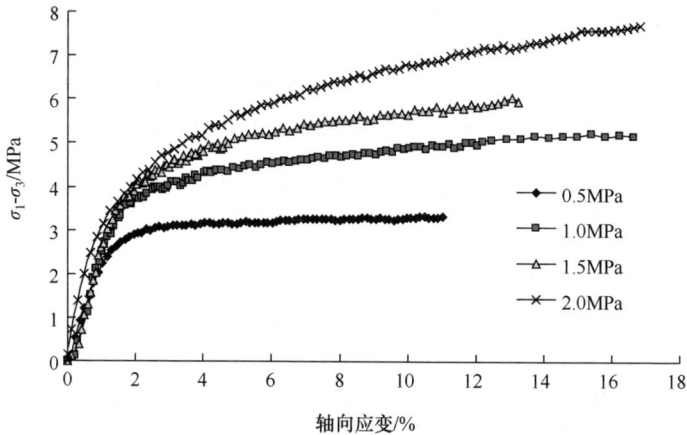

图 5-22　　不同围压土石混合体试样应力-应变曲线

图5-22还表明,随着围压增加土石混合体的强度逐渐增加,这与岩石、土体的强度特性基本一致。值得注意的是,围压从0.5MPa到1MPa,土石混合体强度增加的幅度尤为大;而随围压进一步增加到1.5MPa和2MPa时,试样强度增加却要小得多。这表明围压作用下土石混合体内部块石组成的骨架结构对试样整体强度有明显贡献,尤其是像本试验所分析的胶结作用很弱的土石混合体。随着围压达到一定值时,骨架结构对强度贡献趋于最大,因此随围压进一步增加,其峰值强度增加也并不显著。就工程实践而言,这是一个非常有意义的发现。例如,对于土石混合体滑坡或斜坡、路基等加固问题,对土石混合体进行一定强度的自由变形约束即可提高土石混合体的自身强度,充分发挥土石混合体的自稳作用,从而起到最佳的加固效果;而不经济的铜墙铁壁并不是唯一的安全加固方案。

图5-23是根据不同围压的三轴压缩试验结果绘制的莫尔应力圆及其强度包络线。图中表明,围压较低条件下土石混合体试样破坏时的应力圆基本与强度包络线相切;而随着围压增加到约1.5MPa后,应力圆与前两级围压作用下试样破坏的强度包络线并不相切,而是呈现为强度要略低的另一条强度包络线。据分析,围压较低时,围压加载结束后在轴压作用下土石混合体内的块石仍发挥着骨架结构的作用,使其强度明显强于土体;而当围压增加到一定时,围压加载结束后试样中的块石基本被固定或紧紧镶嵌于土体中,并与土体一起承担轴压载荷,表现为均质材料特性,因此其强度主要体现为土体的强度。土石混合体的这一强度特性是与

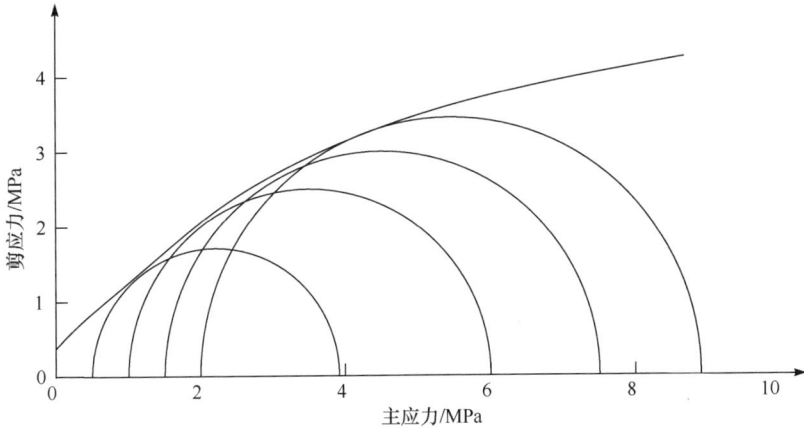

图 5-23　土石混合体的莫尔应力圆及其强度包络线

均质土体的主要差别所在,这也是其内部块石与土体高非均质性的结果。结合前文关于土石混合体单轴压缩试验研究结果,可以认为低围压或无围压条件下土石混合体的骨架结构效应更为显著,而随着围压增加这一效应逐渐消失。

另一方面,图 5-23 还表明土石混合体与大多数岩石、土体一样,基本上满足莫尔-库仑破坏准则,即这种材料的破坏并不产生于最大剪应力面,而与最大剪应力面成一定角度(大致为材料内摩擦角的一半)。我们根据图 5-23 中莫尔应力圆及其强度包络线可以近似得到该组土石混合体试样(含石率为 40%)的剪切强度,其黏聚力与内摩擦角 c 值、ϕ 值分别为 0.38MPa 和 47°。从该组试样的剪切强度来看,土石混合体的 c 值介于土体与岩石之间,而 ϕ 值却比岩石和土体均要大。这也充分反映了土石混合体特殊的物质组成与结构特征导致的特殊的力学特性。材料内聚力反映了材料内部颗粒之间的黏结程度,土石混合体内部既有黏结力较差的土体颗粒,也有黏结力较强的块石颗粒,因此其总体黏结程度介于两者之间,而内摩擦角则反映颗粒之间相互接触产生力的大小。一般地,颗粒越粗糙,材料摩擦角越大,材料强度就越高。土石混合体的内摩擦角一方面表现为组成其物质成分(岩块或土体)颗粒之间的摩擦力,还表现为块石构成的骨架结构之间及其与土体的摩擦力。因此,其整体的内摩擦角要比岩块、土体都要大。

2) 土石混合体与土体强度特性对比

图 5-24 是相同加载与等围压试验条件下(围压 1MPa),土石混合体与土体的应变-应力曲线和强度特征对比图。土石混合体与土体的应力-应变曲线形状极为相似,均表现为峰值强度后明显的残余强度。相同围压条件下,土石混合体的强度明显优于土体;均取曲线曲率变化点作为试样强度,土石混合体与土体强度分别为 5MPa 和 4.5MPa。值得思考的是,在单轴压缩条件下,同样含石率的土石混合体

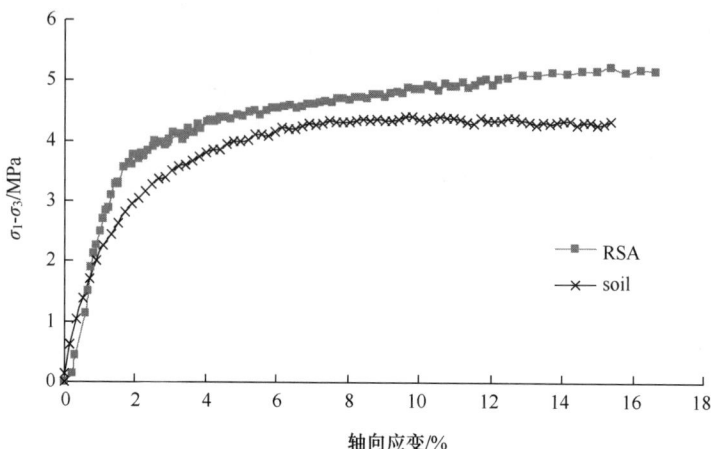

图 5-24　土石混合体与土体应变-应力曲线对比图

的强度却明显要低于土体的强度。这表明土石混合体中块石所构成的骨架结构对于土石混合体的强度的控制作用具有两面性,或者说骨架结构的体现与围压密切相关。同样,胶结程度较差的情况下,无围压(无侧约束作用)条件下,土石混合体中块石所构成的骨架结构不仅对试样整体强度贡献小,甚至在载荷作用下导致骨架结构失稳并引起试样整体结构破坏,强度低于土体。然而,当有围压作用条件下,土石混合体中块石所构成的骨架结构发挥了明显的结构强度,导致试样强度增加。

3) 土石混合体的破坏特性

三轴压缩试验条件下,材料的变形与破坏是其力学特性的一个重要方面。受仪器、手段限制,目前我们难以实时跟踪三轴压缩试验过程中大尺寸试样的变形与破坏过程。但是,我们可以通过对试验中试样破坏前后的形态以及土石混合体与土体破坏特征的对比,来深入分析土石混合体的变形、破坏特征。图 5-25 与图 5-26 分别给出了三轴压缩试验条件下土石混合体试样破坏前后形态及其与土体破坏形态的对比图。首先,土石混合体和土体一样都出现明显的鼓胀现象,且没有明显的剪切面形成,试样表面仅可见到微裂纹,无明显贯穿性裂纹。其次,土石混合体又表现了与土体不一样的破坏形态,即试样表面呈现明显的凹凸不平。这表明围压作用下土石混合体的变形整体上仍主要表现为土体的特性,但在一定程度上是受其内部块石的分布、大小控制的。块石分布较多且有向外扩散分布特征的结构有利于试样鼓胀,并可能形成剪切面。因此,块石的定向排列不利于土石混合体整体强度的提高。

需要指出,限于时间、试样等原因,本次三轴试验的试样仅限于含石率为 40% 的土石混合体。

(a) 破坏前　　　　　　　　　　　(b) 破坏后

图 5-25　三轴压缩试验条件下土石混合体试样破坏前后对比

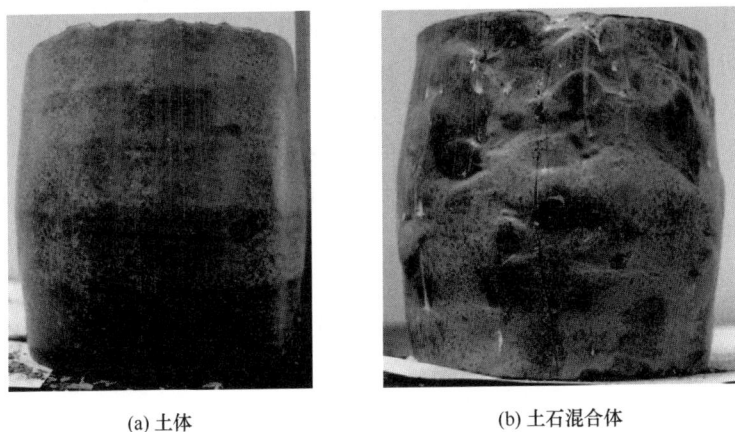

(a) 土体　　　　　　　　　　　(b) 土石混合体

图 5-26　三轴压缩试验条件下土石混合体与土体破坏图片

5.4　本章小结

立足于传统材料力学物理模拟试验的方法,尤其是土力学与岩石力学的室内试验方法,探索土石混合体试样制备、单轴压缩试验与三轴压缩试验的室内试验方法,围绕土石混合体的物理力学特性从块石的形状以及排列对土石混合体变形破坏机理影响、弹性模量、单轴抗压强度、变形特性、破坏特性、本构关系以及破坏准则等多个方面进行了分析与研究,主要得到以下几点结论。

(1) 嵌入块石的土石混合体试样的应力-应变曲线与均质土体相比产生了较为显著的变化,该材料既具有很高的承载能力,又具有很大的变形性。嵌入块石的土石混合体试样在单轴受压状态下的主要变形破坏方式表现为材料剪切破坏,土石混合体中块石的排列方式、块石的形状以及块石的数量都会对剪切面的形成产生影响,从而导致土石混合体的变形破坏方式产生相应的变化。此外,块石的数量以及块石的磨圆度对整个试样的强度产生影响。在其他条件不变的情况下,土石混合体中块石的磨圆度越好其强度值也就相应越低。

(2) 探索了土石混合体重塑样的制备、压密特性等问题,初步给出对于土石混合体重塑样制备的一个标准流程,并揭示了土石混合体的压密特性与机制,即土石混合体压密主要是土体的压密,但块石直接影响其压密效果,并指出本次试验土石混合体 50 锤次可达到的最佳压密效果,而压密机制随含石率增加而有所变化。

(3) 运用高精度岩石试验机,首次进行了土石混合体的单轴压缩试验。结果表明,高含石率土石混合体的力学特性具有明显的结构效应,即与其固有骨架结构密切相关:骨架结构是主要承载体,而土体基本不承受载荷。而无侧限条件下,块石与土体无胶结,导致试样实际承载面积减小,使其抗压强度与弹性模量反而低于或相当于土体。其单轴抗压强度随含石率增加有所增加;强度随密实度增加迅速增加,到一定程度增幅又趋于平缓。而随含石率、密实度增加,其弹性模量的变化并不显著。试验过程中的应变监测与破坏特征均表明试样内骨架结构主导了其变形、破坏的整个发展过程。这些也彰显土石混合体的力学特性受其结构特征控制。

(4) 三轴压缩试验表明,土石混合体具有明显的流变特性,其破坏准则基本满足莫尔-库仑破坏准则。在围压或侧限作用下,土石混合体的强度明显优于土体,即围压有利于骨架结构与土体相互支撑作用的发挥,但并不是围压越大越好。试样破坏特征表明,块石驱动土体变形仍是主要形式,也反映了土石混合体的结构效应。

参 考 文 献

[1] Li X, Liao Q L, He J M. In-situ tests and stochastic structural model of rock and soil aggregate in the three gorges reservoir area. International Journal of Rock Mechanics and Mining Sciences, 2004, 41(3):494.

[2] Vallejo L E, Zhou Y. The mechanical properties of simulated soil-rock mixtures. Proceedings of the 13th International Conference on Soil Mechanics and Foundation Engineering, New Delhi, 5-10 January, 1994,(1):365-368.

[3] Vallejo L E, Mawby R. Porosity influence on the shear strength of granular material-clay mixtures. Engineering Geology, 2000(58):125-136.

[4] 黄广龙,周建. 矿山排土场散体岩土的强度变形特性. 浙江大学学报(工学版),2000,34(1):54-58.

[5] 王龙,马松林. 土石混合料的结构分类. 哈尔滨建筑大学学报,2000,33(6):129-132.

[6] 武明. 土石混合非均质填料力学特性试验研究. 公路,1997,(1):40-49.

[7] 韩世莲,周虎鑫,陈荣生. 土和碎石混合料的蠕变试验研究. 岩土工程学报,1999,21(3): 196-199.

[8] 李维树,邬爱清,丁秀丽. 三峡库区滑带土抗剪强度参数的影响因素研究. 岩土力学,2006, 27(1):56-60.

[9] 时卫民,郑宏录,刘文平,等. 三峡库区碎石土抗剪强度指标的试验研究. 重庆建筑,2005, (2):30-35.

[10] 孙广忠. 岩体结构力学. 北京:科学出版社,1988.

[11] 中华人民共和国水利部. 土工试验规程(SL 237—1999). 北京:中国水利出版社,1999.

[12] 刘自楷,李亮平. 土石混合非均质填料的压实特性与质量控制. 交通科技,2003,(3):46-48.

[13] 武明. 安楚试验路土石混合非均质填料的压实特性试验研究. 云南公路科技,1995,(4): 28-34.

[14] 陈诛应,邓卫东. 土石混合非均质填方压实质量检测方法综述. 云南公路科技,1995,(3): 28-30.

[15] 赵勇. 土石混合料的压实特性与结构分类. 现代公路,2005,(4):63-65.

[16] 《工程地质手册》编写委员会. 工程地质手册. 北京:中国建筑工业出版社,1992.

[17] 中华人民共和国水利电力部. 土工试验规程(SDS 01—79). 上册. 北京:水利出版社,1980.

[18] 交通部公路土工试验规程. 土的基本分类(JTJ 051—85). 北京:人民交通出版社,1986.

[19] 黄文清,张东风. 碎石土坝基变形模量试验研究. 矿产勘查,2006,9(7):43-45.

[20] 廖秋林,李晓,尚彦军,等. 水岩作用对雅鲁藏布大拐弯北段滑坡的影响. 水文地质工程地质,2002,29(5):19-21.

[21] 殷跃平. 三峡工程库区移民迁建区地质灾害与防治. 地质通报,2002,21(12):876-880.

[22] 董金梅,刘汉龙,洪振舜,等. 聚苯乙烯轻质混合土的压缩变形特性试验研究. 岩土力学,2006,27(2):286-289.

[23] 高延法. 岩石真三轴压力试验与岩体损伤力学. 北京:地震出版社,1999.

[24] 伍法权. 统计岩体力学基础. 武汉:中国地质大学出版社,1993.

[25] 谷德振. 岩体工程地质力学基础. 北京:科学出版社,1979.

[26] 周维垣. 高等岩石力学. 北京:水利电力出版社,1990.

[27] 尤明庆. 岩石试样的强度及变形破坏过程. 北京:地质出版社,2000.

[28] 李宏,朱浮声,王泳嘉. 岩体(石)的损伤、尺寸效应和不均匀性//中国岩石力学与工程学会第四次学术大会论文集(甘肃/金昌). 北京:中国科学技术出版社,1996.

[29] 甘霖,袁光国. 粗粒土的三轴测试及其强度特性. 水电工程研究,1996,(1):29-35.

[30] 甘霖,袁光国. 大型高压三轴试验测试及粗粒土的强度特性. 大坝观测与土工测试,1997, (3):9-12.

[31] 郭庆国. 关于粗粒土应力应变特性及非线性参数的试验研究. 水利学报,1983,(11):46-52.

第6章 土石混合体变形破坏机理的颗粒流离散元数值分析

第4章与第5章分别从现场原位试验、室内物理模拟试验入手,揭示了土石混合体的应力-位移曲线、单轴抗压强度和变形模量以及变形、破坏特征等,为土石混合体力学理论的建立积累了宝贵的科学数据。然而,在计算机技术迅猛发展的科技大环境中,土石混合体作为一类岩土材料,其数值模拟技术与方法的建立也是土石混合体力学理论的一个重要方面,这也是进一步深入研究、掌握土石混合体力学特性的有效而又必备的方法。

此外,数值模拟可以模拟力学试验,获取丰富的计算信息,更深入全面地揭示土石混合体的力学机制、变形与破坏机理,建立土石混合体的微观破坏机理与其宏观变形破坏特点之间的关系,还可以延伸性地探索许多力学试验难以揭示的土石混合体力学特性,这些都是常规力学试验难以实现的。

因此,有必要开展土石混合体力学试验的数值模拟分析,进而深入分析土石混合体的力学结构效应等。考虑到土石混合体结构特征与力学特性的特殊与复杂性,土石混合体的数值模拟分析应从颗粒离散元法、有限元、与有限差分等不同计算方法进行探讨,以建立土石混合体的数值模拟技术并用于土石混合体的变形破坏机理的研究。为使土石混合体数值模拟研究有针对性,进行不同数值方法研究时均对应第5章中的室内物理模拟试验,具体数值方法采用的计算软件与模拟的试验如下:

(1) 颗粒流离散单元法采用 PFC(particle flow code)3D 计算程序,模拟块石在土石混合体中的力学响应。

(2) 有限元法采用 COMSOL Multiphysics 计算程序,模拟土石混合体单轴压缩试验的弹性变形过程。

(3) 有限差分法采用 FLAC3D 计算程序,模拟土石混合体单轴压缩试验的全过程,尤其是塑性变形与破坏阶段,并基于土石混合体的多个随机结构模型探讨土石混合体的变形破坏机理。

下面就介绍颗粒流离散单元法 PFC3D 程序的原理,以及其对第5章块石在土石混合体中力学响应试验的数值模拟应用,并进一步探讨块石在土石混合体中的力学响应及其力学机制。

6.1　颗粒流计算方法概述

离散单元法自 20 世纪 70 年代提出以来,已经发展成为岩土力学数值分析的主要方法之一,Cundall 在提出不规则块体离散元模型之后,又发展了一类平面圆盘形离散元模型,用于模拟散体介质的力学特性,该法不失为散体介质模拟的有效手段[1]。

1978 年,Cundall 和 Strack 开发出了二维圆形块体的 Ball 程序[2,3],用于研究颗粒介质的力学行为,在利用该程序对岩土体进行研究的过程中,程序得到了不断的完善和发展。之后 Cundall 和 Itasca 咨询公司合作开发了 PFC2D 和 PFC3D 程序。本书采用由 Itasca 公司的颗粒流离散单元计算程序 PFC3D,颗粒单元离散元程序 PFC 是通过离散单元法来模拟圆形颗粒介质的运动及其相互作用,采用数值方法将物体分为有代表性的数百个颗粒单元,期望用这种微观意义上的颗粒单元之间的相互作用来反映出材料宏观意义上的力学行为。以下两个因素促使PFC3D 程序产生变革与发展:

(1) 通过现场试验来得到颗粒介质本构模型相当困难。

(2) 随着计算机功能的逐步增强,用颗粒模型模拟整个问题成为可能,一些本构特性可以在模型中自动生成[4]。

PFC3D 方法既可直接模拟圆形颗粒的运动与相互作用问题,也可以通过将两个和两个以上的颗粒与其直接相邻的颗粒连接形成任意形状的组合体来模拟块体结构问题[5](这里的颗粒并不是指空间里的某一质点,而是指占据一定空间的一个实体)。PFC 的整个模型都是由颗粒单元组成,单元之间通过接触来产生相互作用。单元生成器根据所描述的单元分布规律自动进行统计并生成单元,通过调整单元直径,可以调节空隙率,通过定义还可以有效模拟岩体中节理等弱面。如果假定单元是刚体的话,接触模型采用柔性接触,需要提供法向刚度使得在接触部位可以产生小变形。这样整个系统的力学行为就可以描述为每个颗粒单元的位移以及作用在每个接触点形成的接触力。而更为复杂的力学系统则可以采用将单元连接的方法来进行模拟,当颗粒单元之间的作用力超过颗粒单元之间的连接强度时,连接就会破裂,在这种情况下允许单元之间产生拉应力。这种方法可以用来模拟通过连接作用形成的块体所产生的相互作用,包括块体上裂缝的形成以及块体的破碎。这种特点恰恰使得利用 PFC3D 技术来实现对土石混合体的模拟成为可能,通过将砾石所在单元以及土体所在单元连接就可以将土体与砾石区分开来,然后分别给土体与砾石赋予相应的材料参数就可以实现利用颗粒流技术来进行土石混合体的模拟工作。

6.2　PFC 计算的原理及步骤

6.2.1　基本假设

颗粒流方法在模拟过程中作了如下假设[5]：

(1) 颗粒单元为刚性体。

(2) 接触发生在很小的范围内，即点接触。

(3) 接触特性为柔性接触，接触处允许有一定的"重叠"量。

(4) "重叠"量的大小与接触力有关，与颗粒大小相比，"重叠"量很小。

(5) 接触处有特殊的连接强度。

(6) 颗粒单元为圆形(球)。

6.2.2　基本理论

颗粒流方法在计算循环中，交替运用了牛顿第二定律与力-位移定律：牛顿第二定律用来确定每个颗粒在接触力和自身体力作用下的运动，而力-位移定律主要用来对接触点处位移产生的接触力进行更新[6,7]。其计算循环过程如图 6-1所示。

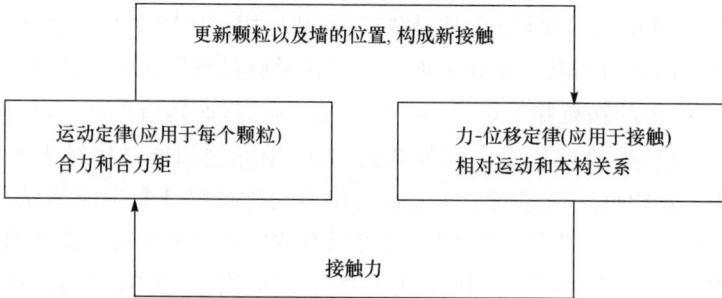

图 6-1　计算过程循环图

6.2.3　力-位移定律

通过力-位移定律把相互接触的两部分的力与位移联系起来，颗粒流模型中接触类型有"球-球接触"与"球-墙接触"两种。具体如图 6-2 所示。

对于球-球接触，接触平面的单位法向量可以定义为

$$n_i = \frac{x_i^{[B]} - x_i^{[A]}}{d} \tag{6-1}$$

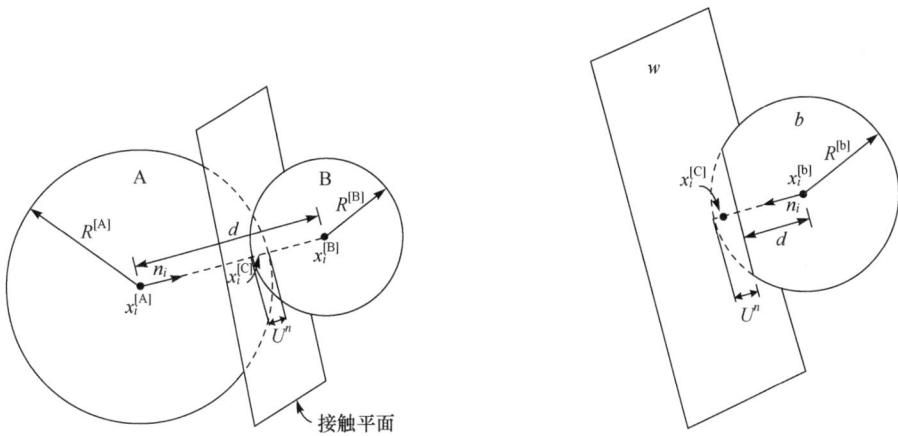

图 6-2　球-球接触以及球-墙接触模型图

式中，$x_i^{[A]}$ 和 $x_i^{[B]}$ 分别为单元 A 与 B 的球心连线的位置向量；d 为球心之间的距离。

球-球之间以及球-墙之间的重叠量可以定义为

$$U_n = \begin{cases} R^{[A]} + R^{[B]} - d \\ R^{[b]} - d \end{cases} \tag{6-2}$$

接触点的位置矢量可以由下式给出：

$$x_i^{[C]} = \begin{cases} x_i^{[A]} + \left(R^{[A]} - \dfrac{1}{2}U^n \right) n_i \\ x_i^{[b]} + \left(R^{[b]} - \dfrac{1}{2}U_n \right) n_i \end{cases} \tag{6-3}$$

单元之间以及单元与墙体之间接触力可以分解为法向与切向接触力分量：

$$F_i = F_i^n + F_i^s \tag{6-4}$$

法向接触力矢量可以通过下式计算：

$$F_i^n = K^n U^n n_i \tag{6-5}$$

接触点的移动速度通过下式给出：

$$V_i = (\dot{x}_i^{[C]})_{\Phi^2} - (\dot{x}_i^{[C]})_{\Phi^1} \tag{6-6}$$

式中，$\dot{x}_i^{[\Phi^j]}$ 表示某实体 Φ^j 的移动速度。Φ^j 通过下式给定：

$$\{\Phi^1, \Phi^2\} = \begin{cases} \{A, B\} \\ \{b, w\} \end{cases} \tag{6-7}$$

接触点沿切向的移动速度可以通过下式计算：

$$V_i^s = V_i - V_i^n \tag{6-8}$$

则接触点切向力的增量就可以表示为

$$\Delta F_i^s = -k^s V_i^s \Delta t \qquad (6\text{-}9)$$

通过迭代求出切向接触力分量：

$$F_i^s \leftarrow F_i^s + \Delta F_i^s \qquad (6\text{-}10)$$

6.2.4　运动定律

单个颗粒单元的运动是由作用于其上的合力和合力矩决定的,可以用单元内一点的线速度与颗粒的角速度来描述。运动方程由两组向量方程表示,一组描述合力与线性运动的关系,另一组是表示合力矩与旋转运动的关系。

线性运动：

$$F_i = m(\ddot{x}_i - g_i) \qquad (6\text{-}11)$$

旋转运动：

$$M_i = \dot{H}_i \qquad (6\text{-}12)$$

而对于半径为 R 的圆球来说,由于其质量在整个空间中是均匀分布的,重心与圆形中心重合,所以对于圆形颗粒,有以下公式成立：

$$M_i = I\dot{\omega}_i = \left(\frac{2}{5}mR^2\right)\dot{\omega}_i \qquad (6\text{-}13)$$

式中, F_i 为合力; m 为颗粒总质量; g_i 为重力加速度; M_i 为合力矩; H_i 为角动量。

以下两个表达式是引入时间步长 Δt 后用来描述球体在 t 时刻的平移以及转动加速度,具体如下：

$$\ddot{x}_i^{(t)} = \frac{1}{\Delta t}\left[\dot{x}_i^{(t+\Delta t/2)} - \dot{x}_i^{(t-\Delta t/2)}\right] \qquad (6\text{-}14)$$

$$\dot{\omega}_i^{(t)} = \frac{1}{\Delta t}\left[\omega_i^{(t+\Delta t/2)} - \omega_i^{(t-\Delta t/2)}\right] \qquad (6\text{-}15)$$

将以上各等式(6-14)、(6-15)代入式(6-11)与(6-13),将得到如下等式：

$$\dot{x}_i^{(t+\Delta t)} = \dot{x}_i^{(t-\Delta t/2)} + \left(\frac{F_i^{(t)}}{m} + g_i\right)\Delta t \qquad (6\text{-}16)$$

$$\omega_i^{(t+\Delta t/2)} = \omega_i^{(t-\Delta t/2)} + \left(\frac{M_i^{(t)}}{I}\right)\Delta t \qquad (6\text{-}17)$$

利用下面公式就可以对球体的中心位置进行更新,公式如下所示：

$$x_i^{(t+\Delta t)} = x_i^{(t)} + \dot{x}_i^{(t+\Delta t)}\Delta t \qquad (6\text{-}18)$$

对于运动定律的循环计算可以总结为如下过程：给定 $\dot{x}_i^{(t-\Delta t)}$、$\omega_i^{(t-\Delta t/2)}$、$x_i^{(t)}$、$F_i^{(t)}$ 以及 $M_i^{(t)}$ 的值,利用等式(6-16)、(6-17)获得 $\dot{x}_i^{(t+\Delta t/2)}$ 和 $\omega_i^{(t+\Delta t)}$ 的值,然后利用等式(6-18)来获得 $x_i^{(t+\Delta t)}$,而在下一个循环计算时所需要的 $F_i^{(t+\Delta t)}$ 和 $M_i^{(t+\Delta t)}$ 的值,则通过力-位移定律来获得。

6.2.5　PFC 接触模型

PFC 方法是通过颗粒单元与颗粒单元以及颗粒单元与墙体之间的接触点来进行力的传递的,每个接触都会涉及两个实体,或者是发生在颗粒单元与颗粒单元之间,或者发生在颗粒单元与墙体之间,这样就需要定义接触模型来描述在接触点所发生的物理-力学行为。接触模型主要包括三部分:接触-刚度模型、滑移-分离模型与连接模型,下面分别进行阐述。

1）接触-刚度模型

接触-刚度模型用来定义球体与球体之间的接触力和相对位移之间的弹性关系,通过切向和法向刚度将切向与法向分力与各自的相对位移之间建立起关系。在 PFC3D 中提供两种刚度模型:线性模型和简化的 Hertz-Mindlin 模型,具体如图 6-3 所示。

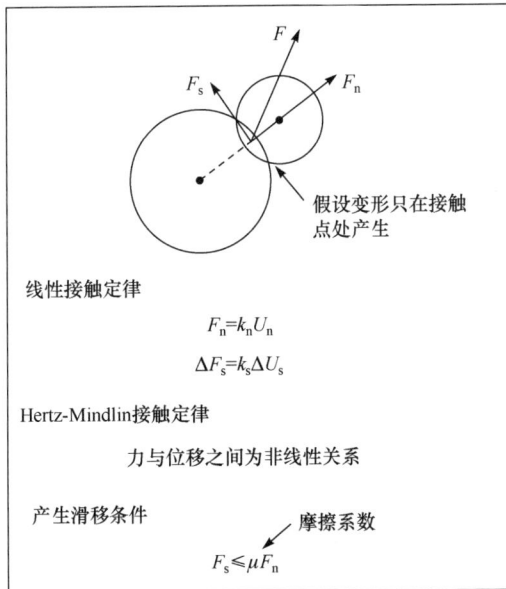

图 6-3　接触模型描述图

2）滑移-分离模型

在 PFC3D 中的滑移模型允许相互接触的单元之间发生滑移并最终分离,如果单元之间没有建立连接,那么单元之间可以产生拉应力。滑移发生的条件为当作用在单元上的合力沿剪切切向的分力达到最大允许剪切接触力,而最大允许剪切接触力就是相互接触单元摩擦系数与合力沿法向分力之乘积。如果颗粒单元之间没有建立连接模型的情况下当颗粒单元之间产生的距离达到一定值的时候,二者之间的拉应力就会消失,所以可能出现颗粒单元之间已经分离,但接触仍旧存在,这种情况即为"虚接触",这时候单元之间存在作用力,但作用力为零。

3)连接模型

在 PFC 中,颗粒单元与其相邻单元可以通过连接来生成实体模型,软件中提供两种类型的连接,分别为接触连接与并行连接,具体描述如图 6-4 所示。为了尽量减小单元之间的相对运动,也可以使得两种连接模型同时作用在球体单元之间的接触点上。

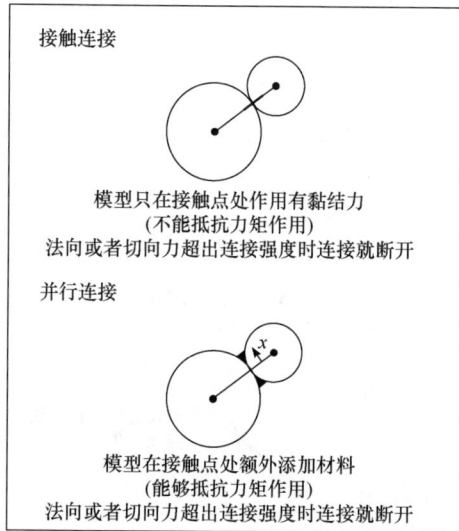

图 6-4　连接模型描述图

接触连接作用的情况下,球体与球体之间可能产生拉应力或者剪应力,如果拉应力或者剪应力超出所给定的强度值,二者之间所建立的连接就会被断开。接触连接由于只是作用在连接点上,所以球体在连接后仍无法抵抗力矩的作用。接触连接的力学行为示意如图 6-5 所示,可以看到法向以及切向接触力分量与单元之间相对位移之间的关系。在任意时刻,接触连接模型与滑移模型二者中总有一个模型是激活的,但同一时刻只能是二者中之一在起作用。

并行连接模型可以将两个球体连接起来抵抗力及力矩,可以看作是在球体与球体单元接触点处作用有圆柱形的黏结材料。在并行连接起作用的情况下,单元与单元之间既可以传递拉应力或者剪应力的作用,也可以传递力矩的作用,具体如图 6-6 所示。

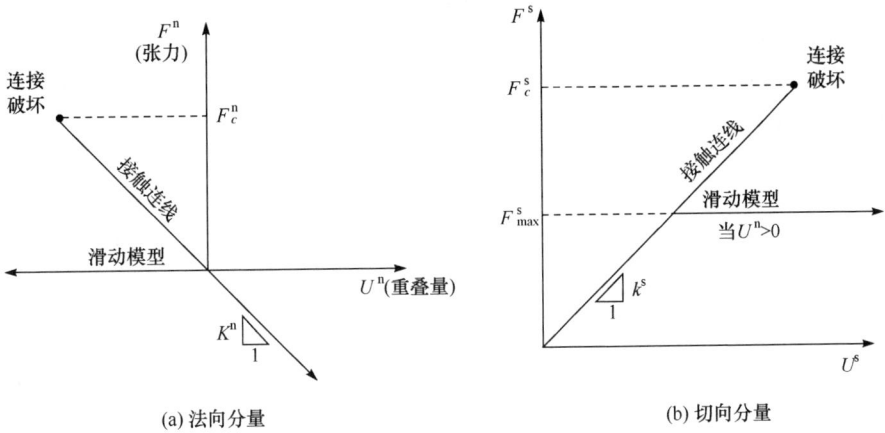

(a) 法向分量　　　　　　　　　　　　　(b) 切向分量

图 6-5　接触连接模型的力学行为示意图

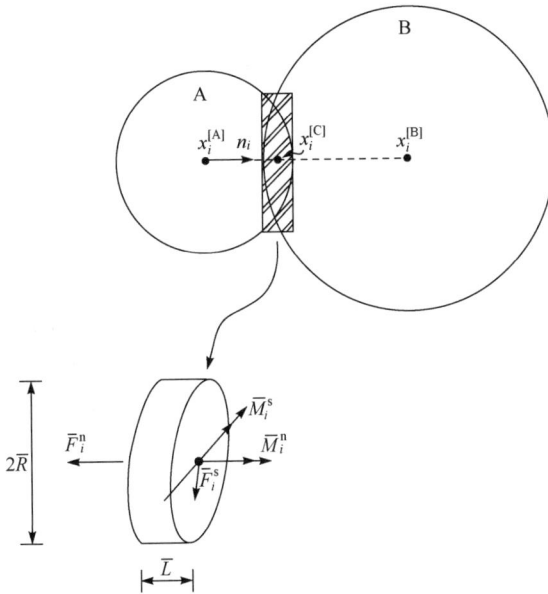

图 6-6　并行连接单元间黏结材料示意图

6.3　土石混合体计算模型的建立

对于土石混合体这种特殊的材料,由于其变形破坏的过程中涉及土体与岩石两种材料性质相差比较大的地质材料,所以其受力过程中材料内部的变形破坏机制与普通均质材料相比有比较大的差别。土石混合体的强度和变形性质主要受控于土与岩石的自身材料性质以及土石混合体的内部结构特征,其中岩石和土的强度、块石的排列方式以及整个模型的含石率是重要的影响因素。这里为了与 5.1 节中所进行的物理模拟试验相呼应,采用数值计算的方法进行相同模型的数值计算模拟,将数值计算结果与物理模拟试验结果进行对比分析。

6.3.1　土石混合体模型的确定

数值试验为了与 5.1 节中所进行的物理模拟试验进行对照,所以同样采用二维平面模型,在模型中定义少量的规则形状块石,从而观察模型在受力破坏过程中的变形破坏机理以及应力-应变曲线的变化趋势。根据计算所得到的单元接触力图,可以观察到土石混合体在受力状态下其材料内部的应力状态;另外,通过判断颗粒单元之间的连接是否破坏来观察土石混合体在整个受力过程中材料的破坏发展趋势。

6.3.2　数值试验颗粒单元的生成

PFC 程序由于发行后经历的时间比较短,所以整个软件技术并不是很成熟,在很多情况下需要用户自己根据具体需要来独立进行开发,比较突出的表现在两个方面:一方面是该软件组成材料的颗粒单元的生成人为控制因素比较大;另一方面就是整个模型边界条件的实现比较困难。

在 PFC3D 中有两条命令可以用来生成颗粒单元,即 Ball 与 Generate,前者用于生成处于空间某定点的单独颗粒单元,而后者则用来在给定的某一空间中自动生成颗粒单元。通过这两种方式,用户既可以生成规则排列的颗粒单元所组成的结构模型,也可以生成在一定空间随机排列颗粒单元组成的实体模型[4]。

在使用 Generate 命令生成颗粒单元的过程中,由于是在空间随机生成,所以用户很难确定需要生成颗粒单元的数量,也就是说到底需要多少数量的颗粒单元才能把给定的空间填满并且达到所需要的空隙率。如果不能确定颗粒单元的数量以及颗粒单元的大小,就无法构造成合适的计算模型来进行数值模拟工作。本节首先以小于预先给定的颗粒单元半径来生成颗粒单元,然后将所有颗粒单元的半径进行“膨胀”处理,即增大单元半径,最终达到预先给定的颗粒单元半径,同时使得颗粒单元充满所给定的空间,这也就是所谓的“扩展半径”的方法[8]。具体介绍如下。

首先定义模型的空隙率 n 采用如下表达方式:

$$n = 1 - V_p/V \qquad (6\text{-}19)$$

式中,V_p 为颗粒单元的总体积;V 为由墙形成的容器的体积。

由此可以得出下式：

$$nV = V - \sum \frac{4}{3}\pi R^3 \tag{6-20}$$

$$\sum R^3 = 3V(1-n)/4\pi \tag{6-21}$$

假如用 n_0 表示原来的空隙率，而用 n 表示现在的空隙率，用 R_0 表示颗粒单元"膨胀"前的单元半径，则可得到如下公式：

$$\frac{\sum R^3}{\sum R_0^3} = \frac{1-n}{1-n_0} \tag{6-22}$$

如果定义 $R = mR_0$，则有如下公式成立：

$$m^3 = \frac{1-n}{1-n^0} \quad 即 \quad m = \left(\frac{1-n}{1-n_0}\right)^{\frac{1}{3}} \tag{6-23}$$

如果颗粒单元半径大小不等的话，其平均半径为

$$\bar{R} = \left\{\frac{3V}{N4\pi}(1-n_0)\right\}^{\frac{1}{3}} \tag{6-24}$$

颗粒单元的最大与最小半径之比设为 r，则有

$$R_{LO} = 2\bar{R}/(1+r) \tag{6-25}$$

$$R_{HI} = rR_{LO} \tag{6-26}$$

PFC 软件中单元的生成方法很多，需要在使用过程中不断摸索，但是所有生成单元的方法其最终目的是一致的，那就是生成符合实际条件的力学分析模型，所以使用何种单元生成方法取决于软件开发者自身的操作习惯。采用 FISH 语言将上述运算过程进行编程并嵌入到 PFC 的模型生成过程中，就可以实现整个实体模型的自动生成。

6.3.3 边界条件的实现

在 PFC3D 离散元计算软件中，模型边界条件的定义主要是通过两种方式来实现的，一种是通过墙来实现，另外一种是在构成模型的单元上直接施加边界条件[5]。

由于在 PFC3D 中模型的建立一般都是通过在墙所围成的空间中来完成，那么给墙赋以一定的力学参数后也就相应可以完成加载边界条件的任务。墙既可以作为边界约束条件，也可以一定值的匀速运动来模拟位移加载，并且在匀速运动的过程中可以监控作用在墙上的非平衡力的大小。具体的计算过程如下。

作用在墙上的应力大小可以通过获得作用在墙上的非均衡力然后比上整个墙的面积得到，而在 x、y、z 方向上的应变则通过如下公式计算获得：

$$\varepsilon = \frac{L - L_0}{\frac{1}{2}(L_0 + L)} \tag{6-27}$$

式中,L 为加载变形后模型在相应方向上的长度;L_0 为加载变形前模型在相应方向上的长度。

为了使作用在数值模型上应力的大小达到预先给定的值,设定墙的位移速度与应力直间存在关系式为

$$\dot{u}^{(w)} = G(\sigma^{measured} - \sigma^{required}) = G\Delta\sigma \tag{6-28}$$

式中,G 为系数。

在每个时步过程中,由于墙的位移而引起的作用在墙上的力为

$$\Delta F^{(w)} = K_n^{(w)} N_c \dot{u}^{(w)} \Delta t \tag{6-29}$$

式中,N_c 表示与墙接触的颗粒单元的接触点数目;$K_n^{(w)}$ 表示这些与墙体接触的颗粒单元的平均刚度值。

由此可以得到作用在墙上的平均应力的变化值为

$$\Delta\sigma^{(w)} = \frac{K_n^{(w)} N_c \dot{u}^{(w)} \Delta t}{A} \tag{6-30}$$

式中,A 表示墙的面积。

由于作用在墙上应力值的变化必须小于或等于目前应力与所需达到的最终应力的差值,实际情况下,需要加上一个松弛系数,这样公式就变为

$$|\Delta\sigma^{(w)}| < \alpha |\Delta\sigma| \tag{6-31}$$

从而就可以最终得到系数 G 的表达式:

$$G = \frac{\alpha A}{k_n^{(w)} N_c \Delta t} \tag{6-32}$$

6.3.4　数值试验材料的力学参数确定

总体来说,任何材料模型的力学参数主要通过其变形(Δ)和强度(Π)参数两个方面来定义[9]。为了确信一个特定的模型能够重现真实材料的物理力学行为,就有必要将模型的参数与真实材料的特性之间建立起一种关系。

$$\Delta = \Delta(E,\nu) \tag{6-33}$$

$$\Pi = \Pi(K_c) \tag{6-34}$$

式中,E 和 ν 分别表示材料的杨氏弹性模量和泊松系数;K_c 表示材料的断裂韧度。

对于 PFC3D 软件来说,材料的微观力学参数的确定是一件非常困难的工作,微观力学参数很难与相关材料的宏观力学参数直接建立起关系。这种情形下力学参数的确定不像连续介质模型,连续介质模型材料参数的确定可以根据试验得出。这时应首先确定所要进行模拟材料的力学行为,然后再通过不断的校正来选择合适的微观力学参数,最终使得模型计算所表现出来的力学行为与真实情况下材料的力学行为基本符合,在相互对比的过程中对参数不断进行校核,最终达到比较理想的效果。这种相互对比既可以通过室内试验也可以通过现场试验来进行对比,

并最终确定合理的微观材料参数值[10-13]。

6.3.5　数值试验模型的建立

根据前面试验方案中设计的数值计算模型,在 PFC3D 软件中首先根据前面模型的尺寸来生成相应的墙来围成生成模型所需要的空间。由于计算将问题简化为平面问题来研究,所以在 z 方向需拉伸单位长度。根据前面所述的颗粒单元生成方法,在墙体所围成的空间中生成模型,模型的具体参数见表 6-1。

表 6-1　模型的规格以及生成模型的具体参数

参数符号表示	参数具体描述	具体取值
h	模型高度(y 方向)	0.60m
w	模型宽度(x 方向)	0.50m
d	模型厚度(z 方向)	0.05m
R_{min}	颗粒单元粒径(半径)	0.005m
R_{max}/R_{min}	均匀系数	1.0

采用上述模型的规格尺寸,首先生成墙体以用来容纳生成最终模型的颗粒流单元体。颗粒流单元的生成过程采用上面所介绍的"粒径膨胀"的方法,首先以小于最终颗粒单元半径的值来生成颗粒流单元,然后对所有的颗粒单元半径进行扩大,最终达到所需的密实度。通过对模型周围的 6 面墙体进行调整,通过计算使得颗粒单元在无摩擦状态下运动并达到最终的平衡状态。具体的模型生成过程如图 6-7 所示。

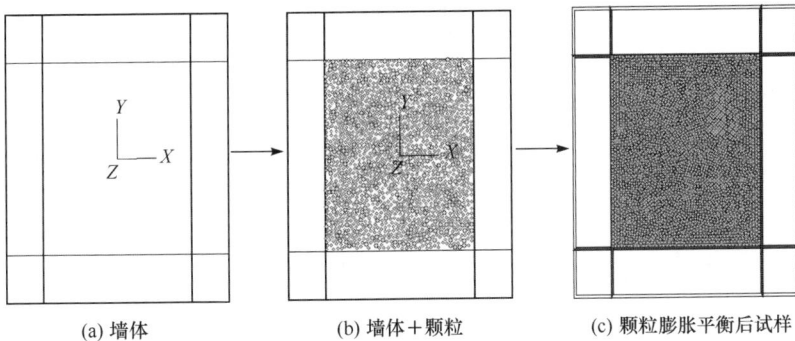

(a) 墙体　　　　　(b) 墙体＋颗粒　　　　　(c) 颗粒膨胀平衡后试样

图 6-7　颗粒流模型生成过程

在进行土石混合体的模型计算前,首先应该使所选择的土体与岩石材料的微观力学参数能够代表各自所代表的真实材料。对于均质土体与岩体的研究可以有大量可供参考的研究成果,这就使得单独确定土体或者岩体的微观力学参数成为可能。根据前面的已有算例以及可供参考的资料确定一组微观力学参数来进行试验性质的计算,并且与已有的土体或者岩体的研究结果进行对比分析,在对比的过程中不断进行校核,并选择合适的颗粒连接模型,最终确定一组材料的微观力学参数值。

对连接模型以及材料参数进行了多种组合并进行了大量的试算,通过反复的试验性计算并参考前面砂土以及岩石的计算实例[8,14-17],最终确定对于土体的接触模型采用接触连接模型,而对岩石的连接模型采用并行连接的方式。另外,经过反复调整模型参数,直到数值试验结果与普通室内试验结果基本一致时,就认为土体与岩石的微观力学参数是可用的。由于人们对均质土体以及岩体的力学性质进行过大量的研究,所以二者的力学性质基本上已经比较清楚。在此基础上首先对均质土体与均质岩体进行了颗粒流计算,对多种参数进行过调整试算,最终确定了一组相对来说比较适合于土体以及岩体的计算参数值,具体结果见表 6-2 与表 6-3。在此基础上,首先与物理模拟试验相对应,建立简单的土石混合体模型进行计算并将结果与物理模拟试验结果进行对照。

表 6-2　土的材料微观力学参数表

参数符号表示	参数具体描述	具体取值
ρ	材料密度/(kg/m³)	1500
E_c	颗粒单元接触模量/Pa	0.55×10^9
μ	颗粒单元摩擦系数	0.2
σ_c	接触连接法向强度/Pa	1.3×10^5
τ_c	接触连接切向强度/Pa	1.3×10^5

表 6-3　岩石的微观力学参数表

参数符号表示	参数具体描述	具体取值
ρ	材料密度/(kg/m³)	2700
E_c	颗粒单元之间的接触模量/Pa	10×10^9
$\bar{E}_c$	并行连接模量/Pa	10×10^9
μ	颗粒单元摩擦系数	0.35
σ_c	并行连接法向强度	3.0×10^7
τ_c	并行连接切向强度	3.0×10^7

首先采用最终选定的土体与岩石的材料力学参数赋予整个模型来分别计算土体与岩石在单轴受力情况下的应力-应变曲线(图 6-8 及图 6-9),将所得到的结果与常见土体以及岩石的力学参数进行比较,可以发现计算结果与一般情况下的试验结果较为接近[18-20]。通过图可以看到,两种情形下的应力-应变曲线基本符合一般土体与岩石在真实情况下的应力-应变曲线特征。

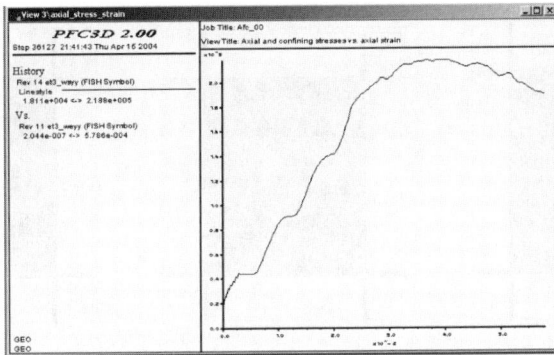

图 6-8　计算所得的均质土体应力-应变曲线

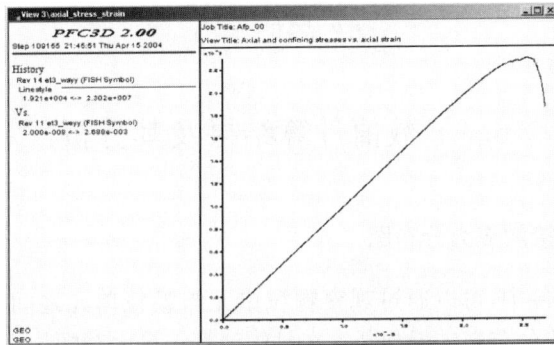

图 6-9　计算所得的岩石应力-应变曲线

与 5.1 节中所进行的物理模拟试验相对应,数值计算也对相应的模型进行了数值计算,图 6-10 与图 6-11 中分别为模型 1~模型 6 的计算模型图。通过对模型进行观察可以发现,由于 PFC3D 软件所特有的颗粒单元,所以导致其模型的边界不可能是平整的,而是呈现凹凸不平的边界。正是这种凹凸不平的边界使得对模型边界条件的控制难度加大。

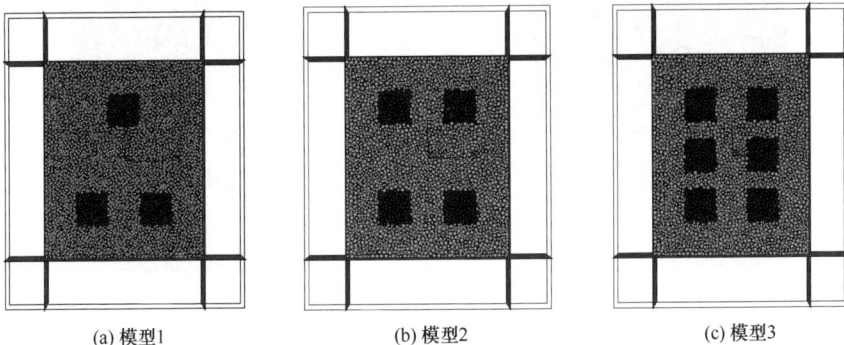

(a) 模型1　　　　　　　　(b) 模型2　　　　　　　　(c) 模型3

图 6-10　数值计算的模型 1、模型 2、模型 3 图

(黑色部分代表块石)

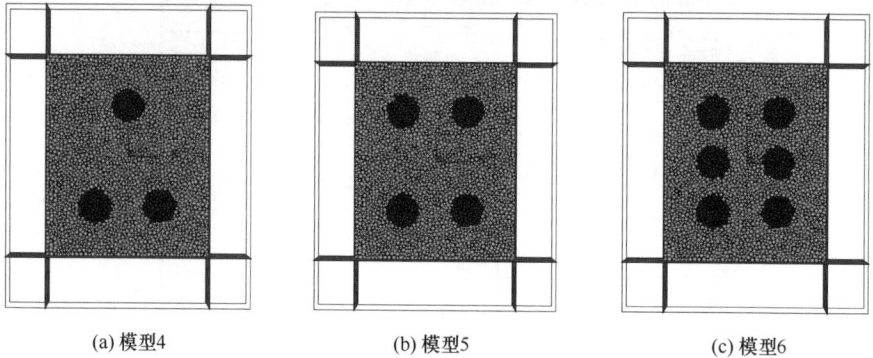

(a) 模型4　　　　　　　　(b) 模型5　　　　　　　(c) 模型6

图 6-11　数值计算的模型 4、模型 5、模型 6 图
(黑色部分代表块石)

6.4　数值计算结果及其分析

6.4.1　颗粒单元接触应力分布图

在 PFC3D 软件中,可以通过观察颗粒单元与颗粒单元之间的接触力来对整个模型体内应力的分布来进行判断。在具体计算结果中对颗粒之间接触应力的表示方法为:在颗粒与颗粒的接触点处用直线段表明,直线段的宽度代表着接触力值的大小;接触力只有两种形式,一种为压应力,一种为拉应力,采用不同的颜色表示,在本章的研究中,黑色线段表示压应力,浅灰色线段表示拉应力。图 6-12～图 6-15 为各个模型在试验结束后的接触应力分布图。

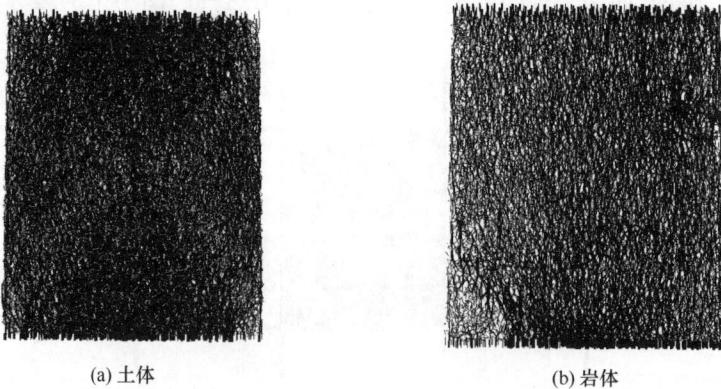

(a) 土体　　　　　　　　　　　(b) 岩体

图 6-12　土体与岩体最终的接触应力图

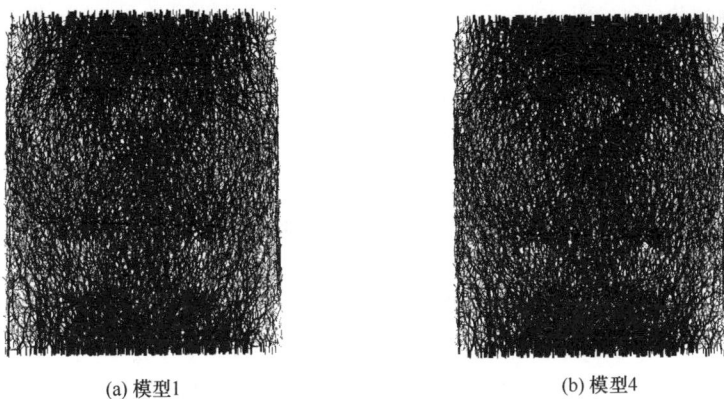

(a) 模型1　　　　　　　　　　　　　　　(b) 模型4

图 6-13　3 块正四边形与圆形块石的模型最终接触应力图

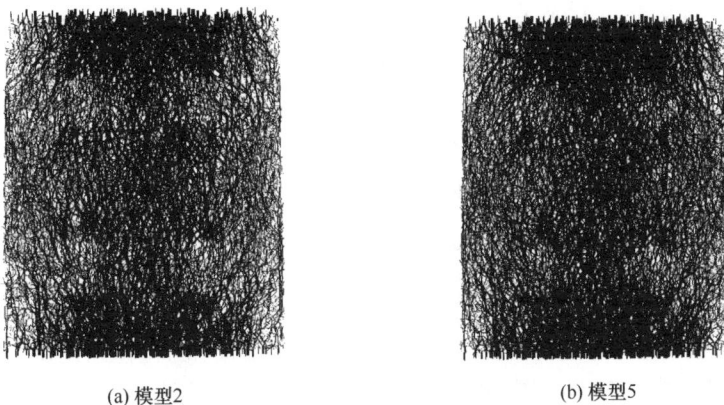

(a) 模型2　　　　　　　　　　　　　　　(b) 模型5

图 6-14　4 块正四边形与圆形块石的模型最终接触应力图

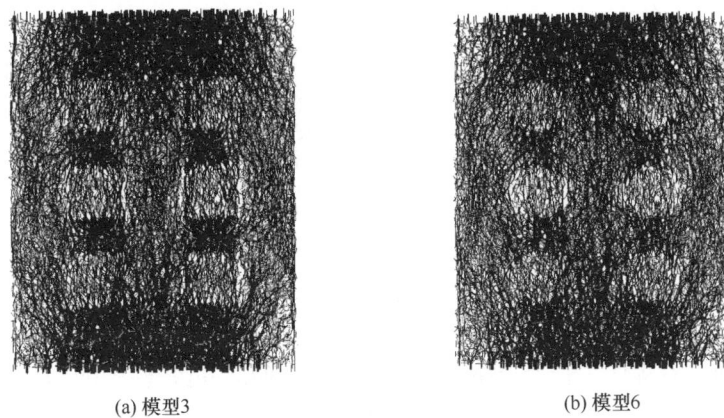

(a) 模型3　　　　　　　　　　　　　　　(b) 模型6

图 6-15　6 块正四边形与圆形块石的模型最终接触应力图

通过颗粒单元之间的接触应力土可以看到,由于块石的引进而使得试样体内部的接触应力分布与均质土体相比产生了很大的变化。在试样中引入块石后,上部压力使得块石与块石之间以及块石与上下承压钢板之间的土体挤压密实后与岩石相互作用而产生结构效应,这通过接触应力分布也可以看出来,接触压应力分布主要集中在试样的中部,单元之间的拉应力主要分布在试样的两侧部位。这样就造成了试样的最终破坏形式主要以试样两侧的剪切破坏方式为主。整个试样体内的接触拉应力主要存在于土体内,岩石只是起到传递压应力的作用。这样的结果与前面所进行的物理模拟试验结果较为接近。

通过图 6-12～图 6-15 各图可以看到,当试样中块石的数量发生变化时,整个试样体内部单元之间接触应力状况变化较大。在试样内含有 3 块与 4 块块石模型的接触应力分布图的对比可以看到,在 3 块的情况下试样中部的接触压应力带明显要比 4 块的情况下要窄一些。在试样内含有 6 块岩石的情况下,在试样中部沿块石形成了两条压应力带,同时由于块石与块石之间的土体较少,导致刚度明显增大,而在两条压应力带之间接触拉应力分布明显。所有试样的破坏基本上都是压应力的作用导致在试样两侧土体中产生剪切使得土体中破裂线沿剪切面发展而最终破坏,所不同的只是在剪切面形成的过程中块石对剪切面的阻碍作用不同,正四边形块石对剪切面形成过程中的阻碍作用较大。

6.4.2　模型体内的微裂隙分布图

在 PFC3D 软件中,由于在相互连接的颗粒单元之间能够形成微裂隙,所形成微裂隙的位置以及几何形状取决于形成连接的颗粒单元的粒径以及位置。软件中假定微裂隙为圆柱体,圆柱体的轴心沿着颗粒单元球心连线,圆柱体的厚度等于颗粒单元之间的缝隙宽度,具体模型如图 6-16 所示。图中 t_c 表示圆柱的厚度,R_c 表示圆柱的半径,A 与 B 分别表示粒径不同的两个颗粒单元。

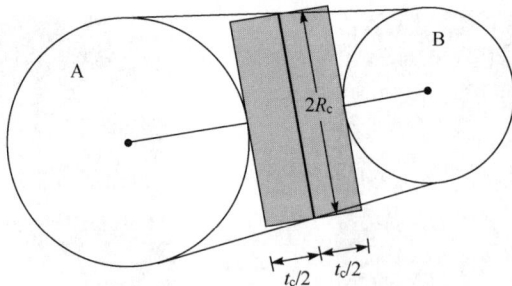

图 6-16　微裂隙的几何形状以及位置定义

可以通过对程序进行设置来监测模型中连接的断开以及断开的方式并以图形的方式进行显示。由于在模型中对土体采用了接触连接的模型,而对岩石则采用了并行连接的模型,这样就可以通过对组成土体颗粒单元之间接触连接的断开进行记录而获得试样的内部微裂隙的变化发展图。图 6-17～图 6-22 为各试样的内部微裂隙的变化发展图,图中浅灰色代表接触连接切向应力超过连接强度而断开,黑色代表接触连接法向应力超过连接强度而断开。

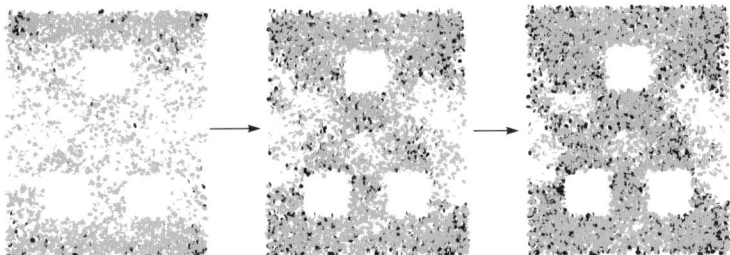

图 6-17　模型 1 中微裂隙发展过程

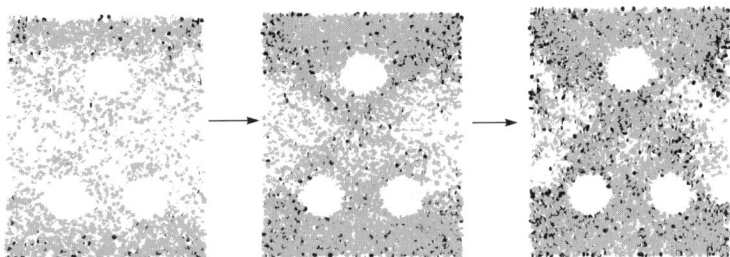

图 6-18　模型 4 中微裂隙发展过程

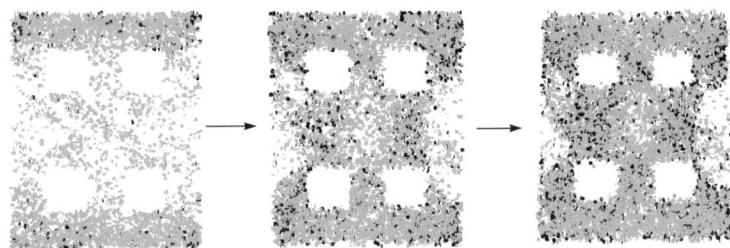

图 6-19　模型 2 中微裂隙发展过程

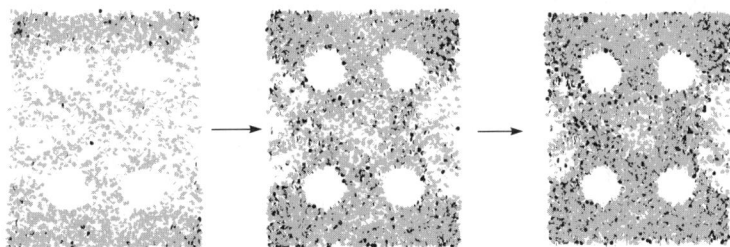

图 6-20　模型 5 中微裂隙发展过程

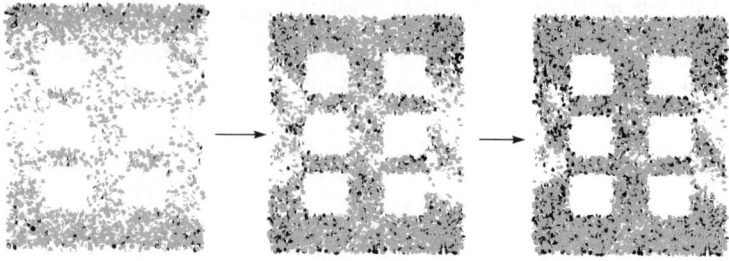

图 6-21　模型 3 中微裂隙发展过程

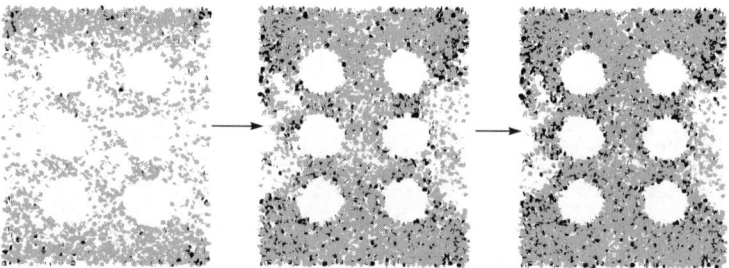

图 6-22　模型 6 中微裂隙发展过程

　　观察各试样微裂隙发展图可以看出,首先由于岩石与土体之间在强度之间差别太大,块石基本不产生破坏,所以在引入块石的区域看不到有微裂隙产生。在加载的初始阶段,在试样上、下部分由于压应力作用首先传播经过而产生微裂隙较多,而在试样中部微裂隙较少,接触连接的断开类型主要沿切向断开,在试样与承载板接触部位由于压应力作用在土体中产生剪切面而导致颗粒单元之间产生拉伸力而出现了接触连接沿法向断开的区域。该区域主要集中在试件的两侧,与室内物理模拟试验的剪切面形成部位相对应。

　　伴随着加载过程中压应力的传递,微裂隙逐渐向试样内部扩展,岩石块体与块体之间所形成的接触连接断开区域比较明显,说明之间的土体已经被挤压密实,同时在试样两侧由于压应力而导致在土体中形成剪切面,这样就出现了颗粒单元之间的接触连接沿法向拉伸而断开,在试样两侧的颗粒单元连接之间产生拉破坏。通过试样最终的微裂隙图可以看到,块石之间的区域由于压应力的作用而产生了大量的微裂隙。试样两侧由于剪切作用而导致接触连接沿法向断开产生微裂隙,试样最终由于两侧上下剪切面最终贯通而产生破坏。

　　可以看到,各个模型上微裂隙的发展以及试样的最终破坏形式都与物理模拟试验的结果较为一致,这也说明了采用该软件模拟土石混合体这种特殊工程地质材料的可行性。当然,任何计算程序都有其自身的特定适用范围,具有其自身的一些局限性,所以造成了数值计算结果与真实条件下的试验结果具有一定的差别。

但是试验过程中有一些稍纵即逝的现象是很难观察到的,这也需要采用数值试验的方法来弥补。

6.4.3 应力-应变曲线特点分析

通过在计算过程中设置监测语句对试样上下端部加载墙体上的压应力以及沿轴向的应变所进行的实时监测,对整个试验过程中的压应力变化以及试样沿轴向应变的变化进行记录,设置为每计算 50 步记录一次,根据记录结果绘制试样在整个试验过程中的应力-应变变化曲线。图 6-23～图 6-28 为模型 1～模型 6 的试验过程轴向应力-应变变化曲线。

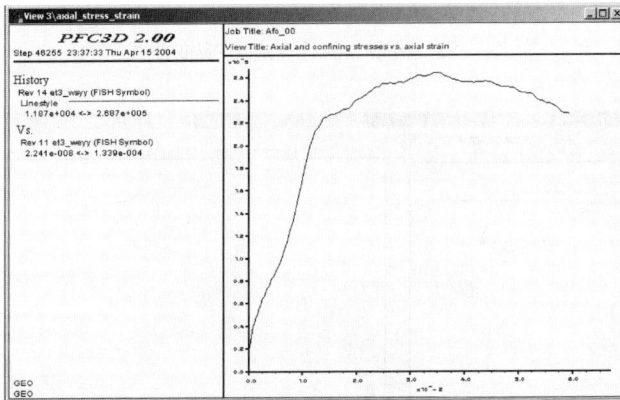

图 6-23　模型 1 的计算应力-应变曲线

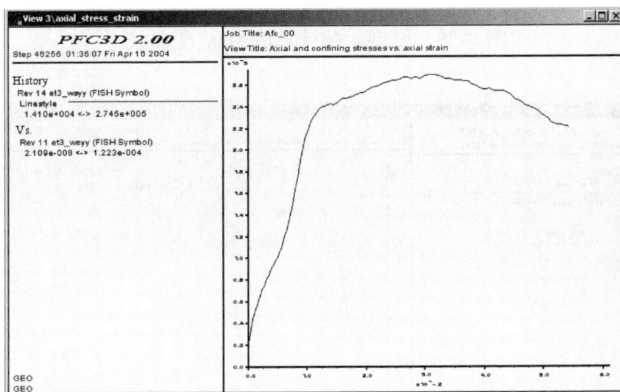

图 6-24　模型 2 的计算应力-应变曲线

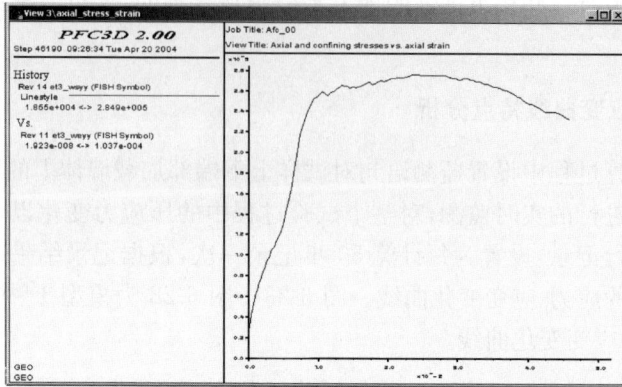

图 6-25　模型 3 的计算应力-应变曲线

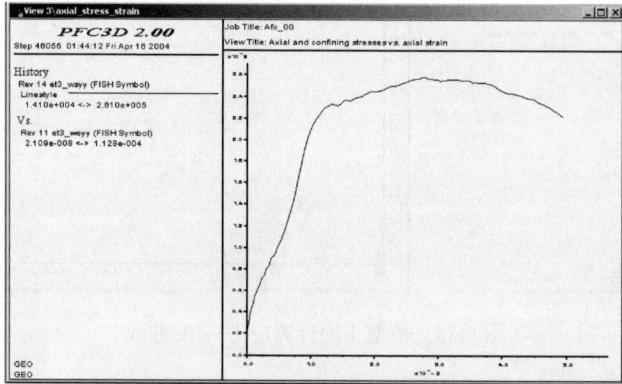

图 6-26　模型 4 的计算应力-应变曲线

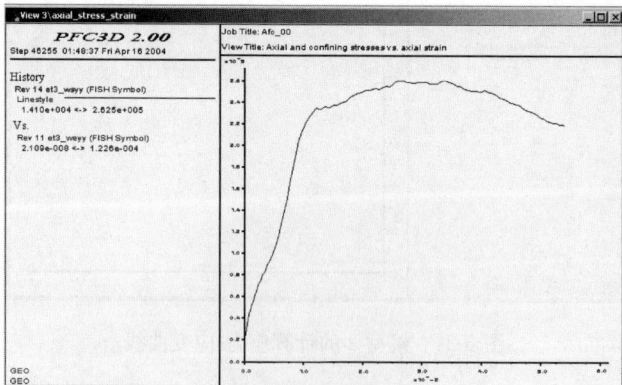

图 6-27　模型 5 的计算应力-应变曲线

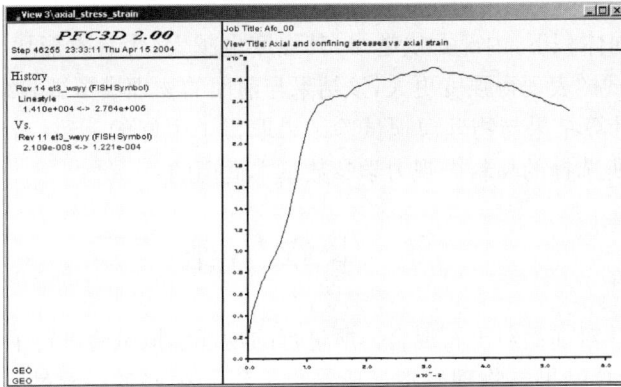

图 6-28　模型 6 的计算应力-应变曲线

各计算模型块石分布与形状及其最终强度值如表 6-4 所示。

表 6-4　各模型的情况以及极限强度

模型标号	块石/块	粒径/cm	形状	强度/kPa
均质土体	0	10	—	219
模型 1	3	10	正四边形	269
模型 2	4	10	正四边形	274
模型 3	6	10	正四边形	284
模型 4	3	10	圆形	261
模型 5	4	10	圆形	263
模型 6	6	10	圆形	276

　　通过对所有模型的应力-应变曲线进行观察可以发现,所有试样的应力-应变曲线形状基本相同,这充分说明了土石混合体的变形破坏是有一定的规律可循的。将上述各个试样的应力-应变曲线与整个试样为均质土体以及均质岩体的情况下的应力-应变曲线进行比较,可以发现:

　　(1) 所有试样的应力-应变曲线形状较为接近,重复性较好。与前面的物理模拟试验相对应,数值计算中也发现了土石混合体的应力-应变曲线在峰值前后很宽的范围几乎呈水平线,这也说明了土石混合体材料既具有较高的承载力又具有很大的变形性。

　　(2) 结合前面的接触应力分布图,在土体中引入块石后,由于在受到压应力作用后块石的变形很小,所以整个试样的初始弹性模量增大。随着应力值的不断增大,当应力上升到一定值后,块石之间的土体在块石之间强大的挤压力的作用下其间的土体会出现塑性流动,反映到应力-应变曲线上就出现了峰值附近呈水平状发展的现象。

（3）在相同体积下，内部石块越多，其强度也越大，含有方形块石的试样比含有圆形块石的试样表现得强度更大，该结果与前面的物理模拟试验结果相同。

（4）数值计算结果与物理模拟试验结果取得了很好的一致性，这也充分说明程序自身以及所选择的材料微观力学参数基本适用的。

6.5　本 章 小 结

本章主要针对前面对土石混合体所进行的物理模拟试验进行了计算研究。通过计算发现，计算结果与物理模拟试验结果取得了很好的一致性，主要得出如下几点：

（1）与前面的物理模拟试验相对应，计算所得到的应力-应变曲线也在峰值前后很宽的范围内几乎呈水平发展，充分说明了土石混合体既具有较高的承载能力，又具有很大的变形性。

（2）相同体积的试样中含有的块石数量越多，其单轴抗压强度也越大，且含有正四边形块石的试样比含有圆形块石的试样表现出的强度更大。

（3）土石混合体的应力-应变关系与均质土体相比其初始弹性模量明显增大，这是由于接近峰值强度时块石之间以及块石与上下钢板之间的土体在高压应力作用下挤压产生的塑性流动所导致，同时应力值提升幅度很小，峰值强度后应力值下降非常缓慢。这些现象与物理模拟试验中所观察到的现象也基本一致。

参 考 文 献

[1] 油新华,汤劲松. 土石混合体水平推剪试验研究. 岩石力学与工程学报,2002,21 (10): 1537-1540.

[2] 郭志. 实用岩体力学. 北京:地震出版社,1996.

[3] Cundall P A, Strack O D L. A discrete numerical model for granular assemblies. Geotechnique,2015,30(3):331-336.

[4] Cundall P A. Ball-A Program to Model Granular Media Using the Distinct Element Method. London:Dams & Moore Advanced Technology Group,1978.

[5] Strack O D L,Cundall P A. The distinct element method as a tool for research in granular media,part I. department of civil and mineral engineering. Minneapolis and St Paul:University of Minnesota,National Science Foundation,1978.

[6] PFC3D-User's Guide. Minneapolis Minnesota:Tasca Consulting Group,1999.

[7] PFC3D-Theory and Background. Minneapolis Minnesota:Tasca Consulting Group,1999.

[8] 黄运飞,冯静. 计算工程地质学. 北京:兵器工业出版社,1992.

[9] 龚晓南. 土工计算机分析. 北京:中国建筑工业出版社,2000.

[10] PFC3D-Fish in PFC3D. Minneapolis Minnesota: Tasca Consulting Group,1999.

[11] PFC3D-Verification Problems & Example Applications. Minneapolis Minnesota: Tasca Consulting Group,1999.

[12] Potyondy D O, Cundall P A. Micromechanics-based models for fracture and breakout around the mine-by tunnel. Canadian Nuclear Society International Conference on Deep Geological Disposal off. Toronto: Canadian Nuclear Society,1996.

[13] Potyondy D O, Cundall P A. Modeling rock using bonded assemblies of circular particles// Aubertin M, Hassani F, Mitri H. Proceedings of Second North American Rock Mechanics Symposium-NARMS' 96, Montreal, Canada, June. Balkema: Rotterdam A. A. , 1996: 1937-1944.

[14] Potyondy D O, Cundall P A. Modelling of notch formation in the URL mine-by tunnel: phase Ⅲ-damage mechanisms leading to notch formation. Itasca Consulting Group, Inc. , Report to Atomic Energy of Canada Limited (AECL),December,1997.

[15] Potyondy D O, Cundall P A. Modeling notch-formation mechanisms in the URL mine-by test tunnel using bonded assemblies of circular particles. International Journal of Rock Mechanics and Mining Sciences, Special Issue (Proceedings of NARMS'98, 3rd North American Rock Mechanics Symposium, Cancun, Mexico, Jun/July 1998),1998,35 (4-5):67.

[16] 周健,池永. 颗粒流方法及 PFC2D 程序. 岩土力学,2000,21(3):271-274.

[17] 周健,池永. 砂土力学性质的细关模拟. 岩土力学,2003,24(6):901-906.

[18] 周健,池永. 颗粒流理论及其工程应用简介. 岩土工程师,2001,13 (4):1-4.

[19] 廖雄华,周健. 粘性土平面应变试验颗粒流模拟可行性研究. 佛山科学技术学院学报(自然科学版),2002,20(2):32-38.

[20] 周健,池毓蔚. 砂土双轴试验的颗粒流模拟. 岩土工程学报,2000,22(6):702-704.

第 7 章　土石混合体单轴压缩试验的数值模拟

　　土石混合体由材料物理性质相差很大的土体与块石组成,且块石分布随机性强,因此具有物质组成和结构的高非均匀性。在一定应力条件下其应力重分布、位移受其内部块石与块石分布影响显著,我们称之为土石混合体的力学结构效应。这种力学结构效应在第 5 章土石混合体的室内物理模拟试验中得到印证。尤其是第 6 章中利用颗粒流离散单元法采用 PFC3D 计算程序,模拟块石在土石混合体中的力学响应,基于相应室内试验的数据,深入探讨块石在土石混合体中的力学响应及其力学机制。这不仅从力学机制上揭示了土石混合体的力学结构效应,也说明颗粒流离散单元法就块石在土石混合体中的力学响应可以进行很好数值模拟。对于规则形状、简单排列分布的块石在土石混合体中的力学特性的数值模拟,是我们进一步将数值模拟方法在土石混合力学特性研究中的应用与发展的基础。

　　本章针对不规则形状块石复杂排列分布的土石混合体,以前文土石混合体的单轴压缩试验结果为基础,根据第 3 章所建立的基于数码图像的土石混合体结构模型建立方法,采用传统的有限元方法模拟土石混合体力学试验并与实际试验对比,进而深入分析土石混合体的力学结构效应等。同时,基于上述数值模拟方法,研究土石混合体力学参数与含石率、结构特征的关系。

7.1　有限元计算方法概述

　　有限元法的中心思想是对求解域(物体)进行单元剖分和分片近似。其计算步骤为:①先将物体场离散为有限(大小和数量)的子域——有限元;②然后对每一单元函数(位移或应力)进行近似插值的单元线性方程组 $KeUe = Fe$(每一单元的方程表达式相同);③再对单元方程进行组装 $\sum_{e} KeUe = \sum_{e} Fe$;④最后利用计算机求解系统线性方程组 $KU = F$。

　　有限元法之所以有如此强大的生命力和广阔的应用前景,主要在于方法本身具有如下的特点:①有限元法的数学基础是积分形式的变分原理或加权残数法,把数理方程的求解变成定积分运算和线性代数方程组或常微分方程组的求解,数值处理方便。②数值性能好。刚度阵 K 稀疏、对称正定,便于高效稳定求解。③适用范围广。有限元法采用物理上离散与分片多项式插值,具有广泛适应性。它起源于飞机结构分析,但它同样适用于固体、流体、热传导、电磁学和声学等在机电产品中可能出现的一般场问题。④计算机程序标准化。有限元法采用矩阵形式和单元组装方法,每一计算步骤便于实现模块化,且保证上机电算的可靠性。⑤计算程序通用性强。目前已有较多通用分析程序可供选用,如 SAP、ADINA 和 NASTRAN。

对于同类问题,不论单元数目多少,尺寸、材料参数和外载如何变化,皆可用同一程序对付。可见,借助数学规划方法,有限元法很适于结构材料和尺寸的优化设计分析。目前,实用有限元法分三大类:常规单变量位移有限元、高等二变量应力有限元和高等三变量应力-应变有限元。其中,位移有限元在岩土力学数值模拟中被广泛应用,其变分基础是单变量最小势能原理,计算格式是只对单元位移进行近似插值,而单元应力(应变)是由位移求导数得到。一般说来,位移有限元具有收敛、稳定和坐标不变的优点,但应力精度和单元畸变适应性仍可改善。

计算机软硬件的发展是有限元法赖以发展的基本条件,计算机科学的最新发展,特别是符号处理能力及专家系统、图形和图像处理能力、并行计算能力,从根本上改变了在各个领域中有限元应用的广度和深度。有限元法是 CAD 中应用软件的算法基础,为了提高其算法和相应软件的可靠性、使用方便性和解决问题的能力,其他一些新思想、新方法已开始引入有限元法。

本章计算分析就采用基于偏微分方程模拟和求解各种科学与工程问题强有力的交互式有限元计算软件 COMSOL Multiphysics 中的弹性力学模块来模拟土石混合体的单轴压缩试验。该软件强大的后处理功能可以容易地获取试样内部各节点、单元的应力、位移信息等,其特点将在第 11 章具体介绍。此外,对于单轴压缩试验中的破坏过程则采用有限差分程序 FLAC3D,因为该软件更适宜处理岩土体的塑性变形破坏问题。

7.2 数值模型建立与计算参数

由于力学试验是三维试样,其实测结构模型目前仍无法通过数码照相表达其内部信息;而 CT 技术虽可处理岩石微观结构,但对于土石混合体这类细观结构尺度也难以真实地反映其实体非均质结构。因此,本节以土石混合体的二维结构模型建立其数值模型,按平面应力问题进行试样单轴压缩试验的模拟。鉴于土石混合体材料在组织、结构特征等方面的相似性,本节数值分析就以第 3 章所建立的试样 a 与试样 b 作为数值分析的结构模型,如图 7-1 所示;结合土石混合体的单轴压缩试验来深入探讨土石混合体的结构力学特性及其机制。

根据 5.2 节的力学试验,试样单轴压缩试验的模拟边界约束与加载条件如图 7-2 所示,但试样加载分别采用了等位移与等应力加载。计算中,土石混合体内土体与块石的材料参数分别如表 7-1 所示。

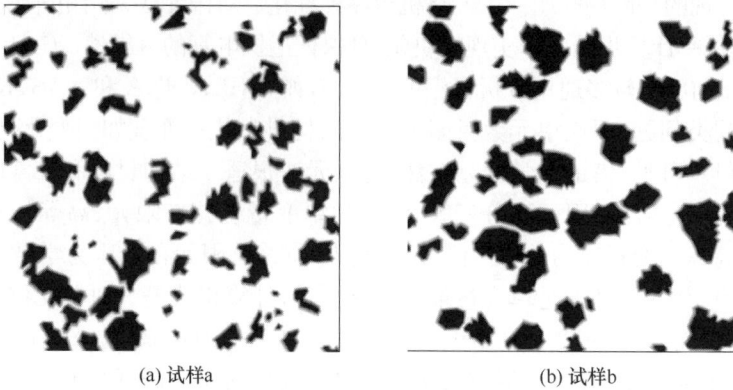

(a) 试样a　　　　　　　　　　　　(b) 试样b

图 7-1　COMSOL Mutiphysics 中结构几何模型

(黑色为块石、白色为土)

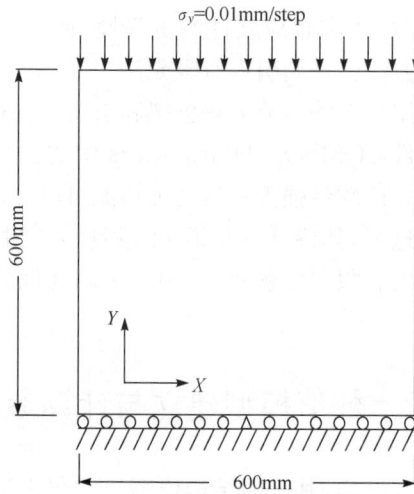

图 7-2　试样加载示意图

表 7-1　土石混合体块石与土物理参数

参数	土	岩石
密度, $\rho/(kg/m^3)$	2200	2700
弹性模量, E/MPa	50	4000
泊松比, γ	0.4	0.25
内聚力, c/MPa	0.03	0.6
摩擦角, $\phi/(°)$	24	40
抗拉强度, σ_t/MPa	0.02	0.5

7.3　土石混合体数值模拟方法讨论

为了研究土石混合体的力学特性以及和 5.2 节的力学试验结果对比,本节数值模拟应给出试样弹性模量、泊松比以及单轴抗压强度等几个关键参数。根据胡克定律,在弹性状态下,弹性模量 E 遵循 $E=\sigma/\varepsilon$;泊松比为试样垂直于加载方向横应变与沿加载方向纵应变之比,即 $\gamma=\varepsilon_\perp/\varepsilon_{/\!/}$。而通过土石混合体单轴压缩试验的数值模拟,我们可以求得试样的加载应力,以及试样垂直于加载方向与沿加载方向的位移,再分别除以试样长度、宽度得到纵应变与横应变。因此,我们可以计算得到土石混合体试样的弹性模量与泊松比。

而研究中发现,对于土石混合体的弹性模量计算,数值模拟的程序选择与计算方法上有待商榷。就前文所采用的边界等位移加载模拟(试验中大多采用)而言,虽然试样顶部的位移可以换算得到试样的整体应变,但试样顶部边界的应力却难以准确获取。如果试样单轴压缩模拟采用边界等应力加载,试样的加载外应力是确定的,其顶部边界的位移除以试样长度可以得到其纵应变,从而可以准确求得土石混合体试样的宏观弹性模量;但这一方法却无法得到试样的应力-应变全过程曲线,且难以和试验结果对比分析。

无论是哪种加载方式,问题的核心是:一般计算软件(包括 FLAC3D)只能给出单元或节点的应力值,而加载面上的平均应力值计算大多通过对单元或节点应力累加平均得到,这一计算方法对于均质材料是可以的;但对于高非均质特性的土石混合体而言,其计算结果显然与实际应力有较大出入。为了证实土石混合体非均质特性导致其顶部边界应力的这一分布特点,我们进行了等位移加载和等应力加载的模拟。边界等位移速率加载条件下,试样 a 顶部各单元或节点应力累加平均明显高于中部,而试样 b 顶部的平均应力水平则明显低于中部(见表 7-2),这也表明顶部边界应力累加平均计算方法并不能准确计算试样边界的应力;但均质材料在该加载条件下各个截面的应力则都一致。另一方面,对试样 a 顶部以 1MPa的应力加载,而加载面上的各单元应力值计算得到其顶部边界的平均应力只有0.63MPa。显然,这并不是软件的求解问题,而是通过加载面上的各单元应力值计算其顶部边界的平均应力这一计算方法不适用于土石混合体。

表 7-2　试样顶部与中部的平均应力　　　　　　(单位:MPa)

位移加载		0.001m	0.003m	0.005m
试样 a	顶部	0.375	1.606	2.677
	中部	0.14	0.419	0.698
试样 b	顶部	0.061	0.183	0.305
	中部	0.498	1.495	2.492

据分析,对于该问题的解决方案有两个:其一,计算出每个单元的面积及其应力,然后加权平均,但由于土石混合体内块石与土体材料强度相差很大,加载面在加载前后土体的变形使加载面面积变化很大,故不能用加载前单元面积与应力加权平均,而加载后的单元面积则更难获取,因此这一方法虽然有效但难以实现;其二,计算出各单元面上的合力,然后除以总面积,求出平均应力。实际上两种方法在本质上基本一致,具体操作则完全取决于采用的计算软件如何处理加载面上的合力计算问题。一般软件都没有给出关于边界面上合力的计算,而本书采用的COMSOL Multiphysics 软件就第二种方案给出了具体求解边界合力的工具。此外,该软件强大的后处理功能可以容易地获取试样内部各节点、单元的应力、位移信息等,易于土石混合体力学特性的机理性探索与分析[1]。但是,美中不足的是该软件目前仍只限于弹性分析。

因此,本章数值模拟的计算结合了不同计算软件的优点,分两部分完成:第一,COMSOL Multiphysics 软件的弹性分析从试样的内应力分布、位移变化以及弹性模量、泊松比等角度探讨土石混合体的力学特性;第二,FLAC3D 程序获取加载过程中塑性区的演化,分析土石混合体的变形破坏特性以及强度特性。

7.4　土石混合体的弹性力学特性分析

弹性状态下,岩土材料的应力与位移分布特征反映了材料内部力学响应机制,这也是认识材料力学特性的重要方面。这对于非均质特性的土石混合体力学特性的认识尤为重要。因此,基于第 3 章所建立的试样 a 与试样 b 两个实体结构模型,我们首先从土石混合体弹性模量与泊松比数值模拟结果与对应力学试验对比分析,并结合试样应力场(位移场)的分布特点等,更精确、具体地分析土石混合体结构力学效应的机理与机制。

这里首先从土石混合体试样内部应力与位移分布特征以及土石混合体结构的各向异性等方面来阐述其力学响应机理。

7.4.1　应力分析

图 7-3 和图 7-4 分别给出了位移加载累计值为 0.001m、0.003m 和 0.005m时,两个试样中部和顶部加载方向应力分布与块石分布的对比图,正为压应力。图中清晰地表明,单轴压缩条件下土石混合体的高非均匀与非均质引起其应力场的结构效应非常显著,试样内应力的分布(尤其是应力集中)基本受块石的分布与形状控制。土石混合体应力分布反映的结构力学效应主要体现在以下几方面:

(1)单轴加载引起的应力集中基本出现在块石区域,即块石在试样加载下的应力场中起着骨架作用,承担了相当大的应力。这也是土石混合体强度上明显优于土体的根本原因所在。试样应力(尤其是应力集中)以压应力为主,而局部出现拉应力是因为其两侧受压应力产生弯曲,导致中部形成拉应力。

(2)在土体与块石接触界面附近土体与块石单元的应力较低,尤其是土体单元,这是一个敏感的应力转折点。据分析,由于土体与块石弹性模量差异很大,变形沿软硬接触带出现较大错动与变形,从而导致该区域应力降低。

(3)随位移加载增加,试样整体应力逐渐增加,应力集中的块石单元应力增加更明显。图中 3 个位移加载条件下,试样 a 和试样 b 中部与顶部的应力均不同程度增加,应力集中处的增幅更大些。

(4)应该指出,尽管应力集中都出现在块石中,但由于块石强度远高于土体试样破坏基本不发生在块石中;而块石与土体接触带也是应力由高向低急剧变化的区域,可能为试样变形、破坏的关键部位。

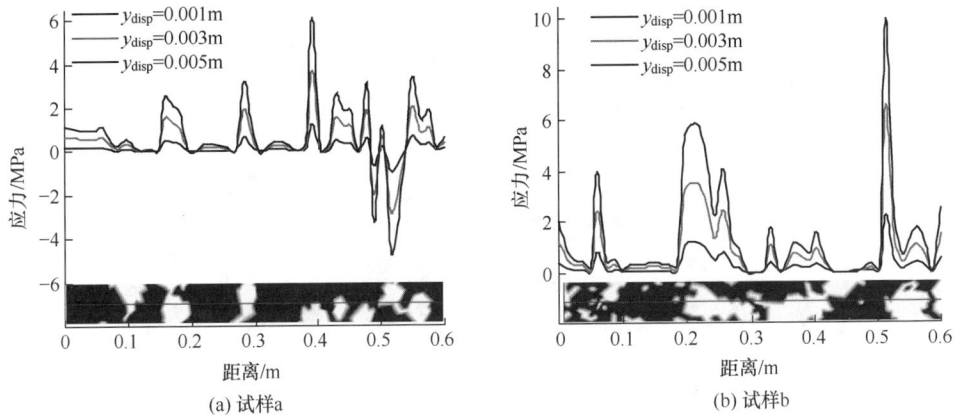

(a) 试样a　　　　(b) 试样b

图 7-3　试样中部应力分布与块石分布对比图

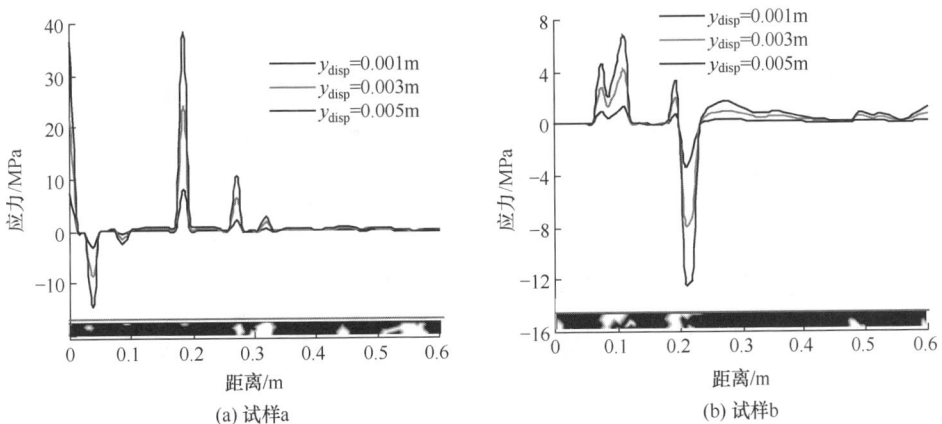

(a) 试样a　　　　(b) 试样b

图 7-4　试样顶部应力分布与块石分布对比图

　　显然,块石形状及其在试样中的分布对土石混合体内应力的分布具有控制作用,而在载荷作用下土石混合体内应力分布的这一特征也表明其材料特性与土体存在巨大差异;也证实了块石的应力大大高于土体,并可能导致块石的移动、转动等是土石混合体力学响应的一个重要机制。

7.4.2　位移分析

　　图 7-5 是位移加载达到 0.005m 时两个试样的位移等值线图(加载 y 方向位移),试样底部位移为 0、顶部为 0.005m,等值线间隔为 0.0001m。试样位移是其变形的累加,因此等值线分布越密集表明该区域变形越大。图中位移等值线大多绕过块石,集中分布于土体中,尤其是在 y 方向有块石相夹的土体中等值线分布尤为密集。这也表明,应力作用下块石基本不产生变形,土体则发生较大的变形,块石相夹的土体变形更为显著,这也是土体与块石变形模量巨大差异的结果。

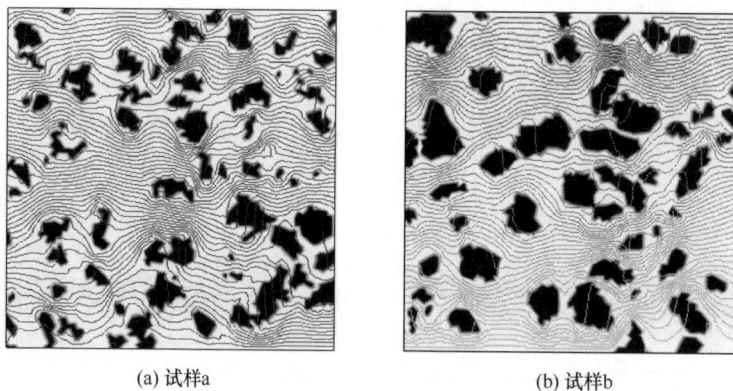

(a) 试样a　　　　　　　　　　　　(b) 试样b

图 7-5　试样位移等值线与块石分布对比图

　　图 7-6 是位移加载达到 0.005m 时两个试样的位移矢量图。如图所示,位移的方向基本与加载方向一致,而块石的形状与分布对位移矢量方向有重要影响。

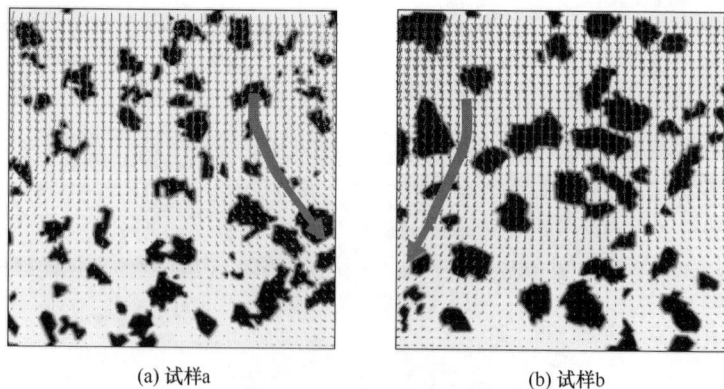

(a) 试样a　　　　　　　　　　　　(b) 试样b

图 7-6　试样位移矢量图与块石分布

例如,试样 a 中上半部分中部基本没有块石,右侧块石与加载方向呈 45°角斜交,从而导致位移方向在该区域发生偏转;试样 b 的左下部分也有类似的现象出现。弹塑性分析中,这一结构效应有可能更加显著,在后面的章节进一步分析。

7.4.3 弹性模量的分析

根据数值模拟所得单轴压缩试验加载中试样的应力与变形,试样 a 与试样 b 的弹性模量分别为 101.87MPa 和 144.82MPa。显然,数值模拟显示土石混合体的弹性模量要高于土体,且随含石率增加其弹性模量也增加。这与试验结果正好相反。究其原因,这里从如下几个方面给出了这一矛盾的理由。

其一,由于块石与土体两种材料力学强度相差很大,块石必然是应力高度集中的区域,甚至是土体应力的几十倍。在如此高的应力作用下,块石必然在土体中移动或转动,可以认为是一种超大变形。而数值模拟方法上的局限性,块石本身在土体中基本是不可移动的(相对土体),只能随土体变形而动。换言之,块石在数值模型中相当于卡在模型内刚性体,而土体则夹杂在这些刚性体之间。这也是现有所有岩土类数值软件可能都存在的问题,即数值模型由网格单元与节点构成,应力与位移通过单元、节点传递,而不管单元承受应力多大,只能在单元所在的位置上发生变形,不能移动或转动。这与力学试验中土石混合体内块石与土体所承担的角色实际是不一致的。实际上,在试验中可以观测到块石发生位置调整,导致块石之间形成架空结构。当块石与土体强度差异较小时,块石与土体的应力相差也较小,这一情况则可能会避免。

其二,本数值模型没有考虑块石与土体之间的接触界面。土石混合体内部这类不连续界面对于其力学特性的影响是存在的。油新华通过数值模拟对这一问题的研究表明,有界面的情况下计算得到的试样弹性模量要小于无界面的,即考虑界面时试样抵抗变形能力要弱[2]。同时,不考虑界面时也相当于认为块石与土体的胶结是完全胶结,而本书力学试验试样为重塑试样,基本属无胶结或弱胶结。因此,数值模拟所得弹性模量要高于试验结果。

总之,目前的数值方法大多限于分析一种极端情况的土石混合体,即块石和土体完全胶结、块石与土体变形连续且块石与土体强度差异较小。数值模拟试样在受力作用下与前文室内试验中的土石混合体重塑试样在结构上存在巨大差异,其力学特性也必然有所出入。尽管目前的数值模拟方法对于土石混合体这类高非均质、非连续性的特殊岩土材料仍不能完全反映其力学特性,但我们还是可以模拟上述极端情况的土石混合体材料特性,并揭示其力学响应机理;这也反映了土石混合体力学结构特征的复杂性。

7.4.4 弹性模量、泊松比与含石率关系

含石率对土石混合体力学特性的影响一直是土石混合体研究的一个重要方面。前文 5.2 节也对这一问题进行了初步探讨,认为当含石率超过 40%(质量分

数)时,土石混合体的弹性模量才与土体弹性模量有显著差别;但因受试验数量限制,并没有得到明确的土石混合体含石率与弹性模量的关系曲线。而数值模拟可以大量进行不同含石率的单轴压缩试验,可以弥补试样工作量的不足。因此,本节针对不同块石含量(体积)土石混合体的数码图像进行了一系列的土石混合体试样的单轴加载数值模拟,分析含石率与弹性模量、泊松比的关系。分析的试样被假定为块石和土体完全胶结、块石与土体变形连续且块石与土体强度差异较小的极端情况的土石混合体,试样共有 9 个,分别为试样 a、b、c、d、e、f、g、h 和 i,其结构与含石率分别如图 7-7 所示。

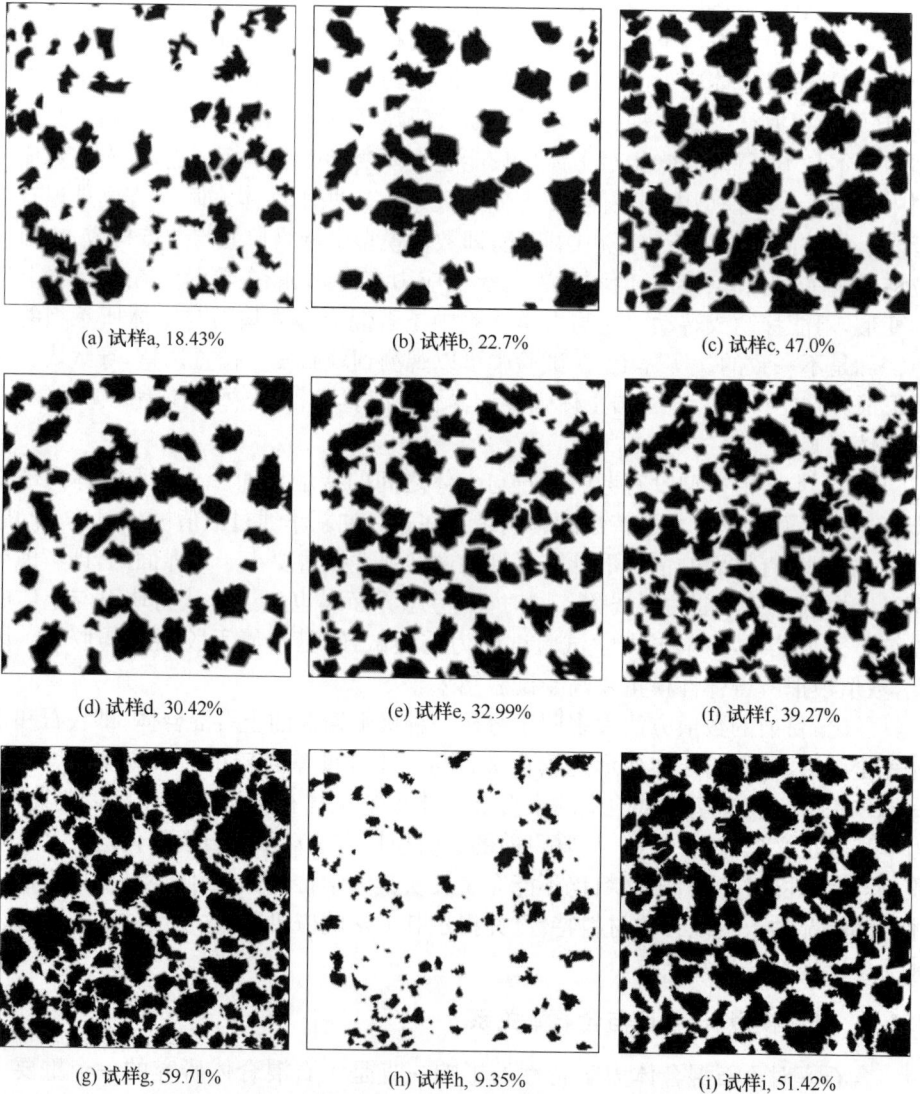

(a) 试样a, 18.43%   (b) 试样b, 22.7%   (c) 试样c, 47.0%

(d) 试样d, 30.42%   (e) 试样e, 32.99%   (f) 试样f, 39.27%

(g) 试样g, 59.71%   (h) 试样h, 9.35%   (i) 试样i, 51.42%

图 7-7   不同土石混合体试样结构数值模型及其体积含石率

表 7-3　土石混合体试样弹性模量与泊松比计算

试样	含石率/%	σ_y/MPa	y_{disp}/cm	x_{disp}/cm	ε_y	ε_x	E/MPa	γ
a	18.43	1	0.5890	0.2090	0.0098	0.0035	101.87	0.355
b	22.70	1	0.4143	0.1211	0.0069	0.0020	144.82	0.292
c	47.00	1	0.1762	0.0526	0.0029	0.0009	340.52	0.299
d	30.42	1	0.4706	0.1416	0.0078	0.0024	127.50	0.301
e	32.99	1	0.2895	0.0858	0.0048	0.0014	207.25	0.296
f	39.27	1	0.1715	0.0515	0.0029	0.0009	349.85	0.300
g	59.71	1	0.0611	0.0146	0.0010	0.0002	982.00	0.239
h	9.35	1	0.7905	0.2887	0.0132	0.0048	75.90	0.365
i	51.42	1	0.0724	0.0182	0.0012	0.0003	828.73	0.251

　　根据单轴压缩加载的模拟分析,我们得到了各试样沿 X 与 Y 方向的总位移,并通过计算求得其弹性模量与泊松比,见表 7-3。分析表明,对于这类极端情况的土石混合体,即块石和土体完全胶结、块石与土体变形连续且块石与土体强度差异较小,由于块石的骨架作用土石混合体的弹性模量显著提高(相对土体);另外,土石混合体的强度(弹性模量与泊松比)不仅与含石率的大小密切相关,还取决于土石混合体的细观结构特征,即土石混合体的中块石的大小、形状与分布特征等。单轴压缩加载条件下,土石混合体的强度特征具体可以概括如下:

　　(1) 块石的骨架作用是土石混合体的弹性模量增加的主要机制。随含石率增加,土石混合体的弹性模量总体趋势是增加的,如图 7-8 中 $E_\perp$ 所示。

　　(2) 不同含石率大小,土石混合体弹性模量增加的幅度不一致。当含石率小于 30% 时,土石混合体弹性模量增加幅度较小;之后,试样弹性模量增加幅度明显增加;当含石率达到 50% 时,其弹性模量急剧增加;当含石率增加到一定值(55%)后,其弹性模量增加幅度又有所降低,趋于平缓,如图 7-8 中 $E_\perp$ 所示。

　　(3) 土石混合体的细观结构,即块石在试样中的大小、形状与分布特征,对于试样整体力学特性有重要影响。例如,试样 c 虽含石率大于试样 f,其弹性模量却比试样 f 略小。究其原因,试样 c 中块石级配不好(块石以大尺寸块石和小尺寸块石为主),分布均匀性差;而试样 f 中不同尺寸的块石均有,块石级配较好,且分布较为均匀,如图 7-7 所示。因此,适当的块石级配以及块石的均匀分布有利于块石在土石混合体中骨架作用的发挥。

　　(4) 土石混合体泊松比随含石率增加的变化特征也是含石率与土石混合体的细观结构共同作用的结果。总体上,随含石率增加,试样泊松比呈降低趋势。不同含石率区间,随含石率增加土石混合体泊松比增加的幅度有较大差别,如图 7-8 中 $\gamma_\perp$ 所示。土石混合体泊松比的这一变化特征对其应力与变形具有重要影响。

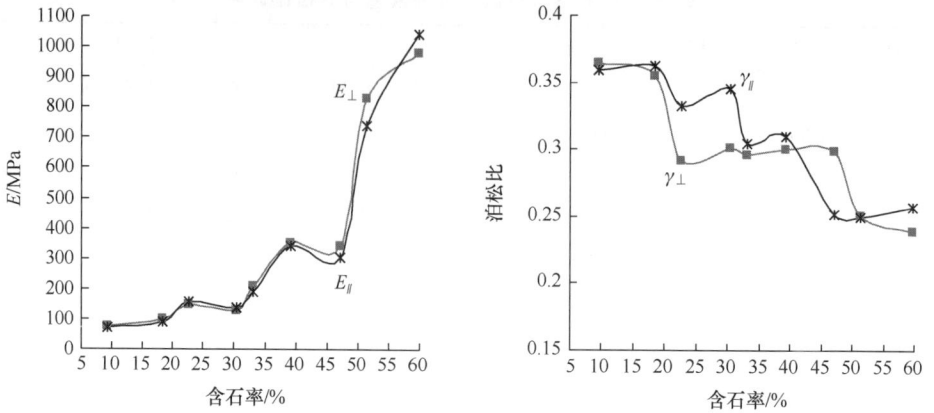

图 7-8　单轴压缩加载条件下各土石混合体试样的弹性模量、泊松比与含石率对比

需要指出的是,实际上土石混合体中块石与土体变形大多不连续且块石与土体强度差异较大,块石和土体胶结也有强有弱。如果把这些因素都予以考虑,土石混合体的弹性模量、泊松比与含石率的关系必然会更加复杂,这也是研究土石混合体的一个重要方面。通过试验研究与数值模拟研究,本书认为可以从大量室内试验对土石混合体力学与这些因素的敏感性进行研究;而数值模拟对于这类高非均质材料的研究还需从数值计算方法上突破。

7.4.5　各向异性

对于均质的岩石与土体,其材料力学特性的各向异性基本可以忽略,而土石混合体由于沿不同方向块石的分布、形状等具有很大的差别,必然导致其不同轴向力学特性的巨大差异,即土石混合体可能具有显著的各向异性。为定量、具体分析这一问题,我们对前文分析的 9 个土石混合体试样均进行平行方向(沿 X 方向)单轴压缩加载(相对前文的垂直 Y 方向加载)模拟分析,如图 7-9 所示。

根据前文关于土石混合体试样在单轴加载条件下弹性模量与泊松比的计算方法,我们得到了 9 个试样在垂直加载与平行加载下的弹性模量与泊松比,见表 7-4。图 7-8 给出了两个方向加载所得各试样的弹性模量与泊松比的对比曲线。弹性模量曲线 $E_\perp$ 与 $E_\parallel$ 的对比表明,不同方向加载对试样弹性模量的影响较小。这主要是由于土石混合体中块石分布较为随机,形状各异,排列也不具备定向性。但是,若块石分布有明显成层性的某些特殊土石混合体,其各向异性必然显著。泊松比曲线 $\gamma_\perp$ 与 $\gamma_\parallel$ 的对比则表明试样沿两个方向泊松比差异要大些,即土石混合体在变形上具有一定的各向异性。值得注意的是,土石混合体的各向异性并不表现为试样弹性模量或泊松比沿 X 方向相对 Y 方向(或反之)单调增加或减少,而是一种交叉、波动的变化,这种变化主要取决于试样中不同方向的块石形状与分布特征等。

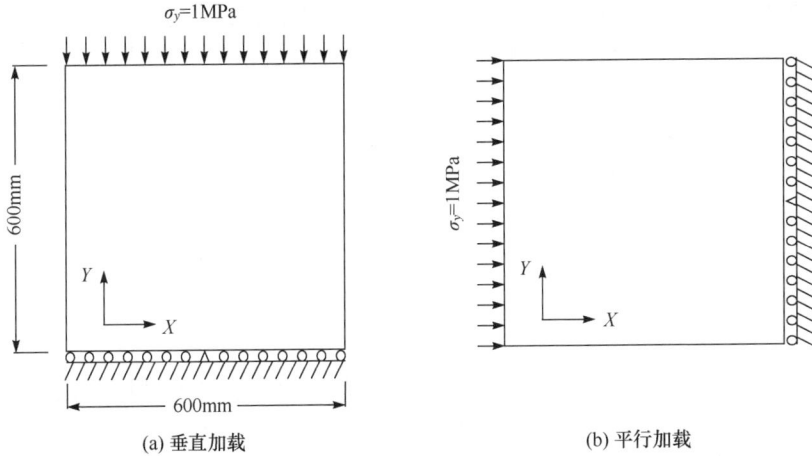

(a) 垂直加载   (b) 平行加载

图 7-9   土石混合体单轴压缩试验不同加载方向边界条件

表 7-4   不同加载方向土石混合体试样弹性模量与泊松比计算

试样	含石率/%	$E_\perp$/MPa	$E_{/\!/}$/MPa	$\gamma_\perp$	$\gamma_{/\!/}$
a	18.43	101.87	90.48	0.355	0.362
b	22.70	144.82	153.71	0.292	0.332
c	47.00	340.52	305.08	0.299	0.252
d	30.42	127.50	137.93	0.301	0.345
e	32.99	207.25	190.47	0.296	0.304
f	39.27	349.85	341.23	0.300	0.31
g	59.71	982.00	1043.78	0.239	0.257
h	9.35	75.90	69.38	0.365	0.359
i	51.42	828.73	739.36	0.251	0.25

7.5   土石混合体弹塑性力学特性分析

前面分析了单轴加载条件下土石混合体的弹性力学特性;而弹塑性条件下,材料的力学数值模拟分析则更侧重于反映土石混合体的强度、变形破坏特征,尤其是力学响应下试样内部变形破坏过程与特征,这是物理模拟试验难以看到的重要内容。因此本节就着重从模型塑性破坏区的发展来分析土石混合体塑性变形破坏特征及其与其组织结构特征的关系。本节计算分析采用软件为有限差分 FLAC3D。FLAC3D 软件是率先将连续体的快速拉格朗日分析应用于岩土问题的计算软件,在解决岩土问题上尤其有许多优越性[3-5]。数值模型中块石与土体物理力学参数以及加载与边界条件分别如表 7-1 与图 7-2 所示,其中位移载荷为 0.02mm/step。土石混合体弹性分析表明,低含石率土石混合体与高含石率土石混合体在力学特性与变形机制上有较大差异。因此,我们在塑性分析时也考虑了不同含石率土石混合体变形破坏特性的差异,即以含石率20%与40%试样 a 与试样 f 作为本次分析的土石混合体模型。

1) 低含石率土石混合体变形破坏与强度特性

图 7-10 为单轴加载作用下低含石率土石混合体试样 a 的塑性区演化过程,图中每计算 400 步给出模型当前的塑性区分布图,红色(次深色)为剪塑性区,蓝色(深色)为拉塑性区。图 7-11 为单轴加载作用下试样 a 的轴向应力-位移曲线。下面就结合各塑性区分布图与应力-应变曲线分析低含石率土石混合体的变形破坏特性与强度特性。

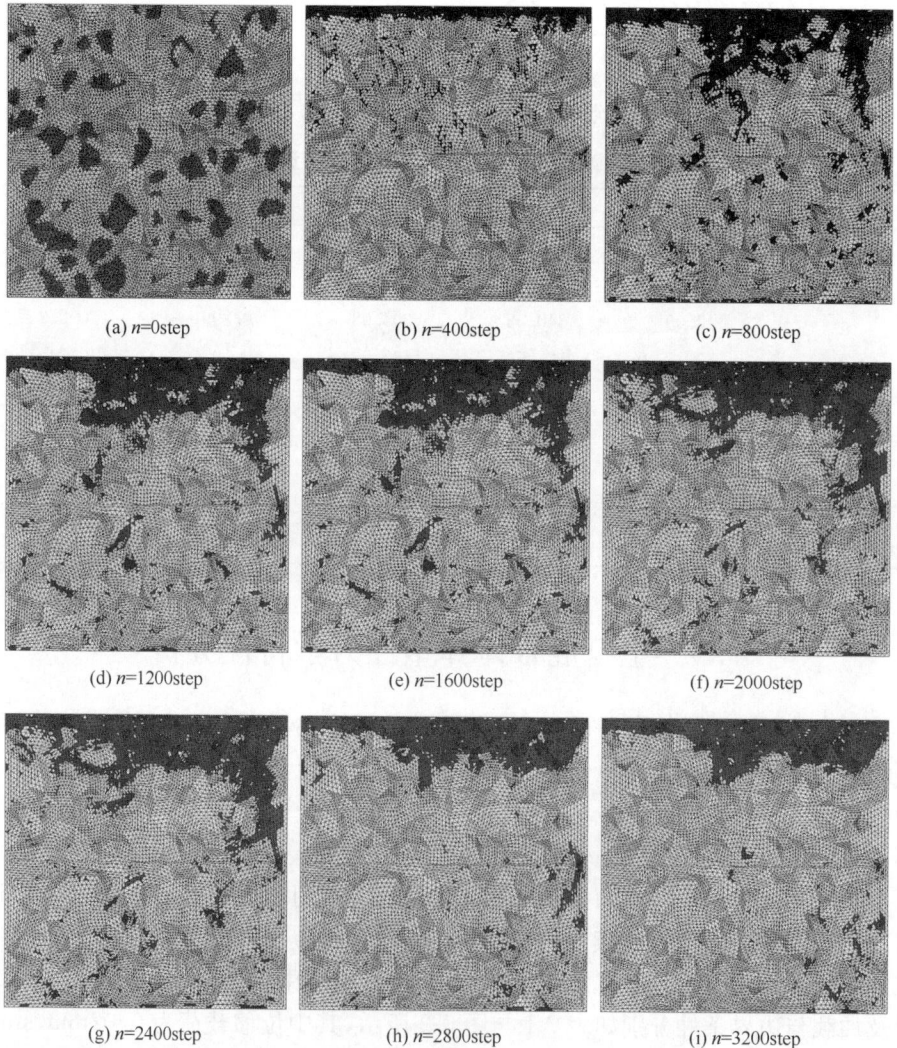

(a) n=0step	(b) n=400step	(c) n=800step
(d) n=1200step	(e) n=1600step	(f) n=2000step
(g) n=2400step	(h) n=2800step	(i) n=3200step

图 7-10　单轴加载作用下试样 a 塑性区演化过程

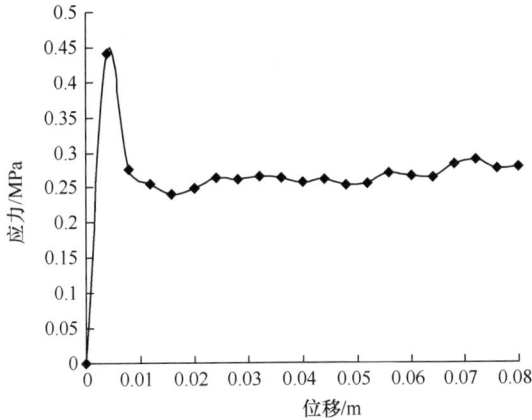

图 7-11　单轴加载作用下试样 a 应力-位移曲线

　　第一,达到峰值强度的阶段。计算步 $n=0$step 时,为试样初始状态,灰色为块石,白色为土体。计算步 $n=200$step 时,试样内就出现了局部塑性区,主要为块石周围的拉塑性区,即随加载的作用,块石与土体出现位移错动;此时试样轴向应力已基本达到其峰值强度,即单轴抗压强度,如图 7-11 所示,这与力学试验看到的现象基本一致,即土石混合体在单轴载荷作用下很快就达到峰值强度 0.45MPa。土石混合体中块石形成的骨架结构是承担载荷的主体,随着块石的错动或移动等,该骨架结构被破坏,之后试样轴向应力也逐渐降低。因此,土石混合体的单轴抗压强度实际就是其内部块石组成的骨架结构的强度。

　　第二,轴向应力迅速降低,试样形成新的欠稳定结构阶段。计算步 $n=400$step 时,试样内块石周围的拉塑性区进一步扩展,而且离加载面近的土体内出现剪塑性区;试样的轴向应力已大大降低至 0.28MPa。到计算步 $n=800$step 时,试样内剪塑性区自加载面向下快速发展,塑性区的发展主要在土体中;而试样内块石周围的拉塑性区也快速发展到试样底部,且分布面积增加。但值得注意的是,有些拉塑性区又变为弹性区,这表明载荷作用下块石与土体位置的变动正逐渐完成,即试样结构调整完成;而有些块石周围的拉塑性区进一步扩展则孕育了导致试样最终破坏的裂隙。这是土石混合体内部结构的一个调整过程,试样内原有块石的骨架结构已被破坏,因此其轴向应力也大大降低;但随着块石位置调整,逐渐形成一个新的骨架结构,这一结构并不再是支撑轴向载荷的主体,而是和土体一起承担载荷,因此在这里称之为欠稳定结构。

　　第三,残余强度阶段。计算步达到 $n=800$step 后,试样就进入了土石混合体漫长的残余强度阶段;试样轴向应力也基本保持在 0.28MPa 左右,这也表明试样此时已进入残余强度阶段。这一阶段,塑性区的变化主要是剪塑性区在土体中完成,直至试样整体破坏。FLAC3D 软件中,一般认为塑性区贯通即表示试样整体破坏。从计算步 800step 到 2400step,试样中土体剪塑性区逐渐扩展,在试样右侧形成一个明显的贯穿带,这也就是试样破坏的主要区域。这一塑性区贯穿带正好位于块石分布较少的一侧,与弹性分析中位移发生偏转的位置基本一致。此外,局部块石周围的拉塑性区会消失,这是由于载荷的作用,块石与土体之间裂隙闭合的结果。力学试验则没有明显的这一阶段,而是随轴向应力逐渐降低,直至试样破坏。究其原因,还是两种研究手段中所分析的土石混合体本身存在结构与物理性质的差异,也即前文所述考虑的胶结、非连续变形等因素不一样。

最后,数值模拟给出了试样破坏后在位移加载作用下又趋于压密而恢复弹性的过程,其轴向应力仍保持残余强度的水平。实际上,力学试验中试样破坏后,其轴向应力急剧降低,直至试样散体,试验终止。数值模拟无法模拟试样破坏的散体状态,单元进入塑性后仍基本处于原来的位置上,在载荷作用下又被压密而进入弹性,这也是数值模拟的不足之处。同样,图 7-11 中试样在 2400step 之后的应力-位移曲线也与实际有所出入。

2) 高含石率土石混合体变形破坏与强度特性

图 7-12 为单轴加载作用下高含石率土石混合体试样 f 的塑性区演化过程,图中给出了不同计算步时模型的塑性区分布图,红色(次深色)为剪塑性区,蓝色(深色)为拉塑性区。图 7-13 为单轴加载作用下试样 f 的轴向应力-位移曲线。下面就结合各塑性区分布图与应力-应变曲线分析高含石率土石混合体的变形破坏特性与强度特性,其变形破坏过程也大致可以描述为三个阶段。

第一,达到峰值强度的阶段。从计算步 $n=0$step 到 $n=100$step,试样先经历短暂的弹性变形,很快就开始塑性变形,主要表现为块石周围出现局部的拉塑性区和加载面上少量的剪塑性区。随加载的作用,块石与土体出现位移错动,试样内原有的块石骨架结构被破坏,此时试样轴向应力已基本达到其峰值强度,即单轴抗压强度为 2.63MPa,如图 7-13 所示。这与力学试验看到的现象基本一致,即土石混合体在单轴载荷作用下很快就达到峰值强度,且土石混合体的单轴抗压强度实际就是其内部块石组成的骨架结构的结构强度。高含石率的土石混合体更快地达到了其峰值强度且高于低含石率土石混合体,这一方面表明其强度要优于低含石率土石混合体,另一方面也表明其具有更大的刚度。

第二,轴向应力迅速降低,试样形成新的欠稳定结构阶段。计算步 $n=200$step 时,试样内块石周围的拉塑性区进一步扩展,而且离加载面近的土体内剪塑性区向下扩展;试样的轴向应力已大大降低至 1.57MPa。从计算步 400step 到 800step、1200step 轴向应力经历了一个小幅度的降低-升高变化,并稳定在 1.4MPa 左右。这一阶段,试样内剪塑性区自加载面向下快速发展,塑性区的发展主要在土体中;而试样内块石周围的拉塑性区也快速发展到试样底部,且分布面积增加。这也是

(a) n=0step　　　　　　　　(b) n=200step　　　　　　　　(c) n=400step

(d) n=800step　　　　　　　(e) n=1200step　　　　　　　(f) n=1600step

(g) n=2000step　　　　　　　(h) n=2400step　　　　　　　(i) n=2800step

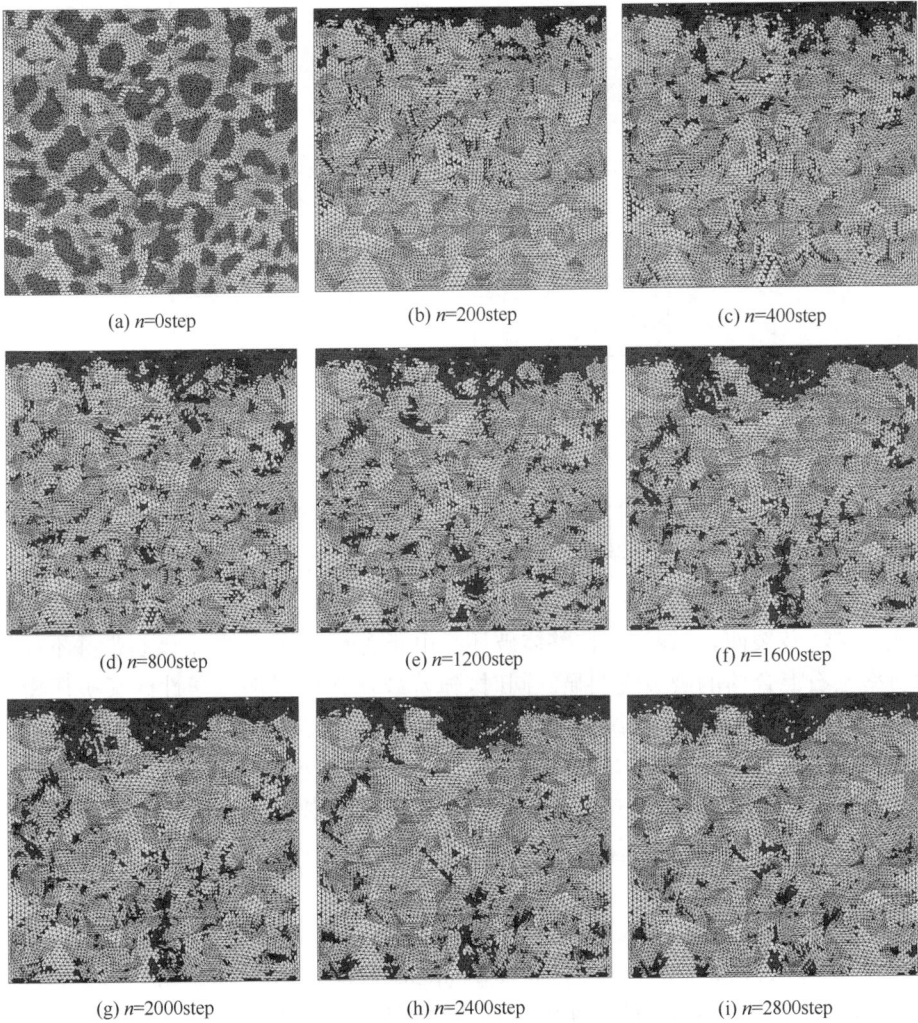

图 7-12　单轴加载作用下试样 f 塑性区演化过程

土石混合体内部结构的一个调整过程,试样内原有块石的骨架结构已被破坏,因此其轴向应力也大大降低;但随着块石位置调整,逐渐形成一个新的骨架结构,这一结构并不再是支撑轴向载荷的主体,而是和土体一起承担载荷,即欠稳定结构。高含石率土石混合体形成的欠稳定结构承载能力明显要优于低含石率土石混合体,且在同一位移载荷作用下形成这一欠稳定结构所需时间更长,即高含石率土石混合体受压后,内部块石结构调整所需能量更大。

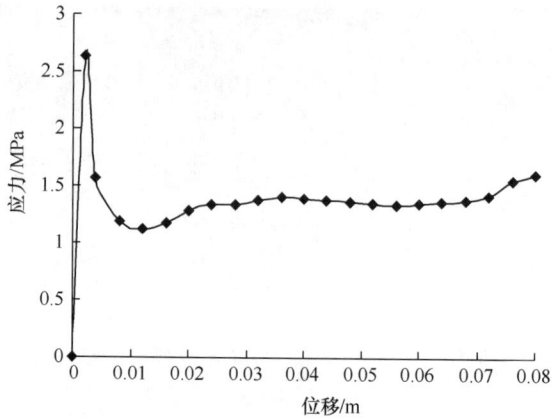

图 7-13　单轴加载作用下试样 f 应力-位移曲线

第三，残余强度阶段。计算步达到 $n=1200$step 后，试样轴向应力基本保持在 1.4MPa 左右，这也表明试样进入了土石混合体的残余强度阶段。这一阶段，塑性区的变化主要是剪塑性区在土体中逐渐贯通，即表明试样沿某些弱面在试样两侧形成贯穿性破裂面，并导致试样整体破坏。由于含石率高，这两个破裂带并不如低含石率土石混合体的破裂带明显。同时，随着载荷作用局部拉塑性区又被压密而进入弹性状态。该阶段中，试样轴向应力随载荷变化波动很小，这表明高含石率土石混合体所形成的欠稳定结构更稳定。

同样，该数值模拟也得到了试样破坏后在位移加载作用下又趋于压密而恢复弹性的过程，其轴向应力仍保持残余强度的水平。

参 考 文 献

[1] COMSOL AB. FEMLAB User's guide and introduction, Version 3. 1,2004.

[2] 油新华. 土石混合体的随机结构模型及其应用研究[博士学位论文]. 北京：北方交通大学,2001.

[3] Itasca Consulting Group, Inc. FLAC3D (Fast Lagrangian Analysis of Continua in 3 Dimensions),1997.

[4] 胡斌,张倬元,黄润秋,等. FLAC3D 前处理程序的开发及仿真效果检验. 岩石力学与工程学报,2002,21(9):1387-1391.

[5] 廖秋林,曾钱帮,刘彤,等. 基于 ANSYS 平台复杂地质体 FLAC3D 模型的自动生成. 岩石力学与工程学报,2005,24(6):1010-1013.

第 8 章　土石混合体变形强度特性的有限差分分析

　　土石混合体是一种典型的非均质、不连续体,在其受力时,常常表现为非线性大变形特点。非线性问题的难点主要是跟踪物体变形过程的积分问题,因此对土石混合体进行力学分析时,传统的有限元法在跟踪物体变形过程的大变形问题上仍有所局限。究其原因,一般的有限元法可以用来解决材料非线性问题,但仍限于小变形的假设,即忽略了因变形造成几何尺寸的改变所导致应力的微小变化,且略去应变的二次幂,对于几何大变形问题,虽然原则上可以将荷载分成若干级,在每一级荷载施加后算出结构的应力、应变和新的位置。以此为基础再计算出结构中各个单元的刚度矩阵,组成总刚度矩阵后,再加下一级荷载依次求解,但其工作量是相当大的。

　　但是,基于拉格朗日元法的有限差分正是这样一种分析非线性大变形问题的数值方法。这种方法遵循连续介质的假设,利用差分格式,按时步积分求解,随着构形的变化不断更新坐标,允许介质有大的变形。拉格朗日元法是源于流体力学中跟踪质团运动的一种计算方法,实际上是连续介质力学中对运动的描述方法,在非线性连续体力学中叫拖带坐标系或嵌含坐标系方法。拉格朗日元法已有不少商用程序,如 HEMP、TENSOR、FLAC3D 等。其中,FLAC3D(连续介质快速拉格朗日分析法)是美国 Itasca 公司专门针对岩土工程问题开发的计算软件。

　　FLAC3D 程序中,用户可以根据实际情况采用某一种材料模型,也可以定义若干个区域,赋予不同的材料模型或者同种模型的不同参数值,而且也可以给每一个区域指定不同的材料模式来模拟不均质的情况。此外,功能更为强大的是它可以利用 Interface 单元来模拟节理、断层和不同物质的交界面,而这一点正是土石混合体土体与块石边界处理所需要的,也是必需的。正是利用 Interface 单元才达到了模拟土体与砾石交界面的目的,进而建立一种非均质、非连续的数值模型,使准确地模拟土石混合体这一复杂的岩土介质成为可能。下面就详细介绍拉格朗日元法的计算原理、Interface 界面元方法及其在土石混合体力学特性分析与变形破坏机理揭示等研究中的应用和结果。

8.1　拉格朗日元法的基本原理

　　拉格朗日元法是源于流体力学中跟踪质团运动的一种计算方法,在非线性连续体力学中叫拖带坐标系或嵌含坐标系方法,一般由有限差分方法求解。差分法的基本思想是用差分网格离散求解域,用差分公式将科学问题的控制方程(常微分方程或偏微分方程)转化为差分方程,然后结合初始及边界条件,求解线性代数方程组。

传统有限差分的差分公式由函数的 Taylor 级数展开式求得,所以差分网格必须间距相等,其差分公式主要有中心差分、向前差分和向后差分三种形式,求解差分方程的方法主要有隐式和显式两种。由于差分网格和差分方式的限制而使得其在岩土工程中的应用得到极大制约。拉格朗日元法由于差分网格的随意性和差分方法的优越性在近几年得到了极大的发展。

8.1.1　拉格朗日元法的网格划分

拉格朗日元法采用差分方法求解,因此首先要划分网格,物理网格(图 8-1)影射在数学网格(图 8-2)上,这样数学网格上的某个编号为 (i,j) 的结点就与物理网格上相应结点的坐标 (x,y) 相对应。也可以将数学网格想象成一张橡皮做的网,拉扯以后可以变为物理网格的形状。分成的网格只要有序可以具有不规则的形状,如圆形、三角形、四边形等。

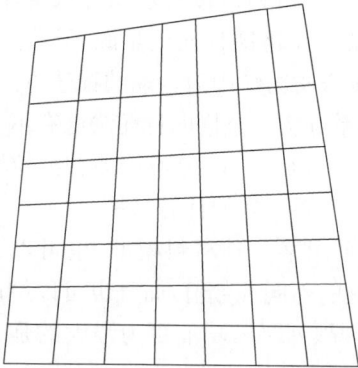

图 8-1　物理网格

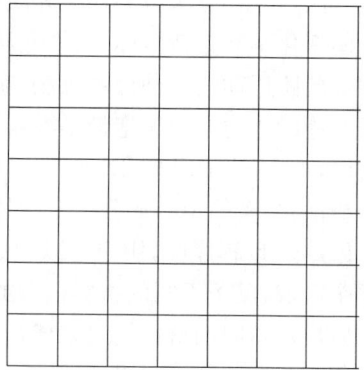

图 8-2　数学网格

8.1.2　拉格朗日元法的计算方法与过程

差分方程就其求解的数值方法而言可以分为两大类:一是隐式方法,一是显式方法。隐式方法要求一个线性联立方程组,所有的未知数一次求解,隐式方法需要存储一个大的矩阵,对于非线性问题还要多次分段线性化后用增量法求解。显式法不用解方程组,因为等式右边的值均为已知,可将右边的表达式求值后赋值给左边的未知数就可以了,这个过程也就是同时更新所有的变量。某一时步的所有"老"的变量为其后一时步的"新"变量所代替,而时间则又前进了一步。所以显式法可以随着时间的推移跟踪运动的发展。显式法的缺点是时步的大小要选择适当,过大会使解不稳定,过小则迭代次数太多,需要的机时长。拉格朗日元法采用显式算法,所以可以观察物体破坏的发展状态。

差分网格划好以后,就可以进行计算。每一个时步的运算操作如图 8-3 所示。对某一个结点而言,在每一时步它受到来自其周围区域合力的影响,如合力不等于零,也就是说有了失稳力,结点就要运动。假定结点上集中有临近该结点的区域所分摊到它上面的质量,于是在失稳力的作用下,根据牛顿定律,结点就会产生加速度,进而可以在一个时步中求得速度和位移的增量。对于每一个区域而言,则可以根据其周围结点的运动速度求得它的应变率,然后可以根据材料的本构关系求得应力的增量。

假定某一时刻各个结点的速度为已知(图 8-3 的上框),则可以根据高斯定理求得单元的应变率,进而根据材料的本构关系求得各单元新的应力(图 8-3 的上框)。所以在拉格朗日元法中的基本计算环节包括应变速率的计算、应力的计算、速度和位移的计算以及对于大应变问题的网格更新。

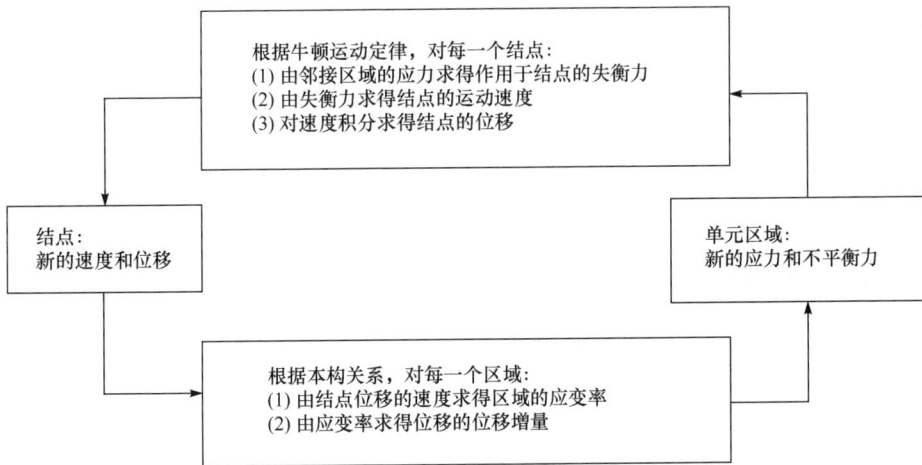

图 8-3　拉格朗日元法每一时步的计算操作

1) 应变速率的计算

对于一个四面体单元(图 8-4),其应变速率张量 ξ_{ij} 可以表达为

$$\xi_{ij} = \frac{1}{2}(v_{i,j} + v_{j,i}) \tag{8-1}$$

对于空间积分 $\int_V v_{i,j} \mathrm{d}V$ 利用高斯定理

$$\int_V v_{i,j} \mathrm{d}V = \int_S v_i n_i \mathrm{d}S \tag{8-2}$$

V、S 分别为四面体的体积和表面积。利用积分原理,式(8-2)可以写成

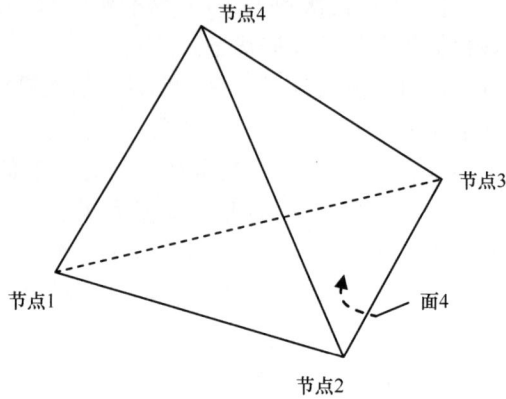

图 8-4　四面体单元示意图

$$Vv_{i,j} = \sum_{f=1}^{4} \overline{v_i}^{\langle f \rangle} n_j^{\langle f \rangle} S^{\langle f \rangle} \tag{8-3}$$

$$\overline{v_i}^{\langle f \rangle} = \frac{1}{3} \sum_{l=1, l \neq f}^{4} v_i^l \tag{8-4}$$

其中，l、$\langle f \rangle$ 分别为四面体的节点编号 l 的变量和面编号 $\langle f \rangle$ 的变量。

把式(8-4)代入式(8-3)中

$$Vv_{i,j} = \frac{1}{3} \sum_{l=1}^{4} v_i^l \sum_{f=1, f \neq l}^{4} n_j^{\langle f \rangle} S^{\langle f \rangle} \tag{8-5}$$

根据高斯定理可知

$$\sum_{f=1}^{4} n_j^{\langle f \rangle} S^{\langle f \rangle} = 0 \tag{8-6}$$

因此，由式(8-5)可以求得 $v_{i,j}$：

$$v_{i,j} = -\frac{1}{3V} \sum_{l=1}^{4} v_i^l n_j^{\langle l \rangle} S^{\langle l \rangle} \tag{8-7}$$

从而，式(8-1)可以写为

$$\xi_{ij} = -\frac{1}{6V} \sum_{l=1}^{4} (v_i^l n_j^{\langle l \rangle} + v_j^l n_i^{\langle l \rangle}) S^{\langle l \rangle} \tag{8-8}$$

这样就可以得到四面体单元每个节点的应变速率张量。

2) 应力的计算

利用本构方程的增量表达式

$$\Delta \breve{\sigma}_{ij} = H_{ij}^* (\sigma_{ij}, \Delta \varepsilon_{ij}) \tag{8-9}$$

其中，

$$\Delta \varepsilon_{ij} = -\frac{\Delta t}{6V} \sum_{l=1}^{4} (v_i^l n_j^{\langle l \rangle} + v_j^l n_i^{\langle l \rangle}) S^{\langle l \rangle} \tag{8-10}$$

因此,应力增量可以表示为

$$\Delta\sigma_{ij} = \Delta\breve{\sigma}_{ij} + \Delta\sigma_{ij}^C \tag{8-11}$$

其中,$\Delta\sigma_{ij}^C$ 为应力校正项,在小应变模式时不考虑。在大应变情形下

$$\Delta\sigma_{ij}^C = (\omega_{ik}\sigma_{kj} - \sigma_{ik}\omega_{kj})\Delta t \tag{8-12}$$

其中,$\omega_{ij} = -\dfrac{1}{6V}\displaystyle\sum_{l=1}^{4}(v_i^l n_j^{\langle l\rangle} - v_j^l n_i^{\langle l\rangle})S^{\langle l\rangle}$。

这样就可以由初始应力叠加应力增量获得新的应力。

3) 不平衡力的计算

节点不平衡力可以通过下式求得

$$F_i^{\langle l\rangle} = [\![p_i]\!]^{\langle l\rangle} + p_i^{\langle l\rangle} \tag{8-13}$$

其中,l 为节点编号;$[\![p_i]\!]^{\langle l\rangle}$ 表示施加在节点 l 上的集中力之和

$$p_i^l = \frac{1}{4}\rho b_i V + \frac{1}{3}\sigma_{ij}n_j^{\langle l\rangle}S^{\langle l\rangle} \tag{8-14}$$

对于静态问题,在不平衡力中加入非黏性阻力 $f_{(i)}^{\langle l\rangle}$。非黏性阻力可以用下式求得

$$f_{(i)}^{\langle l\rangle} = -\alpha|F_i^l|\,\mathrm{sign}(v_{(i)}^{\langle l\rangle}) \tag{8-15}$$

$$\mathrm{sign}(y) = \begin{cases} 1, & \text{当 } y > 0 \\ -1, & \text{当 } y < 0 \\ 0, & \text{当 } y = 0 \end{cases} \tag{8-16}$$

4) 速度和位移的计算

利用运动方程

$$\frac{\mathrm{d}v_i^l}{\mathrm{d}t} = \frac{1}{M^{\langle l\rangle}}F_i^{\langle l\rangle} \tag{8-17}$$

采用中心差分格式可以得到

$$v_i^{\langle l\rangle}\left(t + \frac{\Delta t}{2}\right) = v_i^{\langle l\rangle}\left(t - \frac{\Delta t}{2}\right) + \frac{\Delta t}{M^{\langle l\rangle}}F_i^{\langle l\rangle} \tag{8-18}$$

因此,可以利用下式求得位移

$$u_i^{\langle l\rangle}(t + \Delta t) = u_i^{\langle l\rangle}(t) + \Delta t v_i^{\langle l\rangle}\left(t + \frac{\Delta t}{2}\right) \tag{8-19}$$

8.2　界面元的基本原理

界面元最主要的功能就是可以模拟不同物质的接触面,它通过受力时发生滑移和拉裂来模拟材料的非连续。

FLAC3D 软件中 interface 是在两个不同材料的界面之间产生的,一般没有厚

度,但有方向,即在两个面之中必须有一个目标面。interface 单元就好像铺在这个面上一样,通过 interface 来达到与其他面的接触关系。两个面之间的接触关系就是 interface 节点与目标面之间的关系。在每一计算时步中,对每一个节点以及与其相关联的目标面都要计算绝对的法向位移和相对的剪切位移,然后通过 interface 的本构关系计算法向应力和切向应力。本构关系遵循线性的库仑剪应力准则,这个准则限制了作用在 interface 节点上的剪切力、极限抗拉强度以及达到极限剪切强度后造成有效法向力增加的剪胀角。图 8-5 表示了作用在 interface 节点 (P)上的本构模型的各个组件。

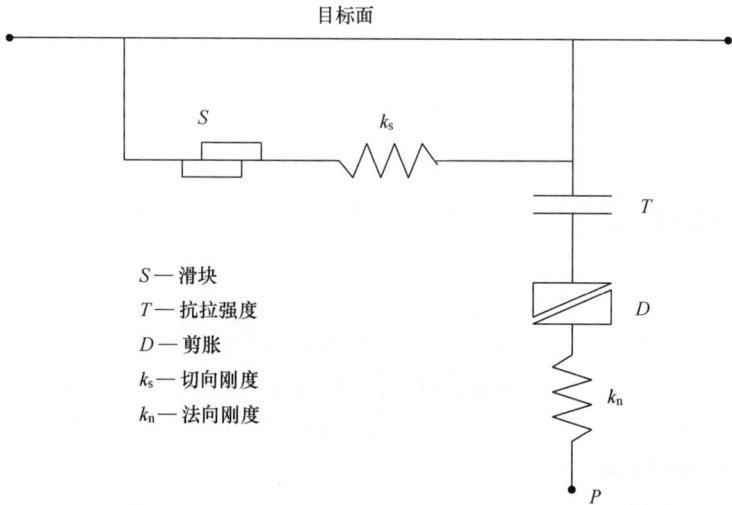

图 8-5　interface 本构模型的各组件示意图

由图可知,界面受法向压力时,将发生弹性变形(k_n)和剪胀(D),受法向拉力时,将发生分离(T 一般为零);界面受切向力时,将发生弹性变形(k_s)和滑移(S)。

在 $t+\Delta t$ 时刻的法向和切向力由式(8-20)、式(8-21)决定:

$$F_n^{(t+\Delta t)} = k_n u_n A + \sigma_n A \tag{8-20}$$

$$F_{si}^{(t+\Delta t)} = F_{si}^{(t)} + k_s \Delta u_{si}^{(t+(1/2)\Delta t)} A \tag{8-21}$$

式中,$F_n^{(t+\Delta t)}$ 是 $t+\Delta t$ 时刻的法向力;$F_{si}^{(t+\Delta t)}$ 是 $t+\Delta t$ 时刻的切向力;u_n 是 interface 节点对目标面的绝对法向位移量;Δu_{si} 是相对剪切位移矢量增量;σ_n 是由剪胀角引起的附加法向应力;k_n 是法向刚度;k_s 是切向刚度;A 与 interface 相关联的代表性区域。

库仑剪切强度准则通过式(8-22)限定了剪切力

$$F_{smax} = cA + \tan\phi F_n \tag{8-22}$$

式中,c 为沿 interface 的黏聚力;ϕ 为 interface 的摩擦角。

如果满足强度准则(也就是说,如果 $|F_s| \geq F_{smax}$),那么 $|F_s| = F_{smax}$,并且剪切方向不变。如果剪切力超过极限剪切力,那么进一步的剪切位移将造成节理上的有效法向应力增加,增加量由式(8-23)决定:

$$\sigma_n = \sigma_n + \frac{|F_s| - F_{smax}}{Ak_s} \tan\varphi k_n \qquad (8-23)$$

式中,φ 为 interface 面的剪胀角;$|F_s|$ 为使用式(8-23)之前剪切力的增大量。

如果存在拉应力并超过 interface 的抗拉强度(T),那么 interface 将被拉裂,切向和法向力变为零。缺省的拉应力为零。

在数值计算中,Interface 的参数的确定比较重要,它包括黏聚力、摩擦角、剪胀角、法向刚度、切向刚度、抗拉强度。interface 参数的选取取决于 interface 的使用方式,一般有两种可能:

(1) interface 和周围材料相比是刚性的,但是在外在荷载下可以滑移和张开,这也包括刚度是未知或不重要,但可以发生滑移和张开的情况。这种情况仅仅是为了提供一种材料与另一种材料相互滑移和张开的途径。摩擦力(还有黏聚力、剪胀角、抗拉强度)是重要的,但是弹性刚度并不重要。这里建议使用和界面小变形相协调的低刚度值。一般的做法是假定 k_n、k_s 为周围材料刚度的 10 倍。材料单元法向方向上的刚度是

$$\max\left[\frac{K + 4/3G}{\Delta z_{min}}\right] \qquad (8-24)$$

式中,K、G 分别是体积和剪切模量;Δz_{min} 为法向方向上相邻单元的最小尺寸,如图 8-6 所示。

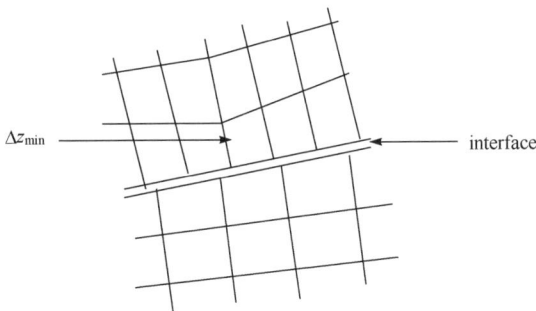

图 8-6　在刚度计算中的单元尺寸

(2) interface 足够软以至于影响到系统性质的情况。这种情况主要适用于节理或滑带等不连续面的模拟。在这种情况下,参数必须从真实界面的试验或发表的类似材料的数据中得到。然而上面关于最大刚度值的内容在这里也适用。如果法向和剪切刚度的物理值小于相邻单元等效值的 10 倍时,使用物理值是没有问题

的。如果这个比值大于 10，计算时间要大大增加，在这种情况下，要把此值限定为
10，对系统的性质没有大的影响，但可以大大提高求解的效率。

界面的性质一般从实验室试验得出（如三轴或剪切试验）。这些试验可以提供
界面摩擦角、黏聚力、剪胀角和抗拉强度，同时也提供法向和切向刚度。界面黏聚
力和摩擦角与库仑强度准则中的参数相一致。

对于软土充填的节理来说，法向和切向刚度值一般在 10～100MPa/m 之间。
在花岗岩和玄武岩中的致密节理达到 100GPa/m。

刚度的近似值可以从节理岩体的变形能力和节理结构以及完整岩石的变形能
力的数据中反算得到。如果节理岩体与等效弹性连续体具有相同的变形响应，那
么可以得到两者之间的关系式。

对于包含单组、均匀间距垂直于加载方向的节理的岩体来说，可得下式：

$$\frac{1}{E} = \frac{1}{E_r} + \frac{1}{k_n s} \tag{8-25}$$

$$k_n = \frac{EE_r}{s(E_r - E)} \tag{8-26}$$

式中，E 为岩体的杨氏弹性模量；E_r 为完整岩石的杨氏弹性模量；k_n 为节理的法向
刚度；s 为节理的间距。

节理的剪切刚度可以得到类似的表达式：

$$k_s = \frac{GG_r}{s(G_r - G)} \tag{8-27}$$

式中，G 为岩体的杨氏弹性模量；G_r 为完整岩石的杨氏弹性模量；k_s 为节理的法向
刚度。

当三组节理正交时，等效连续体假设可以得到下列关系式：

$$E_i = \left(\frac{1}{E_r} + \frac{1}{s_i k_{ni}}\right)^{-1} \quad (i=1,2,3) \tag{8-28}$$

$$G_{ij} = \left(\frac{1}{G_r} + \frac{1}{s_i k_{si}} + \frac{1}{s_j k_{sj}}\right)^{-1} \quad (i,j=1,2,3) \tag{8-29}$$

节理的强度性质比刚度性质更容易得到。
摩擦角可以从平滑节理的 10°到坚硬岩石中粗
糙节理的 50°。节理黏聚力可以从 0 到接近于
周围岩石的抗压强度值。

对于土石混合体来说，土与砾石块体之间
界面（interface）的参数可以通过界面的直接剪
试验来确定，见图 8-7。

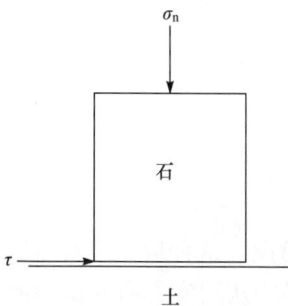

图 8-7　interface 直接剪的力学模型

假设法向和切向位移分别为 u_n、u_s,则法向刚度、切向刚度、摩擦角、黏聚力分别由下式来确定:

$$k_n = \frac{\sigma_n}{u_n} \tag{8-30}$$

$$k_s = \frac{\tau}{u_n} \tag{8-31}$$

$$\tau = f\sigma_n + C \tag{8-32}$$

由于界面是平直的,所以剪胀角取为零,抗拉强度也取为零。

这样的试验可以在野外进行,也可以在室内通过相似材料来进行。本书出于时间和资金的原因,没有从事这方面的工作。界面参数通过工程类比法确定(表 8-1)。

表 8-1 interface 计算参数表

法向刚度 /(MPa/m)	切向刚度 /(MPa/m)	凝聚力 /MPa	内摩擦角 /(°)	抗拉强度 /MPa	剪胀角 /(°)
0.0001	100	0.01	10	0	0

8.3 土石混合体随机结构模型及其加载方式

根据第 3 章中土石混合体随机结构模型的建立方法,可以用不同强度参数的两种材料及其之间的界面来模拟土石混合体的非均质和非连续性可以达到非常理想的效果。考虑到块石的不同形状、含石率以及块石大小等因素,这里通过随机程序生成了 18 个土石混合体的随机结构模型作为本章数值模拟研究的几何模型,模型的尺寸与具体信息如表 8-2 所示。

表 8-2 模型特征表

编号	模型尺寸 /cm×cm	块体形状	块体大小	块体方位	含石率/%
1	20×40	圆形	大小不变	方位不变	10
2	20×40	圆形	大小不变	方位不变	20
3	20×40	圆形	大小不变	方位不变	30
4	20×40	圆形	大小不变	方位不变	40
5	20×40	圆形	大小不变	方位不变	50
6	20×40	圆形	对数正态分布	方位不变	60
7	20×40	圆形	对数正态分布	方位不变	40
8	20×40	圆形	对数正态分布	方位不变	50
9	20×40	正方形	大小不变	方位不变	30

续表

编号	模型尺寸 /cm×cm	块体形状	块体大小	块体方位	含石率/%
10	20×40	正方形	对数正态分布	方位不变	30
11	20×40	正方形	对数正态分布	对数正态分布	30
12	20×40	正方形	大小不变	对数正态分布	30
13	20×40	三角形	大小不变	方位不变	30
14	20×40	三角形	对数正态分布	方位不变	30
15	20×40	三角形	对数正态分布	对数正态分布	30
16	20×40	三角形	大小不变	对数正态分布	30
17	20×40	三角形圆形混杂	大小不变	方位不变	30
18	20×40	三角形圆形混杂	对数正态分布	对数正态分布	30

表 8-3　土石混合体中块石与土体的材料参数表

组别	弹性模量 /MPa	泊松比	体积模量 K/MPa	剪切模量 G/MPa	黏结力 C/MPa	摩擦角 ϕ/(°)	抗拉强度 /MPa
土体	30	0.3	25	15	0.04	20	0.01
砾石	5000	0.2	3000	2100	0.6	40	5

　　土石混合体中块石与土体都选用莫尔-库仑弹塑性材料模型,其物理力学参数有所区别(见表 8-3),两种材料的弹性模量相差 3 个数量级。块石与土体界面的材料参数参照表 8-1 中 interface 计算参数来确定。

　　通过对上述 18 个试样的数值试验,分析土石混合体的微观破坏机理以及宏观的变形破坏特点。由于要模拟试件破坏的全过程,所以采用了可控制的位移加载方式。同时考虑砾石块体与土体的交界面,并赋予模型大变形的计算模式,以模拟土石混合体非均质、非连续的内在特点,从而较准确地求出了整个破坏过程的变化情况。数值试验采用平面模型,前后两侧固定,采用竖向加载模拟土石混合体的单轴压缩试验,加载示意图如图 8-8 所示。

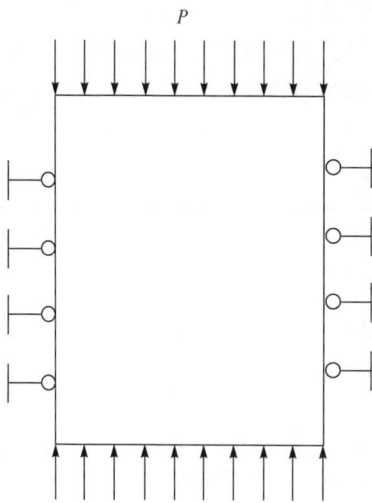

图 8-8　模型加载示意图

8.4　土石混合体受压变形破坏的微观机理分析

　　岩土体变形破坏的微观机理分析是建立在对其变形破坏过程微观观测的基础上的。目前研究最多的是对岩石破坏的微观机理分析,为深入探讨岩石破坏的微观机理,许多学者运用各种方法对岩石的微裂隙发展过程进行了观测,并得出了大量的非常有意义的结论[1-8]。而对土石混合体这种材料的微观机理分析则很少有人涉及。本章的重点就是通过土石混合体受压状态下的有限差分数值分析,结合前文的单轴压缩试验与有关研究成果,深入分析土石混合体变形破坏的微观机理。在这方面,可以借鉴岩石与混凝土变形破坏的微观机理分析,因为岩石与混凝土材料从微观角度来讲,也是由软硬不同的多种颗粒组成,其变形性质和土石混合体的变形破坏特点有一定的相似之处。尤其是,对混凝土微观断裂的研究对于土石混合体变形破坏的微观机理研究有直接的借鉴意义,下面首先介绍一下混凝土微观断裂的特点[9-18]。

8.4.1　混凝土的变形破坏特征与机理

　　混凝土是最复杂的建筑材料之一,由嵌入连续的、相对柔软多孔的基质(硬化水泥浆)中的随机分布包体所组成,所以它与土石混合体的性质比较相近,只是其中的石子骨料和水泥砂浆的强度不如土石混合体中两种材料相差得大。混凝土与土石混合体一样也属于一种多相性的非均质、不连续体,只是混凝土的不连续性不如土石混合体明显。这种多相性的作用就产生非均质性的内应变以及在这样的材料中,裂缝及破坏过程都变得复杂和不连续。混凝土材料的结构和破坏具有自己的特征,分析它的破坏机理应建立如下几个基本观点[13]:①结构层次的观点(宏观、细观和微观);②复合材料的观点(即把混凝土视为固体的异质介质或多级二相复合材料);③界面的观点;④能量的观点;⑤断裂力学的观点。这几点特征与建立土石混合体随机结构模型时的原理和观点是基本一致的。

　　混凝土中裂缝传播研究中将混凝土作为由准均质基质(硬化水泥浆)和包体(骨料颗粒)组成的多相系统来进行分析[18]。已拍摄的 X 射线显微镜检查也表明,在加载前混凝土骨料(集料)和砂浆的界面上早就存在细微裂缝,即"结合裂缝",这种裂缝主要是水泥水化和干燥期间体积变化引起的结果[17]。在土石混合体中,由于砾石和土体强度、弹性模量的不一致而在其地质成因过程中形成了所谓的"结合裂缝",即数值建模用到的界面元。不同材料之间的界面是此种物质的最薄弱的环节,也是最关键的部位,它控制着材料的变形和破坏。

　　由上述分析可知,借助混凝土的微观破坏机理来分析土石混合体的破坏过程,有着很强的理论依据。

现在,人们已经将光学显微镜和电子显微镜观察、超声波探测、声发射等技术应用于混凝土的损伤观测,研究认为在加载情况下,混凝土破裂具有两个主要机理[17]:其一是在骨料和水泥砂浆之间内表面的微裂隙产生和扩展;其二是在骨料中的微断裂。图 8-9 给出了混凝土的微观破裂过程:

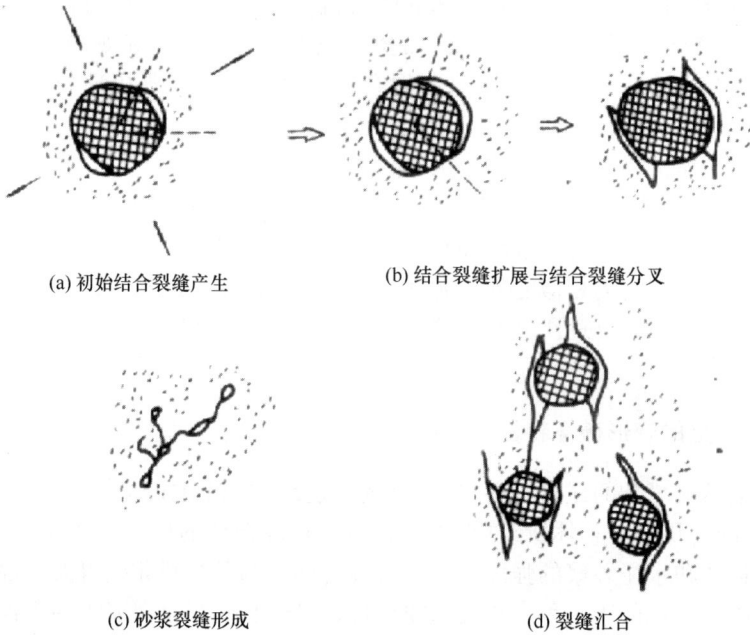

(a) 初始结合裂缝产生 　　　　(b) 结合裂缝扩展与结合裂缝分叉

(c) 砂浆裂缝形成 　　　　(d) 裂缝汇合

图 8-9　混凝土的微观破坏过程

(1) 骨料和灰浆之间内表面的微断裂。

(2) 在继续加载下,这些微裂隙从内表面开始向灰浆区域偏转和扩展。

(3) 在灰浆中产生新的裂隙和孔隙。

(4) 不同类型的微裂缝相互贯通直至材料破坏。

混凝土内部形成小的裂隙或显微裂隙主要是由于骨料和浆体部分的弹性模量不一致导致应变和应力集中形成的。当混凝土在荷载作用下处于拉或压两种应力状态时,原先存在的结合裂缝开始并不传播,可以认为混凝土至少在极限强度的 30%~40% 以内呈现准弹性性质。之后结合裂缝以稳定方式沿界面开始传播,然后出现灰浆裂缝。在最大应力的 70%~80% 的情况下,灰浆裂缝的数量有明显的增加,并且由于它们与临近的结合裂缝连接,而形成连续裂缝,它们的定向主要是平行于外加荷载的方向。这一点与 5.2 节中土石混合体单轴压缩试验的结果是一致的。

图 8-10 给出了四个载荷量级下混凝土破裂的四个基本状态。随着荷载的增加,结合裂缝沿界面的长、宽都增加,当达 85% 极限荷载时,开始发生砂浆裂缝,砂

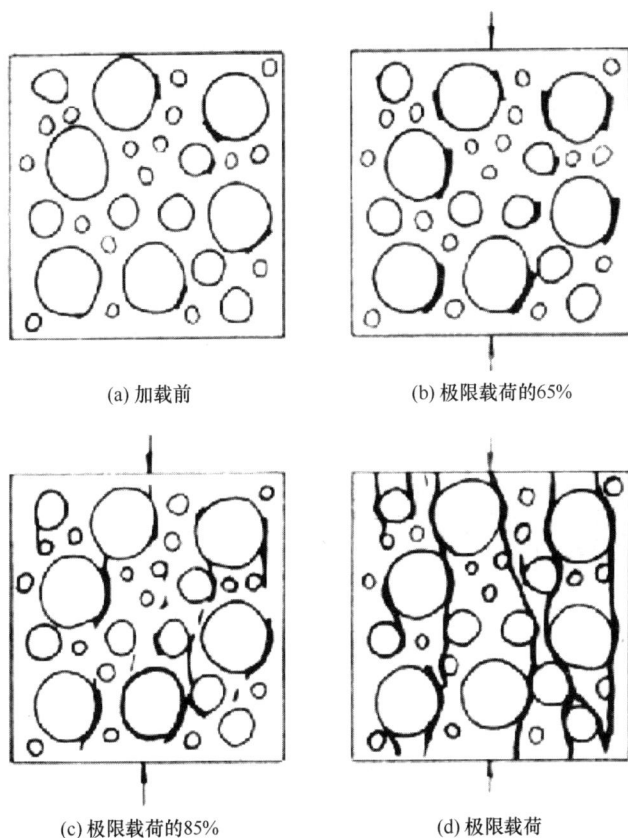

(a) 加载前　　　　　　　　　　　(b) 极限载荷的65%

(c) 极限载荷的85%　　　　　　　(d) 极限载荷

图 8-10　混凝土破裂损伤的四阶段

浆裂缝沟通大集料的结合裂缝;然后再沟通小骨料裂缝;在极限荷载下,形成与荷载平行的宏观裂纹,最后发生破坏的劈裂裂缝。这是混凝土损伤机理的全过程。

8.4.2　土石混合体的变形破坏特征与机理

关于土石混合体的微观破坏机理,在第 4 章中已经进行了初步的探讨。在加载的初期,试样处于弹性阶段,随着荷载的增加,在块体的角点由于应力集中开始出现塑性区,同时砾石块体和土体之间的结合裂缝(界面)开始变形,主要表现为拉裂、滑移和嵌入。那时的分析主要基于一个或两个块体的情形,而对于含石率比较高的情况,则可以看出和混凝土基本相似的破坏机理。

下面以模型 1 为例,来分析其变形破坏机理。模型 1 中,砾石块体为圆形,含石率为 10%,大小不变,位置均匀分布。

图 8-11 为模型 1 在 step=4000 时的塑性区分布图,在此之前,试件内没有单元出现塑性。当加载到极限荷载的 60% 左右时(极限荷载为 8.459×10^4 Pa,此时

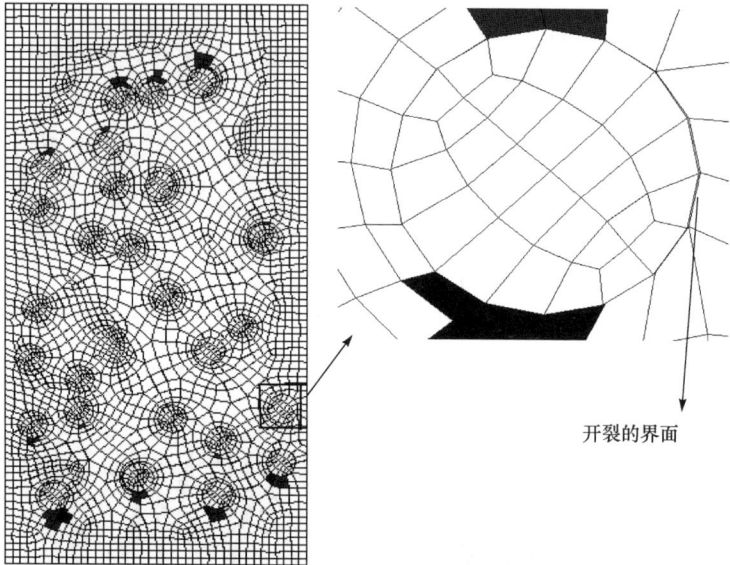

图 8-11　step＝4000 时模型 1 的塑性区发展图
（右图为某一块体的局部放大图）

的荷载为 5.807×10^4 MPa），在土体中开始出现塑性区，且主要分布于块体的上下两端，方向与试件的加载方向平行。此时，由于不均质的影响而使得试件内出现横向拉力作用[1]，砾石块体与土体的界面已经发生拉裂变形（如右图）。

随荷载继续增加，土体中的塑性区也在增加（图 8-12），当增加到一定程度时，土体中的塑性区与界面连接起来，形成一条贯穿的裂缝（图 8-13），此时已达到极限强度。之后，虽能承受荷载，但应力不再增加，即可认为材料已经破坏。

图 8-12　step＝8000 时的塑性区分布图　　图 8-13　step＝16000 时的塑性区分布图

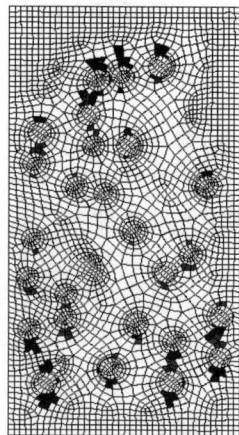

这里需要注意的一点是,在土石混合体中,由于土体和石块的强度相差太大(3个数量级),其塑性区只在土体中发展,即形成的裂缝将绕过砾石块体,而且其裂缝贯穿试件的端面和侧面时就可以发生破坏。但是在混凝土中,由于砂浆和骨料的强度可以相差很小(同一数量级),此时裂缝可以绕过骨料,也可以穿过骨料硬颗粒,而且其裂缝通常要贯穿试件的两个端面(图 8-14)。

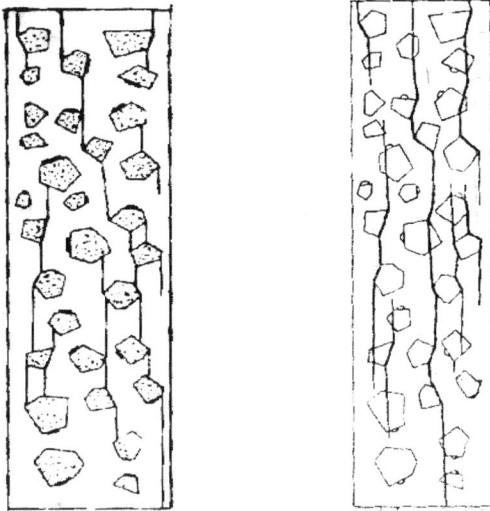

图 8-14　混凝土受压破坏时的裂缝分布图
(左图为裂缝围绕骨料延伸,右图为一些裂缝穿透骨料颗粒)

综上所述,土石混合体的破坏机理可以概括为:土石混合体在受压破坏时,首先产生的土体与砾石之间的界面裂缝与之后产生的土体内部的裂缝连接在一起,形成贯穿试件上下两端或端面和侧面之间的破裂面,造成了材料的破坏。

8.5　单轴抗压情况下土石混合体的变形破坏特点

单轴抗压试验是岩土材料的一个重要力学特性。前文基于大量土石混合体室内单轴抗压试验探讨了其变形破坏特性,下面从数值分析的角度就土石混合体的应力-应变曲线来分析它的变形破坏过程。

图 8-15 为土石混合体模型 1、模型 2、模型 3 有 interface 和无 interface 情况下的应力-应变曲线。应力-应变曲线是在试验过程中分别监测试件的应力、应变而得来的。从曲线可以看出,有 interface 和无 interface 结果是不同的。没有 interface 时,曲线总体上表现为一定的全应力-应变的特点,它具有峰值强度和残余强度。有 interface 时,只能得出破坏前的结果,土石混合体总体表现为弹塑蠕性特点,它由开始的弹性段,之后的塑性段以及后来随变形不断增加而应力变化不大的阶段组成。

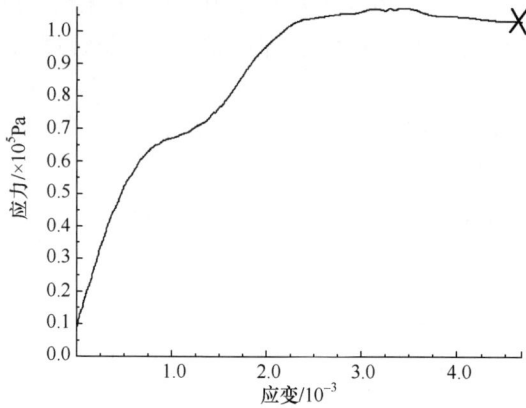

(a) 模型1有界面时的应力-应变曲线

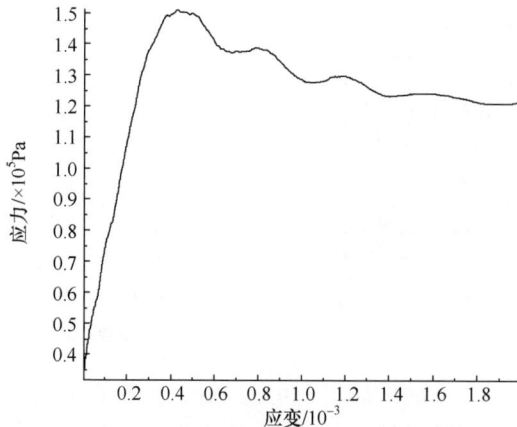

(b) 模型1无界面时的应力-应变曲线

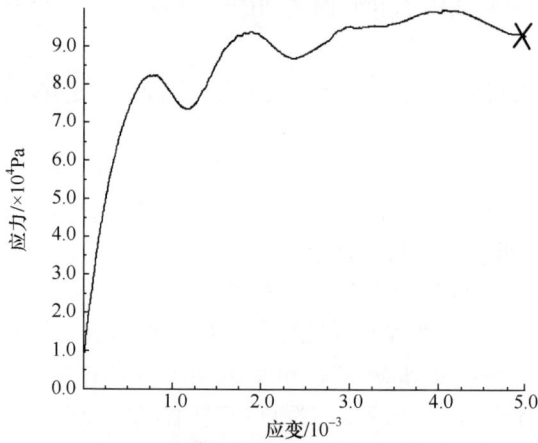

(c) 模型2有界面时的应力-应变曲线

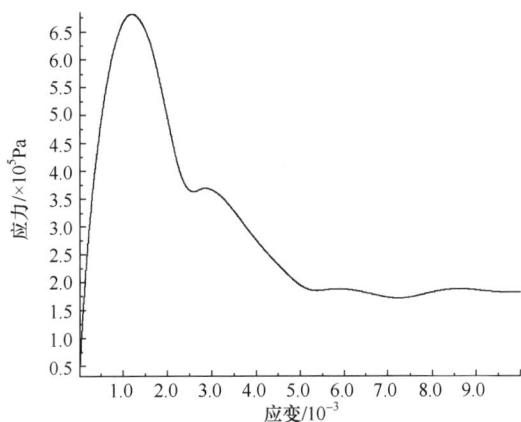

(d) 模型2无界面时的应力-应变曲线

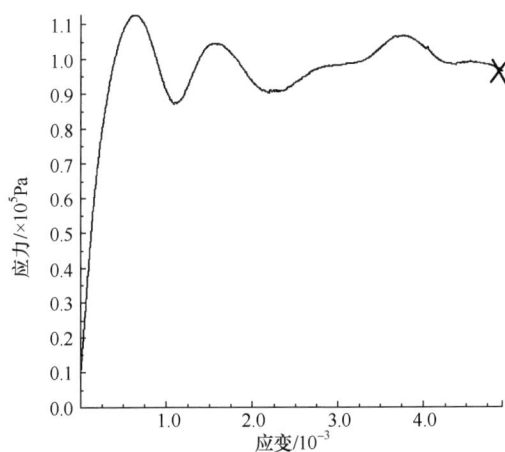

(e) 模型3有界面时的应力-应变曲线

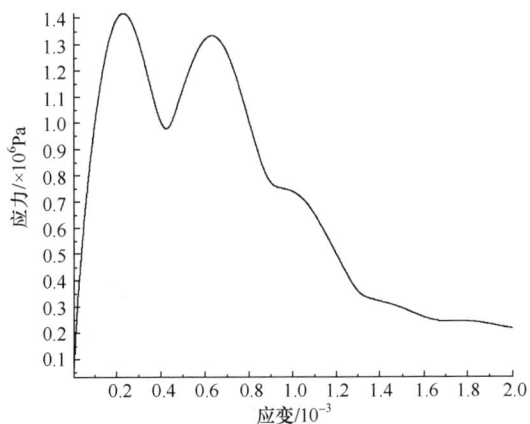

(f) 模型3无界面时的应力-应变曲线

图 8-15　单轴受压下土石混合体的应力-应变曲线

　　土石混合体由较软的土体单元以及相对较硬的砾石单元组成。在破裂面的扩展过程中,开始在软介质扩展时,曲线表现为一定的平滑性,当遇到硬颗粒时,因其强度较大,而只有绕过颗粒扩展,此时需要的扩展力增加,以使得破裂面增宽,在荷载-位移曲线上就表现为一定程度的跳跃;之后遇到软介质时,扩展力减小,在荷载-位移曲线上就表现为一定程度的下降,这样就形成了曲线的不规则性,它归根结底是由材料的非均质造成的。非均匀性对裂纹扩展方式和扩展路径的影响时显著的,它使得扩展路径表现出一定的曲折性[19],而且还决定于含石率及砾石块体的分布规律。含石率与分布规律的不同,其曲线的表现方式也不同。当含石率小时,模型 1 的含石率为 10%,其光滑性就好,而且应力调整的次数就少(图 8-15(a))。含石率增高,光滑性就不好,应力调整的次数就多(图 8-15(c)、(e))。

　　有、无界面虽然应力-应变曲线表现为不同的特点,但是它们之间还是有着内在的、本质的联系的。从两者的强度对比来看,无界面时的残余强度与有界面时的峰值强度大致相等。这一点可以这样来理解:经过漫长的地质年代形成的土石混合体密实度高,相互之间的黏结力大,此时其性质主要表现为非均质的影响。而当其受力变形破坏后,土体与块石之间发生相互错动,形成界面,经后来短期的沉积作用或人工压实作用,就形成了密实度较差的土石混合体,故其强度与前者的残余强度大致相等。这就相当于岩体的强度试验,在其破碎之前,材料的非均质性起主要作用。而当其破碎成碎裂岩体之后,就表现为很大的非连续性,具有一定的残余强度。

　　土石混合体在单轴受压情况中,由于含有不同强度的砾石块体和土体,而使得试件内的应力场和位移场表现出强烈的不均质性(如图 8-16、图 8-17 所示),又因为两者之间界面的存在,而使得位移表现出很大的不连续性。

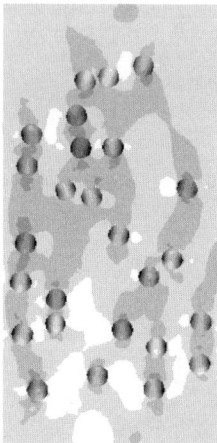

图 8-16　模型 1 在 step=20000 时　　　　图 8-17　模型 1 在 step=20000 时
　　　　　竖向应力图　　　　　　　　　　　　　　　位移等色图

　　下面再来分析土石混合体的破坏形式。图 8-18～图 8-20 分别是模型 1、模型 2、模型 3、模型 9、模型 10、模型 13 的结构分布图、位移矢量图、塑性区分布图。从图中

可以看出，土石混合体中的塑性区发展或者说破坏形式与砾石区域的结构和形状是密切相关的。其破坏形态主要受结构的影响，岩性则不起大的作用。破坏一般是沿着块体与块体之间的土体发展的，不管其结构如何，其破坏形式不外乎以下三种：

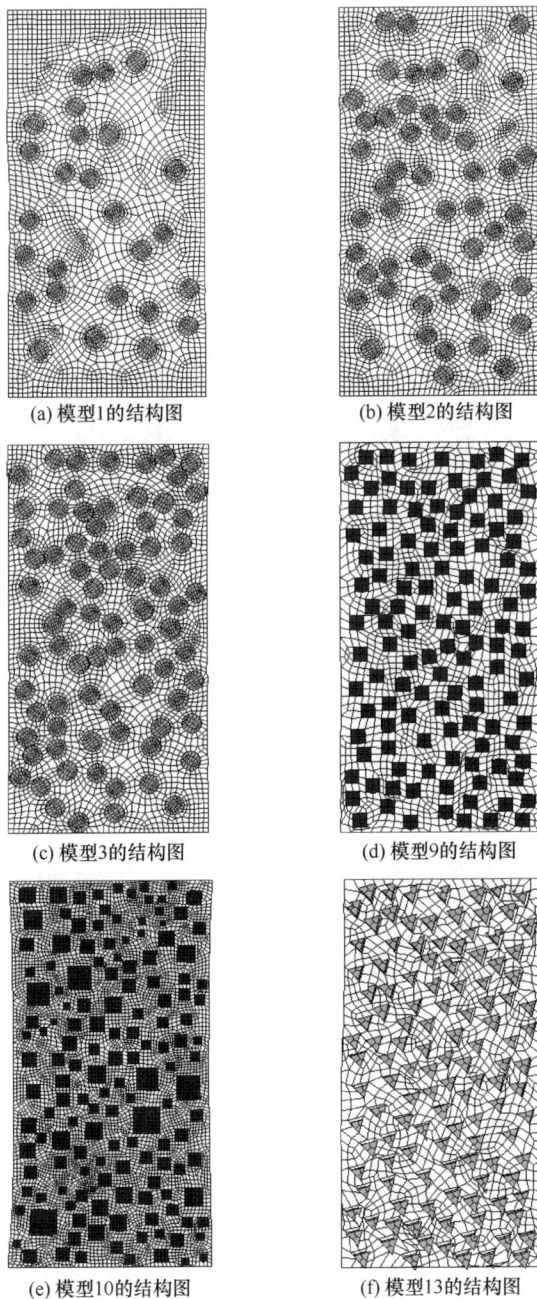

(a) 模型1的结构图　　　　　　(b) 模型2的结构图

(c) 模型3的结构图　　　　　　(d) 模型9的结构图

(e) 模型10的结构图　　　　　(f) 模型13的结构图

图 8-18　各模型的结构分布图

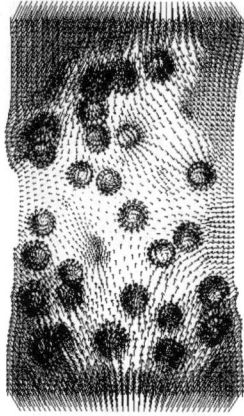

(a) 模型1的位移矢量图

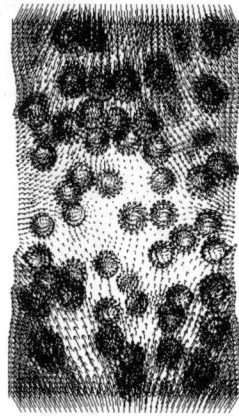

(b) 模型2的位移矢量图

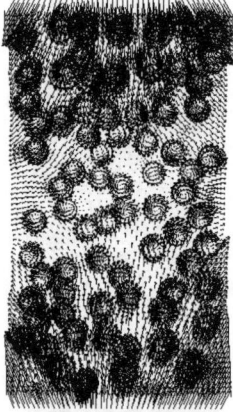

(c) 模型3的位移矢量图

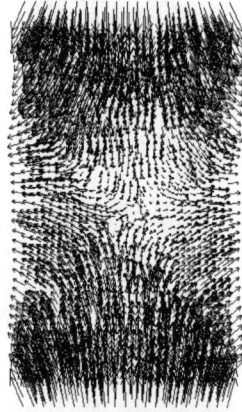

(d) 模型9的位移矢量图

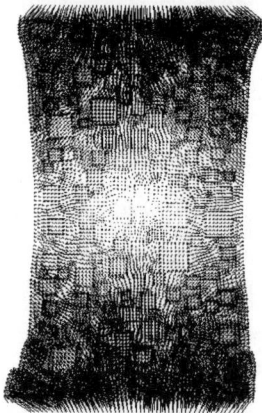

(e) 模型10的位移矢量图

(f) 模型13的位移矢量图

图 8-19　各模型的位移矢量图

(a) 模型1的塑性区分布图　　　　　　　　(b) 模型2的塑性区分布图

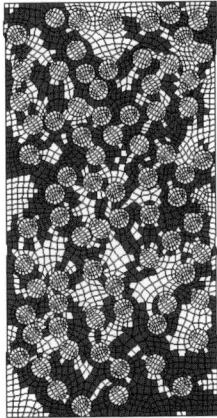

(c) 模型3的塑性区分布图　　　　　　　　(d) 模型9的塑性区分布图

(e) 模型10的塑性区分布图　　　　　　　　(f) 模型13的塑性区分布图

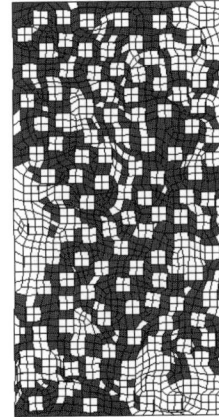

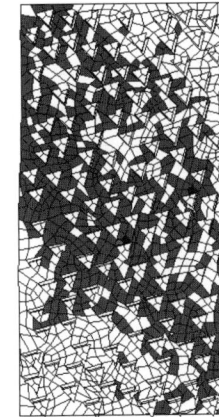

图 8-20　各模型的塑性区分布图

　　(1) 顶端压溃型。试样的大部分区域砾石排列均匀、紧密,只是在顶端形成了一些小的破裂面,破坏区域较小,如模型1、模型2、模型3、模型10。

　　(2) 剪切破坏型。这一类型的破坏主要是形成的破裂面贯穿试件的两侧,破坏范围比较大,从受力性质上看属于剪切破坏,模型如13。

　　(3) 弹射破坏型。在试件的两侧形成鱼肚状条块或凸镜状条块,剥裂弹射出去,从性质上看属于拉伸破坏,如模型9。

8.6　本章小结

　　在第3章建立的随机结构模型的基础上,介绍了拉格朗日元法与界面元的基本原理,以及基于拉格朗日元法的有限差分程序FLAC3D在土石混合体数值试验中的应用。

　　通过土石混合体细观破坏特性的数值分析与混凝土的破坏特性对比表明,土石混合体的破坏机理可以概括为:土石混合体在受压破坏时,首先产生的土体与砾石之间的界面裂缝,与之后产生的土体内部的裂缝连接在一起,形成贯穿试件上下两端或端面和侧面之间的破裂面,造成了材料的破坏。

　　通过大量的数值试验发现,土石混合体在单轴受压情况下具有以下的变形破坏机理:首先发生拉裂变形的土体与砾石内部的界面裂缝,与之后产生的土体之间的裂缝连接在一起,形成贯穿试件上下两端或端面和侧面之间的破裂面,造成了材料的破坏。由于非均质的影响,土石混合体的应力-应变曲线表现出一定的不规则性。根据对应力-应变曲线的分析发现,有界面时的强度相当于无界面时的残余强度。

参 考 文 献

[1] 高延法. 岩石真三轴压力试验与岩体损伤力学. 北京:地震出版社,1999.

[2] Peng S D,John A M. Crack growth and faulting in cylindercal specimens of chelmsford granite. International Journal of Rock Mechanics & Mining Sciences & Geomechanics Abstracts,1972,9(1):37-42.

[3] Kranz R L. Crack-crack and crack-pore interactions in stressed granite. International Journal of Rock Mechanics & Mining Sciences & Geomechanics Abstracts,1979,16(1):37-47.

[4] Chen R,Yao X X,Xie H S. Studies of the Fracture of gabbro. International Journal of Rock Mechanics & Mining Sciences & Geomechanics Abstracts,1979,16(3):187-193.

[5] Bieniawski Z T. Mechnaism of brittle fracture of rock. International Journal of Rock Mechanics & Mining Sciences & Geomechanics Abstracts,1967,4(4):425-430.

[6] Dey T Y,Wang C Y. Some mechanisms of micro crack growth and interaction in compressive rock failure. International Journal of Rock Mechanics & Mining Sciences & Geomechanics

Abstracts,1981,18(3):199-209.

[7] 夏继祥. 单轴压力下砂岩破裂过程的试验研究. 西南交通大学学报,1982,(4):43-50.

[8] Sangha C M,Talbot J C,Dhir R K. Microfracturing of a sandstone in uniaxia compression. International Journal of Rock Mechanics & Mining Sciences & Geomechanics Abstracts, 1974,(11):107-113.

[9] 蒋大骅. 国外混凝土强度理论述评. 同济大学学报,1978,(1):150-161.

[10] Tasuji M E,Slate F O,Nilson A H. 双轴荷载下的混凝土应力-应变特性和断裂//水利水电科学研究院译. 混凝土的强度和破坏译文集. 北京:水利出版社,1982.

[11] 王传志,过镇海,张秀琴. 二轴和三轴受压混凝土的强度试验. 土木工程学报,1987,(1):17-29.

[12] Mills L L,Zimmerman R M. Compressive strength of plain concrete under multiaxial loading condition. Journal of the American Concrete Institute,1970,(66):10-12.

[13] Gachon H. 三轴应力作用下混凝土的性能//水利水电科学研究院译. 混凝土的强度和破坏译文集. 北京:水利出版社,1982.

[14] 吴科如. 混凝土破坏机理概论. 混凝土与水泥制品,1985,(2):4-16.

[15] Newman K,New J B. 素混凝土破坏理论与设计原则//水利水电科学研究院译. 混凝土的强度和破坏译文集. 北京:水利出版社,1982.

[16] Ottosen N S. 混凝土的破坏准则//水利水电科学研究院译. 混凝土的强度和破坏译文集. 北京:水利出版社,1982.

[17] 谢和平. 岩石混凝土损伤力学. 北京:中国矿业大学出版社,1990.

[18] 巴赞特 Z P. 岩土与混凝土力学. 张庙康,邱贤德译. 重庆:重庆大学出版社,1991.

[19] Ukhov S B. 评价一定尺度的非均匀岩体力学特性的计算-试验方法//重庆建筑工程学院建筑工程系,重庆大学资源与环境工程系,石油大学北京研究生部. 岩石力学的进展. 重庆:重庆大学出版社,1990.

第9章　土石混合体原位试验的数值模拟研究

　　土石混合体现场原位试验的重要性是显而易见的,而且由于是直接在原始的没有被扰动过的土石混合体上进行试验,所以试验结果也是最有说服力的[1]。但由于在现场真实条件下,外界影响因素太多,同时现场试验的条件也比较复杂,在这种试验条件下的很多因素是人为难以控制的,这就造成了现场试验所得到的试验结果分析起来比较困难,很难确定某一种因素在试验过程中所起到的具体作用[2]。在这种情况下,数值试验的方法就应运而生了。数值试验可操作性强,可以反复试验。另外,试验条件比较容易控制且试验成本较低,这也就是数值试验具有的,很多现场以及物理模拟试验所无法比拟的优越性[4,5]。显然,数值模拟试验与现场以及室内试验是相辅相成的,二者最好能够同时进行。在现场原位试验基础上所进行的数值试验,由于有了现场原位试验的保证而变得更加有价值,而现场原位试验很多无法解释的试验现象则需要采用数值试验的方法来解释,同时数值试验在很多情况下能够发现一些原位试验所无法观察到的现象。在前文对土石混合体结构模型建立与各种数值模拟方法研究基础上,这里将采用颗粒流离散元法与有限差分法对第4章的原位推剪与压剪试验进行数值分析。

9.1　数值模型建立的方法研究

　　根据第3章中土石混合体材料结构特点的总结阐述,土石混合体具有非均质性、非连续性以及尺寸效应。这些特点也决定了土石混合体研究的复杂性,也使得土石混合体数值模拟分析所需模型建立极为困难。为此,本书第3章专门就此问题进行了探讨,并提出了三种科学而有效的方法。其中,基于数码图片的实测结构模型与基于数码图片的线框模型比较适宜平面问题的数值分析,前面第5章与第7章的分析中都采用了这类模型的建立方法。对于土石混合体的三维数值模拟分析模型的建立,目前可以通过激光扫描在无损伤条件下获取块石在整个土石混合体中的三维形状,并用于建立整个土石混合体三维模型,但目前这种技术仍仅限于只有几个块石的简单土石混合体结构体。对于这里所要分析的土石混合体原位推剪与压剪试验的数值模拟而言,所分析的模型是一个含有大量不同形状块石的复杂土石混合体,激光扫描技术难以获取这庞大而复杂的块石三维特征信息,也无法建立这一复杂的三维模型。

　　考虑到无法通过图像来建立土石混合体原位试验的数值模型,本次数值试验采用随机结构模型自动生成技术来实现土石混合体结构模型的建立。根据对原位试验模型的块石含量、形状与大小等统计信息,可以概化出土石混合体的二维结构模型,这样虽不能完全反映原位试验土石混合体的空间结构特征,但可以很大程度上等效其结构特征,也是目前可以用于复杂土石混合体建模最有效的方法。就数值计算方法而言,本章采用离散元与有限差分两种方法从不同角度来分析与揭示土石混合体的原位试验的力学特性。其中,离散元数值分析侧重于在与原位试验结果对比基础上分析土石混合体力学特性的影响因素与特征研究;有限差分数值分析则侧重于完全模拟一个实际原位试验,并进行应力-应变曲线、变形等力学特性的对比。

需要特别指出,颗粒流单元土石混合体模型建立的关键是整个模型中代表土体的单元部分与代表块石的单元之间的区分并对这两部分单元进行分组,只有这样才可能分别对土体单元与块石单元赋予材料物理力学参数并进行下一步的数值试验工作。在这里首先将整个模型的颗粒流单元进行编号处理,建立的颗粒流模型共有 18000 个单元,这样给所有的单元进行编号,然后通过计算机识别的方法将代表土体的颗粒单元号以及代表块石的颗粒单元号识别出来,然后将单元号进行分组处理,通过这种方法就可以将土石混合体模型中的土与块石部分相区分开来从而得以将模型建立起来,将识别出的土体部分的球体单元赋予土的力学参数值,而将块石部分的球体单元赋予块石的力学参数值,就可以获得土石混合体的颗粒流离散元数值计算模型,在给定边界条件后就可以进行数值模拟计算了。这种识别单元的建模方法可以在 PFC3D 软件中利用其内嵌语言编写识别完成,具体识别过程可以通过图 9-1 反映出来,图中黑色球体单元部分为块石部分,白色球体单元部分为土体部分。

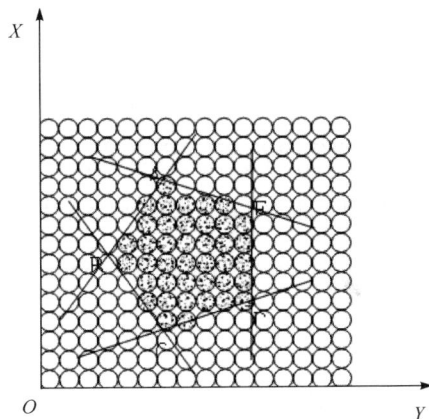

图 9-1　颗粒单元识别图

通过上述识别原理,将推剪试验模型与压剪试验模型调入 PFC3D 软件中,采用软件内嵌的编程语言 FISH 编程来识别球体单元号,凡是球体单元的球心坐标位于块石区域内的球体单元统一识别为块石单元,最终将所有的块石单元号编组,然后采用布尔代数运算的方法将土体部分的球体单元号识别出来进行编组;然后分别给土体与块石编组赋予各自不同的材料参数,最终就得到了土石混合体的颗粒流单元模型。

此外,现场试验地点一旦选定,试样的含石率就没有办法改变了,而数值试验则比较容易改变这种情况。所以在此次数值试验中,主要通过改变试样的含石率并对试样进行压剪以及推剪两种试验,以便于与现场原位试验结合来对土石混合体的力学特性进行深入研究。

9.2　压剪试验的颗粒流离散元分析

9.2.1　数值模型的建立

首先需要根据现场压剪试验的情况将其简化为土石混合体二维力学分析模型,模型的具体尺寸也根据现场试验的模型尺寸来进行选取,具体力学分析模型以及尺寸如图 9-2 所示。

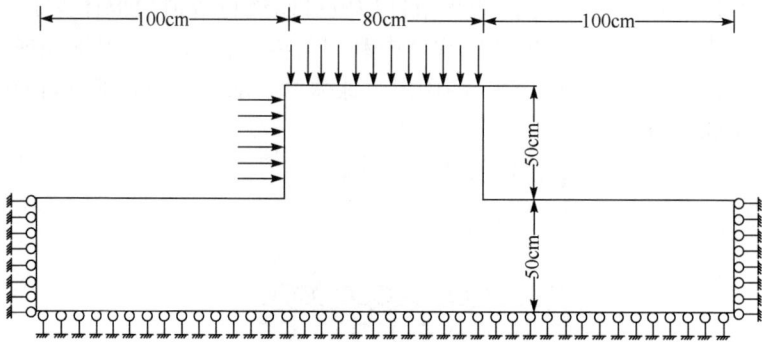

图 9-2　土石混合体压剪试验力学分析模型

根据随机结构模型自动生成技术与原位试验模型的块石含量、形状与大小等统计信息,可以生成土石混合体压剪试验的二维计算模型;由于考虑到与现场压剪试验进行对比分析,所以这里建立了土石混合体不同含石率的压剪试验模型,具体的压剪试验项目见表 9-1,模型结构如图 9-3～图 9-5 所示。

表 9-1 压剪试验与推剪试验项目表

试验编号	试验项目	含石率/%	块石大小	法向应力/kPa
yj01	压剪试验	30	随机	15
yj02	压剪试验	30	随机	20
yj03	压剪试验	30	随机	30
yj04	压剪试验	40	随机	15
yj05	压剪试验	40	随机	20
yj06	压剪试验	40	随机	30
yj07	压剪试验	50	随机	15
yj08	压剪试验	50	随机	20
yj09	压剪试验	50	随机	30

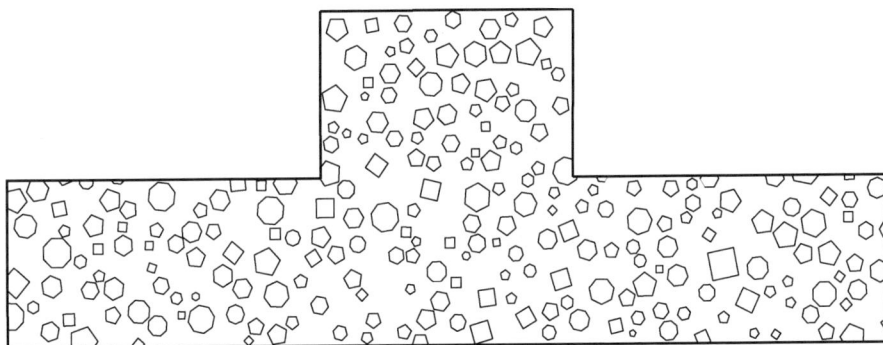

图 9-3 土石混合体压剪试验线框模型 1(含石率 30%)

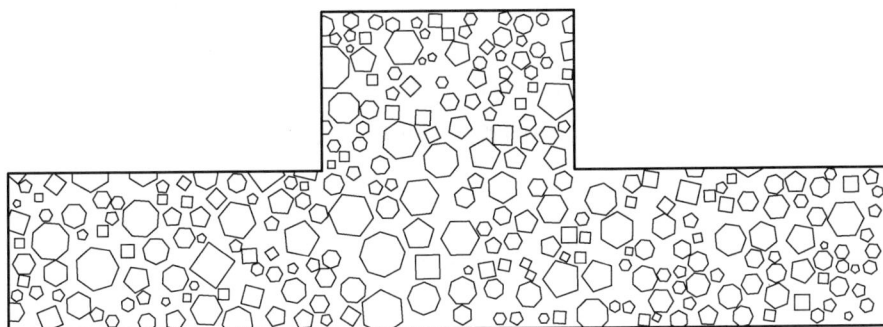

图 9-4 土石混合体压剪线框模型 2(含石率 40%)

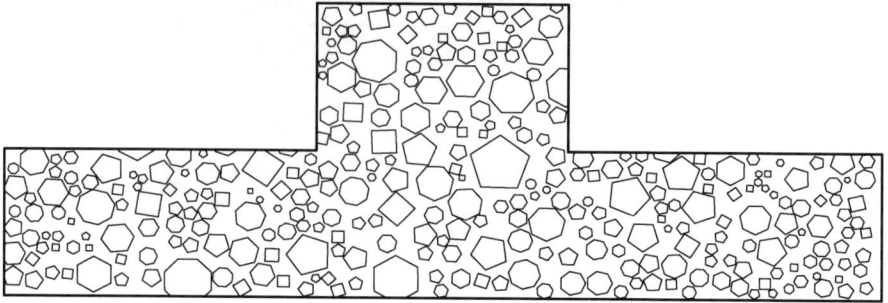

图 9-5　土石混合体压剪线框模型 3(含石率 50%)

9.2.2　土石混合体颗粒流单元压剪模型的生成

在有些情况下,PFC3D 软件的用户通过软件的已有功能很难实现自己想要得到的一些结果,相应于这种要求,PFC3D 软件提供给用户一种内部程序语言 FISH 来自行定义变量合函数,这样就可以将用户的自定义函数与变量嵌入到软件中,用户可以通过这些变量和函数来实现自己所需要得到的结果[5]。

在这里首先应该根据前面所给出的压剪试验的受力模型建立由球体单元组成的相应尺寸的颗粒单元压剪试验模型,采用 FISH 语言编写相应自动生成程序,循环计算空间中颗粒单元的中心位置,在每个中心位置生成给定半径的颗粒单元,直到完成整个模型的建立工作,建立模型使用相同大小的颗粒单元,颗粒单元半径定为 0.5cm。

由于在 PFC3D 软件中构筑模型的最基本单元为球体状,所以这就涉及如何将前面所生成的压剪试验模型中块石的部分与球体单元建立起模型中相对应的球体单元识别出来。本书在这里采用前面已经阐述过的单元识别的方法,在 PFC3D 软件中采用 FISH 语言对块石范围内的单元号进行识别,将土体范围内的单元号与组成块石的单元号区分开来进行分组处理,这样就可以对整个土石混合体模型进行分组,从而建立起土石混合体的颗粒单元离散元计算模型,具体过程如图 9-6 所示。

采用上面介绍的方法来生成土石混合体的压剪试验模型,具体生成的模型如图 9-7~图 9-9 所示。模型 1、模型 2、模型 3 中的模型其含石率分别为 30%、40%、50%。

模型建立工作完成后即可分别给土体单元施加颗粒单元接触连接模型,给块石单元施加并行连接模型,并根据前面第 6 章中对土石混合体的计算结果分别给两种材料赋予相应的材料参数。根据力学模型对模型边界采用相应的墙体来进行约束处理完成后即可对其进行数值试验。

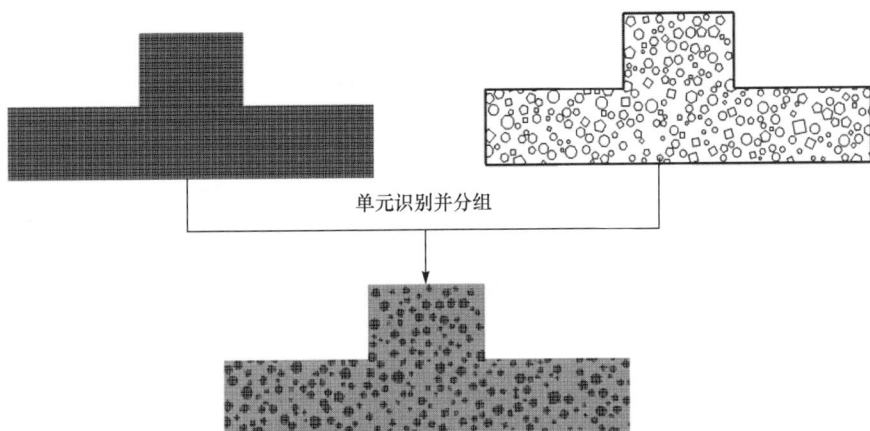

图 9-6　土石混合体颗粒流单元压剪试验模型建立过程示意

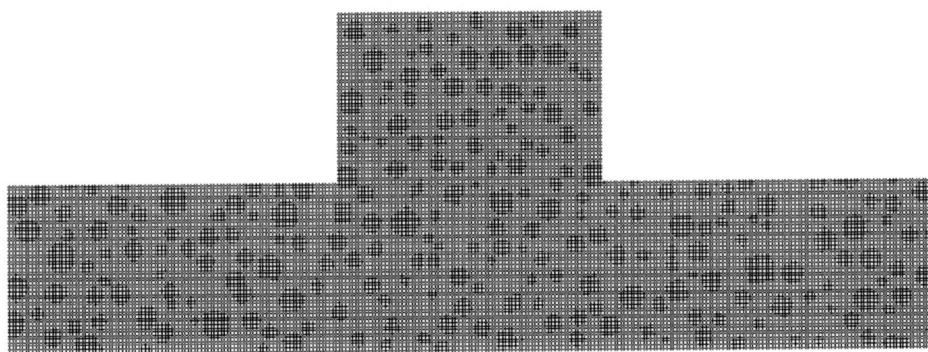

图 9-7　土石混合体颗粒流单元压剪模型 1(含石率 30％)

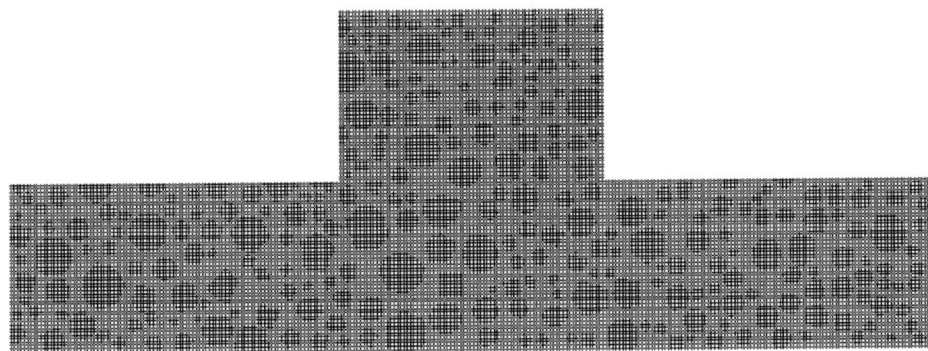

图 9-8　土石混合体颗粒流单元压剪模型 2(含石率 40％)

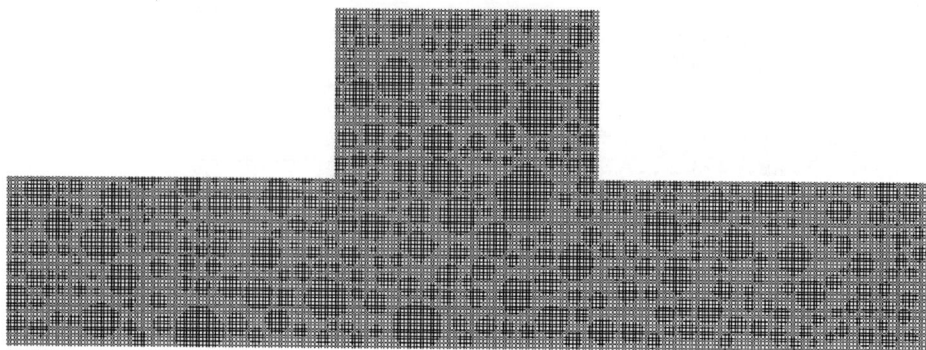

图 9-9　土石混合体颗粒流单元压剪模型 3(含石率 50%)

压剪试验模型在完成边界条件的加载后如图 9-10 所示。模型中左边、右边以及下边的墙体用来对边界进行约束,上部墙体用来施加法向荷载,剪切荷载也通过墙体来施加。在加载过程中,首先施加试样顶部的法向荷载,当法向荷载达到预定荷载值后,再接着在剪切方向施加剪切荷载。在施加剪切荷载的过程中,使得顶部墙体保持"伺服"状态,这样就能保证在施加剪切力的过程中,顶部法向荷载保持不变。

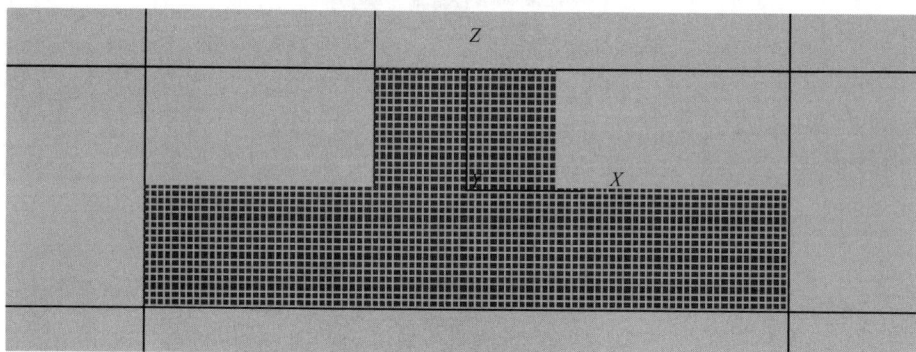

图 9-10　数值试验压剪模型图(浅灰色部分为墙体)

9.2.3　压剪试验计算结果及其分析

这里主要就土石混合体在不同法向荷载作用下的压剪特性进行数值试验研究,为了对应于现场原位试验的情况,在这里法向荷载定为 105kPa、70kPa 和 35kPa 三种情况分别进行数值试验分析。

进行数值试验的过程中,首先在试件的顶部通过顶部墙对模型施加顶部载荷,并且在施加顶部载荷的过程中不断监测施加载荷的大小,载荷达到预定值后,对顶部墙施加伺服控制程序,使得其在以后的计算中顶部载荷大小能够一直维持在预定值的大小附近,然后给试件左侧墙体施加速度,使得其以匀速运动的形式给试件施加剪切力。在给墙体施加速度时,由于直接作用预定速度值会由于产生较大的惯性力,从而对数值试验的结果产生影响,所以采用分步施加的方式,直到墙体最终的速度达到预先给定的速度值,使其产生位移力而最终将土石混合体试件剪切破坏。

颗粒离散单元法 PFC3D 既可以通过软件自身功能给出计算过程中的应力-应变曲线图,也可以给出单元的位移图以及模型的最终变形破坏图,还可以通过内部函数以及编写用户函数的方法来给出用户所需的图形。

9.2.3.1　剪应力-位移曲线特点

图 9-11～图 9-13 分别为含石率 30% 的土石混合体在不同法向荷载作用下的剪应力-位移关系曲线,为了比较方便,在图 9-14 中将这些曲线进行平均处理后放在同一个坐标系下。

图 9-15～图 9-17 分别为含石率 40% 的土石混合体在不同法向荷载作用下的应力-应变曲线,图 9-18 中对这三条曲线进行了二次处理并将三条曲线放置在同一坐标系中以便比较。

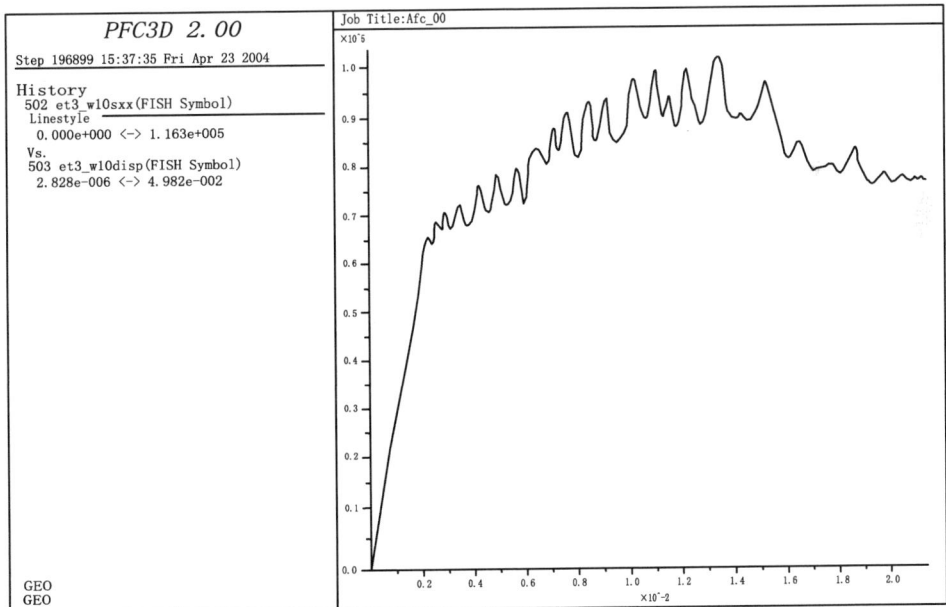

图 9-11　土石混合体的压剪试验曲线(法向荷载 105kPa,含石率 30%)

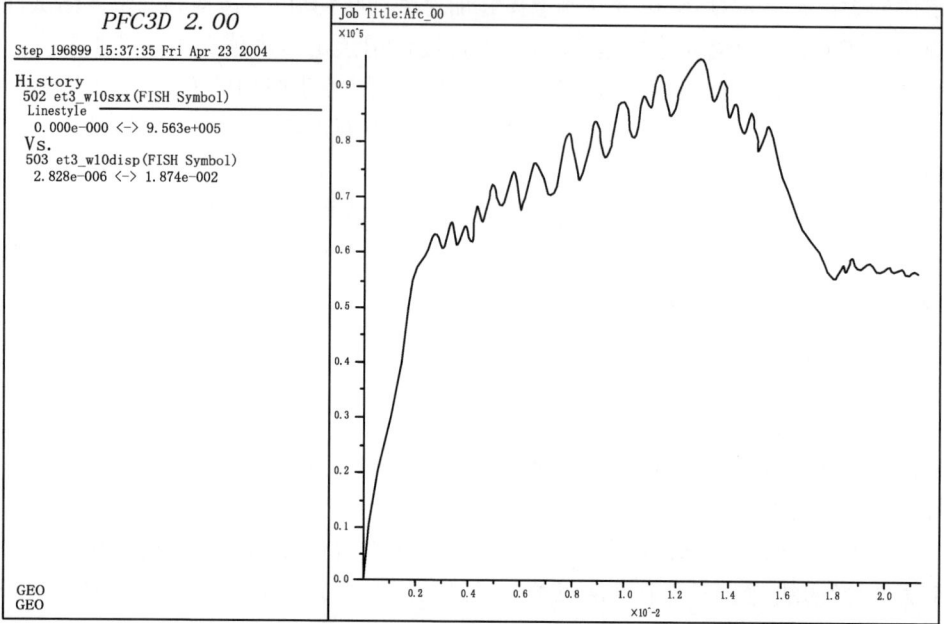

图 9-12　土石混合体的压剪试验曲线(法向荷载 70kPa,含石率 30%)

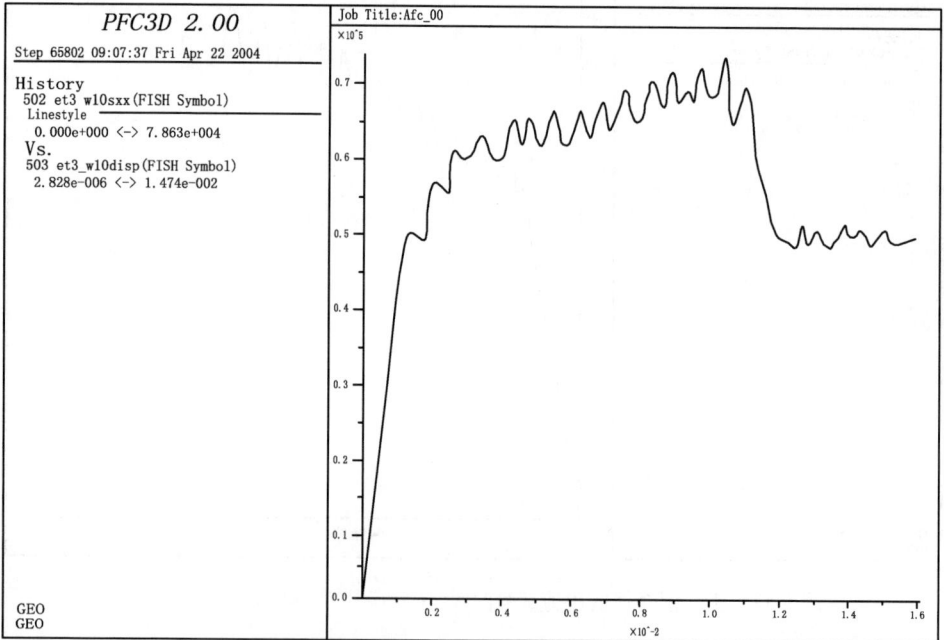

图 9-13　土石混合体的压剪试验曲线(法向荷载 35kPa,含石率 30%)

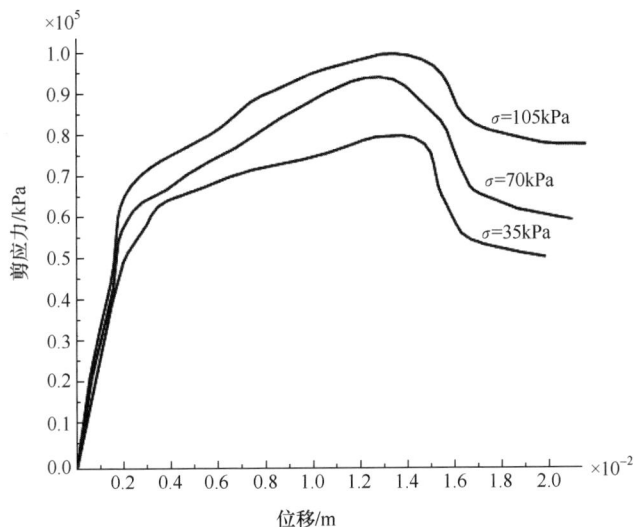

图 9-14　压剪试验模型 1 在不同法向荷载作用下的剪应力-位移曲线

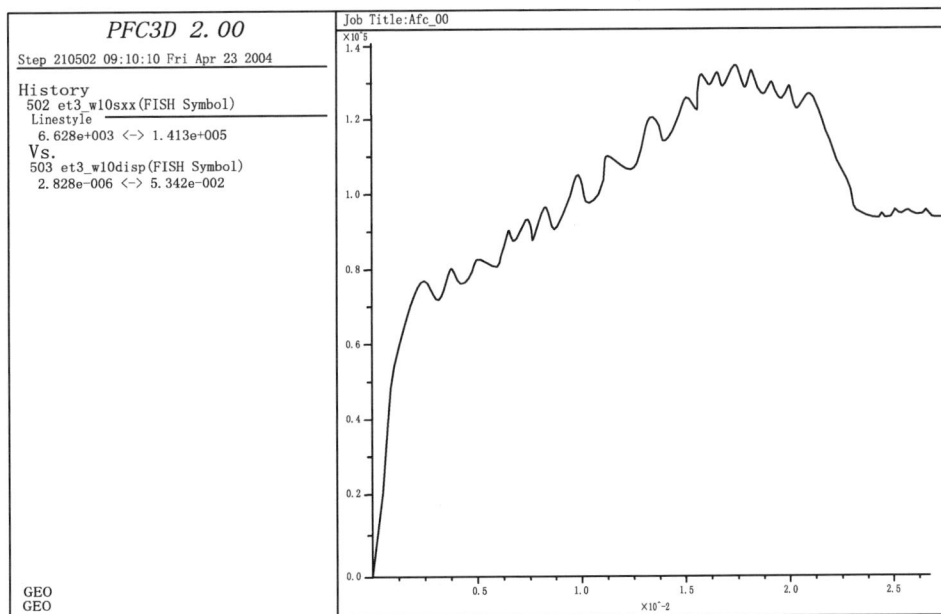

图 9-15　土石混合体的压剪试验曲线(法向荷载 105kPa,含石率 40%)

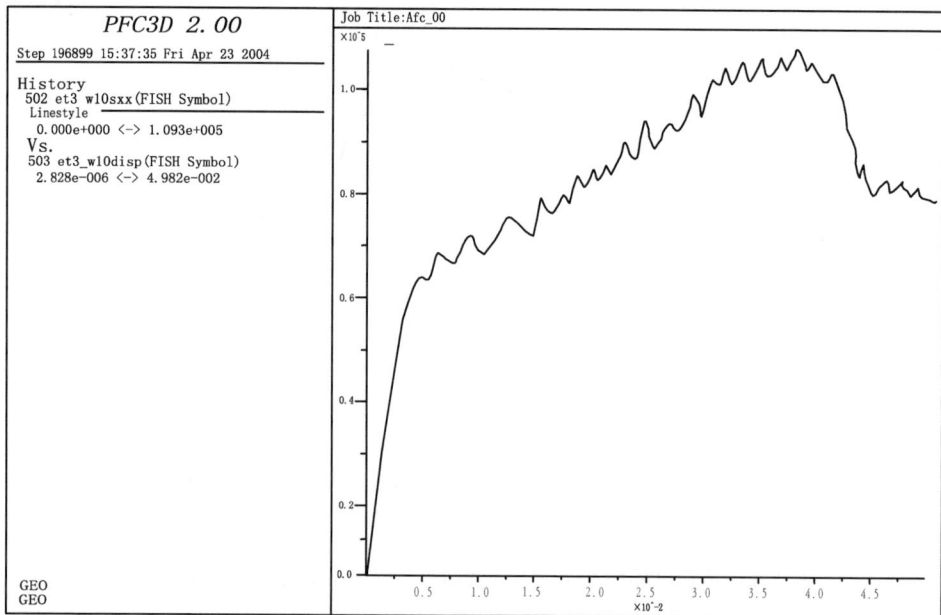

图 9-16　土石混合体的压剪试验曲线(法向荷载 70kPa,含石率 40%)

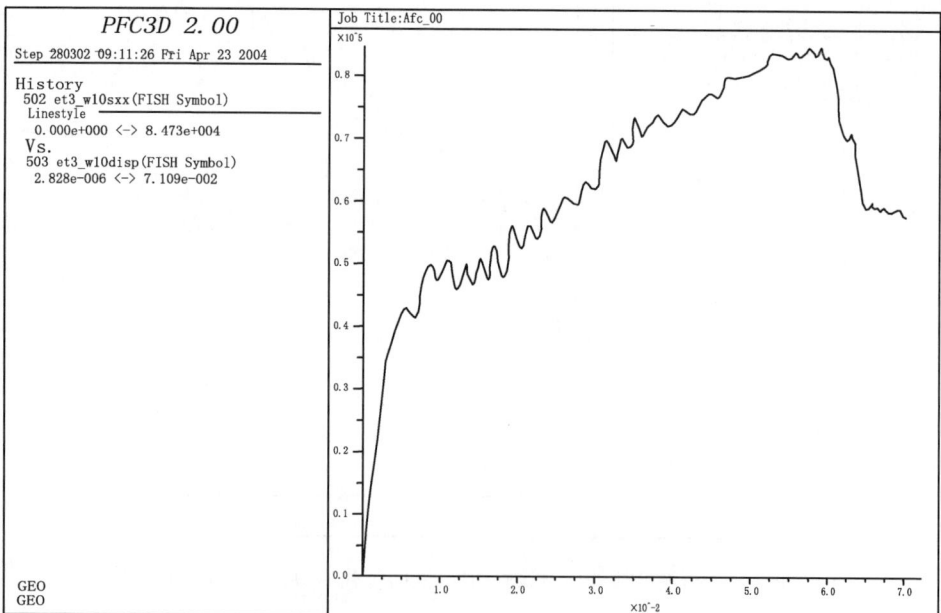

图 9-17　土石混合体的压剪试验曲线(法向荷载 35kPa,含石率 40%)

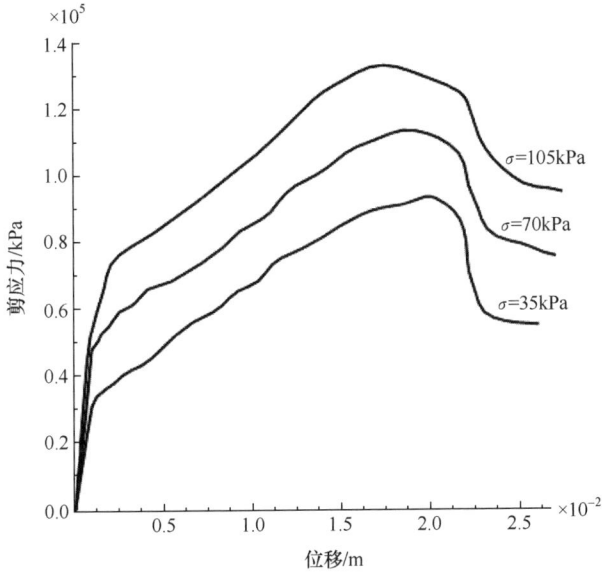

图 9-18　压剪试验模型 2 在不同法向荷载作用下的剪应力-位移曲线

图 9-19～图 9-21 分别为含石率 50％的土石混合体在不同法向荷载作用下的
应力-应变曲线,图 9-22 中对这三条曲线进行了二次处理并将三条曲线放置在同
一坐标系中以便比较。

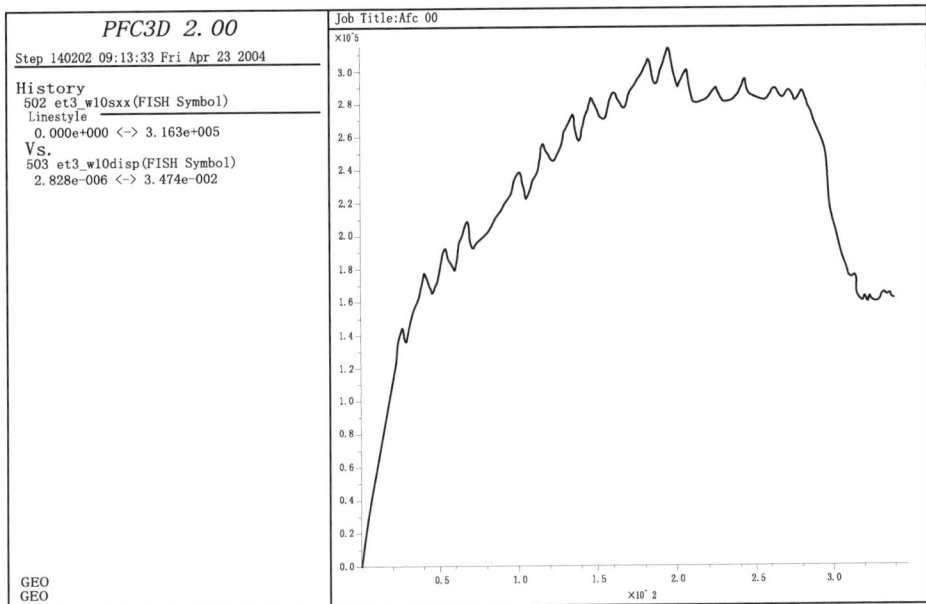

图 9-19　土石混合体的压剪试验曲线(法向荷载 105kPa,含石率 50％)

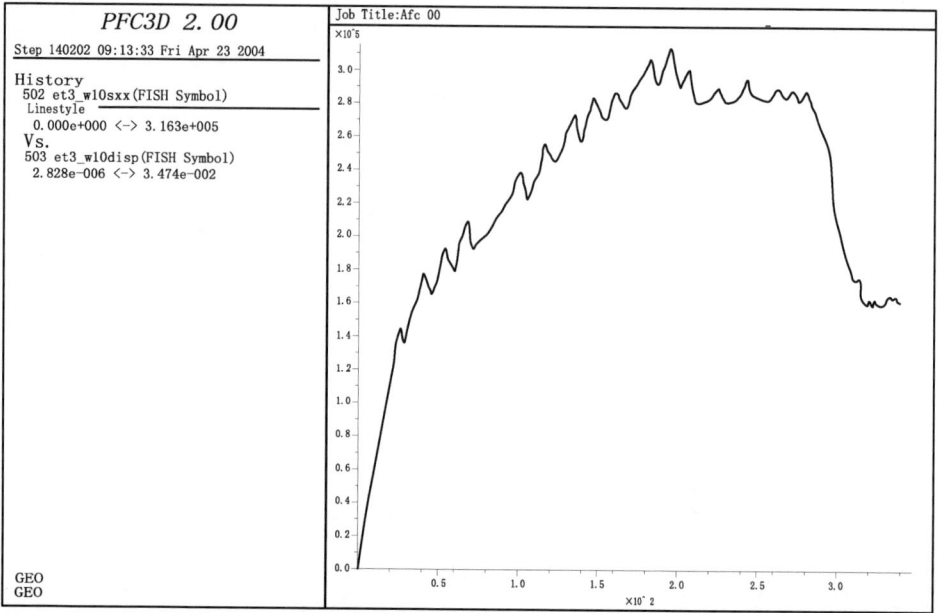

图 9-20　土石混合体的压剪试验曲线（法向荷载 70kPa，含石率 50％）

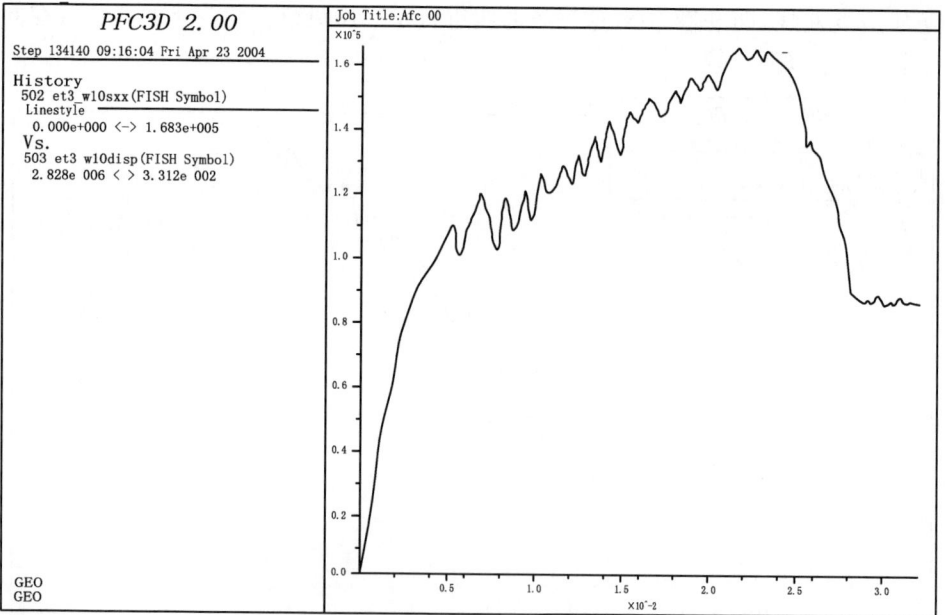

图 9-21　土石混合体的压剪试验曲线（法向荷载 35kPa，含石率 50％）

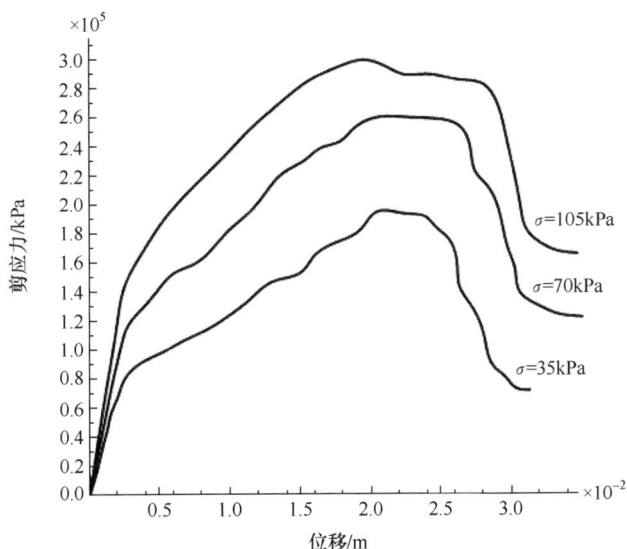

图 9-22　压剪试验模型 3 在不同法向荷载作用下的剪应力-位移曲线

通过对上面土石混合体各个压剪模型的剪应力-位移曲线进行分析可以发现以下几点。

（1）土石混合体的压剪试验剪应力-位移曲线的整个发展过程可以分为几个阶段。

第一阶段：主要表现为土体的挤压密实，变形先是近似于弹性变形，然后迅速进入塑性变形发展阶段，剪切面也没有开始发展。该阶段在应力-应变曲线上主要是第一个转折点之前的部分。

第二阶段：该阶段应力-应变曲线所表现出来的特征主要是由于土石混合体中的块石开始起作用，剪切面开始形成并随着剪应力的增大而持续发展。当剪切面的发展遇到块石的阻挡作用时，可能会产生两种结果：一种是块石被剪断，另一种是块石被整体向前推动。块石与块石以及块石与土体之间相互作用而产生的结构效应导致在塑性变形后进入强化阶段，整个试件产生较大的变形，但是应力值仍然在继续升高。在试件中的剪切面没有贯通之前，结构效应所引起的剪应力值的提高就会继续并直到峰值。在计算机所反映出来的剪应力-应变曲线上，会出现许多应力的波动，波动范围大约为 $10\sim20\mathrm{kPa}$。这一阶段随着变形的不断发展，剪切面在逐步形成，到达峰值强度时，剪切面整体贯通。

第三阶段：在该发展阶段，由于剪切面已经彻底贯通，所以剪应力值开始下降。剪切面整体贯通后，在上部法向荷载作用下，主要表现为上下两个剪切面压剪的摩擦，所以会保留有一定的残余值，并且该残余值在一定的时段内保持基本恒定。

（2）土石混合体材料中由于块石的存在,在受力时所表现出来的力学行为与均质土体相比已经发生了比较大的变化,应力-应变曲线的整体形状以及发展过程均产生了比较大的变化,表现出土石混合体材料所特有的力学行为。

（3）将图 9-14、图 9-18 与图 9-22 中的各曲线与前面第 4 章现场原位试验所得到的应力-应变曲线进行比较,可以发现,数值试验结果与现场原位试验的总体趋势基本一致,只是在局部有一些不同的地方,因为数值计算模型毕竟有其局限的地方。例如,在数值试验中没有考虑试样含水率的问题,数值试验模型中块石的形状和自然界中真实块石形状的差别较大,计算模型的简化等,都会对计算结果产生影响。

（4）土石混合体颗粒流模型计算应力-应变曲线在第一个转折点产生屈服之后进入塑性变形阶段,剪切应力值产生波动变化并继续上升,最终到达峰值强度。这说明在剪切荷载加载的初始阶段,主要表现为土体的变形破坏特性,随着应变的发展,块石与土体交错挤压所形成的结构效应开始起作用,并且含石率越高,这种结构效应对强度值的贡献也越大。这种结构效应的存在也正是导致土石混合体力学特性产生显著变化的主要原因所在。峰值强度后土石结构产生破坏,剪切应力值开始逐渐降低。

（5）通过对三种不同含石率的试件进行模拟加载,可以发现,随着法向荷载的增高,应力-应变曲线上的峰值也在不断地提高。这主要是由于随着含石率的增大,分布在剪切面附近的块石也会增多,含石率较低的情况下,只是起着阻碍剪切面形成的作用,在高含石率的情况下,土体与块石相互交错挤压形成结构体来阻碍剪切的形成,所以会导致强度的大幅度上升,这也正是土石混合体所独有的力学特点。另外,由于土石混合体中块石的作用而导致的试件整体刚度增加也会导致峰值增大。

9.2.3.2　压剪试验变形破坏特点的分析

图 9-23～图 9-31 分别为模型 1～模型 3 在不同法向荷载作用下压剪试验完成后其整个试样的最终变形破坏形式,模型中黑色部分表示砾石,灰色部分表示土体。数值试验各模型的最终变形图可以反映出整个模型的体内应力分布以及变形破坏特点,对于研究土石混合体材料的变形破坏机理具有较大的意义。

通过对以上各个模型的变形破坏图进行比较可以发现:

（1）在含石率为 30% 的情况下,可以看到块石已经开始起作用,但是剪切面仍然较为平整,块石只是起到了阻挡剪切面形成的作用,通过应力-位移关系曲线也可以观察到这一点。在试件左侧的块石由于直接紧靠加载墙体,导致被剪断,这在现场的原位试验中也可以观察到。剪切面在靠近试件左侧大都剪断块石,在中部以及右侧大都绕过块石同时剪切带变宽。

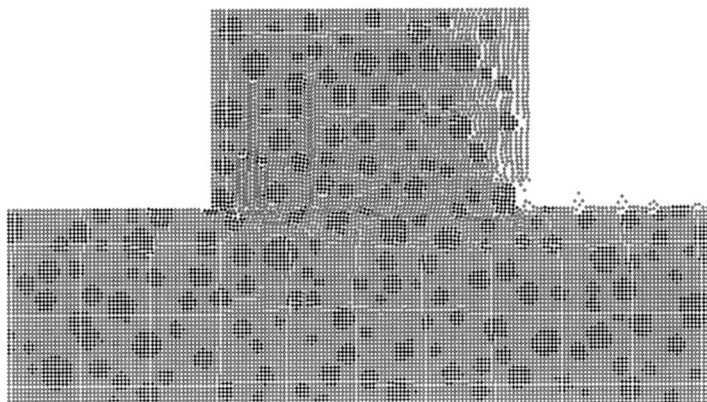

图 9-23　压剪试验模型 1 的最终变形破坏图(法向荷载 105kPa)

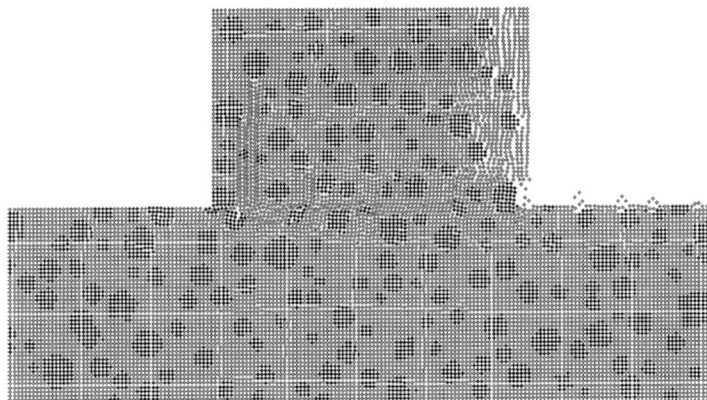

图 9-24　压剪试验模型 1 的最终变形破坏图(法向荷载 70kPa)

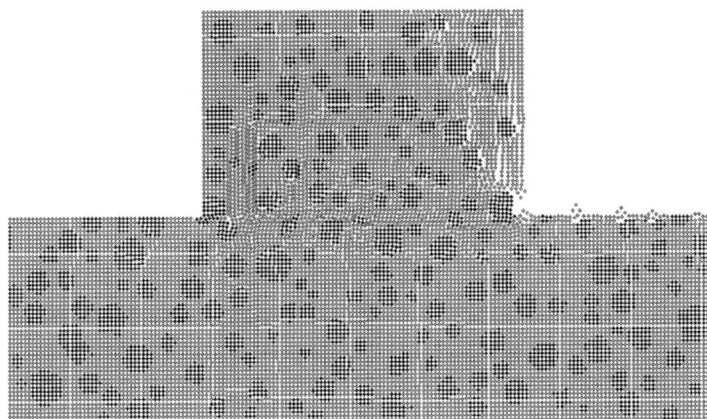

图 9-25　压剪试验模型 1 的最终变形破坏图(法向荷载 35kPa)

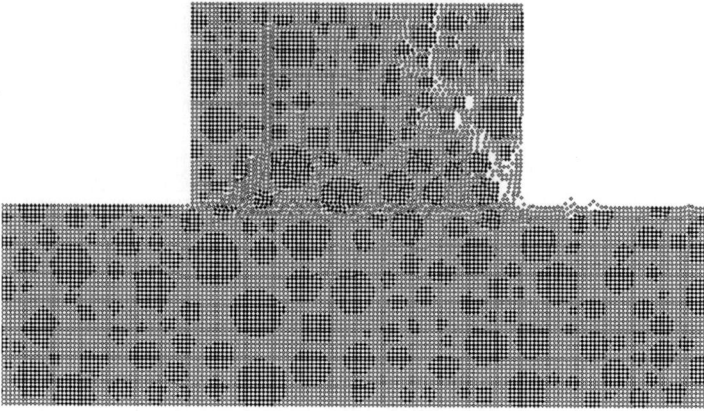

图 9-26　压剪试验模型 2 的最终变形破坏图(法向荷载 105kPa)

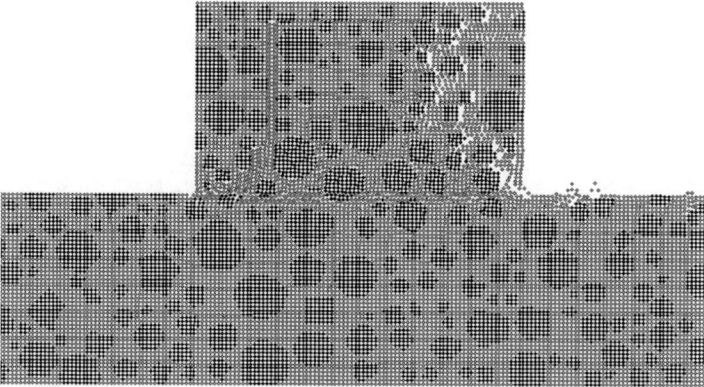

图 9-27　压剪试验模型 2 的最终变形破坏图(法向荷载 70kPa)

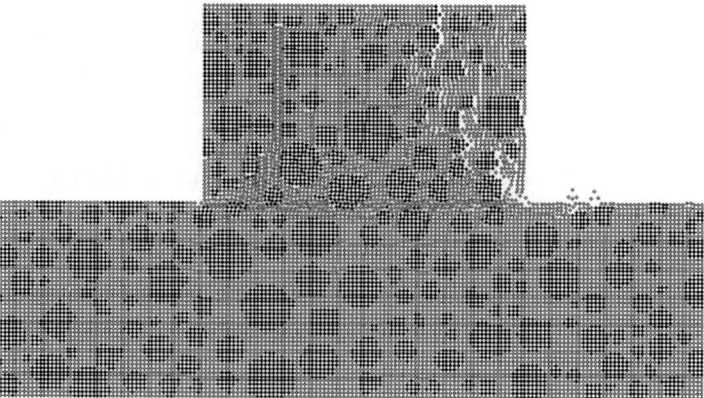

图 9-28　压剪试验模型 2 的最终变形破坏图(法向荷载 35kPa)

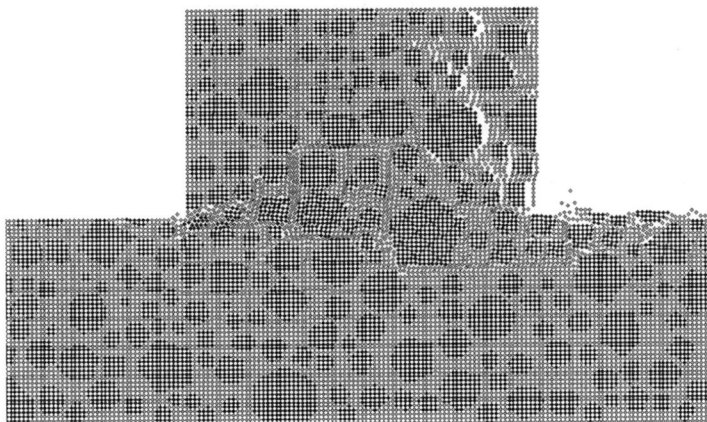

图 9-29　压剪试验模型 3 的最终变形破坏图(法向荷载 105kPa)

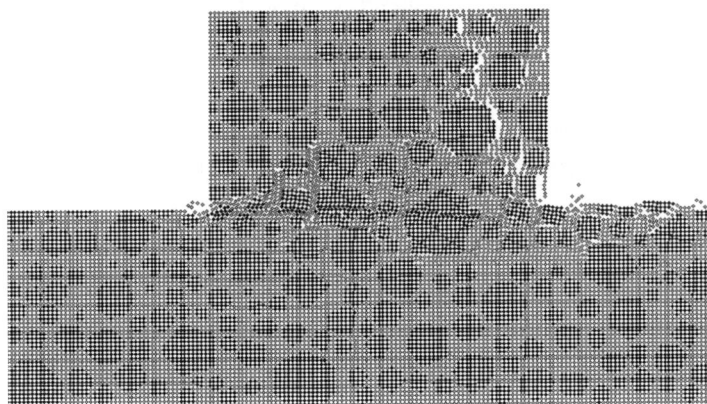

图 9-30　压剪试验模型 3 的最终变形破坏图(法向荷载 70kPa)

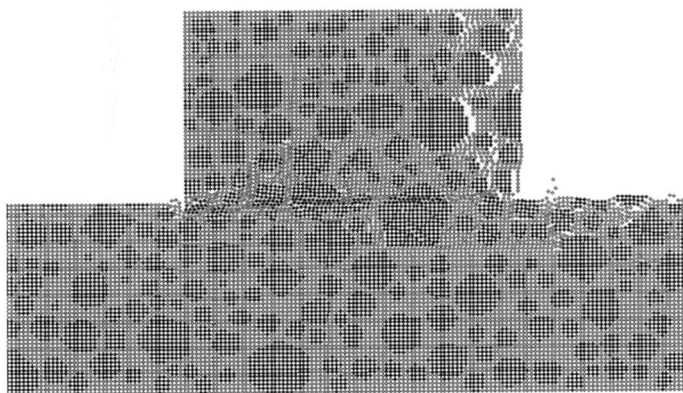

图 9-31　压剪试验模型 3 的最终变形破坏图(法向荷载 35kPa)

(2) 在含石率达到 40% 的情形下,已经可以观察到在结构面附近土体与岩石相互作用形成的结构体开始起作用,在剪切面附近土体与岩石挤压紧密来共同抵抗剪切荷载。这通过应力-位移关系曲线也可以反映出来,虽然这个时候沿剪切向位移较大,但剪应力还是在不断上升,而这恰恰是结构效应所带来的影响。

(3) 在含石率达到 50% 的时候,在变形破坏图中明显可以看到试件中部由于左侧剪应力而导致产生的土体与块石挤压密实形成的结构体在抵抗剪切荷载,而且还有一个重要的现象是剪切面由于结构效应所带来的影响而向试件底部面以下发展,最终沿试件底部面以下某个弱面形成,这也是导致剪应力大幅度上升的主要原因。

(4) 尽管含石率不同,土石混合体的变形破坏特征有所差异,但土石混合体颗粒流模型破坏后均可明显分为三个变形破坏区、试样左部土体的压密区;试样右部土体的拉伸破坏区以及试样底面附近的剪切破坏区。这也反映出土石混合体材料在受压剪作用下材料的破坏形态。试件左侧由于紧靠加载墙体,压应力最先传递到这个部位,所以在土体中存在压密区;试件右侧由于整个试件向前推进,而上部加载墙体限制其变形,从而产生了拉伸力,每个试件的右侧均由于拉裂而发生垮塌现象,这与现场试验所观察到的现场吻合。同时可以看到法向荷载的大小对垮塌的范围有影响,但影响较小。整个试件在右侧的拉断部位均沿着土体与块石的接触部位断开。

(5) 试件底部所形成的剪切面受到土体中块石的影响,而且通过观察可以发现含石率越高,对剪切面形成的影响越大。

通过以上分析可以发现,土石混合体与均质土体的变形破坏相比已经产生了较为明显的变化,特别是反映在剪应力-位移曲线上的变化就更为明显,整个曲线的形状产生了较为明显的变化,最为明显的特征是在弹塑性变形后由于土石混合体内部结构特点而导致产生的一段剪应力不断发生变化。这主要是在剪切面形成后土体与岩石之间交错挤压所引起的,也正是土石混合体结构效应所引起的。

9.3　推剪试验的颗粒流离散元分析

9.3.1　数值模型的建立

与第 4 章的原位试验相对应,在这里也对土石混合体在推剪力作用下所表现出来的力学行为进行数值模拟。考虑到建立模型的复杂性,在这里只建立了模型高度为 40cm 情况下含石率不同的力学分析模型。首先根据现场推剪试验的情况将其简化为土石混合体二维力学分析模型,具体力学分析模型以及尺寸如图 9-32 所示。

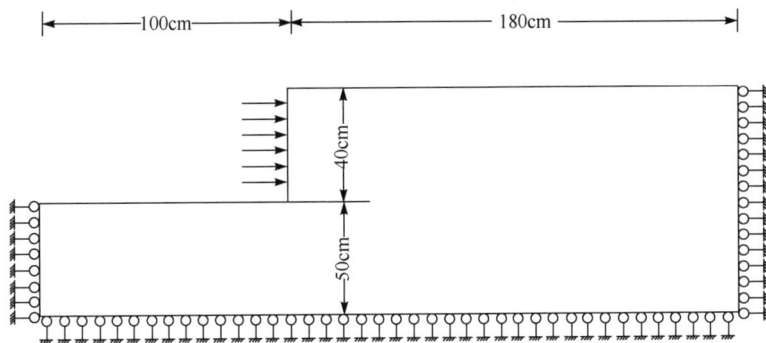

图 9-32 土石混合体推剪试验受力模型图

根据随机结构模型自动生成技术与原位试验模型的块石含量、形状与大小等统计信息,可以生成土石混合体压剪试验的二维计算模型;考虑到与现场推剪试验进行对比分析,这里建立了含石率为 30% 与 50% 的土石混合体压剪试验模型,其结构如图 9-33 与图 9-34 所示。

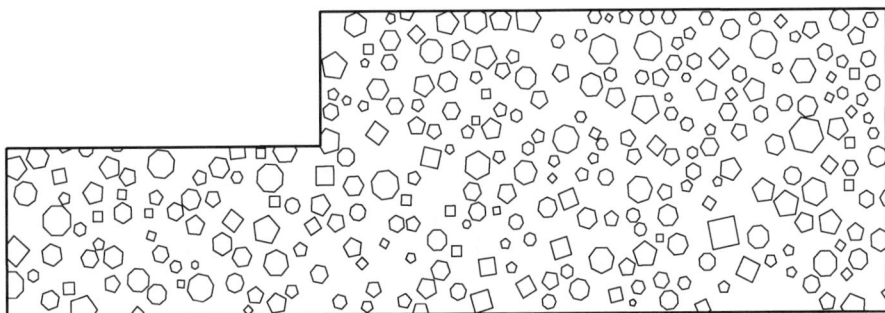

图 9-33 土石混合体推剪线框模型 1(含石率 30%)

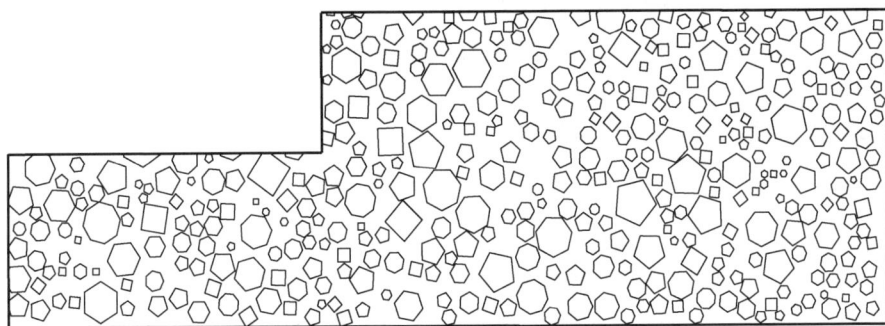

图 9-34 土石混合体推剪线框模型 2(含石率 50%)

　　根据推剪试验受力模型的具体尺寸建立由颗粒单元组成的相应尺寸的推剪试验模型,采用 FISH 语言编写相应自动生成程序,循环计算空间中颗粒单元的中心位置,在每个中心位置生成给定半径的颗粒单元,直到完成整个推剪模型的建立。

　　采用在前面已经介绍过的单元识别的方法,在 PFC3D 软件中采用 FISH 语言对块石范围内的单元号进行识别,将土体范围内的单元号与组成块石的单元号区分开来进行分组处理,这样就可以对整个土石混合体模型进行分组,从而建立起土石混合体的颗粒单元离散元推剪计算模型,如图 9-35、图 9-36 所示。模型 1 的含石率为 30%,模型 2 的含石率为 50%。

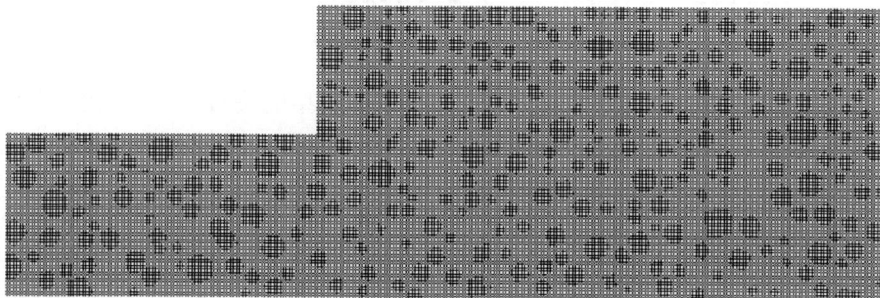

图 9-35　土石混合体颗粒流单元推剪模型 1(含石率 30%)

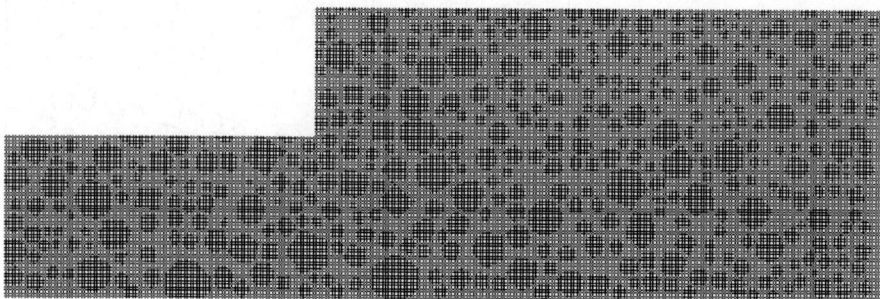

图 9-36　土石混合体颗粒流单元推剪模型 2(含石率 50%)

9.3.2　推剪试验计算结果及其分析

9.3.2.1　推剪应力-位移曲线分析

　　推剪试验的数值计算过程中,对推剪应力与墙体位移进行监测,并得到推剪应力-位移关系曲线。图 9-37 与图 9-38 分别为土石混合体推剪所得到的推剪应力-位移关系曲线。

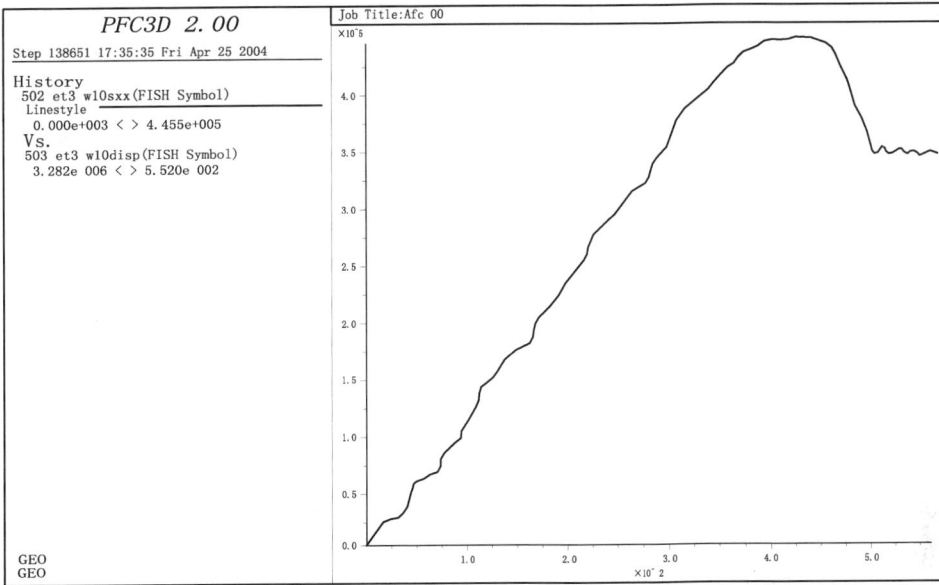

图 9-37　推剪模型 1 的推剪应力-位移关系曲线(含石率 30%)

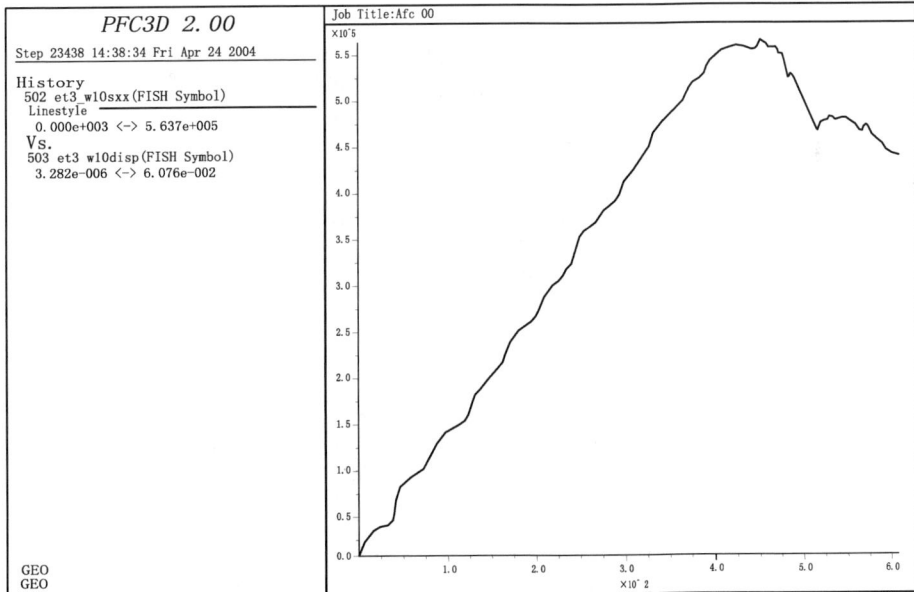

图 9-38　推剪模型 2 的推剪应力-位移关系曲线(含石率 50%)

土石混合体的水平推剪数值试验所得到的应力-应变曲线形状与前面现场试验对比可以发现,数值试验的应力-应变曲线上只是产生了很小一段塑性变形。这主要时由于颗粒流单元模型中由于假设颗粒流单元为刚性体,只是在颗粒与颗粒之间的接触点产生小变形,所以导致整个材料在挤压作用的过程中沿水平方向的应力-应变关系接近于弹性变化,只是在接近峰值时有一小段塑性变形。之后剪切面贯通导致应力值下降,所以这是颗粒流模型本身的特点造成的计算结果与试验结果之间的差别。

通过应力-应变曲线反映出来的峰值应力大小与前面现场试验结果较为吻合,同时整个应力-应变曲线的发展阶段也较为吻合。首先是弹塑性变形,剪切面贯通后到达峰值应力。之后应力值开始下降,试样沿推剪面破坏。最终会保留有一定的残余强度。

9.3.2.2　推剪模型的变形破坏特点分析

图 9-39 与图 9-40 所示的变形破坏图表明,土石混合体在受到水平推剪力作用时,推剪侧土体受到严重挤压而密实,推剪面附近的砾石由于推剪力作用而剪断,施加推剪力一侧的砾石由于挤压而变形,有的导致破裂,这在试验现场也可以看到。推剪过程中,推剪面附近的块石会阻碍推剪面的形成,导致剪切基本上沿着块石之间的土体发展,通过上面的变形破坏图也可以看到,砾石之间的土体由于推剪作用而变形。

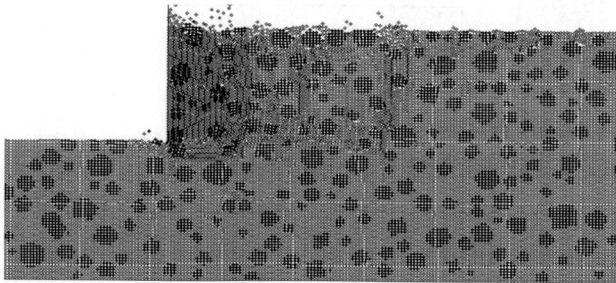

图 9-39　推剪模型 1 的变形破坏图(含石率 30%)

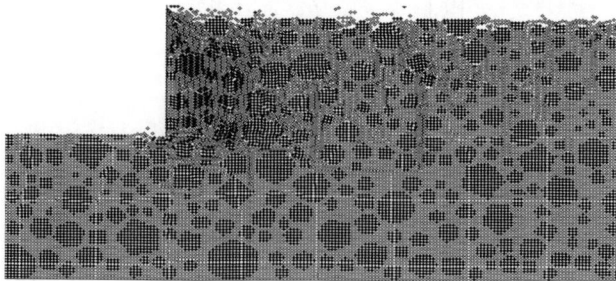

图 9-40　推剪模型 2 的变形破坏图(含石率 50%)

9.4　推剪试验的有限差分分析

9.4.1　数值模型的建立

考虑到土石混合体原位推剪试验的离散元模拟仍难以模拟大的试验模型,这里采用有限差分 FLAC3D 程序以原位试验实际尺寸模型的数值分析。该试样的原位推剪试验方法与第 4 章所用方法一致,只是试样尺寸略有不同。试验试样尺寸为 $90cm \times 60cm \times 30cm$,含石率较高,达到 54%(体积分数)。其数值模型的建立方法与前文基本一致,首先根据现场推剪试验的情况将其简化为土石混合体二维力学分析模型。模型计算范围包括了土石混合体试件及其周围边界,长 2.4m、高 1.1m。整个模型仍是利用随机结构几何模型的生成,被网格化为 18000 个结点和 17393 个单元,如图 9-41 所示。根据现场试验的边界约束和加载条件,模型的左右两侧固定水平位移,底部固定垂直位移;在试件表面分步施加位移载荷。

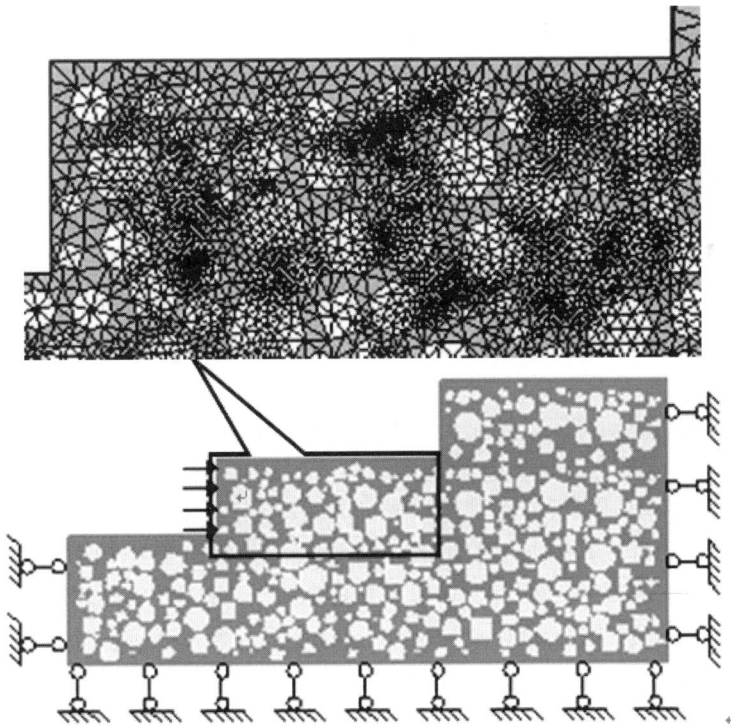

图 9-41　推剪模型 2 的变形破坏图

模型由块石和土体两种介质组成，块石的体积分数与现场原位试样一致。鉴于试样中块石与土有较强的钙质胶结，本次计算未考虑土与块石之间的不连续变形界面。土石混合体中的土体与块石分别被假设为服从莫尔-库仑屈服准则的理想弹塑性材料。模型中土体与块石的力学参数由相应室内试验获得，如表 9-2 所示。

表 9-2　土石混合体数值模型中的土体与块石的力学参数

力学参数	土体	块石
容重，ρ/(kg/m)	2200	2700
体积模量，K/MPa	25	3000
剪切模量，G/MPa	15	2100
内聚力，C/MPa	0.03	0.6
内摩擦角，ϕ/(°)	24	40
抗拉强度，σ_T/MPa	0.02	0.5

9.4.2　原位试验与数值模拟结果分析

9.4.2.1　原位试验结果分析

这里首先简单介绍一下原位试验的结果，主要包括剪应力与位移曲线和变形破坏等土石混合体力学特性。由图 9-42 所示的试验曲线可见，在水平推剪过程中，土石混合体出现明显的应力屈服和塑性流动特征。由于土石混合体物质组成的多相性和结构的不均匀性，其变形破坏具有与一般岩土体材料明显不同的特点。在屈服之前，土石混合体的变形特性仍是土体或土体与块石本身的材料特性；而当超过屈服点之后，无论含石率为多少，土石混合体的残余强度并无明显降低，即表现出显著的塑性流动特征。这是由于虽然作为胶结质或充填物的土体结构在屈服后已基本破坏，但随之又形成新的交错结构，土石混合体的整体结构性尚未丧失，故其承载力没有明显降低。当试件变形过大时，土石混合体的整体结构丧失，试件完全破坏。由此可见，在塑性流动阶段，土石混合体变形属结构效应而非材料特性。这些现象均表明，剪应力较小时，主要是土体受力；随剪应力的增加，土体逐渐被压密并首先屈服，表现为第一次屈服。这时块石逐渐相互接触，块石的骨架作用被加强，试样受力主要由相互支撑的块石承担，表现为应力-应变曲线再次上升或斜率变陡。因此，与土体相比，土石混合体具有更复杂的力学特性。这种复杂性主要来自于在变形破坏过程中，土石混合体的结构在不断调整。

图 9-43 是试样破坏后的破坏断面实测图。在水平推剪状态下，土石混合体仍为剪切破坏形态，但其剪切面与均质土体的圆弧破裂面不同，破裂面起伏较大，局

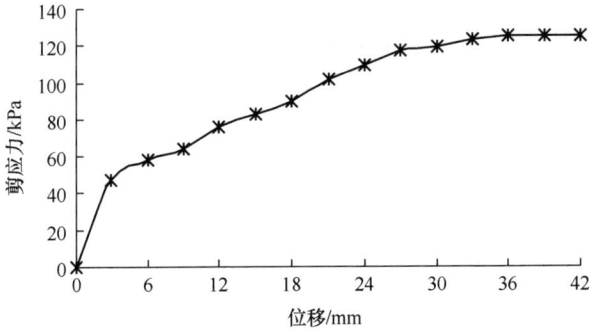

图 9-42　土石混合体原位试验剪应力与位移曲线

部受破裂面上块石的控制。土石混合体的剪切破坏面大多绕过块石产生于土体中,但在局部也有部分小块石被直接剪断,致使剪切面呈不规则形态。

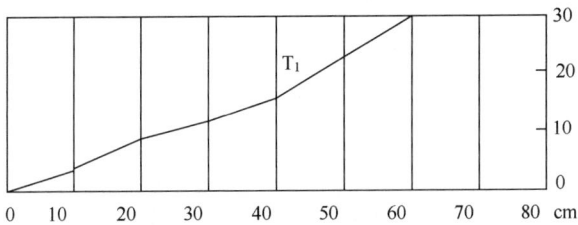

图 9-43　土石混合体原位试验破坏断面

9.4.2.2　数值试验结果分析

根据上述数值计算模型,利用 FLAC3D 有限差分程序,对图 9-41 所示的试样在水平推力作用下的应力-应变特性进行数值计算。图 9-44 是水平剪应力与水平位移的计算曲线。为与实测结果对比,图中位移是试件端部的水平位移,剪应力是试件端部单元的平均水平应力,图中也给出了试样的原位试验结果。

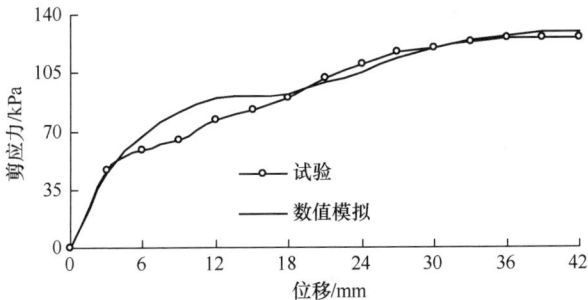

图 9-44　原位试验与数值试验剪应力与位移曲线对比

　　由图 9-44 可见,基于随机结构的数值模拟结果与原位试验结果在试件受力变形的总体趋势上是一致的。二者局部略有差别,这可能是原位试验实际上是三维试体,而数值模拟将其简化为平面应变问题所引起。这表明本书建立的土石混合体随机结构模型在一定程度上能较好地反映这种地质材料的力学特性。

　　在数值计算中,虽然模型中的土体与块石分别被假设为理想弹塑性材料,然而,由这两种介质组成的土石混合体的力学行为却较为复杂,并未呈现典型的理想弹塑性变形特征。在剪应力约 90kPa 时,试件出现第一次屈服,在这之前表现为明显的非线性变形特征。在初次屈服后,表现为应变强化特征。当应力达到130kPa 时,出现第二次屈服,直至试件破坏。如前所述,初次屈服后的应变强化现象实际是土石混合体的结构效应。

　　图 9-45 给出了数值计算获得的试件破坏时的塑性滑移线。在加载过程中,当应力低于初次屈服点时,模型内基本没有塑性区产生。当应力接近初次屈服点时,首先在土单元内出现零星的塑性和拉破坏单元。随剪应力的逐渐增加,破坏单元增多,并沿二条滑移线聚集,最终形成两条贯通的塑性滑移面 OA 与 OB。其中,滑移面 OB 与试验的滑移面吻合较好(图 9-43),这也表明本书建立的随机结构模型能较好地模拟土石混合体的变形破坏现象。

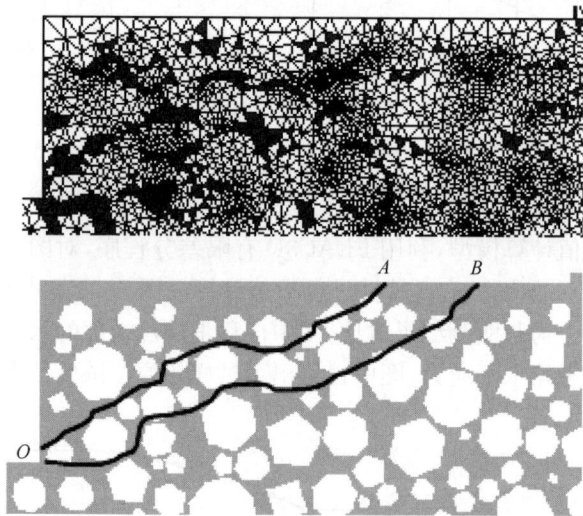

图 9-45　原位试验与数值试验剪应力与位移曲线对比

　　由图 9-45 还可看出,由于土石混合体是由土与块石组成的二相介质,而土与岩石的变形模量和强度相差很大,塑性区大都绕开块石在土体中发展,但在局部也出现直接剪断小块石的现象。这与野外剪切试验结果是完全相符的。由于塑性区绕块石发展的特点,致使土石混合体的破坏面呈不规则曲面形态,其结果将使土石混合体的内摩擦角比土体显著增大。上述现象与均质土体试件的破坏形态明显不同。

对于土石混合体这种复杂的地质材料,基于随机结构模型的数值仿真方法,不但能反映其在简单应力状态下的变形与强度特性,而且,可以进行不同应力状态下的数值试验,揭示其变形破坏的发展演化过程,这是原位试验所难于实现的。

9.5 本 章 小 结

本章主要针对前面对土石混合体所做的物理模拟试验进行了计算研究,发现计算结果与物理模拟试验结果具有很好的一致性,主要得出如下几点:

(1)与前面的物理模拟试验相对应,计算所得到的应力-应变曲线在峰值前后很宽的范围内几乎呈水平发展,充分说明了土石混合体既具有较高的承载能力,又具有很大的变形性。

(2)相同体积的试样中含有的块石数量越多,其单轴抗压强度也越大,且含有正四边形块石的试样比含有圆形块石的试样表现出的强度更大。

(3)土石混合体的应力-应变关系与均质土体相比其初始弹性模量明显增大,接近峰值强度时由于块石之间以及块石与上下钢板之间的土体在高压应力作用下挤压产生的塑性流动导致,同时应力值提升幅度很小,峰值强度后应力值下降非常缓慢。这些现象与物理模拟试验中所观察到的现象也基本一致。

参 考 文 献

[1] 中国科学院地质研究所. 工程地质力学研究. 北京:地质出版社,1985.

[2] 李振,李鹏. 粗粒土直接剪切试验抗剪强度指标变化规律. 防渗技术,2002,8(1):11-14

[3] 石金良,刘麟德. 砂砾石地基工程性质. 北京:水利电力出版社,1991.

[4] 中国计划出版社. 建筑地基与土工试验标准规范汇编. 北京:中国计划出版社,1995.

[5] 周健,池永. 砂土力学性质的细观模拟. 岩土力学,2003,24(6):901-906.

第 10 章　土石混合体细观变形破坏的 CT 试验研究

当前土石混合体细观结构力学特性研究的一个难点就是可视化问题,如何表征加载过程中土石体内部细构结构的非线性变化,如损伤开裂、块石的运动、孔隙结构变化等是从根本上认识土石体变形破坏机制的根源所在。王宇等[1]提出了土石混合体计算细观力学的概念,指出土石混合体开裂破坏的计算要综合考虑内部粗颗相块石的形态、空间分布、颗粒极配及含石率等结构特性,同时还应考虑细粒相土颗粒集合体结构和强度特性以及土石界面的发育特征。然而,数值模拟过程中细观力学参数的选取是影响计算结果的决定性因素,计算过程中网络的划分及单元的选取同样会得出不同的计算结果,一些关键问题有待于深入研究;另外,基于数码图像分析的计算模型的建立,只能得到土石混合体材料可视块石的分布,试样内部块石的随机分布特征是未知的,打开土石体内部的黑箱,使试样内部土石相互作用的结构形态像玻璃一样透明可见,是真正解决土石混合体细观变形破坏机制的所在。作者认为,开展土石混合体局部损伤变形特征的细观实时试验是下一步研究的重点,分析和探索土石混合材料在一定应力状态下裂纹的萌生、扩展、汇集至破坏的演化过程,从细观层次上探索裂纹的演化规律,这无疑可以为认识滑坡地质灾害现象的发生机制、开拓土石坝稳定性预测新方法等提供可靠的依据。细观试样尺度应当从宏观室内试样小到颗粒间及颗粒内(inter-and intra-grain)尺度,只有充分认识土石混合体内部粗细颗粒的细观组织结构,认清荷载作用下试样内部块石的运动规律、土石开裂特征及孔隙结构演化才能正确掌握土石混合体的宏观力学特性及变形规律。

土石混合体作为一种典型的两相颗粒材料,由粗粒相和细粒相组成,颗粒材料表现出与单个颗粒相互接触作用相关的多尺度行为,对于变形破坏过程中粗细颗粒之间及细颗粒内部表现出的变形破坏特征,当前还没有开展过系统的专门研究。在应力作用下,颗粒结构引起复杂的、与应力有关的不同力学响应及变形规律,多表现为局部各向异性的变形破坏现象。已存在的各种模型方法用来描述颗粒材料的力学特性,包括高阶连续介质方法,如应变局部化、离散元模型等尝试着从颗粒尺度模拟颗粒系统等。然而,这些模型需要在适当的尺度,由试验结果提供表征控制颗粒材料力学响应的描述,提供模型正确的输入参数。遗憾的是,传统的试验方法不能为细观模型提供必要的数据,更不能建立由宏观到细观的定量关系,它们能提供的信息仅局限于宏观尺度上的响应,不能提供材料内部结构演化及变形力学特征上的信息,如剪切带的发展、单个颗粒的运动及岩土介质损伤开裂等。近十年来,X 射线断层成像技术被用于分析天然岩石材料的三维颗粒分布和孔隙分布,已经呈现出大量的研究成果[2-5]。除了天然岩石材料外,X 射线断层成像技术同样被应用于类岩石材料,如灰泥和混凝土[6,7]。不少学者在将 X 射线 CT 技术用于分析岩土类材料的损伤、裂纹等方面提出了许多定性[8]或定量[9]的关系描述方法,对材料细观结构和裂纹演化起到了积极的推动作用[10]。然而,将 CT 技术应用于土石混合体材料的研究却很少。本章将开展单轴条件下土石混合体的 CT 扫描试验,作者利用自行设计的简单加载装置和高能量工业 CT 系统,采用宏观试验和 CT 细观试验相结合的手段,重点分析不同感兴趣区域的 CT 数变化,揭露土石混合体开裂萌生于土石结合裂隙,而后贯通于土体的细观力学机制;另外,采用基于阀值分割的数字图像的处理和识别手段,从 CT 图像中提取有关土石混合体的重要特征参数如面积、长度、分形维数等定量信息,以定量描述加载过程中裂纹展布的空间发展规律,揭示其细观破坏机理。同时,试图克服传统孔隙度计算中灰度阀值分割造成的不确定性因素,提出基于灰度水平的孔隙度计算方法,研究加载过程中试样内部孔隙的结构变化特征。在以上研究的基础上,引入基于 CT 数的损伤变量定义方法,对土石混合体单轴条件下的损伤规律进行探讨,建立土石混合体损伤演化方程和损伤本构方程。最后,基于 CT 的定位扫描原理,研究试样内部块石的运移规律,并建立内部结构变形与宏观变形的联系。

10.1　试验设备及方法

本书所采用的计算机断层 X 射线测试系统为中国科学院高能物理研究的 450kV 通用型工业 CT 试验机(GY-450-ICT)(图 10-1),其性能参数见表 10-1。单轴压缩试验的加载仪器采用数显式点荷载仪,并配以千分表读取加载过程中试样的轴向变形(图 10-2)。试验时所使用的试样为土石混合体重塑试样,重塑试样的制备方法同上文。本次试验共制备试样 10 个,设计试样含石率为 40%,其中土体为硬黏土,块石岩性为石灰岩,粒径 6～8mm(图 10-3)。因为粗集料的形态特征对土石混合体试样的宏观力学性能影响较大,一般来讲体积大力学强度越大,因此,很有必要对制样时采用的块石的形态特征进行描述,将块石形态加权量化处理。块石的形态特征加权指标分别为:①轮廓性指标。针度 1.1274,扁平度 0.841,形态因子 0.943,球度 0.873;②棱角性指标。凸度 0.872,棱角性 0.988。重塑土石混合体试样的制备分三层击实,试样锤击数根据击实曲线确定最佳锤击数为 20次,击实后土体的干密度为 2.01g/cm³,块石密度 2.55 g/cm³,由干密度和含水率曲线确定最优含水率为 8%。为保证点荷载仪加载的可行性,CT 试验将 5 个试样用于单轴压缩强度测试,加载速度保持基本恒定,从开始加载到破坏历时 20min,等效加载速率为 0.08mm/s,测试得平均单轴抗压强度为 3.62MPa。CT 试验的扫描范围为从顶部到下部 50mm 分层扫描,层厚 2mm(图 10-4),应力-应变与扫描次数的关系见图 10-5。书中定义的荷载水平指当前加载应力与峰值应力的比值,即 $k = \sigma_i / \sigma_f$。

表 10-1　450kV 通用型工业 CT 的系统性能指标

项目	指标
有效扫描口径	ϕ800mm
有效扫描高度	1000mm
射线穿透最大厚度	等效 50mmFe
工件最大质量	200kg
空间分辨率	4lp/mm(最佳)
透视相对灵敏度	1‰(10mmFe 后)
密度分辨率	0.1%(3σ)
扫描层厚	0.13mm
扫描时间/每层	最快 1min
图像重建时间	30s
气孔分辨能力	ϕ0.3mm
夹杂物分辨能力	ϕ0.1mm
裂纹分辨能力	0.05mm×15mm
工作台平移定位精度	±0.02mm
工作台旋转定位精度	±5 角秒

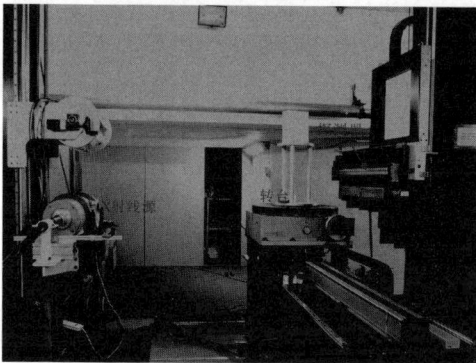

图 10-1　450kV 射线源工业 CT 试验机

图 10-2　土石混合体试样加载装置

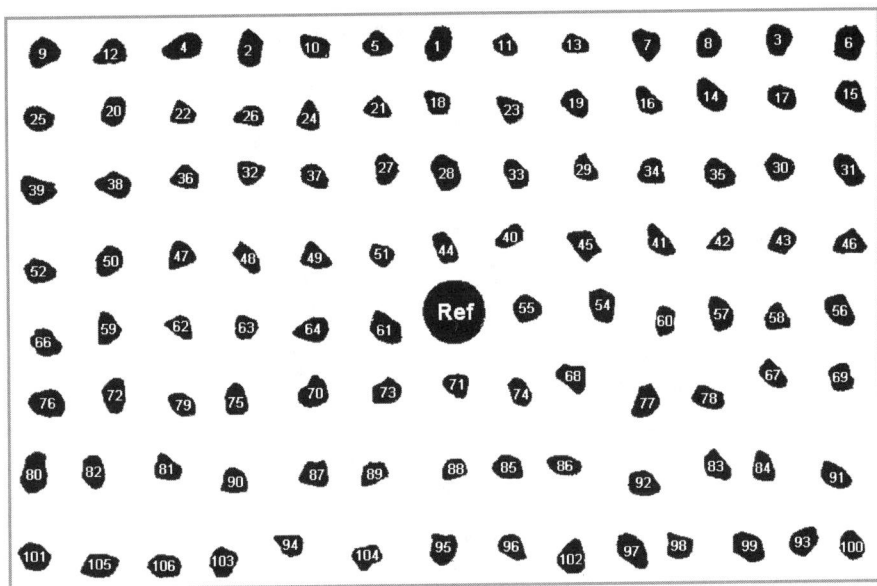

图 10-3　土石体试样中块石形态特征提取

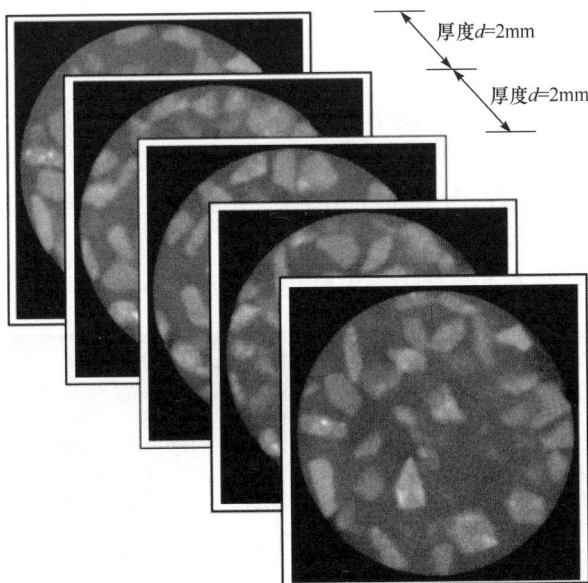

图 10-4　CT 扫描横截面图像图

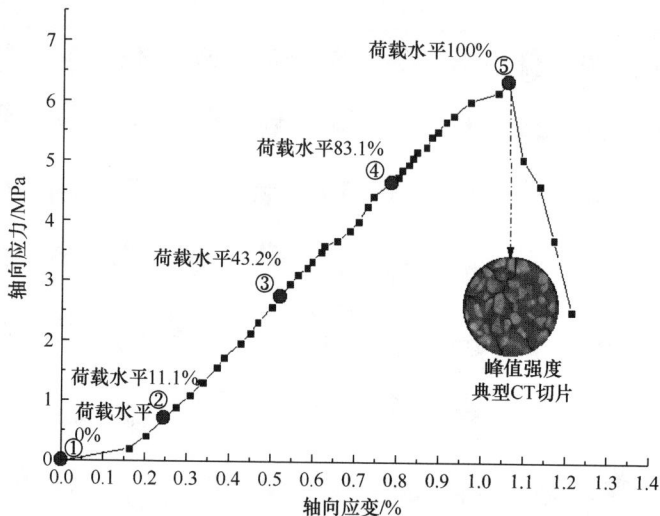

图 10-5　典型应力-应变曲线

10.2　损伤扩展的 CT 试验分析

10.2.1　设计含石率标定

　　前文对试样的制备进行了简单的描述,设计试样含石率为 40%。为了进一步说明试样制备的可靠性,结合 CT 图像对含石率进行统计。由于篇幅限制,仅给出 8 层切片的块石统计图件(图 10-6),由图像分割获得块石轮廓并对块石进行编号。去除第 1 层和第 50 层,统计 48 层的质量含石率平均值为 39.25%,体积含石率为 37.72%,与制样结果基本吻合(表 10-2)。

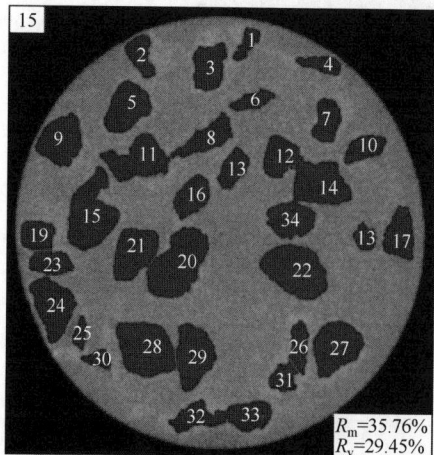

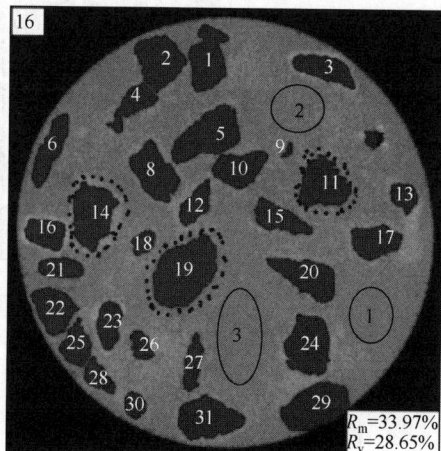

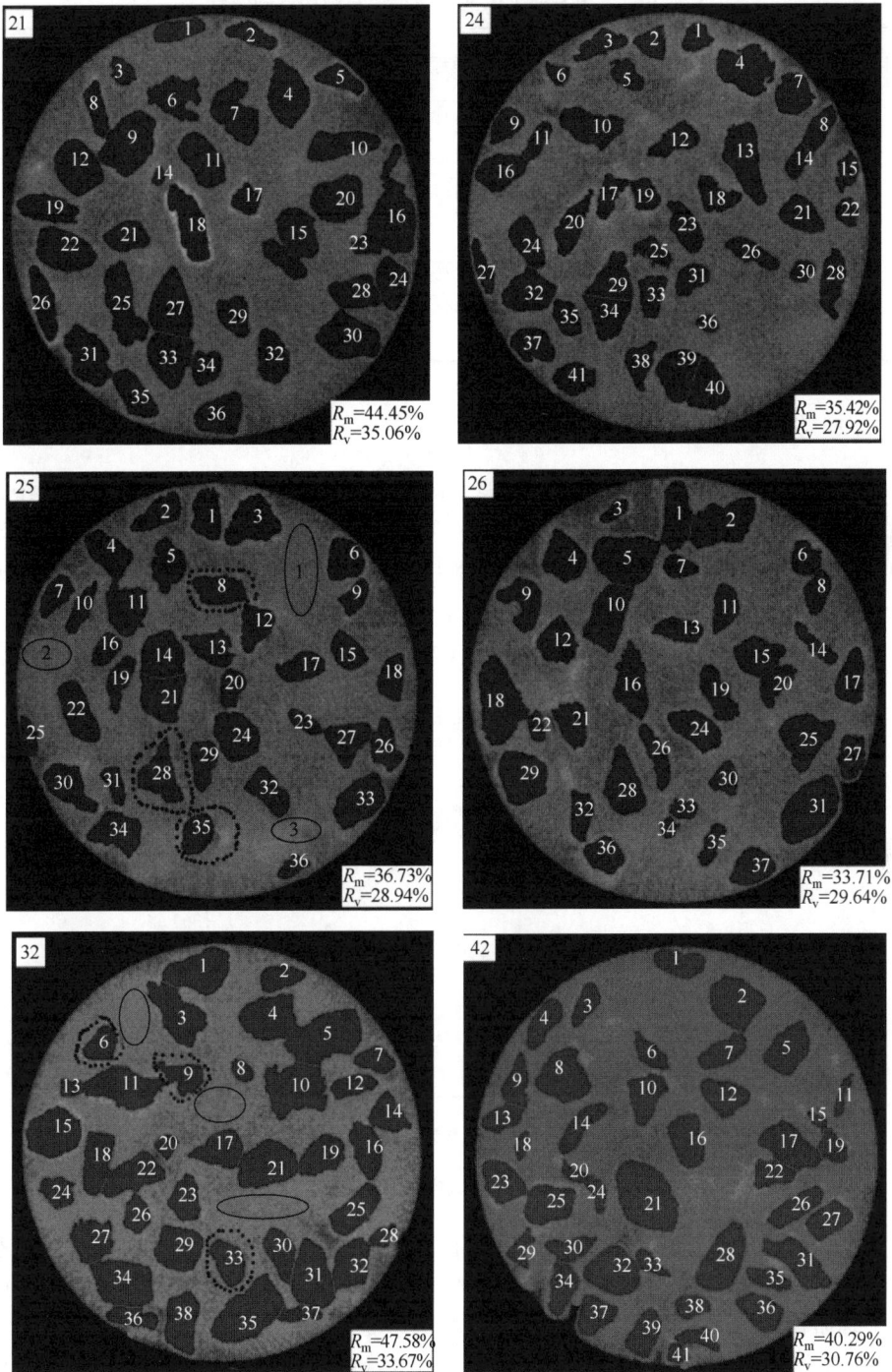

图 10-6   土石混合体试样切片块石形态结构提取

表 10-2 土石混合体部分切片块石结构参数统计

切片编号	针度	扁平度	球度	棱角性	块石数/个	土/石密度/(g/cm³)	体积含石率/%	质量含石率/%
15	1.132	0.832	0.773	0.924	30	2.01/2.55	29.45	35.76
16	1.114	0.842	0.735	0.882	31	2.01/2.55	28.65	33.97
21	1.173	0.856	0.802	0.946	36	2.01/2.55	32.06	44.45
25	1.271	0.903	0.806	0.911	35	2.01/2.55	28.94	36.73
26	1.266	0.884	0.791	0.907	37	2.01/2.55	30.47	41.73
32	1.219	0.825	0.774	0.924	37	2.01/2.55	33.67	47.58
42	1.223	0.792	0.772	0.892	41	2.01/2.55	30.76	40.29

10.2.2 损伤开裂的 CT 数分析

CT 分辨单元上的 CT 数本身代表了特征微元体及其特征参数,对其进行统计描述为试样开裂细观机理的分析问题提供了一条好的途径,随后定义基于 CT 数的损伤变量,或者对具有相似性质单元做归并处理进行分区描述,便可以实现细观向宏观参数的自然量化和过渡。本次 CT 试验扫描层数为 50 层,(试样 CT 数定义为各扫描层 CT 数的均值(第 1 层和第 50 层不作 CT 数的统计)与应变的关系见图 10-7。

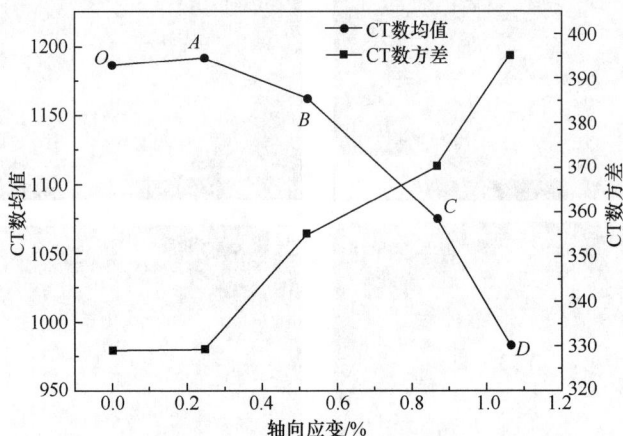

图 10-7 加载过程中试样 CT 数与应变的关系

从图 10-7 可看出,土石混合体试样在压缩过程中,峰前曲线大致经历了微裂纹压密阶段 OA、线弹性阶段 AB、土石结合裂隙萌生阶段 BC、土体开裂扩展贯通到破坏阶段 CD。各阶段的细观损伤扩展情况如下:

(1) 微裂纹压密阶段 OA,应变为 0.7%,各扫描层有轻微的压密变化,试样的 CT 数有所上升,由 1186.00526 上升到 1191.84947,但变化不大。

（2）线弹性发展阶段 AB，应变为 2.74%，该阶段试样 CT 数均值基本不变，方差变化也很小，微裂纹闭合后，应力-应变呈线弹性关系。

（3）土石结合裂隙萌生阶段 BC，应变为 5.76%，从整体看土石结合裂隙有所损伤，试样整体 CT 数下降，为 1074.81753。

（4）土体开裂扩展局部变形快速发展阶段 CD，应变为 1.06%，整体 CT 数均值下降剧烈，为 982.20，此时试样整体的方差不断增大，试样的各向异性明显增强，局部变形快速发展至破坏。

10.2.3　试样的扩容特征分析

试样的扩容分析采用不同扫描层位、不同加载阶段试样的横截面面积变化情况来反映，分别取试样上、中、下三段各二层的切片面积变化量。从表 10-3 中可看出，试样中部扩容现象要明显大于上部和下部，中部块石在试样中的运动（平动和转动）要更加剧烈。在第 5 次扫描时，试样的面积增加量达最大，此时试样内部结构的变化不但有块石运动的贡献，同样裂纹的形态对横截面面积的影响也很大。

表 10-3　土石混合体试样 5# 单轴压缩扩容分析

扫描次序	第 12 层 $\Delta s/\text{cm}^3$	第 17 层 $\Delta s/\text{cm}^3$	第 22 层 $\Delta s/\text{cm}^3$	第 25 层 $\Delta s/\text{cm}^3$	第 36 层 $\Delta s/\text{cm}^3$	第 42 层 $\Delta s/\text{cm}^3$
1						
2						
3			21.04	20.88		
4	37.23	34.53	33.79	12.05	29.31	41.11
5	96.23	87.76	89.02	115.02	122.72	86.45

分析试样中部第 25 扫描层，计算 4 个扫描阶段的径向应变分别为 $\varepsilon_{3A} = 0.0977\%$，$\varepsilon_{3B} = 0.8378\%$，$\varepsilon_{3C} = 1.9549\%$，$\varepsilon_{3D} = 3.1538\%$；体积应变分别为 $\varepsilon_{VA} = 0.0455\%$，$\varepsilon_{VB} = 1.156\%$，$\varepsilon_{VC} = 3.043\%$，$\varepsilon_{VD} = 5.242\%$。

10.2.4　ROI_CT 数特征分析

为了进一步揭示荷载作用下土石混合体试样的开裂破坏细观机理，对土体 CT 数及块石包裹体感兴趣区域的 CT 数变化情况进行统计描述，选取第 16 层、第 25 层和第 32 层为研究层位。第 16 层选取块石包裹体区域 11、14 和 19，并选择三块土体感兴趣区域；第 25 层位选取块石包裹体 8、28 及 35 及三块土体区域为感兴趣区域；第 32 层选取块石包裹体区域 15、19 和 33，同样选取三块感兴趣土体区域。块石包裹体编号见图 10-6，不同层位、不同感兴趣区域的 CT 数均值及方差变化情况见表 10-4～表 10-6。

表 10-4　第 16 层 CT 切片感兴趣区块石包裹体与其临近土体区 CT 数均值和方差分析

应变/%	包裹体 11 (58.82cm²)		包裹体 14 (61.63cm²)		包裹体 19 (77.12cm²)		土体 1 (34.56cm²)		土体 2 (25.51cm²)		土体 3 (71.71cm²)	
	均值	方差	均值	方差	均值	方差	均值	方差	均值	方差	均值	方差
0	1426.22	226.13	1588.71	287.7	1511.65	266.38	0	1426.22	1157.17	94.43	1186.62	95.96
0.2455	1430.53	223.09	1590.14	284.6	1521.07	262.57	0.2455	1430.53	1159.65	92.57	1188.97	94.03
0.5195	1247.52	230.47	1495.92	286.01	1338.25	254.36	0.5195	1247.52	1119.42	92.5	1113.66	97.85
0.8665	1116.64	233.25	1400.82	290.01	1215.86	262.86	0.8665	1116.64	1082.06	95.04	1036.9	108.02
1.0615	1033.04	258.37	1306.02	372.87	1117.88	294.34	1.0615	1033.04	840.72	98.42	865.83	141.09

表 10-5　第 25 层 CT 切片感兴趣区块石包裹体与其临近土体区 CT 数均值和方差分析

应变/%	包裹体 8 (58.82cm²)		包裹体 28 (61.63cm²)		包裹体 35 (77.12cm²)		土体 1 (34.56cm²)		土体 2 (25.51cm²)		土体 3 (71.71cm²)	
	均值	方差	均值	方差	均值	方差	均值	方差	均值	方差	均值	方差
0	1213.14	284.51	1072.52	244.88	1242.83	319.99	904.38	91.79	937.08	95.55	969.08	98.43
0.2455	1217.66	280.08	1074.35	241.22	1245.95	312.76	921.37	96.61	941.61	89.72	977.46	90.39
0.5195	1111.02	288.12	1023.23	241.85	1185.05	320.92	889.84	109.24	892.91	102.36	915.38	110.78
0.8665	1080.22	320.87	1011.64	257.12	1130.64	331.83	835.3	134.55	848.94	248.97	868.91	130.05
1.0615	1022.08	373.09	999.14	304.31	1008.9	359.77	804.6	157.77	723.01	231.68	805	161.89

表 10-6　第 32 层 CT 切片感兴趣区块石包裹体与其临近土体区 CT 数均值和方差分析

应变/%	包裹体 15 (58.82cm²)		包裹体 19 (61.63cm²)		包裹体 33 (77.12cm²)		土体 1 (34.56cm²)		土体 2 (25.51cm²)		土体 3 (71.71cm²)	
	均值	方差	均值	方差	均值	方差	均值	方差	均值	方差	均值	方差
0	1530.98	396.76	1247.5	216.65	1177.37	242.94	994.18	88.69	970.43	135.53	945.86	100.89
0.2455	1535.21	391.44	1250.2	212.07	1182.25	239.71	999.83	82.51	975.33	135.12	950.38	95.72
0.5195	1370.42	420.66	1169.53	209.74	1013.37	238.91	959.44	97.87	937.43	144.73	906.75	94.87
0.8665	1188.79	454.55	1105.52	236.35	939.64	254.01	922.52	115.77	877.19	155.82	1021.21	104.43
1.0615	982.61	500.74	1060.41	290.65	840.43	264.81	758.53	174.82	812.72	12.17	879.4	121.63

从表 10-4～表 10-6 可以看出,随着荷载的增大,首先试样先出现小幅度的微裂纹压密阶段,随后无论是包裹体区域还是附近土体的 CT 数均值都在减小,在达到峰值应变时,CT 数减小到最小;CT 数方差反映了试样加载过程中的各向异性和非均质性,试样在应变为 0.2455 时接触压密,整体 CT 数方差减小,随后不断增大至试件破坏。因为块石材料的密度相对恒定,其 CT 数在加载过程中并不发生变化,变化的仅是土体与块石的接触部位。为了更形象地对块石周围土体及块石附近的土体损伤情况进行对比,将不同荷载作用下的 CT 数进行归一化处理,比较加载过程中 CT 数变化的敏感程度。图 10-8 为第 16 扫描层位包裹体 11 和包裹体 9 及附近土体 2 和土体 3 的 CT 数均值归一化随应变的变化曲线。从曲线可以看出,块石周围土体在经历加密阶段后,CT 数均值下降较附近土体相比变化剧烈。这一现象说明,土石接合处是土石混合体试样最薄弱的部位,土体与块石的刚度相差甚远,试样的损伤最先发生于结合裂隙处,随后裂纹不断扩展交联至试样破坏,试样破坏后裂纹在土体中扩展,此时土体的 CT 数均值变得更加剧烈。

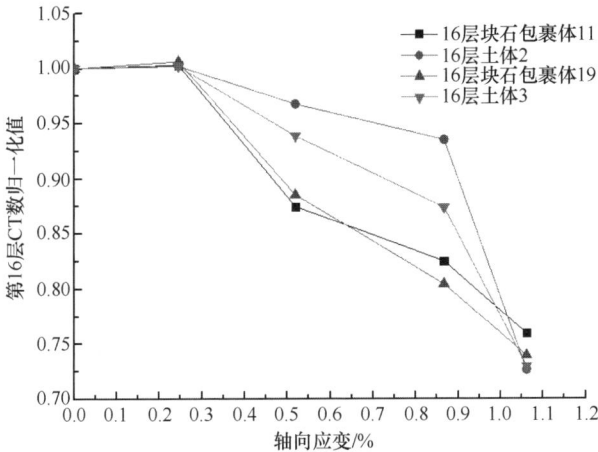

图 10-8　第 16 层块石包裹体及附近土体 CT 数变化

通过分析第 25 层包裹体 8 及附近土体 1、包裹体 35 及附近土体 35 同样可以发现(图 10-9),块石周围土体的 CT 数下降幅度要远大于土体,只有当块石周围的结合裂隙开裂后,裂纹才会向土体中扩展,从而导致试样的破坏。分析第 32 层的块石和附近土体同样可以得出类似的结论(图 10-10)。土石混合体试样的损伤主要体现为骨架特性,根本原因是土体与块石的弹性不匹配造成的,损伤的特征主要表现在结合裂隙和土体裂纹上,CT 数均值的变化可以较好地表达不同感兴趣的损伤。

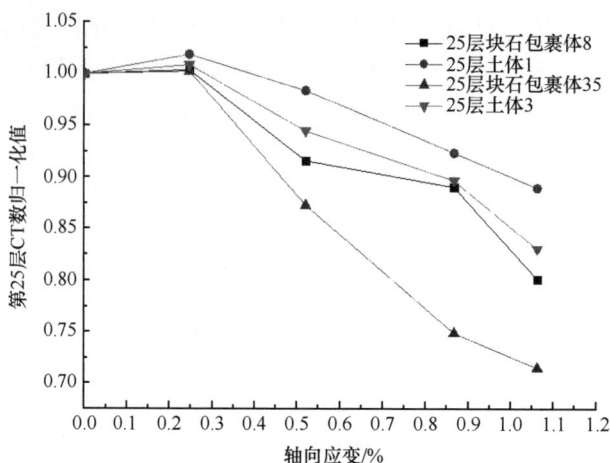

图 10-9　第 25 层块石包裹体及附近土体 CT 数变化

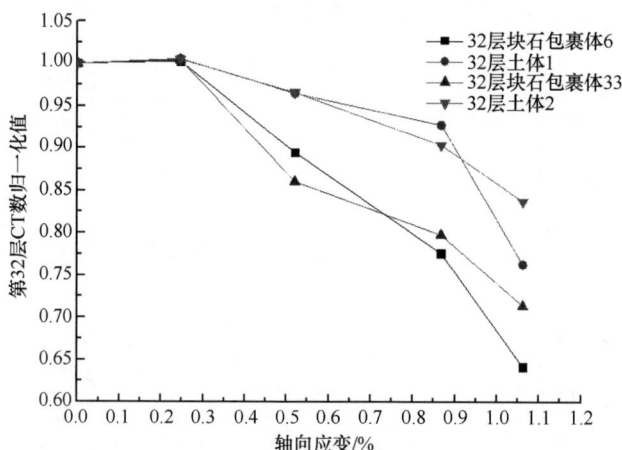

图 10-10　第 32 层块石包裹体及附近土体 CT 数变化

10.3　裂纹统计特征分析

10.3.1　裂纹参数的识别提取

　　土石混合体试样 CT 切片裂纹的提取采用阈值分割法。首先将 CT 试验机上扫描的图片通过 MATLAB 中值滤波处理,使图片变得更加柔和,去掉过于粗糙的部分,以便在进行灰度处理时减少噪点;其次,设定一个灰度阈值,使图片中高于或等于此值的灰度处理成纯黑色,低于此灰度值均处理成白色;最后采用优化算法去掉多余杂质,采用 IPP 程序对裂纹分割出来,自定义与 CT 图像相统一的标尺刻度,统计裂纹的特征参数。随机分布于土石体中具有不规则几何形状、分形特性和不同空间尺度的块石,要想对其在同一层次上进行定性或定量描述,借助数学形态学可更好地对岩土 CT 试验资料进行测量、描述和分析。在土石混合体 CT 试验的基础上,要想实现对岩土材料裂纹展布演化过程的定量化描述,揭示该过程的细观力学机理,并建立能反映这一过程的损伤演化方程和本构关系等目的,就得保证所提取数据对损伤体的相对尺寸有足够的敏感性和显著性;要实现细观向宏观的自然过渡,那么统计描述就得保证方法科学,且简单易行。CT 分辨单元上的 CT 数本身就代表了特征微元体及其特征参数,对其进行描述就解决了细观描述的问题,随后定义基于 CT 数的损伤变量,或者对具有相似性质单元做归并处理进行分区描述,这样多尺度的统计分析就可以实现细观向宏观参数的自然量化和过渡。本书主要分析峰值应力点处裂纹的形态特征,裂纹特征形态提取结果见图 10-11。

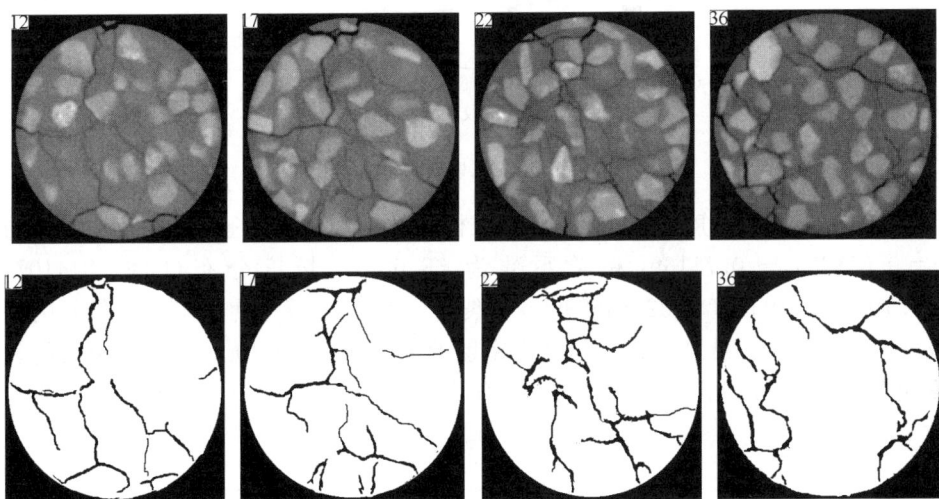

图 10-11　土石混合体试样 CT 切片裂纹特征形态提取

10.3.2　裂纹特征参数统计

本书仅对峰值点对应裂纹的特征参数进行统计,统计项目为各 CT 切片裂纹的面积、周长和宽度。

(1) 经统计,试样裂纹的面积服从幂函数分布,方程为 $y = 0.04547x - 0.4174$。面积最小值为 0.6714mm^2,面积最大值为 134.1152mm^2,裂纹的面积大小和块石的随机分布和形态密切相关。裂纹形成于块石表面,并逐渐沿块石表面或向土体区域偏转的扩展,进一步出现裂纹的分岔、相交、汇合及相互贯通等现象,直到试样破坏。从图 10-11 中裂纹的发展形态分析,裂纹可分为主裂纹和绕石次生裂纹,主裂纹主要在土体中贯通,次生裂纹多分布于块石的周围,沿主裂纹分岔。根据统计学原理,对取出的裂纹面积进行统计,裂纹面积在区间 [4.058, 4.982] 数量最多,为 12.07%。对裂纹的面积分布进行统计分析,得出面积的概率分布见图 10-12。

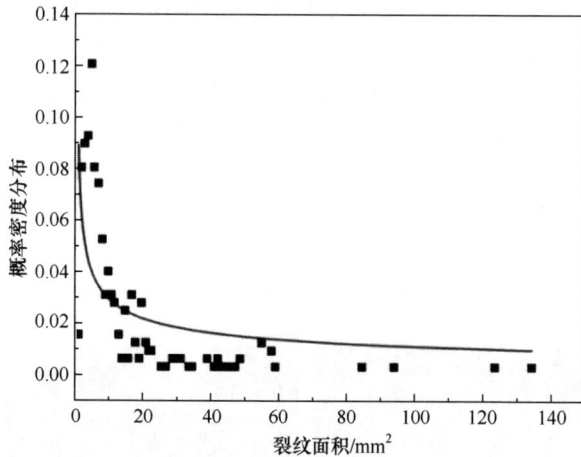

图 10-12　裂纹面积分布特征

(2) 对裂纹的长度进行统计分析,试样裂纹的长度服从幂函数分布,方程为 $y = 0.61839x - 0.71169$,相关系数为 68.63%。长度分布区间 [8.4107, 399.1033],其中长度为 32.84589mm 的裂纹分布最大,概率为 7.453%,较长的裂纹分布概率最少。从裂纹长度与概率密度的关系曲线(图 10-13)可知,裂纹的长度大多在 50～125mm 分布居多,拟合方程为 $y = 5.0e^{-4x} - 3.9842$,相关系数 70.02%。

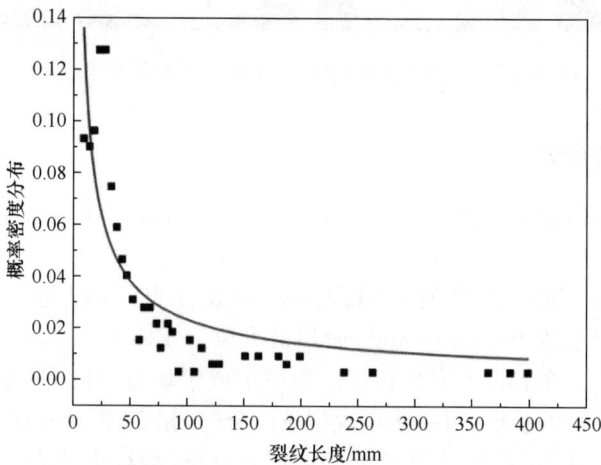

图 10-13　裂纹长度分布特征

（3）裂纹的平均宽度值的计算为面积除以长度。经统计知，分布区间 $[0.1958,0.8419]$，以宽度为 $0.27344mm$ 分布居多，统计概率为 17.081%，主裂纹的宽度多大于绕石次生裂纹的宽度，随着裂纹在土体中的扩展，绕石次生裂纹和主裂纹不断贯通，宽度又有增大的趋势。裂纹平均宽度服幂函数分布，拟合方程为 $y=5.0e^{-4x}-3.9842$，相关系数 84.72%，见图 10-14。

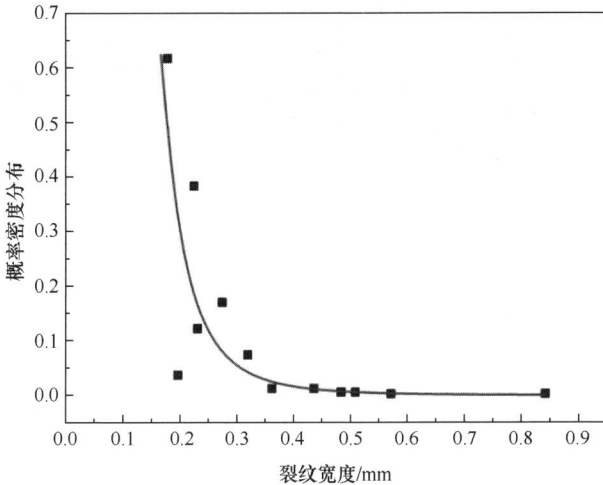

图 10-14 裂纹平均宽度分布特征

土石混合体试样在荷载作用下裂纹的萌生→扩展→贯通至破坏，原因归根结底是土体与块石的弹性不匹配。在较低的应力水平下，土石混合体界面处的差异变形引起土体与块石在接触面的差异滑动、块体的旋转及移动，引起土体接触面出现土的拉张破坏，从而土石结合裂隙便开始萌生，继而裂纹不稳定扩展，贯通于土体中。本书通过对块石包裹体及土体感兴趣区的 CT 数对比分析，发现在较低的应力水平下，包裹体中的 CT 数下降更为敏感、下降速率要高于土体，随后试样破坏时土体中的 CT 数下降更加剧烈。这一现象和作者的假设是相吻合的，正是由于块石和土体刚度的相差悬殊。结合裂纹是试样中最薄弱的部位，试样的损伤破坏发生于此。

土石混合体试样内部裂纹的提取针对的是宏观开裂展现出的裂纹，关于加载过程中的微裂纹并没有涉及。在加载的过程，荷载水平较低（50％峰值强度）时肉眼并不能观察到试样的开裂，但是试样内部的微裂纹活动可以通过 CT 图像的灰度频率变化曲线来反映。从 CT 切片的 CT 数分布来看（图 10-15），试样开裂的地方 CT 数较其他区域小，处于波谷位置，CT 数与图像的灰度值相对应，CT 数越大的地方灰度值越大。因此，采用阈值分割法来提取试样中的裂纹是可行的，只不过阈值的确定是一个难点[11]。

试样中裂纹的特征参数值与块石的分布及形态密切相关，块石分布密度大的

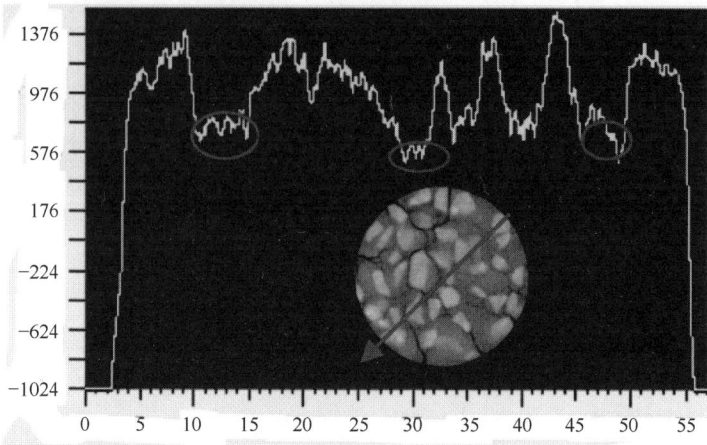

图 10-15　第 25 切片 CT 数密度分布

地方,在应力的作用下咬合力大,摩擦系数大,在荷载作用下越容易出现应力集中,土石的接触面越容易开裂,进而向邻近土体中扩展。从裂纹的发展形态分析,主裂纹一般贯穿土体,宽度大,两侧分布的次生裂纹主要绕石扩展且有的裂纹发展形态和块石的轮廓极为相似。从裂纹的分布特征来看,面积、长度和平均宽度均服从幂函数分布,且均出现散点密集区,在某个区间内裂纹的特征存在某种自相似性,认为这种自相似性和试样内块石的分布和几何形态是相关联的。据表 10-2 不同切片的块石形态加权值可知,块石轮廓性指标(针度、扁平度、球度)和棱角性指标相差不大,这也是致使裂纹特征参数基本服从相同分布函数的一个原因。分析各切片层裂纹的分形维数,计算采用计盒维数法,得到各层分维数的分布规律,分维数区间为[1.087,1.118],平均值为 1.115,如图 10-16 所示。

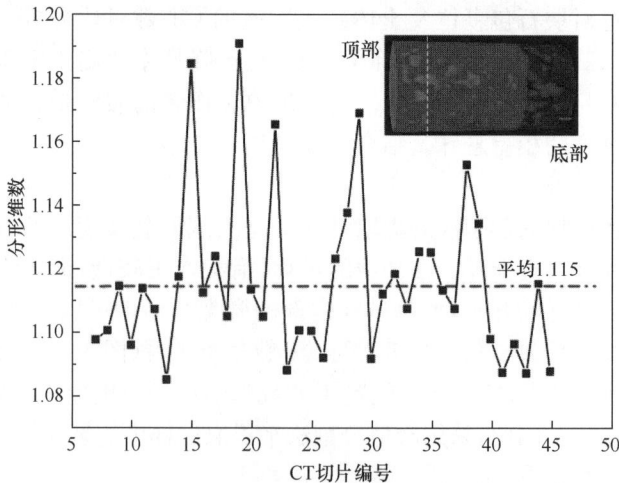

图 10-16　裂纹分形维数的分布规律

10.4　损伤识别与扩展规律

　　土石混合体作为一种典型的天然材料,开展其损伤力学基本特性的研究对岩土工程稳定性评价和工程设计具有重要的现实价值和实际意义。目前对岩石和土的基本力学特性损伤特性的研究已经取得了许多成果,但是有关土石混合体损伤特性的研究还很少见。由于土石混合体非均匀性、非均质性及非连续性等导致的不确定性、模糊性和各向异性等问题的存在,有关土石混合体基本力学性质的研究还有众多的问题值得深入研究。本书利用高能量工业 CT 机和自行设计的简单加载装置,采用宏观试验和 CT 细观试验相结合的手段,对土石混合体的损伤力学特性进行分析。

　　目前,CT 损伤识别主要采用两种方法:平均 CT 数法和阀值分割法。试样发生损伤主要是在外界应力的条件下发生的。当试样受轴压损伤时,微裂隙的产生效应(萌生、扩展和汇集)会导致微单元所在的极小的范围内 CT 数的变化,试样在压缩过程中,内部裂缝发生、发展对应的一系列的非线性变化都可以反映到局部范围内 CT 数的变化上来。因此,采用 CT 数来反映 CT 图像的损伤弱化过程是一种可行的思路。

10.4.1　损伤变量的定义

　　细观损伤力学试验结果表明,很难用一个具有普遍意义的损伤本构模型或损伤演化方程来反映多种岩土材料(目前,研究较多的是土体和岩石)的损伤演化机理。因此,从细观试验得到的物理机制出发,将各种岩土材料的损伤机制进行分类,分别给出工程可用的并有一定精度的损伤演化方程及本构模型,是岩土损伤力学研究的一条重要途径。

　　损伤变量的定义方法有多种,本章给出一个基于 CT 数的损伤变量的定义方法。杨更社通过 CT 数的数学建模,给出了如下损伤变量的表达式[12]:

$$D = -\frac{1}{m_0^2} \frac{\Delta\rho}{\rho_0} \tag{10-1}$$

式中,m_0 为 CT 机的空间分辨率;$\Delta\rho$ 为岩土损伤过程中密度的变化值;ρ_0 为岩土介质的密度。显然,确定损伤变量 D 的关键是确定 $\Delta\rho$。现推导由 CT 数定义的 $\Delta\rho$ 表达式,这里定义 H_m 为土石体的 CT 数。根据 CTV 原理,H_m 值与土石混合体材料的密度成正比,H_m 的分布反映了块石在试样中的分布规律,H_m 与土石体对 X 射线的吸收系数成正比 μ_m 成正比,即

$$H_m = k_1 \mu_m \tag{10-2}$$

式中,k_1 为一常数。假设无损土石混合体(块石与土颗粒)以外的各种损伤(孔洞

和微裂隙)仅为空气所填充,如果考虑水的影响,视土石体是由土石颗粒混合体、空气和水组成的复合体系,密度分别用 ρ_s、ρ_a 和 ρ_w 表示,孔隙率为 n,d_s 为颗粒的密度,w 为含水率,则吸收系数 μ_{rm} 可以表示为

$$\mu_{rm}=\mu_m\rho=(1-n)\rho_s\mu_s^m+[n-wd_s(1-n)]\rho_a\mu_a^m+wd_s(1-n)\rho_w\mu_w^m \quad (10\text{-}3)$$

式中,ρ 为损伤扩展过程中任一应力状态时土石体的密度;ρ_s、ρ_a 和 ρ_w 分别为无损土石混合体材料、空气和水的密度;n 为孔隙率;μ_s^m、μ_a^m 和 μ_w^m 分别为无损土石体材料、空气和水对 X 射线的吸收系数。

式(10-2)和式(10-3)联合,得

$$n=\frac{H_{rms}-H_{rm}+1000wd_s}{1000+1000wd_s+H_{rms}} \quad (10\text{-}4)$$

在空间分辨单元体内,有

$$\rho=(1-n)\rho_s+wd_s(1-n)\rho_a+wd_s(1-n)\rho_w \quad (10\text{-}5)$$

若忽略到空气的密度,即 $\rho_a=0$,空气的 CT 值 $H_a=-1000$,把式(10-4)代入式(10-5)中,得

$$\rho=\frac{1000+H_{rm}}{1000+1000wd_s+H_{rms}}(1+w)\rho_s \quad (10\text{-}6)$$

由式(10-5)得到土的初始状态的密度为

$$\rho_0=(1-n_0)\rho_s+wd_s(1-n_0)\rho_w=(1-n_0)(1+w)\rho_s \quad (10\text{-}7)$$

其中,$d_s=\rho_s/\rho_w$;n_0 为初始孔隙度。

由式(10-1)和式(10-2)得出初始状态土石体的 CT 数 H_{rm0} 与土石体 CT 数 H_{rms} 的关系为

$$H_{rms}=\frac{H_{rm0}+1000[n_0-wd_s(1-n_0)]}{1-n_0} \quad (10\text{-}8)$$

式(10-8)简化为

$$H_{rms}=\frac{H_{rm0}}{1-n_0} \quad (10\text{-}9)$$

把式(10-6)、式(10-7)、式(10-9)代入式(10-1),得到土石混合体损伤变量为

$$\begin{aligned}
D&=\frac{1}{m_0^2}\left[1-\frac{1000+H_{rm}}{(1000+1000w\rho_s+H_{rms})(1-n_0)}\right]\\
&=\frac{1}{m_0^2}\left[1-\frac{1000+H_{rm}}{(1000+1000w\rho_s)(1-n_0)+H_{rm0}}\right]
\end{aligned} \quad (10\text{-}10)$$

式中,H_{rms}、ρ_s 为虚拟无损介质的 CT 数和密度;H_{rm} 为任一应力状态下试样的 CT 数。

土石混合体是第四纪过程中形成的松散堆积物,是一种天然赋存的材料。严格来讲,没有一种无损的材料存在。因此,式(10-10)中的 H_{rms} 和 ρ_s 很难确定。通

过 CT 试验发现,在初始加载阶段,由于轴向应力 σ_1 的方向与试样中发育的初始裂纹的方向不同,CT 数的变化有两种可能的情况:第一种情况,无压密阶段,CT 数随着荷载的增大逐渐下降,直到试样的破坏;第二种情况,开始加载的小范围内存在压密阶段(如本书的重塑土石混合体试样),即 CT 数比初始状态时的 CT 数增加到一定值后再下降,损伤开始扩展。由于对损伤演化规律的研究,我们更关心的是损伤扩展过程中密度的变化情况,故可针对不同的情况对 ρ_s 和 H_{ms} 进行取值。针对第一种情况,可将具有初始损伤的岩石的 ρ_0 和 H_{m0} 作为 ρ_s 和 H_{ms} 来进行计算;对第二种情况,可将压密后的 CT 数及密度作为 ρ_s 和 H_{ms} 进行计算。葛修润等引入了闭合影响系数 α_c 来考虑压密阶段的影响,即取 $\alpha_c H_{m0}$ 及此时的密度作为无损试样的 H_{ms} 和 ρ_s 来进行计算[13]。葛修润等建议的确定 α_c 的方法是将压密阶段的试样 CT 数除以初始未加载进的 CT 数。因为 α_c 的确定与试样的孔隙率有关,所以采用式(10-9)和 $\alpha_c H_{m0}$ 来确定 H_{ms} 实际上是等价的,没有本质上的区别。

式(10-10)的结论具有重要的意义,主要表现在:①Belloni、Davis、Levaillant 等学者最在 20 世纪 60~70 年代就曾用损伤密度的变化来定义材料的损伤变量,但是当时难以测量,而 CT 数实际上就是代表了物质的放射性密度信息,以 CT 数定认的损伤变量可以很好地与物体密度的变化联系起来。②式(10-10)考虑了 CT 机的空间分辨率,即损伤尺度的影响,CT 分辨单元上的 CT 数本身就代表了特征微元体及其特征参数,对其进行描述可以间接地解决细观描述问题。随后定义基于 CT 数的损伤变量,或者对具有相似性质单元做归并处理进行分区描述。这样多尺度的统计分析就可以实现细观向宏观参数的自然量化和过渡。③由于式(10-10)中的 CT 数是试样中各层 CT 数的均值,而每层的 CT 数是该层损伤发展(密度变化)的一个综合反映,即隐含了裂纹之间的相互作用和裂纹的闭合现象。换句话说,以 CT 数定义的损伤变量考虑了试样损伤扩展过程中裂纹的相互作用和裂纹闭合现象的综合影响。

10.4.2　损伤演化方程的建立

根据上述定义,对细观试验的结果进行分析,得出损伤变量与应力、应变的关系。通过土石混合体试样典型 CT 切片均值和方差与轴向应变的关系(图 10-17)可知,试样在压缩变形过程中,试样中间 10 层切片的 CT 数均值先增大后减小,CT 数方差则先减小后增大。在试样变形过程中,CT 数均值反映了试样内微单元体的压密与张开的情况;CT 数方差征的是试样变形损伤过程中的各向异性,表示损伤种类的分布情况,如裂纹、孔洞等。由图 10-16 可知,试样的变形应当属于上文讨论的第二种情况,可以将压密后的 CT 数及密度作为 ρ_s 和 H_{ms} 进行计算。用来进行 CT 扫描的 450 工业 CT 空间分辨率是 0.125mm×0.125mm×0.125mm,

未加载时试样的 CT 数为 1186.00526,密度为 2.233g/cm³。

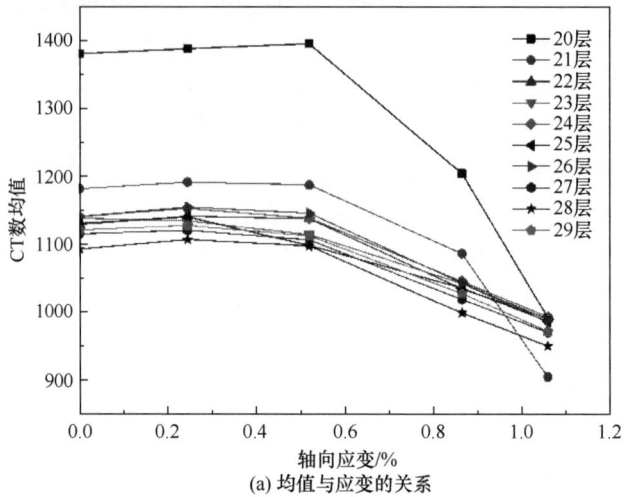

(a) 均值与应变的关系

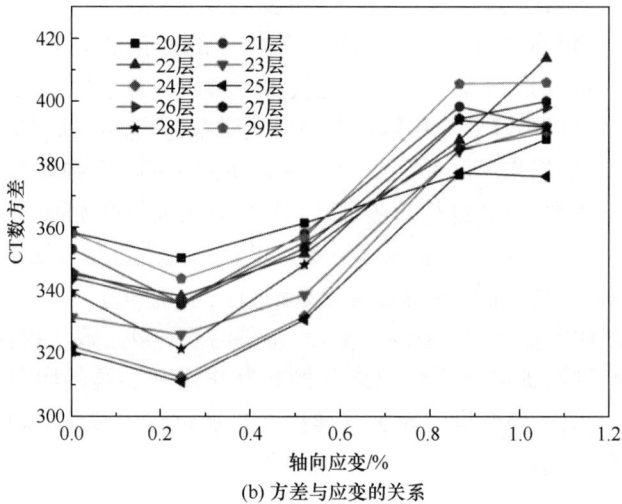

(b) 方差与应变的关系

图 10-17　典型切片 CT 数均值和方差与轴应变的关系

　　由于本书试样 CT 扫描次数较少,测试点相对比较离散。观察土石混合体试样加载过程中发生的损伤变量与主应变的关系呈指数函数的关系,拟合关系可写为

$$D = ae^{b\varepsilon_1} \tag{10-11}$$

式中,a、b 为拟合参数。

　　从而得出土石混合体的损伤演化方程为

$$D = 0.04219e^{2.5994\varepsilon_1} \tag{10-12}$$

相关系数 $r=0.9509$,具有很强的相关性(图 10-18),进一步说明了本书采用的方法的可靠性。

得到土石混合体的损伤演化方程,根据应变等效原理,损伤本构方程为

$$\sigma_1 = E\left[(1-0.04219e^{2.599\varepsilon_1})\right]\varepsilon_1 \tag{10-13}$$

将 5 个扫描点对应的实测应变值代入相应的土石体峰前损伤本构模型式(10-13),计算出 5 个对应的 $\sigma_1^{\text{计}}$。将实测的 5 组应变-应变值和对应的 5 组理论计算值绘于图 10-19 中。经比较发现,总体上理论计算结果与实测结果较吻合。

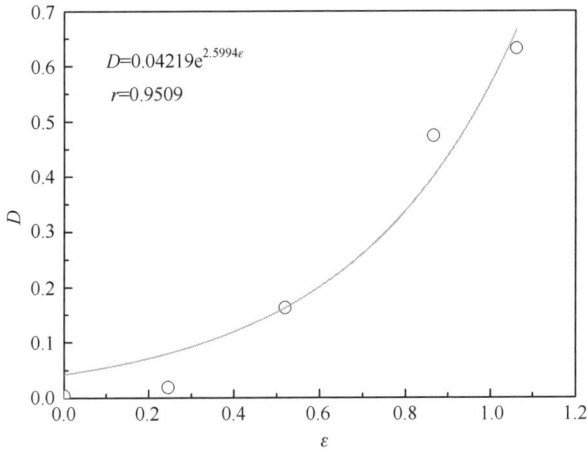

图 10-18　土石混合体损伤变量与轴向应变的关系

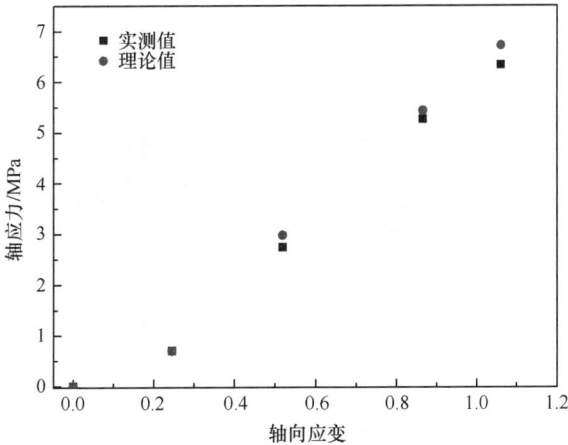

图 10-19　土石体试样应力-应变实测与理论对比

10.5　土石混合体变形破坏的非线性结构效应研究

10.5.1　土石混合体内部块石运移规律分析

为了更加方便地对试样加载过程中块石的运动特征进行定量描述,试样中石块采用与块石密度相当的玻璃球代替,半径为 5mm。加载过程中对试样进行了 6 次扫描,土石混合体试样轴向应力-应变曲线以及扫描的情况如图 10-20 所示。每一次扫描完,将各层图片进行三维重构,断层图片和重构模型如图 10-21 所示,重构后可以对试样加载过程中的内部结构变化进行分析[14]。

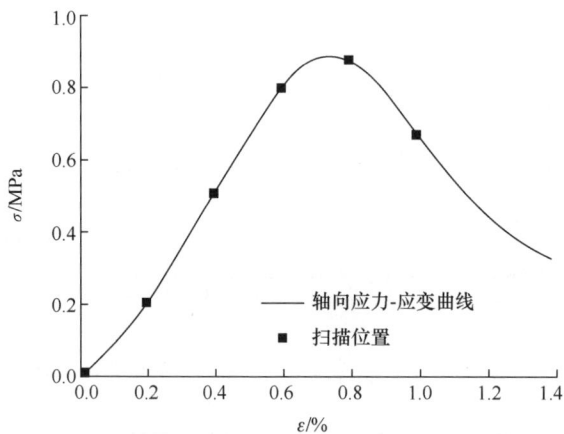

图 10-20　轴向应力-应变关系曲线

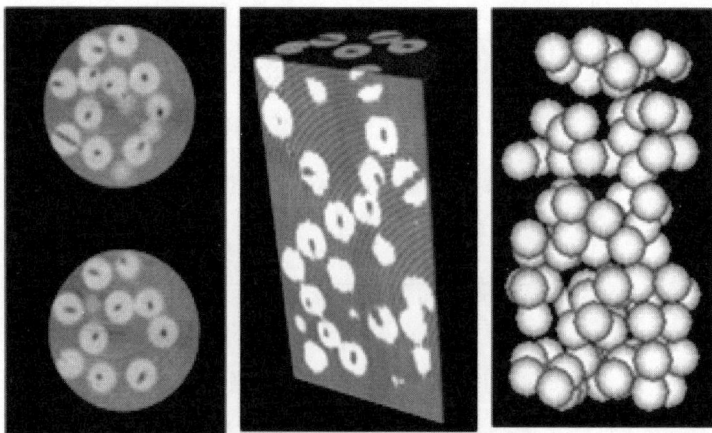

图 10-21　CT 扫描图片及重构结果

　　CT 技术能够对加载中的土石混合体试样进行定位扫描,根据其定位原理可以获得试样内部块石的空间坐标,加载前、后坐标的差值即为块石的运移量。以图 10-22(a)中的坐标为参照来分析土石混合体试样在 0.67MPa 的轴向应力下试样内部不同部位块石的运移规律。

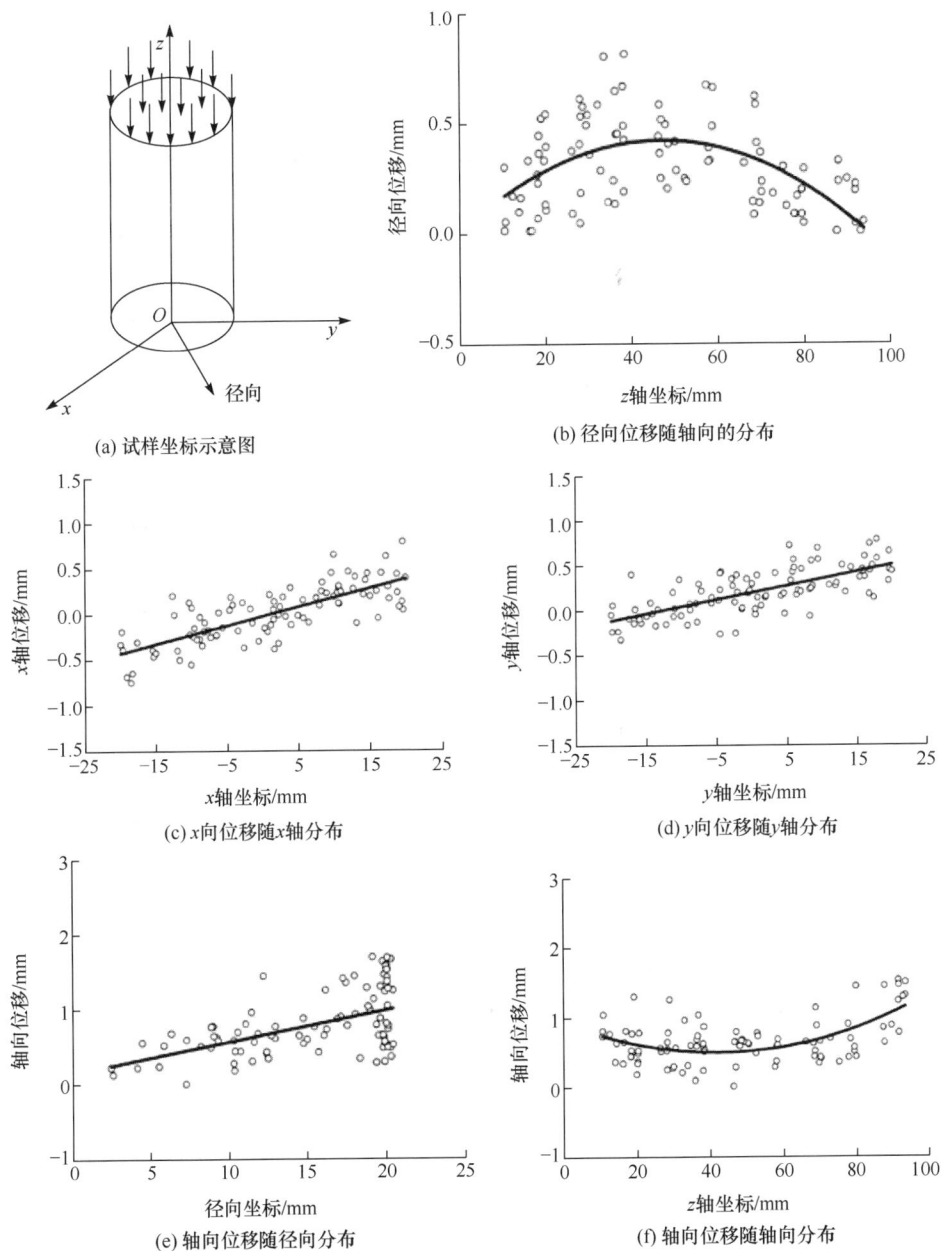

(a) 试样坐标示意图

(b) 径向位移随轴向的分布

(c) x 向位移随 x 轴分布

(d) y 向位移随 y 轴分布

(e) 轴向位移随径向分布

(f) 轴向位移随轴向分布

图 10-22　块石的运动规律

图 10-22(b)、(d)所示的是试样内部块石的径向移动规律。由于端部摩擦的效应,试样中间部位的块石径向移动量较大,向试样两端径向移动量逐渐变小,如图 10-22(b)所示。试样中心轴位置附近块石的径向移动量较小,距离中心轴越远的块石径向位移越大,如图 10-22(c)、(d)所示。这是因为试样在轴向压缩过程中侧向膨胀,距离中心轴越远的块石位移累加量越大。

图 10-22(e)、(f)中统计的是土石混合体试样内部块石的轴向移动量分布规律。图 10-22(e)中的数据显示,靠近试样外侧的块石轴向移动量较大,这是因为试样加载为刚性加载。从图 10-22(f)中可以看出,试样顶端距离加载面较近的地方轴向位移量最大,这是位移从试样底部向上的累加效应。

以上的数据分析表明,在一定应力水平作用下,试样中块石的运动规律性较显著,说明在含石率较小(质量含石率为 32.7%)时,土石混合体试样在变形过程中块石整体结构性并没有破坏。

10.5.2　内部结构变化与宏观变形对比

10.5.2.1　结构性表征量

为对比分析土石混合体试样在单轴加载过程中内部结构变形与宏观的变形规律,提出了等效结构变形量的概念,用等效结构变形量来表征内部结构整体效应。

等效结构变形量的计算公式为

$$\tilde{\varepsilon}_r = \frac{\sum (S_{ri}/r_i)}{N} \tag{10-14}$$

$$\tilde{\varepsilon}_z = \frac{\sum (S_{zi}/z_i)}{N} \tag{10-15}$$

式中,$\tilde{\varepsilon}_r$、$\tilde{\varepsilon}_z$ 分别为块石径向等效结构变形量和轴向等效结构变形量;S_{ri},S_{zi} 分别为加载后第 i 个块石的径向位移量和轴向位移量;r_i 为第 i 个块石距离试样中心轴的径向距离;z_i 为第 i 个块石与试样底端的距离;N 为试样中所含块石的数目。

其中,试样内部各个块石的运动量根据 CT 定位扫描原理计算求得。图 10-23 给出的是土石混合体试样宏观应力-应变曲线与应力－等效结构变形量曲线对比图。从图中可以看出,等效结构变形量可以作为试样内部块石结构变形的综合反应。

10.5.2.2　试验结果对比分析

内部块石结构的等效变形与试样宏观表现出来的变形规律有所不同,如图 10-24 所示。图 10-24 所示的是内部块石结构变形量与试样宏观应变随加载过

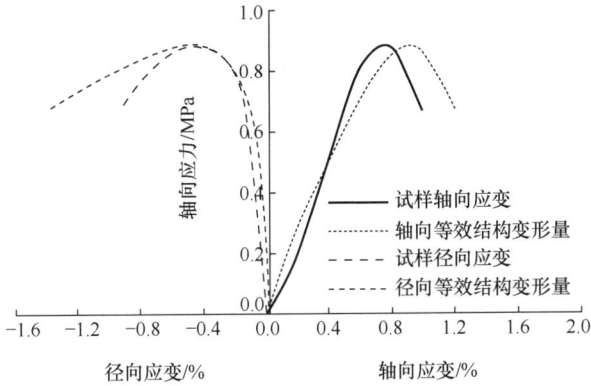

图 10-23 应力-应变关系对比分析

程变化的对比图。图中数据表明,块石结构轴向变形量与试样轴向应变的变化规律不同。试验过程中轴向荷载是通过应变控制的方式施加的,所以应变随加载次数的变化是线性的,而块石结构变形量随加载过程的变化规律不同。刚开始块石结构变形量小于宏观应变,第二次加载之后结构变形量增大并超过宏观应变。这是因为加载初期,试样中的土体以及土体和块石的接触带发生压密作用,导致试样的宏观变形大于块石结构的变形。随着载荷进一步增加,试样内部更加密实,在块石周围发生应力集中,块石的运动量加大,导致结构变形增加。当块石周围的应力超过土体的强度时,应力集中区有裂纹萌生,裂纹的扩展为块石移动提供了空间。试样载荷不断增加,裂纹逐渐贯通,试样内部局部块石会出现较大的移动量,从而导致结构变形加大并大于宏观应变的值。

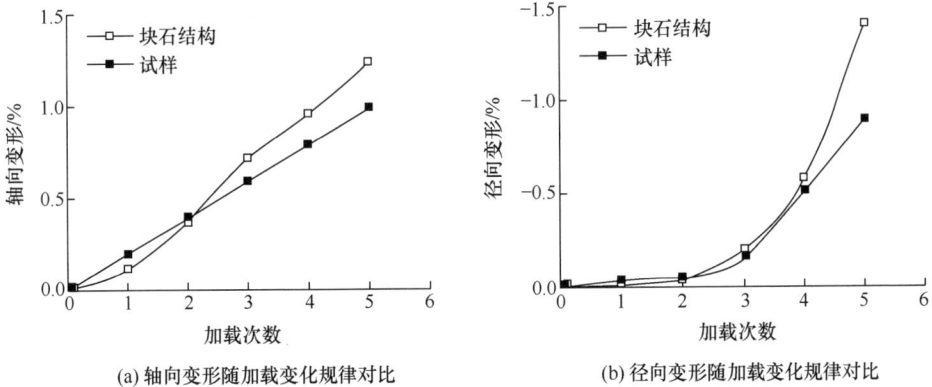

(a) 轴向变形随加载变化规律对比　　(b) 径向变形随加载变化规律对比

图 10-24 变形随加载变化规律对比

10.5.3　土石混合体变形破坏的结构效应

根据 CT 扫描定位原理,计算得到不同应力水平下试样内部块石的运移量,以此绘制三维位移矢量图。从位移矢量图上可以分析土石混合体试样的变形破坏模式。

试样到达峰值强度后对试样进行第 6 次扫描(图 10-25)。图 10-25 给出了第 6 次扫描时,试样外表面与内部块石的变形破坏情况。此时,试样表面已经出现了宏观贯通裂纹(图 10-25(a))。图 10-25(c)所显示的是试样内部块石三维位移矢量图,分析块石运移的趋势可初步确定试样的破坏方式为剪切破坏。

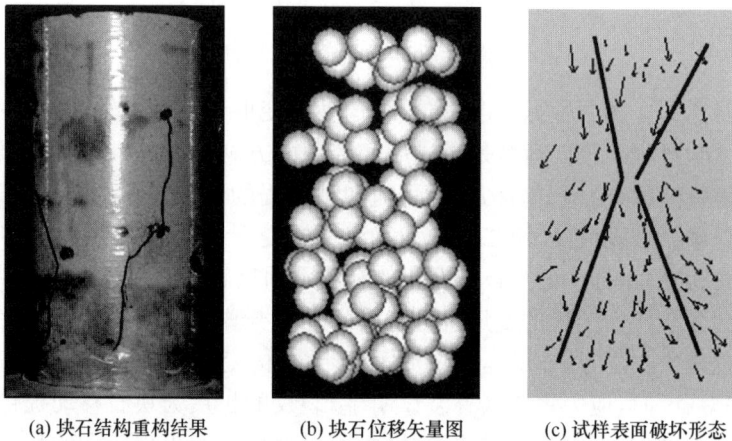

(a) 块石结构重构结果　　　　(b) 块石位移矢量图　　　　(c) 试样表面破坏形态

图 10-25　第 6 次扫描时试样变形破坏情况

以上的分析表明,试样的破坏模式为剪切破坏。试样破坏的形态(图 10-24(a))显示裂纹都经过块石的端部,说明试样内部的块石对于试样破坏时裂纹的扩展有影响。进一步分析块石结构对宏观变形破坏的影响需要研究加载过程中试样内部结构的变化。

CT 扫描得到的图像是灰度图像,图像上的灰度值与被扫描物体的密度相关。土石混合体试样在加载过程中密度会不断地变化,反映在图像上的灰度值也发生变化。由此可以识别加载过程中试样内部的损伤区和裂纹。利用此原理可以分析块石结构对土石混合体试样变形破坏的影响。图 10-26 为采用阈值分割的方法得到的土石混合体试样的内部剖面图。其中,图 10-26(a)为试样在加载之前的扫描图,图 10-26(b)、10-26(c)分别为峰值强度之前和峰值强度之后的扫描图。

试样在形成宏观剪切面之前内部首先产生损伤,主要产生于块石周边,见图 10-26(b)。由于块石和土体的弹性模量与强度差异很大,变形不协调,并且试样在加载过程中块石周边产生应力集中区,损伤和裂纹首先在这些薄弱的部位产

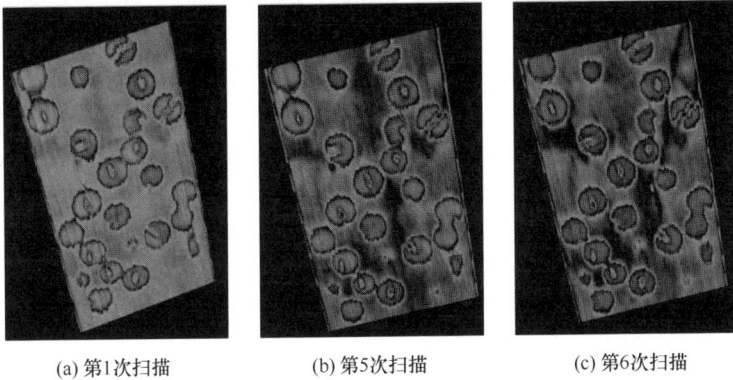

(a) 第1次扫描　　　　　　(b) 第5次扫描　　　　　　(c) 第6次扫描

图 10-26　试样三维重构剖面图

生。块石的强度较高,裂纹扩展时很难直接穿过块石,多数绕过块石,沿着块石与土体的接触带向前扩展,逐渐贯通,直至试样完全丧失承载能力,见图 10-26(c)。

参 考 文 献

[1] 王宇,李晓. 土石混合体损伤开裂计算细观力学探讨. 岩石力学与工程学报,2014,33(增2): 1000-1013.

[2] Hirono T,Takahashi M,Nakashima S. In situ visualization of fluid flow image within deformed rock by X-ray CT. Engineering Geology,2003,70(1-2):37-46.

[3] Ketcham R A. Three-dimensional grain fabric measurements using highresolution X-ray computed tomography. Journal of Structural Geology,2005,27(7):1217-1228.

[4] Ohtani T,Nakano T,Nakashima Y,et al. Three-dimensional shape analysis of miarolitic cavities and enclaves in the Kokkonda granite by X-ray computed tomography. Journal of Structural Geology,2001,23(11):1741-1751.

[5] Vervoort A,Wevers M,Swennen R,et al. Recent advantages of X-ray CT and its applications for rock material//Otani J,Obara Y. X-ray CT for Geomaterials. Kumamoto:A. A. Balkema Publishers,2003:79-91.

[6] Landis E N. X-ray tomography as a tool for micromechanical investigations of cement and mortar//Desrues J,Viggiani G,Be'suelle P. Advances in X-ray Tomography for Geomaterials. Chippenham:Antony Rowe Ltd. ,2006:79-93.

[7] Otani J,Obara Y. X-ray CT for Geomaterials-Soils,Concrete,Rocks. International Workshop on X-ray CT for Geomaterials,November 6-7,Kumamoto:A. A. Balkema Publishers,2003.

[8] Ge X R,Ren J X,Pu Y B. Real in time CT test of the rock meso-damage propagation law. Science in China:Series E,2001,44(3):328-336.

[9] 敖波,赵歆波,张定华. 裂纹缺陷体积百分数与 CT 数的关系分析. CT 理论与应用研究, 2006,5(2):64-69.

［10］陈厚群,丁卫华,蒲毅.单轴压缩条件下混凝土细观破裂过程的 X 射线 CT 实时观测.水利学报,2006,37(9):1044-1050.

［11］Wang Y,Li X,Zhang B,et al. Meso-damage cracking characteristics analysis for rock and soil aggregate with CT test. Science China Technological Sciences,2014,57(7):1361-1371.

［12］Yang G S,Xie D Y,Zhang C Q. CT identification of rock damage properties. Chinese Journal of Rock Mechanics & Engineering,1996,15(1):48-54.

［13］Ge X R,Ren J X,Bo Y B. Rock mesoscopic damage regularity of CT real-time test. Science in China (Series E),2000,30(2):104-111.

［14］苑伟娜,李晓,赫建明,等.土石混合体变形破坏结构效应的 CT 试验研究.岩石力学与工程学报,2013,32(增 2):3134-3140.

第 11 章　土石混合体强度影响因素分析与质量评价

土石混合体是一种典型的非均质、不连续体。前面几章从不同力学试验与数值模拟等多个方面分析了土石混合体的力学特性,尽管不同研究方法所得结果在某些方面存在较大差异,但已经可以从微观、细观与宏观等不同角度对土石混合体的力学特性有了深入的认识。与其他岩土体类似,土石混合体的力学特性受地质成因、物质组成成分、结构特点等诸多因素控制;另外,土石混合体又因其自身特有结构等特点,还表现出与其他均质岩土体不同的力学特性。因此,这类非岩非土的非均质地质材料的物理力学参数评价一直是困扰土石混合体边坡、地基稳定性评价和加固处理分析等研究与工程实践的难题。前面几章从土石混合体材料本身给出了其强度参数的试验确定方法、数值计算方法等,这只能是为土石混合体边坡与地基工程研究与实践提供一个基础参数。岩石或土体边坡等工程中,岩石或土体的强度参数只是作为评价其材料参数的一个基础参数,实际应用于计算分析的材料力学参数还要根据岩石或土体所处的地质环境、构造状况、地下水等多方面的因素综合评价。此外,土石混合体与岩石或土体类似,其试验或细观数值分析给出的力学参数也应该结合其所处的地质环境、构造状况、地下水等多方面的因素;另一方面,土石混合体与岩石、土体具有不同之处,即土石混合体的强度还与其自身结构等有着密切关系。

在前文大量研究的基础上,本章从试验结果分析着力探讨土石混合体强度影响的因素,并进行土石混合体强度经验公式与质量评价体系的建立。

11.1　土石混合体不同试验结果的对比与讨论

从不同力学试验与数值模拟等多个方面分析土石混合体的力学特性,不同研究方法所得结果既有相同之处却也存在较大差异。一方面,野外原位试验、室内物理模拟试验与不同数值模拟方法所得结果均表明,块石组成的骨架结构对土石混合体的力学特性具有控制作用,体现在载荷下试样内部的应力分布、变形破坏机理与强度特征等。块石是应力集中分布区;土体尤其是块石周围的土体是变形、破坏的关键部位;块石组成的骨架结构是承载载荷、试样整体变形与强度的决定性因素。骨架结构是由块石的含量、形状、大小与分布等决定。

另一方面,野外原位试验、室内物理模拟试验与不同数值模拟方法还从不同角度揭示了土石混合体的力学特性,不同试验方法所得结果也存在一定差异。原位试验表明土石混合体结构特征决定其与土体力学特性的不一致,而随含石率的变化,在其受力时,常常表现为非线性、大变形特点。

土石混合体的三轴压缩试验表明,围压或位移约束有利于其内部骨架结构承受载荷作用的发挥,并导致其强度大幅度提高。但并不是围压越大,土石混合体的强度就越高。随着围压增加到一定时,土石混合体强度增加幅度变得很小。

室内单轴压缩试验与不同数值模拟方法分析所得土石混合体的弹性模量和单轴抗压强度随含石率的变化存在较大差异。室内单轴试验结果显示,土石混合体的弹性模量与单轴抗压强度随含石率增加并没有明显的线性相关性,而且还略低于土体;而数值分析则表明,土石混合体的弹性模量与单轴抗压强度随含石率增加逐渐增加,均高于土体。这似乎正好相悖的结果不仅是对试验结果可信度的质疑,也反映了土石混合体力学特性的复杂性。从实验室试验过程以及数值模拟分析来看,试验与不同数值模拟方法都是很成熟的岩土力学特性方法,结果还是较为可信的。究其原因,我们认为试验与不同数值模拟方法所分析的土石混合体结构上存在较大差异。力学试验中分析的试样为土与块石基本无胶结的土石混合体,具有显著的不连续变形特征;而数值模拟分析的试样为块石与土体强胶结的土石混合体,且为连续变形。这说明土石混合体内部的胶结状况也是其力学特性的一个重要因素;也表明同为土石混合体,其组织结构特征差异很大,力学特性差异也很大。实际上,在已有规范中,有的认为土石混合体相对土体力学强度的折算方法应增加,有的却采用折减系数。

此外,原位试验也表明了土石混合体结构特征决定其与土体力学特性的不一致;而随含石率的变化,在其受力时,常常表现为非线性大变形特点。非线性问题的难点主要是跟踪物体变形过程的积分问题,因此对土石混合体进行力学分析时,必须充分考虑土石混合体非线性大变形对计算准确性的影响。

11.2　土石混合体强度和变形性质的影响因素分析

根据前文各章的大量研究,从材料力学的角度来说影响土石混合体强度和变形的主要因素有:各组成物质(砾石块体和土体)的强度比值、含石率、砾石块体的分布形式以及砾石的形状。下面就这些因素分别进行详细讨论。

11.2.1　砾石与土体强度比值的影响

从前面的分析已经看到,土石混合体中两种不同介质的强度比值对其强度和变形有着很大的影响。当其比值较大时,破裂面只在土体中发展,而当两者的强度相差不大时,破裂可以穿过砾石颗粒。高延法与 Ukhov 对非均质岩体的研究也从另一方面说明了这一问题[1,2]。

Ukhov 在其对非均匀岩体的研究中,着重探讨了碎块夹杂物与充填物的强度比值对岩体的强度和变形性质的影响。主要得到了以下几点结论:

(1) 夹杂物的强度对岩体的强度具有一定的影响,但与含石率相比,其影响要小得多;当其比值大于 10 时,与充填物相比,可以认为夹杂物的强度要大一些。对于这种情况,在加载过程中它们实际上都不会破坏,塑性变形区域只在充填物中形成,而夹杂物的刚度实际上不影响剪切强度值。

(2) 当夹杂物的强度较低(比值小于 3.5 时),它们的刚度增加将导致剪切强度降低。这是由于应力集中于接触区域,在极限状态中的塑性区域不仅覆盖充填物,而且还覆盖着分离破坏的夹杂物。

(3) 在任何情况下,夹杂物与充填物的弹性模量比值增加会导致岩体的弹性模量略有增加,而横向变形率略有降低。当其比值等于 100 时,与充填物相比,夹杂物可以认为是绝对刚性的,这个参数再进一步增加,也不会引起有效特征有任何显著变化。

(4) 两者的泊松比的比值关系对力学性质的有效特性的影响可忽略不计。高延法用有限元程序模拟了在岩石均质基质中存在一个矿物颗粒时的情况,以研究岩石的非均匀性造成的局部应力场。他分析了 E_p/E_b (E_p 为颗粒弹性模量,E_b 为基质的弹性模量)分别为 2、4、10、1/4、1/10 五种情况下的局部应力场。由计算结果可知,由于矿物颗粒的弹性模量不同于周围的材料,造成了局部应力场异常,不仅轴向应力 σ_z 有所改变,更重要的是形成了横向应力 σ_y。横向应力不仅有压应力,也有拉应力。对于坚硬矿物颗粒($E_p/E_b > 1$),颗粒体内,靠近边缘处有横向拉应力。在基质材料内,距离颗粒边界 $\sqrt{3}S$(S 为六边形颗粒的边长),横向压应力转为拉应力。在距离颗粒边界 $3\sqrt{3}S$ 处,横向拉应力 σ_y 与轴向荷载 σ_0 之比(σ_y/σ_0),随着 E_p/E_b 的增大而增大。当 E_p/E_b 分别等于 2、4、10 时,σ_y/σ_0 分别为 0.15、0.24、0.30。

因此,在分析土石混合体的强度时,应该特别注意砾石块体与土体充填物强度比值的影响。

11.2.2　砾石的形状对强度和变形的影响

关于砾石形状的影响,主要反映在其磨圆度上,形状对土石混合体的影响不仅体现在强度性质上,而且还影响着试件的变形破坏形式。这里主要研究圆形、三角形、四边形块体的情况。

　　土石混合体中圆形、三角形、四边形的砾石之间只是形状不同,其他条件如分布方式、含石率、大小等都相同。对其的影响可以从强度、界面的变形、整体的变形三个方面来分析。

　　首先看一下界面的变形情况,图 11-1 为不同形状砾石模型的局部放大了相同比例的变形图。对于圆形块体来说,由于其磨圆度最好,对变形的影响较小,砾石块体与土体充填物之间的变形很小;三角形的磨圆度最差,其变形最大;四边形则处于两者之间。而且由于砾石形状的影响,其试件的变形破坏也表现为不同的形式。圆形块体的表现为顶端压溃型,四边形的表现为弹射破坏型,而三角形的则表现为压剪破坏型。由此也可以看出,三角形块体时的破坏最为严重,而圆形的最轻。上述两种情况的结果可以体现在三者极限强度的不同上,圆形块体的情况下其强度最大为 1.457×10^5 Pa、四边形的次之为 1.013×10^5 Pa、三角形的最小为 4.677×10^4 Pa,最大和最小可相差 0.989×10^5 Pa,达 68%。可见砾石块体的形状对强度和变形的影响是很大的,所以在求土石混合体强度的公式中要体现出磨圆度的影响。

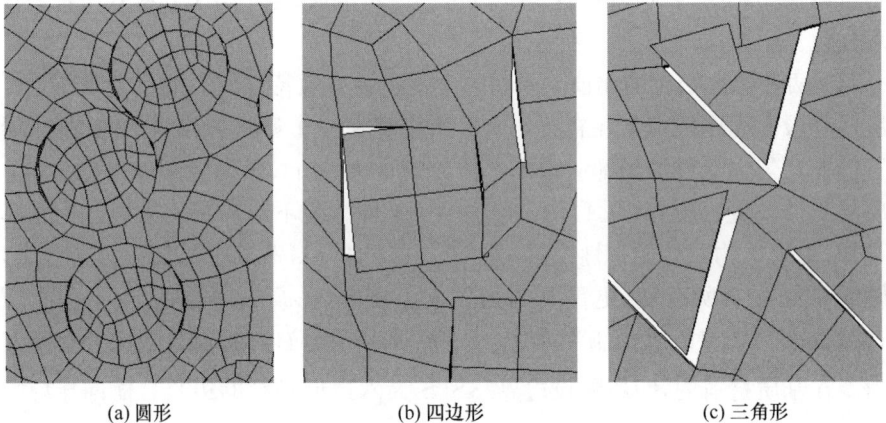

(a) 圆形　　　　　　　　(b) 四边形　　　　　　　　(c) 三角形

图 11-1　不同形状砾石土石混合体模型变形图

11.2.3　含石率对强度和变形的影响

　　关于含石率对其强度和变形的影响则研究得比较多[3-6]。韩世莲等在对土和碎石混合料的蠕变研究中,给出了在相同密实度下含石率分别为 30% 和 70% 的无侧限抗压强度(见表 11-1)[3]。饶锡保等研究了粗粒含量对砾质土工程性质的影响,得出了其抗剪强度参数随着砾石含量的增加而增加[4]。罗国煜等对砾石含量对土石混合体强度的影响研究则更为详细,如图 11-2 所示[5,6]。

表 11-1　无侧限抗压强度

土石比例	试件编号	压实度/%	密度/(g/cm³)	无侧限抗压强度/kPa	平均值/kPa
70：30	I_{11}	96	1.96	239.84	238.51
	I_{12}	96	1.96	237.18	
	I_{21}	92	1.88	130.55	123.75
	I_{22}	92	1.88	116.95	
	I_{31}	87	1.77	102.28	104.41
	I_{32}	87	1.77	106.54	
30：70	II_{11}	96	2.15	331.35	327.62
	II_{12}	96	2.15	323.89	
	II_{21}	92	2.06	194.15	193.65
	II_{22}	92	2.06	193.15	
	II_{31}	87	1.95	144.16	140.08
	II_{32}	87	1.95	135.99	

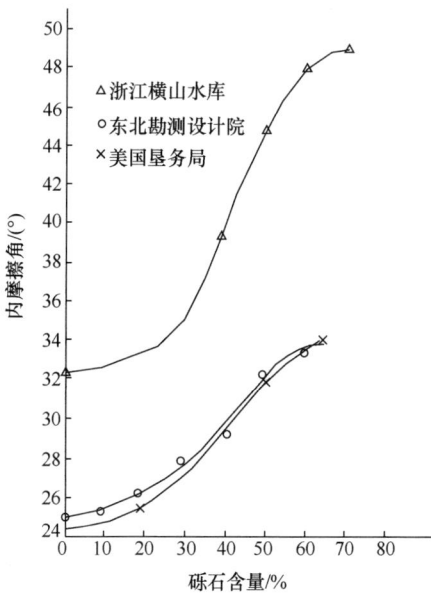

图 11-2　砾石含量对土石
混合体强度的影响

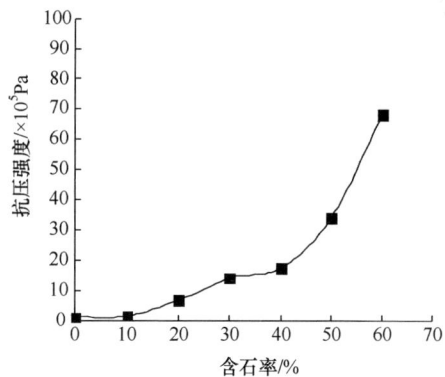

图 11-3　抗压强度与含石率的
关系(圆形块体)

图 11-3 给出了对于圆形块体情况的抗压强度与砾石含量的关系。当含石率为零时,抗压强度为 $1.143 \times 10^5 Pa$。由图可以看出土石混合体的抗压强度都大于

土的强度,并且随着含石率的增大而增大。本书只计算 60% 以前的情况,但从图 11-2 可以看出,超过 70% 以后,抗剪强度参数急剧增加,其强度和变形性质则主要受石骨料控制。因此,在确定土石混合体强度参数时,含石率是一个极其重要的参数。

11.2.4 块体的不同分布形式对强度和变形的影响

砾石的不同分布形式包括分布的位置、大小和方位,它们对土石混合体的强度和变形有着很大的影响,特别是当单个砾石区域较大且分布不均匀时尤为明显,但当砾石块体很小且在土体中均匀分布以及含石率较小时,不同分布形式的强度变化不大。这就说明如果土石混合体里面所含的块石与试样的尺寸相比很小时,可以把它当作一种均质连续体,只是其强度参数要分别降低一定程度,至于降低的比例可用 11.3 节中将要得出的公式进行计算,而可以看作连续体的块石尺寸比例建议为 1/10。

表 11-2 列出了数值计算所得 18 个不同砾石形状与含石率的土石混合体模型单轴抗压强度。这里需要说明的一点是,表中同时计算了各模型不带 interface 的情况,而对于带 interface 的情况,有些模型由于单元数非常之多而需要耗费大量的机时(表中没有数据的模型),所以暂不计算。

表 11-2 模型抗压强度表

编号	含石率/%	块体形状	块体大小	块体方位	抗压强度 100kPa	
					无界面	有界面
1	10	圆形	大小不变	方位不变	2.512	0.846
2	20	圆形	大小不变	方位不变	6.817	1.026
3	30	圆形	大小不变	方位不变	14.19	1.457
4	40	圆形	大小不变	方位不变	14.88	1.498
5	50	圆形	大小不变	方位不变	18.22	
6	60	圆形	对数正态分布	方位不变	68.25	
7	40	圆形	对数正态分布	方位不变	20.12	
8	50	圆形	对数正态分布	方位不变	50.02	
9	30	正方形	大小不变	方位不变	6.642	1.013
10	30	正方形	对数正态分布	方位不变	11.86	1.422
11	30	正方形	对数正态分布	对数正态分布	12.86	
12	30	正方形	大小不变	对数正态分布	12.55	
13	30	三角形	大小不变	方位不变	5.744	0.467

编号	含石率/%	块体形状	块体大小	块体方位	抗压强度 100kPa	
					无界面	有界面
14	30	三角形	对数正态分布	方位不变	13.04	
15	30	三角形	对数正态分布	对数正态分布	9.246	
16	30	三角形	大小不变	对数正态分布	8.762	
17	30	三角形圆形混杂	大小不变	方位不变	15.27	
18	30	三角形圆形混杂	对数正态分布	对数正态分布	12.80	

从表中可以看出，有界面时的强度要比无界面时的强度小很多（最多可达90%，模型4），可见界面单元在模型中起着非常关键的作用，它控制着试件的变形和破坏。因此在具体评价土石混合体的强度性质进而评价其稳定性时，应该考虑界面的影响，要把它看成一种典型的不连续体。

下面分别研究一下块体的大小、方位、分布形式对强度和变形的影响。从模型4—模型7、模型5—模型8、模型9—模型10、模型13—模型14的对比中可以发现，块体的粒径大小不同（这里服从对数正态分布）时，其强度要比均匀颗粒的大（38%、174%、78%、127%）。这主要与颗粒的级配有很大的关系，当级配相对较好时，其颗粒之间相互咬合紧密，抵抗变形和破坏的能力强，所以其强度要大。这与第2章中的分析以及野外剪切试验的结果十分相符，故在土石混合体的抗压强度确定时也要考虑级配的影响。

从模型9—模型12、模型10—模型11、模型13—模型16、模型14—模型15的对比中可以发现，对于前三种情况，即在一般情况下，块体方位不同（具体意义见第3章）时的强度要比方位不变时的大（88%、2.6%、52.5%、41%）。但是它对强度的影响没有块体的大小分布的影响大。对于它的影响，在土石混合体的强度确定时暂时不予考虑。

从表 11-2 可以看出，含石率为30%时，强度变化并不大。这是由于当含石率较小时，砾石在试件中零星分布，试样中起作用的主要是土，这与 Hencher 得出的结论是一致的[7]。当砾石含量非常高时，砾石相互接触，已经形成了骨架结构，起作用的主要是砾石，这时强度变化也不会太大。而当含石率较大但还不足以形成骨架时，砾石在其中的分布对土石混合体的强度和变形起着极其重要的作用，特别是含石率在40%~80%变化时，其强度变化更加明显。但是，对于不同分布形式的影响在土石混合体强度的确定中，目前还无法用一个具体的参数来表示。一个解决的途径就是根据试件的结构分布图及其强度，进行仔细的比较分析得出两者之间的内在关系，并用一个参数来表示其结构分布规律。

11.3　土石混合体抗压强度参数的确定方法

　　土石混合体强度等力学特性的影响因素是多方面的,其抗压强度作为其力学特性的一个重要指标也可以通过室内试验获得。另一方面,由于土石混合体结构的非均质性,其尺寸效应比较明显,因此根据前文土石混合体单轴抗压试验模拟试验进行大尺度试样单轴抗压数值模拟,也是获得其抗压强度参数的一个有效途径,而且在某种程度上还更能代表土石混合体这类高非均质材料的力学特点。这里通过随机结构模型就能够很好地模拟土石混合体,并探索确定其抗压强度和变形模量的有效方法,以便在土石混合体边坡数值模拟中取得必要的参数。

11.3.1　抗压强度的确定

　　土石混合体在单轴受压情况下的强度参数主要有单轴抗压强度、变形模量。抗压强度可以定义为材料的极限强度,而变形模量为此时的割线模量,如图 11-4 所示。由前面的强度影响因素分析可知,土石混合体的强度与组成土石混合体的砾石和土体的强度及其比值、含石率、砾石的形状和大小关系、砾石的方位、砾石的分布形式等因素有关。但根据影响因素的作用大小、因素的选取难易程度主要考虑含石率、砾石与土体的强度及其比值、砾石的形状和大小关系来分析土石混合体的强度。

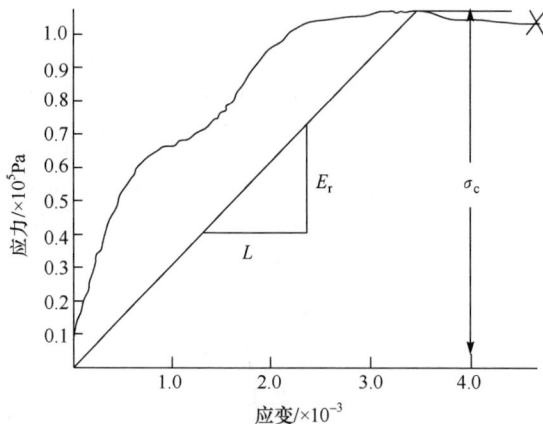

图 11-4　土石混合体的单轴抗压强度与变形模量示意图

　　在图 11-3 中抗压强度与砾石含量的关系表现为指数关系,这与图 11-2 表现出来的性质有一定的误差。但是通过前面的分析可知,利用随机结构模型计算出来的成果(表 11-2 中模型 1～模型 8 的强度值)符合实际情况,因而其在 60% 以前的结果是正确的,因此,就以这些数据来回归土石混合体的抗压强度。

1) 准备知识

在确定土石混合体的抗压强度之前,首先定义以下几个物理量:

(1) 形状因子 m,以反映形状对强度的影响。因圆形的磨圆度最好,其对强度的影响最小,得到的强度最大,所以可令圆形块体时的形状因子 $m=1$,其他情况的因子相应降低。根据表 11-2 中的不同形状而其他条件相同时的数据进行分析(见表 11-3),从表中的数据可以看出,形状对强度的影响是比较大的。

当为四边形时,$m=\sigma_{四边形}/\sigma_{圆形}=0.77$;当为三角形时,$m=\sigma_{三角形}/\sigma_{圆形}=0.65$;当为其他多边形形状时,应取 $0.77\sim1$ 之间的数值。而对于模型 17、18,即三角形和四边形混杂的情况,应取 $0.65\sim0.77$ 之间的数。

表 11-3　形状因子影响因素分析表

砾石形状	模型	工况	强度/100kPa	与圆形时的比值	平均
圆形	3	砾石块体的大小和方位都不变	14.19	1	1
四边形	9	砾石块体的大小和方位都不变	6.642	0.468	0.77
	10	大小服从正态分布,方位不变	11.86	0.835	
	11	大小不变,方位服从正态分布	12.86	0.906	
	12	大小服从正态分布,方位正态分布	12.55	0.884	
三角形	13	砾石块体的大小和方位都不变	5.744	0.404	0.65
	14	大小服从正态分布,方位不变	13.04	0.919	
	15	大小不变,方位服从正态分布	9.246	0.652	
	16	大小服从正态分布,方位正态分布	8.762	0.617	

(2) 级配因子 n,以反映级配关系对强度的影响。级配良好,即服从对数正态分布,此时令 $n=1$;级配不良,即大小不变时,利用模型 4—7、5—8、9—10、11—12、13—14、15—16 对比的数据进行分析(见表 11-4),将级配不良时强度值与级配良好时强度值的比值平均,可得 $n=0.67$。

(3) 砾石块体与土体的强度比 S。设砾石的抗压强度为 σ_1,土体的抗压强度为 σ_2,其比值为 $S=\sigma_1/\sigma_2$,这里 $S=1099/1.143\approx1000$。前面的讨论表明,当 S 很大时,作用不是太明显,所以对 S 应取对数形式。

(4) 含石率。含石率越大,土石混合体的强度就越高。当 $t=0$ 时为纯土模型,土石混合体的抗压强度为 $\sigma=\sigma_1$。

表 11-4　级配因子影响因素分析表

砾石形状	分布方位	级配情况（大小情况）	模型	强度/100kPa	强度比值	平均值
圆形	不变	不良	4	14.88	0.74	
		良好	7	20.12		
	服从正态分布	不良	5	18.22	0.36	
		良好	8	50.02		
四边形	不变	不良	9	6.642	0.56	0.67
		良好	10	11.86		
	服从正态分布	不良	11	12.86	0.97	
		良好	12	12.55		
三角形	不变	不良	13	5.744	0.44	
		良好	14	13.04		
	服从正态分布	不良	15	9.246	0.94	
		良好	16	8.762		

2）数据的回归

根据前面的影响因素及其影响规律,假定土石混合体的抗压强度服从下列公式:

$$\sigma = amn\ln(S)\sigma_1 e^{bt} \tag{11-1}$$

其中,a、b 为回归参数;t 以百分数表示,如含石率为 30％时,$t=30$;m、n 分别为形状因子、级配因子(下同)。由式(11-1)可以看出,当砾石形状为三角形和四边形时,强度与圆形相比有所降低。当砾石与土体的强度比增大时,强度增加。所以从定量上讲此公式符合实际情况。

图 11-5 给出了砾石形状为圆形块体时抗压强度与含石率的关系。

由图 11-5 中曲线可以回归出下列的方程:

$$\sigma = 1.21026 e^{0.0688t} \tag{11-2}$$

此时用的是模型 1～6 的数据,砾石形状为圆形,$m=1$、$n=0.67$;又因 $\sigma_1 = 1.143 \times 10^5 \text{Pa}$,$S=1000$,可以得出 $a=0.229$,$b=0.0688$。

即土石混合体抗压强度的计算公式为

$$\sigma = 0.229 mn\ln(S)\sigma_1 e^{0.0688t} \tag{11-3}$$

由式(11-3)就可以根据组成土石混合体的土和石的抗压强度、含石率、砾石的形状以及大小规律求出土石混合体的单轴抗压强度。

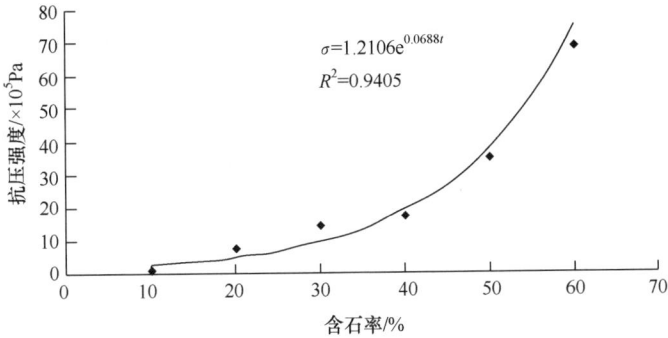

图 11-5　土石混合体单轴抗压强度与含石率的关系曲线

3) 公式的验证

下面首先根据公式(11-3)计算表 11-2 中各模型的抗压强度(见表 11-5)。

表 11-5　土石混合体数值模拟值与公式计算值的比较表

编号	含石率/%	形状因子	级配因子	公式计算值 /100kPa	数值模拟值 /100kPa	相对误差/%
1	10	1	0.67	2.410	2.512	4.1
2	20	1	0.67	4.80	6.817	29.6
3	30	1	0.67	8.545	14.19	39.8
4	40	1	0.67	17.00	14.88	14.2
5	50	1	0.67	22.6	18.22	24.3
6	60	1	1	75.16	68.25	10.1
7	40	1	1	28.21	20.12	28.6
8	50	1	1	56.38	50.02	12.7
9	30	0.77	0.67	7.348	6.642	10.6
10	30	0.77	1	10.946	11.86	7.6
11	30	0.77	1	10.946	12.86	14.8
12	30	0.77	0.67	7.348	12.55	41.4
13	30	0.65	0.67	6.20	5.744	7.9
14	30	0.65	1	9.256	13.04	29
15	30	0.65	1	9.256	9.246	0.1
16	30	0.65	0.67	6.20	8.762	29.2
17	30	0.75	0.67	7.157	15.27	53.1
18	30	0.75	1	10.68	12.80	16.5

由表 11-5 可以看出，模拟的效果基本理想。对于相差比较大的模型 3，主要是因为由这些数据回归的曲线拟合度不是太高(图 11-5)。对于模型 12、模型 17，则主要是由于块体方位的影响，但是这个因素并没有在公式中反映出来。

11.3.2　变形模量的确定

变形模量在研究土石混合体力学性质以及后来的数值模拟中也是一个极其重要的参数，它的影响因素和抗压强度的基本相同。所以土石混合体的变形模量可按下式确定：

$$E = amn\ln(Q)E_1 e^{l\alpha} \tag{11-4}$$

式中，E 为土石混合体的变形模量；E_1 为土体的变形模量；$Q = E_2/E_1$，E_2 为砾石块体的变形模量；其他参数意义同式(11-1)。

根据数值计算的结果，可以将每种情况下的变形模量(无 interface 时)归纳如表 11-6。

表 11-6　模型变形模量表

编号	含石率/%	块体形状	块体大小	块体方位	变形模量/0.1GPa
1	10	圆形	大小不变	方位不变	0.17
2	20	圆形	大小不变	方位不变	0.45
3	30	圆形	大小不变	方位不变	1.18
4	40	圆形	大小不变	方位不变	1.24
5	50	圆形	大小不变	方位不变	1.50
6	60	圆形	对数正态分布	方位不变	4.50
7	40	圆形	对数正态分布	方位不变	1.83
8	50	圆形	对数正态分布	方位不变	3.12
9	30	正方形	大小不变	方位不变	0.55
10	30	正方形	对数正态分布	方位不变	2.37
11	30	正方形	对数正态分布	对数正态分布	1.32
12	30	正方形	大小不变	对数正态分布	0.83
13	30	三角形	大小不变	方位不变	1.44
14	30	三角形	对数正态分布	方位不变	2.96
15	30	三角形	对数正态分布	对数正态分布	2.72
16	30	三角形	大小不变	对数正态分布	0.97
17	30	三角形圆形混杂	大小不变	方位不变	1.09
18	30	三角形圆形混杂	对数正态分布	对数正态分布	1.06

由表 11-6 中的数据,按照与确定抗压强度同样的方法首先分析形状因子和级配因子,然后根据变形模量与含石率的关系曲线回归出一定的公式,求出公式(11-4)中的系数。

表 11-7 形状因子影响因素分析表

砾石形状	模型	工况	变形模量/0.1GPa	与圆形时的比值	平均
圆形	3	砾石块体的大小和方位都不变	1.18	1	1
四边形	9	砾石块体的大小和方位都不变	0.55	0.466	1.08
	10	大小服从正态分布,方位不变	2.37	2.008	
	11	大小不变,方位服从正态分布	1.32	1.118	
	12	大小服从正态分布,方位正态分布	0.83	0.703	
三角形	13	砾石块体的大小和方位都不变	1.44	1.220	1.76
	14	大小服从正态分布,方位不变	2.96	2.508	
	15	大小不变,方位服从正态分布	2.72	2.472	
	16	大小服从正态分布,方位正态分布	0.97	0.822	

表 11-8 级配因子影响因素分析表

砾石形状	分布方位	级配情况(大小情况)	模型	变形模量/0.1GPa	强度比值	平均值
圆形	不变	不良	4	1.24	0.68	0.48
		良好	7	1.83		
	服从正态分布	不良	5	1.50	0.48	
		良好	8	3.12		
四边形	不变	不良	9	0.55	0.23	
		良好	10	2.37		
	服从正态分布	不良	12	0.83	0.63	
		良好	11	1.32		
三角形	不变	不良	13	1.44	0.49	
		良好	14	2.96		
	服从正态分布	不良	16	0.97	0.36	
		良好	15	2.72		

由模型 1~模型 6 的计算结果可以得出变形模量与含石率的关系曲线(图 11-6)。由曲线回归的公式为

$$E=0.1227\mathrm{e}^{0.0617t} \tag{11-5}$$

由表 11-7 可以得出,当为圆形时,$m=1$;当为四边形时,$m=E_{四边形}/E_{圆形}=$ 1.08;当为三角形时,$m=E_{三角形}/E_{圆形}=1.76$;当为其他多边形形状时,应取 1.76~ 1 之间的数值。而对于模型 17、18,即三角形和四边形混杂的情况,应取 1.08~ 1.76 之间的数值。

由表 11-8 可以得出级配因子 $n=0.48$。

当模型为纯土时,$E_1=0.30\times10^8$ Pa;为纯石时,$E_2=5\times10^9$ Pa;$Q=E_2/E_1=167$。

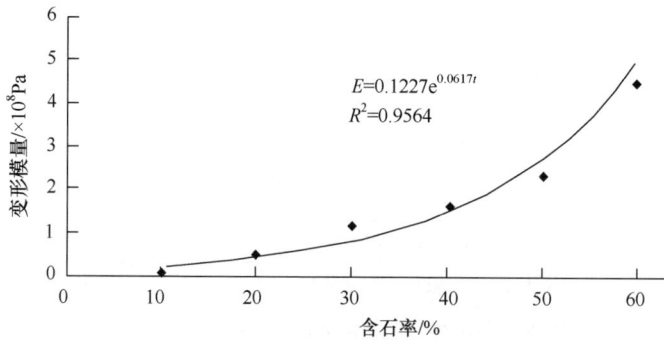

图 11-6　变形模量与含石率的关系曲线

由式(11-5)、式(11-4)可得 $a=0.117$,$b=0.0617$,故土石混合体变形模量的计算公式为

$$E=0.117mn\ln(Q)E_1\mathrm{e}^{0.0617t} \tag{11-6}$$

根据公式(11-6)对各模型的变形模量进行计算并与数值模拟值比较,结果见表 11-9。

表 11-9　土石混合体数值模拟值与公式计算值的比较表

编号	含石率/%	形状因子	级配因子	公式计算值	数值模拟值	相对误差/%
1	10	1	0.48	0.22	0.17	29.2
2	20	1	0.48	0.42	0.45	6.7
3	30	1	0.48	0.78	1.18	27.0
4	40	1	0.48	1.44	1.24	16.2
5	50	1	0.48	2.68	1.50	44.2
6	60	1	1	4.97	4.50	10.4
7	40	1	1	3.01	1.83	39.2
8	50	1	1	5.57	3.12	43.9
9	30	1.08	0.48	0.84	0.55	34.5

编号	含石率/%	形状因子	级配因子	公式计算值	数值模拟值	相对误差/%
10	30	1.08	1	1.75	2.37	26.2
11	30	1.08	1	1.75	1.32	24.5
12	30	1.08	0.48	0.84	0.83	1.2
13	30	1.76	0.48	1.37	1.44	4.8
14	30	1.76	1	2.85	2.96	3.7
15	30	1.76	1	2.85	2.72	12.1
16	30	1.76	0.48	1.37	0.97	29.1
17	30	1.4	0.48	1.09	1.09	0
18	30	1.4	0.48	1.09	1.06	2.8

由表 11-9 可以看出，模拟的效果基本理想。对于相差比较大的模型 5、8，其原因在于含石率为 50% 的土石混合体的强度参数与砾石的分布规律有很大的关系，分布不同，强度或变形模量可能相差很大。

11.4　质量评价体系的探讨

根据以上对研究结果的分析与讨论，不难发现，土石混合体的力学特性是由多个因素作用的结果，包括岩块与土体的强度，块石的含量、大小、形状与级配，胶结程度，密实度，以及含水率等。国内外许多岩石力学专家根据岩体力学特性的影响因素提出了许多有效的岩体质量评价体系，如 CSIRO 分类法[8]、Hoek 法[9-12]、Grogi 法[13,14] 以及孙广忠经验法[14,15] 等。因此，我们这里试图探讨一下基于以上土石混合体力学特性的影响因素建立一个针对土石混合体的质量评价体系，其思路大致是根据土石混合体力学特性的各个影响因素分别评分，具体可以描述如下。

第一，现场取土石混合体中块石、土体试样分别通过试样确定其单轴抗压强度 σ_r 与 σ_s，以块石与土体强度平均值和块石与土体强度差的乘积作为土石混合体的强度指标 $\sigma' = 0.5(\sigma_r + \sigma_s)(\sigma_r - \sigma_s)$。

第二，现场进行土石混合体中块石的几何特性分析，包括颗粒分析，给出试样的不均匀系数 C_u、含石率 R_w、块石形状指标 R_s（越不规则分越高，可设定 10 个等级），以及块石的分布特征值 R_d（均匀分布为 1、极不均匀为 0，其间设置若干等级）。总体上，颗粒越不均匀，含石率越高，块石形状越不规则，块石分布越不均匀，土石混合体的质量就越好。

第三，根据块石与土体的胶结程度进行现场评分 R_c（大致分为铁质胶结、钙质胶结、弱胶结、无胶结等，并分别打分）。

第四，对土石混合体的密实度测试，以土石混合体中土体的干密度为指标 D。

第五，含水率评价指标 W。土石混合体中含水率对其力学特性的影响主要体现在对其中土体力学特性的影响，且随含水率增加土体强度逐渐降低。因此取原状试样中土体含水率 W 作为该项评价的指标。

第六，自由位移系数 λ_c，主要评价土石混合体周边沟谷及支护等状况，若无沟谷或挡墙等支护较好，不易变形，系数值则较低；若沟谷多或近河岸且无支护，易产生位移，系数值则高。

结合上述评分细则，将各项指标按下式计算，即可得到土石混合体的质量指标 Q_{RSA}。

$$Q_{RSA} = \frac{\sigma' C_u R_w R_s R_d R_c D}{W \lambda_c} \tag{11-7}$$

根据土石混合体这一质量指标，我们可以相对评价土石混合体的强度、变形特性等力学特性，从而为工程实际提供有价值的参考。土石混合体质量评价中的各个指标参数均可以通过现场调查、测量或常规试样获得，因此该方法具有很强的可操作性。另外，该方法目前仅是作者根据力学试验分析以及传统岩体质量评价思路而提出来的，仍需要进一步在实际工程应用并校正、修改。此外，还可以借助数值模拟手段，通过土石混合体数码图像建立力学模型，对其力学特性进行数值评价，以更全面掌握其力学特性。有理由相信，经过下一步结合工程实践的修正，土石混合体质量评价体系一定能建立起来，并最终直接服务于生产实践。

参 考 文 献

[1] 高延法. 岩石真三轴压力试验与岩体损伤力学. 北京：地震出版社，1999.

[2] Ukhov S B. 评价一定尺度的非均匀岩体力学特性的计算-试验方法//岩石力学的进展. 重庆：重庆大学出版社，1990.

[3] 韩世莲，周虎鑫，陈荣生. 土和碎石混合料的蠕变试验研究. 岩土工程学报，1999，21(3)：196-199.

[4] 饶锡保，何晓民，刘鸣. 粗粒含量对砾质土工程性质影响的研究. 长江科学院院报，1999，16(1)：21-25.

[5] 罗国煜，李生林. 工程地质学基础. 南京：南京大学出版社，1990.

[6] 南京大学水文地质工程地质教研室. 工程地质学. 北京：地质出版社，1982.

[7] Hencher S R, Mcnicholl D P. Engineering in weathered rock. Quarterly Journal of Engnieering Geology, 1995, 28(3)：253-266.

[8] Bieniawski Z T. Estimating the strength of rock materials. South African Institute of Mining

and Metallurgy,1974,74(8):312-320.

[9] Hoek E,Brown E T. Underground Excavation in Rock. London:Institute of Mining and Metallurgy,1980.

[10] Hoek E,Brown E T. Empirical strength criterion for rock mass. Journal of Geotechnical Engineering Division,American Society of Civil Engineers,1980,106(GT9):1013-1035.

[11] Hoek E. An empirical strength criterion and its use in designing slopes and tunnels in heavily jointed weathered rock. Proceeding of 6th Southeast Asia Conference on Soil Engineering,Taipei,1980.

[12] 廖秋林,李晓,张年学,等. E. Hoek 法在节理化岩体力学参数评价中的应用. 岩土力学,2005,26(10):1641-1644.

[13] Wyllie D C,Mah C W,Hoek E,et al. Rock Slope Engineering-Civil and Mining 4th edition. London:Spon Press,2004.

[14] 孙广忠. 地质工程文选. 北京:兵器工业出版社,1997.

[15] 孙广忠. 地质工程理论与实践. 北京:地震出版社,1996.

第12章　土石混合体边坡的稳定性研究

正如本书前言中所述,在我国三峡地区、西南地区以及青藏高原等峡谷地区广泛存在由土石混合体组成的滑坡与边坡,而这些边坡的稳定性是区域工程地质稳定性的关键因素,与水工建筑物的施工和安全运行、区域人们生产生活有着极为密切的关系。国内外许多实例说明,边坡失稳可能给水利水电工程、国民经济和人民生命财产带来极大的危害[1-4],因此,应根据这类土石混合体边坡的结构特性与力学特点考虑自然的和工程荷载的作用,来研究边坡的稳定状况,预测可能失稳的形式以及失稳后造成的危害程度,并据以采取经济、合理和有效的防治措施。

边坡的稳定性分析分为定性分析和定量分析两种。定性分析是边坡稳定性的最基本的分析方法,其优点是能综合考虑各种影响边坡稳定的因素,无需进行勘察试验,快速地对边坡的稳定状况及其发展趋势作出评价估计。定量分析是边坡稳定性定性分析的补充,它主要通过边坡岩体的稳定平衡计算,用数字说明边坡的稳定程度并给以量的概念,作为边坡整治处理的依据,主要方法有极限平衡法和数值分析法。随着各学科之间的相互渗透和交叉,还发展有数理统计方法,如可靠度分析法、灰色系统法、模糊数学评判法等。另外,还有一些物理模拟法,即在实验室按照一定比例建造所研究边坡的物理模型,在相似规律条件下,研究模型的破坏机理及过程,进而反推边坡的破坏机理及过程。这些方法在岩质、土质等均质或类似均质边坡的稳定性研究、加固措施论证等实践中得到了很好的应用。然而,土石混合体边坡是由材料非均质、结构非均匀、变形非连续的特殊地质材料组成,其稳定性的影响因素、分析方法、变形破坏模式以及稳定性分析方法等必然在一定程度上与均质边坡有所不同。这里仍然采用均质边坡稳定性分析的研究思路从不同方面逐项开展研究。

本章在大量的边坡地质调查的基础上,分析影响土石混合体边坡稳定性的主要因素,提出土石混合体边坡变形破坏的几种地质模式,深入探讨各种模式的变形破坏特点。结合土石混合体边坡大多分布于库区、峡谷区的特点,以工程实例重点在分析地下水作用对边坡稳定性影响的基础上,利用数值分析的方法重点研究土石混合体库岸边坡在自重和蓄水条件下的变形特点以及滑坡发育的机理。

12.1 土石混合体边坡稳定性的影响因素分析

边坡的稳定性受多种因素的影响,主要可分为内在因素和外在因素[2-8]。内在因素包括组成边坡的岩土体性质、岩土体结构、地应力等,这些因素的变化是十分缓慢的,它们决定边坡变形的形式和规模,对边坡的稳定性起控制作用,是边坡变形的先决条件。外部因素包括水的作用、风化作用、工程作用、外动力等,这些因素的变化是很快的,但它只有通过内在因素才能对边坡稳定性起破坏作用,或者促进边坡变形的发生和发展。边坡的变形和破坏一般是内在的和外在的各种因素综合作用的结果。研究分析影响边坡稳定的因素,特别是边坡变形破坏的主要因素,是稳定分析和边坡防治处理的一项重要任务。

对于土石混合体边坡,由于其组成物质的不同,形成原因的差异以及其他原因而呈现出与其他边坡不同的变形破坏特点。基于大量土石混合体边坡的现场调查与大量的土石混合体边坡的资料[1-8],土石混合体边坡稳定性的重要影响因素可概括为如下几点。

12.1.1 物质组成

边坡的物质组成是指组成边坡的岩土体的地层和岩性,它是影响边坡稳定的主要因素。土石混合体边坡主要是由滑坡积物、残坡积物、崩坡积物、冲洪积物等松散堆积物组成,物质成分以土、碎裂岩体等土石混合体为主。物质结构疏松,孔隙度大,粒间结合力差,透水性强,这些性质决定了它们的抗剪强度较低,容易浸水软化,进而发生滑坡变形。这些物质组成的边坡,坡度一般很小,在其中开挖路堑或基坑,如果坡度过大,则非常容易产生滑坡,在有水的作用下更是如此。例如,长江三峡两岸的边坡大多数是这种性质的边坡,它们在长江蓄水以后,将面临着各种各样的库岸改造和边坡失稳问题,因此应该引起充分重视。

12.1.2 边坡的内部结构

边坡的结构类型对其稳定性有着很大的影响,土石混合体边坡由于其形成原因的不同,而决定着它一般有两种结构形态:一元结构、二元结构。一元结构是指整个坡体皆由土石混合体组成,边坡的特性决定于土石混合体本身的性质,一般的破坏形式是为土石混合体内部的圆弧状滑动;二元结构则是在土石混合体的下部有基岩分布,边坡的特性除土石体本身外,还与基岩接触面的特性有关,一般的破坏形式是沿基岩面滑动,当然如果基岩面过缓或坡体很厚,仍有可能成圆弧状滑动。

12.1.3　边坡形态

边坡形态对边坡的稳定性有直接的影响。边坡形态系指边坡的高度、长度、坡面形态以及边坡的临空条件等。对于土石混合体边坡,如果其中所含的块石或碎石的大小相对于边坡很小时,则可以把它看作均质体,只是其参数和纯粹的土体相比将有所提高,这时可以根据极限平衡法算出它的稳定坡角;但是如果其中的块石尺寸相对较大,而且分布极不均匀时,特别是当块体的位置正好处在潜在滑动面上时,则要考虑块石的大小和分布对边坡变形破坏的影响了[2,3]。

12.1.4　水的作用

地下水对边坡稳定性的影响突出地反映在两方面:一是地下水的物理化学作用,主要改变边坡岩土体的物理力学性质,包括地下水对边坡滑面抗剪强度的降低作用等;二是边坡水力学作用,包括静水压力的作用、浮托力的作用、浮力作用、渗透动水压力的作用等,它们的作用形式取决于边坡岩土体的介质类型,而力学作用的大小取决于边坡内地下水的动态变化情况。在工程实践中,边坡内的地下水位受排水模式控制,常见的有工程强制排水模式和边坡自然排水模式两种,水位动态变化使边坡的稳定性随之改变,大幅度的水位变化常常导致边坡的失稳。据国内外资料统计,90%以上的岩质边坡的破坏与地下水作用有关,而30%~40%的水坝失事是由地下水渗流破坏引起;对于土石混合体边坡,库区水、地下水及自然降雨对其稳定性的影响将更为剧烈[9]。因此,在进行边坡工程稳态评价和工程设计时,分析边坡岩土体内地下水力学作用形式,以及研究地下水动态变化对边坡稳定性的影响是一个十分重要的环节。

12.1.5　外动力作用

地震、大规模爆破和机械振动都可能引起边坡应力的瞬时变化,从而影响边坡的稳定性。土石混合体边坡一般由土夹碎石和碎块石或碎石和碎块石夹土等混杂物质组成,有的边坡结构比较松散,有的则比较密实,颗粒之间也可有较强的黏结力。但是在地震等震动作用下,可使边坡岩土体的结构发生破坏或变化,或使原有结构面张裂、松弛,块石和土体之间的黏结力丧失,同时地下水也有很大变化;然后在地震力的反复振动冲击下,边坡岩土体沿结构面发生位移变形,直至破坏。

12.2　土石混合体边坡变形破坏的主要地质模式

边坡地质模式是反映边坡稳定状态各种因素的综合体现,而边坡的变形破坏方式集中反映了地质模式的主要特点[10]。因此边坡地质模式具有较为广泛的内容,不但包括与边坡有关的基本地质条件,而且也包括边坡岩土体的变形特点及相应的破坏方式,以及影响边坡稳定性各种人为的及自然的动力因素。研究边坡地质模式的目的,在于把握边坡变形破坏的主要类型,在工程实践中可以根据边坡的地质模式,预报边坡变形的发展趋势及其可能的破坏方式。根据大量的工程实践,可以总结出土石混合体边坡的变形失稳的地质模式主要分为如下几种。

12.2.1　在坡体中发生的旋转型(即弧形)滑动破坏

这类破坏主要发生在坡体相对较厚,但坡度不是太大的边坡中。当砾石块体相对较小且分布比较均匀时,多发生圆弧形滑动(图 12-1)。当砾石块体较大时,特别是处于潜在滑动面上时,其物质的不均匀性将影响破裂面的形状和发展。另外,坡体内软面的存在也将控制滑面的路径;最大孔隙水区域的扩展将影响面曲率。这种形式的滑坡有如下特点:

(1) 边坡失稳与否同边坡高度无直接关系,主要取决于临空面与结构面的空间组合及结构面的抗剪强度。

(2) 滑动面的厚度与岩土体的均匀性有直接的关系,有时很薄,有时很厚。

(3) 边坡滑动多在雨季发生,滑动体有较强的整体性。

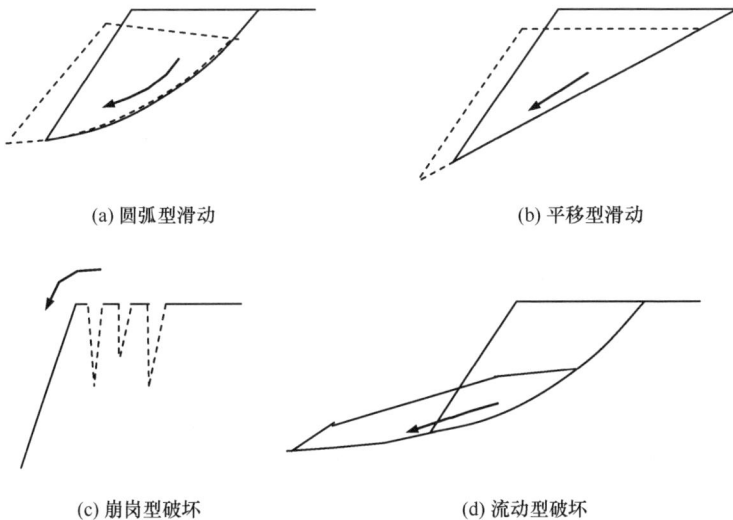

(a) 圆弧型滑动　　　　　　　　　　　　(b) 平移型滑动

(c) 崩岗型破坏　　　　　　　　　　　　(d) 流动型破坏

图 12-1　土石混合体边坡破坏模式图

12.2.2　沿堆积层与基岩面发生的平移型滑动破坏

这类破坏通常发生在坡体厚度不是较大,基岩面相对平整的二元结构边坡中(图 12-1)。基岩面的形状和性质将是影响变形破坏的主要因素。这类破坏主要发生在雨季和河水位变化时期,当地下水位浸泡滑面时,滑面物质富水饱和、强度弱化,滑面上的下滑力大于抗剪强度,从而造成边坡失稳破坏。其形式主要是沿基岩面的整体滑移。

12.2.3　崩岗型破坏

崩岗多发生在花岗岩风化严重的低山丘陵区[11-13],有些砾岩风化区和第四纪残坡积层也有零星分布。崩岗主要分两种类型,一种由沟蚀发展而成(图 12-1),一种由坡面突然滑坡发展而成。尽管其成因类型不同,发育规律也不尽一致,但都与径流冲刷及重力作用有关,即均是在降雨作用下山丘的坡面在缺乏植被或土质疏松的情况下土壤水分的积累,导致坡面不稳定过程的发生,这是崩岗的内因;暴雨径流对坡面的持续冲刷是造成崩岗的外因,而其中岩土质条件对崩岗的发育有重要影响,它制约着崩岗的形成和发展。

12.2.4　流动型破坏

泥石流滑坡(泥石流滑坡)是指滑体首先沿一定的滑面滑移进而发展成泥石流的一种现象(图 12-1),它也是土石混合体边坡失稳破坏的一种主要形式[14,15]。其易被水流侵蚀冲刷的疏松土石堆积物是泥石流形成的最主要条件。当有暴雨、冰雪融化和水体溃决时,在坡体形成了强烈的地表径流,为暴发泥石流提供了动力条件。当边坡的地质、地形满足一定条件时,特别是坡降较大的狭窄河谷,最易发生泥石流滑坡。泥石流滑坡暴发性强、能量巨大、来势凶猛、历时短暂、复发频繁,对人们的生命财产影响最大。

12.3　自重应力作用下土石混合体边坡的稳定性分析

土石混合体边坡的变形失稳是一个受众多因素影响和控制的极复杂过程,如何正确、准确、及时地对其作出超前稳定性评价和预测预报,是现代滑坡灾害研究领域中一个急需解决的课题。众所周知,对一个中小型均质土坡或岩质边坡,由于其物质构成的相对均一和较简单的滑移边界条件,运用传统的边坡稳定性评价分析方法对其进行分析和评价往往行之有效,但对于土石混合体边坡,由于其物质组成、边界条件的不均一性和地下水及应力场等因素的多变性,决定了该类边坡的失稳规模、滑移形式、滑面形成特征等方面的复杂性。此时运用传统土坡稳定性分析方法仅通过求出一个稳定系数来评价该类边坡的稳定与否则行之无效,有时还会作出错误的判断。为此,对该类边坡应该综合考虑各种影响因素,在分析工程地质模型的基础上,建立行之有效的数值模型,利用数值方法对边坡进行全面的应力-应变分析。

12.3.1　自重应力的作用分析

自重应力主要是通过边坡的内在因素,特别是边坡的形态而起作用的。边坡形态对边坡的稳定性有直接的影响。边坡形态系指边坡的高度、长度、坡面形态以及边坡的临空条件等。其中坡度的影响最大,对于不同材料的边坡,其坡度的要求也大不相同。表 12-1 是碎石土边坡的允许坡度经验值。

表 12-1　碎石土边坡容许值[5]

土体密实程度		边坡高度		
		10m 以内	20m 以内	20～30m
	胶结的	1：0.3	1：0.3～1：0.5	1：0.5
	密实的	1：0.5	1：0.5～1：0.75	1：0.75～1：1
	中等密实的	1：0.75～1：1.0	1：1	1：1.25～1：1.5
松散的	大多数块径大于 40cm	1：0.5	1：0.75	1：1.0～1：1.25
	大多数块径大于 25cm	1：0.75	1：1	1：1～1：1.25
	块径一般小于 25cm	1：1.25	1：1.5	1：1.5～1：1.75

当坡度大于表中的容许值时,自重应力在坡面的分力——下滑力将大于岩土体之间或滑面之间的抗滑力,从而造成边坡失稳。对于土石混合体边坡,如果其中所含的块石或碎石的大小相对于边坡很小时,则可以把它看作均质体,只是其参数和纯粹的土体相比将有所提高,这时可以根据极限平衡法算出它的稳定坡角;但是如果其中的块石尺寸相对较大,而且分布极不均匀时,特别是当块体的位置正好处在潜在滑动面上时,则要考虑块石的大小和分布对边坡变形破坏的影响[16]。这时的极限平衡法将不再有效,而必须采用数值分析的方法对土石混合体边坡的稳定性进行分析。

12.3.2　模型的建立

本次计算考虑了三种模型:实测模型、等效模型和随机结构模型。实测模型以长江三峡库区奉节县白衣庵滑坡的 2# 与 3# 小滑坡为例(图 12-2)。两者的坡体结构和组成材料都基本相似,唯一不同的就是基岩面的倾角相差很大。目前难以对实测模型进行建模计算,因此这里仅将实测模型作为土石混合体边坡研究的基础数据,后续的数值分析中不进行研究。

等效模型是在实测模型或随机结构模型的基础上简化而得,即将坡体上的不均质岩土体等效成一种均质连续体,其目的是为了比较实测模型或随机结构模型与等效模型之间的不同,以验证对土石混合体边坡进行细观处理的必要性。长江三峡库区奉节县白衣庵滑坡的 2# 与 3# 小滑坡的实测等效模型如图 12-3 与图 12-4 所示。

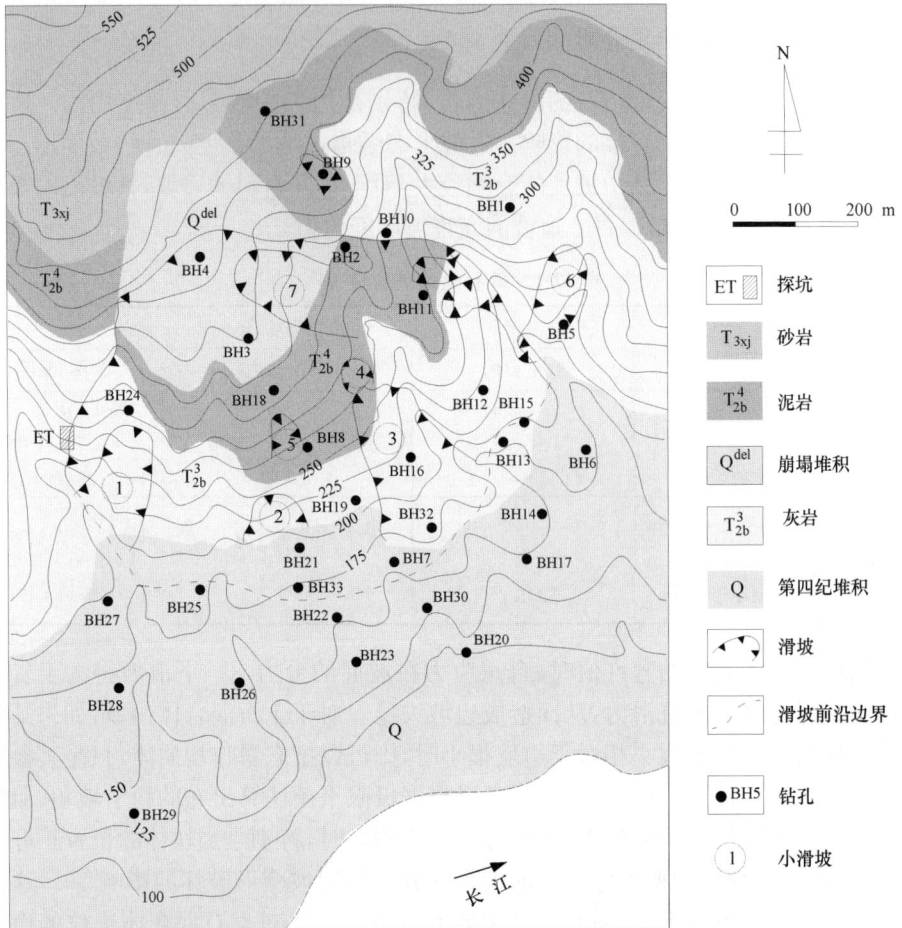

图 12-2　长江三峡白衣庵滑坡及其次生小滑坡工程地质平面图

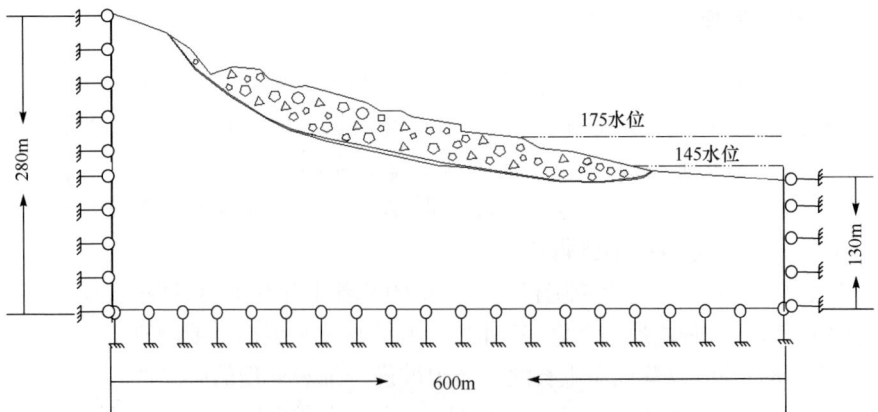

图 12-3　白衣庵 2# 小滑坡实测模型图

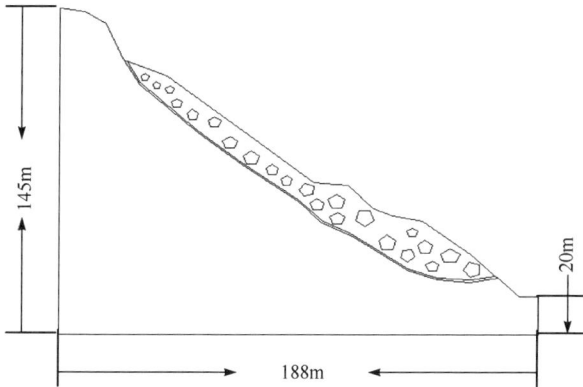

图 12-4　白衣庵 3# 小滑坡实测模型图

　　随机结构模型是用现场统计的参数来模拟砾石的实际分布状况,它的优点是可以进行不同边坡形态下的稳定性分析,进而研究土石混合体边坡的变形破坏机理。所以这里并没有去模拟上述的实测模型(实际上由于实测模型形态的复杂性而并不容易模拟),而是采用标准的边坡形态来分析不同坡度情况下的稳定性。同时由于砾石形状对土石混合体性质的影响前面已经研究过,所以这里根据现场的统计情况只考虑砾石为五边形的情况,而且砾石块体的大小、含石率与现场的一样,又因为五边形,故其方位的影响不大,这里不予考虑。根据以上的条件可以建立土石混合体边坡的随机结构模型,如图 12-5 所示。根据本书第 3 章与第 8 章等的研究,随机结构模型具备了较为成熟的研究方法与技术可行性,因此本章的研究将以土石混合体随机结构模型的数值分析为主,进行其稳定性的研究。

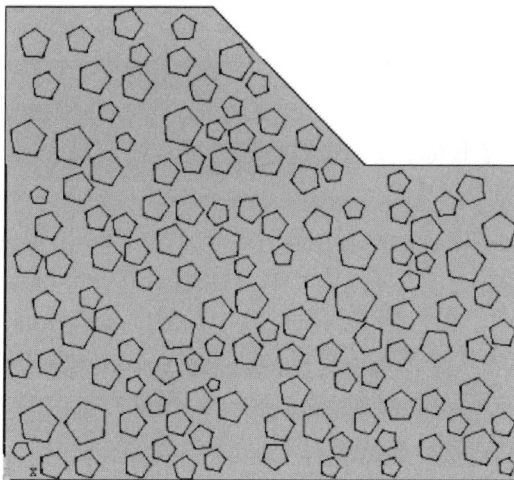

图 12-5　土石混合体边坡的随机结构模型图

12.3.3　计算方案与计算参数的确定

土石混合体边坡按形成的地质年代可分为第四纪早期形成的和全新世形成的两种,当然具体的划分界限这里不作讨论。对于早期形成的边坡来说,坡体材料坚硬致密,相互胶结在一起,这时土体与砾石之间的界面不明显,非均质的影响则起主要作用。对于全新世形成的边坡来说,坡体材料松散、无序、粒间结合力差,土体与砾石之间的界面明显,对边坡的稳定性影响很大。出于计算的方便和时间的考虑,本书对于有 interface 的情况,仅考虑了随机结构模型中坡度为 1∶1、1∶2.5的情况,而重点研究了没有 interface 的情况,以考虑非均质的影响,这对于历史上形成的古滑坡和残坡积土石混合体边坡来说有着实际的指导意义。

上述的实测模型实际上属于二元结构的土石混合体边坡模型,即边坡由土石混合材料组成的坡体和灰岩组成的基岩组成。当然坡体中灰岩块体的位置并不是真正实测的(那样做也是不可能的),而是根据实际情况中块体的平均粒径在坡体中随机选取的。这样基本上能达到研究的目的,即检验前面提出的方法的可取性以及与等效模型的比较,并在实际模型的基础上进行稳定性分析。

表 12-2　随机结构模型的计算方案

模型	坡度	块石大小/m		含石率/%
		均值	方差	
1	1∶1.0	3	0.1	30
2	1∶0.8	3	0.1	30
3	1∶1.2	3	0.1	30
4	1∶2.0	3	0.1	30
5	1∶2.5	3	0.1	30

在随机结构模型中,考虑了五种方案(见表 12-2),其中模型 1~5 的坡度各不相同,主要是为了研究不同坡度对边坡稳定性的影响。另外对于模型 1、4、5 还分别计算了与其相应的等效模型。

随机结构模型其实属于一元结构的土石混合体边坡模型,块体的大小和数量都取自现场的实际统计结果,详见第 2 章;其建模技术与有限差分数值模拟方法分别见第 3 章和第 8 章。实测模型和随机结构模型中边坡各部位参数的确定取自《长江三峡库区白衣庵滑坡工程地质报告及稳定性分析》的研究报告,并考虑了水位的影响,对水位以下岩土材料按饱和状态下的物理力学参数进行计算,见表 12-3。

表 12-3　数值模拟分析采用的岩土物理力学参数

类别	密度 /(kg/m³)		变形模量 /GPa		泊松比		黏聚力 /MPa		摩擦角 /(°)		抗拉强度 /MPa	
	天然	饱和	天然	饱和	天然	饱和	天然	饱和	天然	饱和	天然	饱和
基岩 岩体	2620		1.6		0.32		0.40		37.5		0.139	
滑带土	2000	2050	0.06	0.03	0.35	0.38	0.045	0.030	18	15	0.02	0.015
块石土中 的土体	2000	2080	0.04	0.02	0.35	0.38	0.020	0.015	16	14	0.01	0.005
块石土中 的块石	2600	2650	1.6		0.3		0.40		36		0.15	
等效体	2300	2380	0.4	0.1	0.32	0.38	0.07	0.03	24	20	0.015	0.01

12.3.4　计算成果与分析

1）interface 存在对边坡稳定性的影响

第 8 章关于土石混合体的有限差分计算表明，有 interface 时，计算需要花费较长的时间。因此，在考虑坡度为 1∶1、1∶2.5 两个模型时，对模型进行了简化（图 12-6、图 12-7）。模型的各相参数见表 12-4，模型中 interface 的参数仍采用第 8章中的数值。

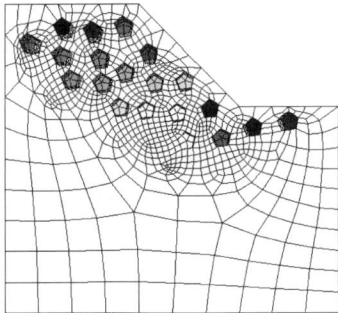

图 12-6　坡度为 1∶1 的模型　　　　　　　图 12-7　坡度为 1∶2.5 的模型

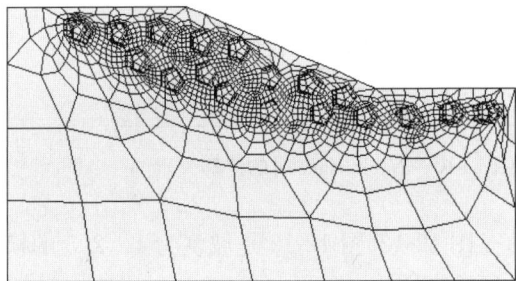

表 12-4　模型参数对照表

模型	坡度	砾石个数	平均粒径/m	单元数	节点数
1	1∶1	20	3	865	1786
2	1∶2.5	18	4	1281	2856

图 12-8～图 12-11 是坡度 1∶1 的模型有 interface 和无 interface 时的塑性区分布图和位移矢量图(图中浅颜色的部分为剪切破坏,深颜色的部分为拉张破坏,下同)。

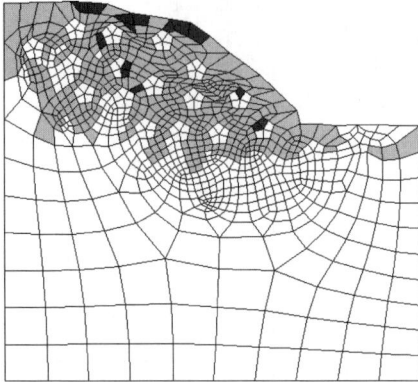

图 12-8　有 interface 时的塑性区分布图

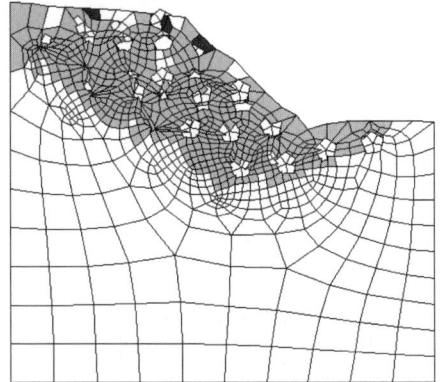

图 12-9　无 interface 时的塑性区分布图

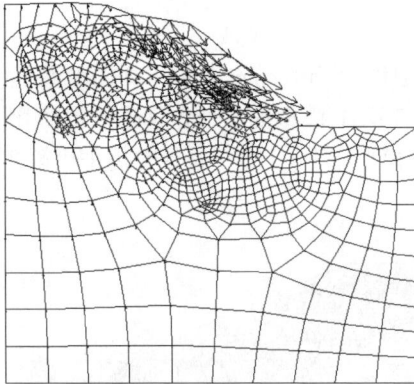

图 12-10　有 interface 时的位移矢量图

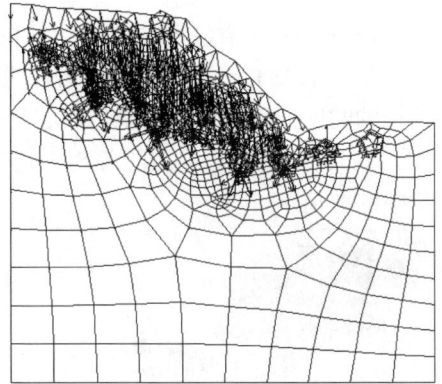

图 12-11　无 interface 时的位移矢量图

图 12-12、图 12-13 是坡度为 1∶2.5 的模型无 interface 和有 interface 时的塑性区分布图。

由图中可以看出,对于坡度为 1∶1 的模型来说,有无 interface 都发生了破坏,即在坡体内形成了贯通的塑性区破裂面,且在坡顶出现了拉张破坏的塑性区(图 12-8 与图 12-9)。有 interface 时,由于土体单元与砾石单元的变形模量相差很大,两者之间的变形表现出强烈的不连续性,在块体的下方可见明显的架空现象,且以竖向位移为主(图 12-10)。无 interface 时,更多地表现为水平位移,且形成了明显的滑动面(图 12-11)。

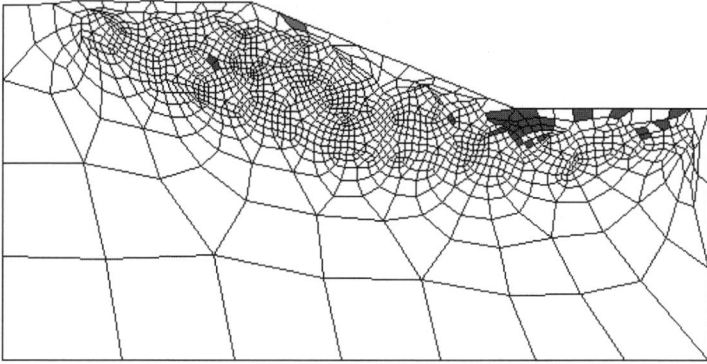

图 12-12　坡度为 1∶2.5 模型无 interface 时的塑性区分布图

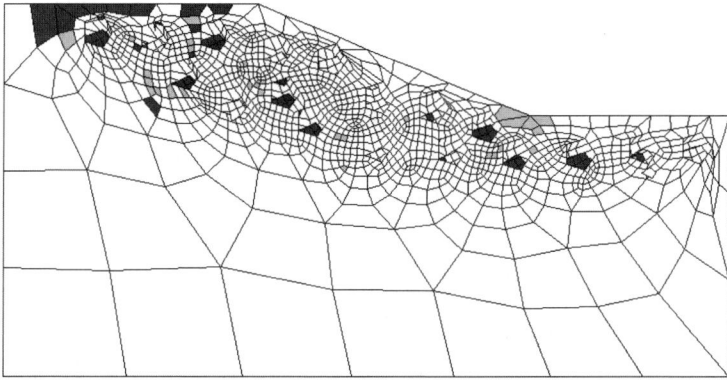

图 12-13　坡度为 1∶2.5 模型有 interface 时的塑性区分布图

　　而对于坡度为 1∶2.5 的模型来说,有无 interface 都没有发生破坏,仅是在坡顶和坡角部分出现了少量的塑性区单元(图 12-12 和图 12-13)。但 interface 的影响仍主要表现在其竖向变形的不连续性上,且由于其不连续变形而造成了块体与块体之间一些单元也进入了拉伸破坏。

　　从以上的分析可知,interface 对边坡的影响主要表现在其变形的不连续性上,它对坡度的敏感性不强,即没有 interface 时是稳定的,有 interface 也是稳定的。物理过程上,土石混合体中块石与土体接触面的存在对整个土石混合体边坡的稳定性影响很小,这主要是由于土石混合体中的块石相互咬合完全可以抵消土石混合体中块石与土体接触界面的局部结构破坏。但是,由于其非均质和不连续的影响,土石混合体中土体易随块石与土体的接触面破坏而大面积破坏,并导致潜在破坏面的形成,从而影响边坡的稳定性。因此,总体上说是不利的。

　　2) 自重应力作用下土石混合体边坡的变形破坏机理

　　为了研究土石混合体边坡的变形破坏机理,设计了多种模拟方案(见 12.2

节）。在实测模型中研究了基岩面倾角对边坡稳定性的影响,在随机结构模型中分析了不同坡度边坡的变形破坏规律。

　　一般情况下斜坡的变形和破坏主要是坡体内应力场长期作用的结果[17],其结果主要表现在使坡体由整体弹性或准弹性向塑性转化,使坡体强度降低,形成局部塑性区或塑性带。塑性区边界线的强度接近土体的残余强度,该强度随时间而衰减,塑性区的范围也随时间而增大,塑性区的扩展使得边坡产生渐进破坏。在重力场和其他外界营力联合作用下,当坡体的整体下滑力大于滑面的综合抗剪强度时,边坡便发生整体宏观滑移,这其实是一种应力控制型的破坏。通过大量的研究发现,边坡从变形到破坏是坡体应力长期作用的复杂过程,坡体应力形成与变化又是受诸如坡形、初始应力状态、岩土体结构、岩土体物理力学性质、地下水位等因素的影响和控制,其应力分布极为复杂,在这种复杂应力场作用下而形成的塑性区也极不均匀。因此,正确分析和计算塑性区的扩展情况对边坡的稳定性分析与评价极为重要。

　　下面以坡度 1∶1 的土石混合体边坡模型 1 为例,来分析其塑性区发展情况,以期得到土石混合体边坡的变形破坏机理。

　　在变形的初期,由于土石混合体非均质的影响,边坡内的应力场和塑性区的分布极不均匀,如图 12-14 所示。在块体之间的充填土体中既有处于剪切破坏的单元,也有处于拉伸破坏的单元。随着计算时步的增加,即在重力场的持续作用下,边坡应力场发生变化,各个单元将处于与前一步不同的应力状态,有的单元从弹性转入塑性,也有的从塑性过渡到弹性。这类在计算过程中应力状态在弹性与塑性之间反复变化的单元在物理过程上是边坡中局部土体在应力作用下屈服,但在应力作用下土体结构重新调整、固结,即相当于土体的夯实或二次固结过程。这一过程也是土石混合体边坡的应力重分布过程,如图 12-14~图 12-16 所示。在这一过程中,边坡中单元产生的位移与变形是累计变化,是不可逆的。需要指出,在边坡应力集中区有些单元进入塑性后就不可能回到弹性状态,如图 12-16 中坡面右下方。

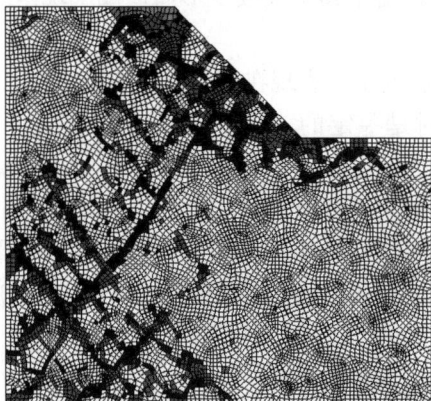

图 12-14　step＝1200 时的塑性区分布　　　　图 12-15　step＝2400 时的塑性区分布

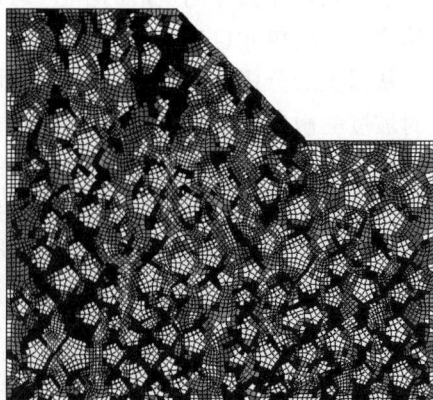

随着计算时步增加,塑性区向靠近坡面的部位发展(图 12-17 与图 12-18),这主要是因为坡面是一个临空面,此处的单元处于两向应力状态或虽处于三向但其中一向相对极小,最大与最小主应力的差值较大,所以单元容易达到破坏状态。其中,在坡角部分出现了大量的剪切破坏的单元,而坡顶的大部分单元处于拉伸破坏状态,同时对坡角前方的单元进行挤压,而使得它们也进入剪切破坏。在重力作用下边坡变形开始主要以竖向位移为主,当变形到一定程度即已经完成了所谓的自身变形时,靠近坡面的部分开始沿顺坡向运动,如图 12-19 所示。由于土石混合体高度非均质特点,其组成的边坡内部在土体中极易形成应力集中区,塑性区在土石混合体边坡土体中的发展很快,这也是土石混合体边坡与土质边坡的差异所在。

随着计算时步的增加,塑性区在坡面一定深度沿土石混合体中土体继续发展并相互贯通,趋于形成滑动面,其潜在滑动面之上的土石混合体的位移也逐渐增加,如图 12-20 与图 12-21 所示。

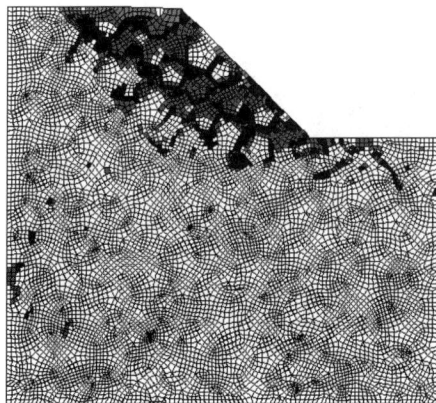

图 12-16　step＝3600 时的塑性区分布

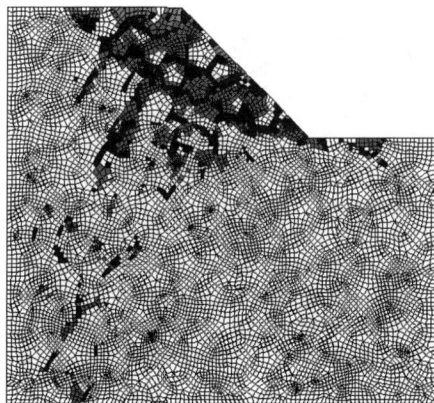

图 12-17　step＝4800 时塑性区分布

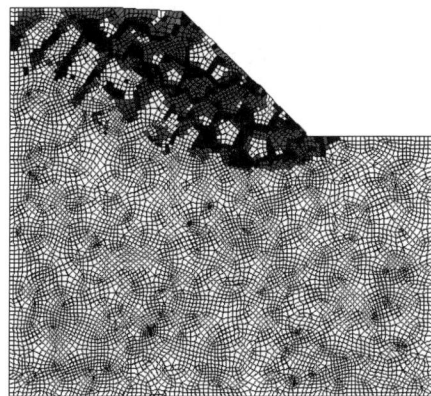

图 12-18　step＝6000 时塑性区分布

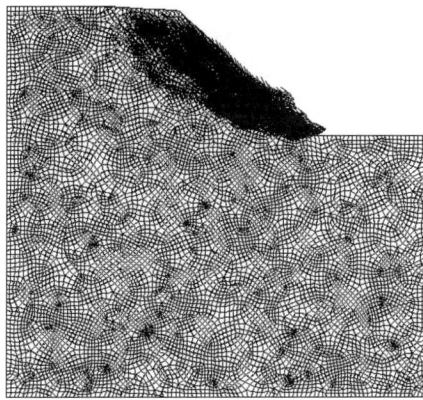

图 12-19　step＝6000 时的位移矢量

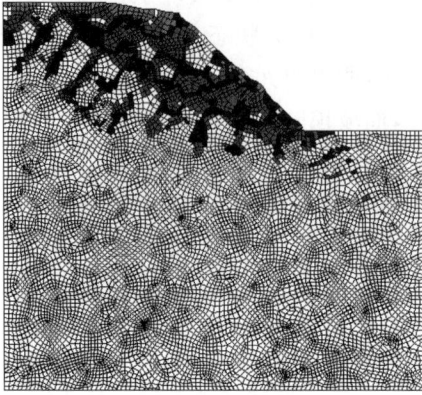

图 12-20　step＝9600 时的塑性区分布

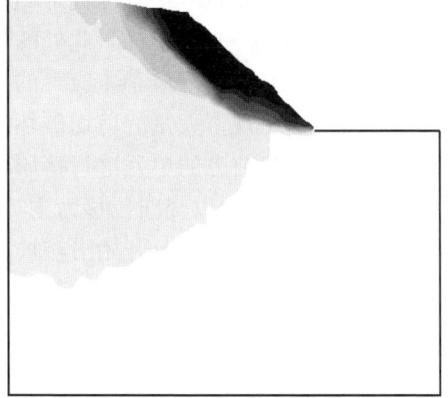

图 12-21　step＝9600 时位移等色

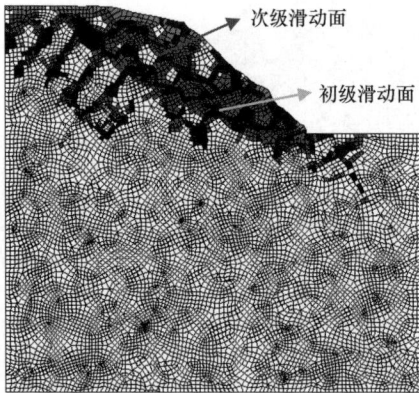

次级滑动面

初级滑动面

图 12-22　step＝12000 时塑性区分布

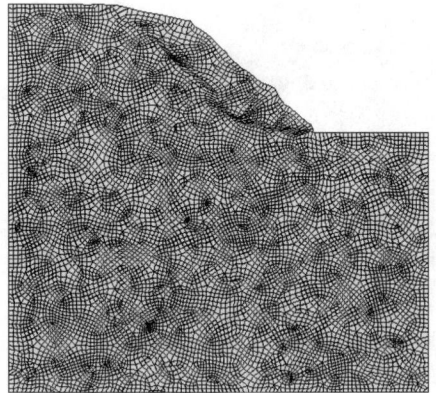

图 12-23　step＝12000 时的网格变形

　　就坡度 1∶1 的土石混合体边坡模型 1 而言,当计算时步达到 12000 时,边坡不同深度已形成了上下两个滑动面,其单元网格变形最大的单元区域也基本与滑动面一致,如图 12-22 与图 12-23 所示。

　　根据上述的分析,土石混合体边坡的变形与破坏可分为以下几个过程:

　　(1)边坡应力场重分布,计算模型中表现为计算范围内单元在重力场作用下塑性区的不均匀分布。

　　(2)应力集中区的出现,计算模型中表现为计算范围内坡脚与边坡后壁等区域单元进入塑性状态,其他大部分区域单元基本为弹性状态。

　　(3)塑性区的扩展与连通,沿坡脚与边坡后壁等区域的塑性区逐渐贯通与发展。

（4）随着塑性区的贯穿，破坏面（滑移面）形成，而多级滑动面的存在是土石混合体边坡与其他均质边坡的根本差别所在。这是由于土石混合体的非均质导致重力作用下易在边坡内部的土体中形成贯穿型潜在破坏面。

12.4　土石混合体非均质性对边坡稳定性的影响

前一节研究中已经表明，土石混合体的非均质对土石混合体边坡的变形破坏，尤其是其滑动面的形成起到了重要作用，而且这种材料与结构非均质对边坡的影响还与边坡本身的结构特点，包括厚度、坡度等有着密切关系。为了进一步揭示土石混合体边坡岩土体非均质性对稳定性的影响，这里对土石混合体边坡的随机结构模型与等效模型在自重应力场作用下的稳定性进行对比分析。其中，等效模型其实是一种均质模型，是将土石混合体的细观上的非均质通过宏观等效，其物理力学参数利用第 10 章中的方法给出。

这里仍以长江三峡白衣庵的次生滑坡为例进行分析，分别对不同厚度、不同坡度的 1 号、4 号、5 号与 6 号小滑坡的随机结构模型及其分别相应的等效模型进行在自重应力场作用下的稳定性数值分析，并根据研究结果将土石混合体边坡分为均质性土石混合体边坡与非均质性土石混合体边坡。

12.4.1　均质型土石混合体边坡

图 12-24、图 12-25 分别是 6 号滑坡实测模型和等效模型的塑性区分布图；图 12-26～图 12-29 是 5 号滑坡实测模型和等效模型的塑性区分布图与位移矢量图。从图中可以看出两个滑坡在实测模型和等效模型中都是稳定的，而且塑性区的分布情况是基本相同的，即在坡角部分都有单元进入剪切破坏，边坡的后缘都有单元产生拉伸破坏，所不同的就是在实测模型中，边坡上方公路两侧的坡体中由于

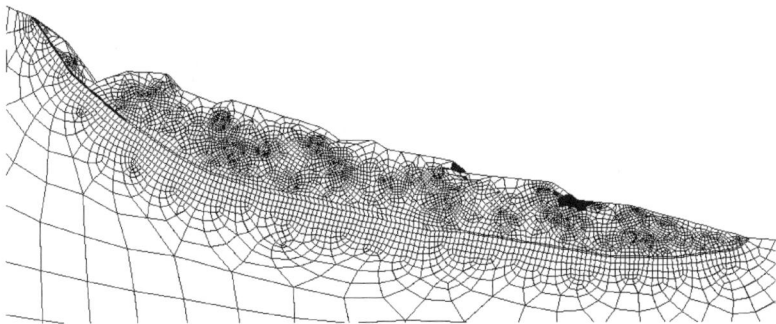

图 12-24　6 号滑坡实测模型的塑性区分布图

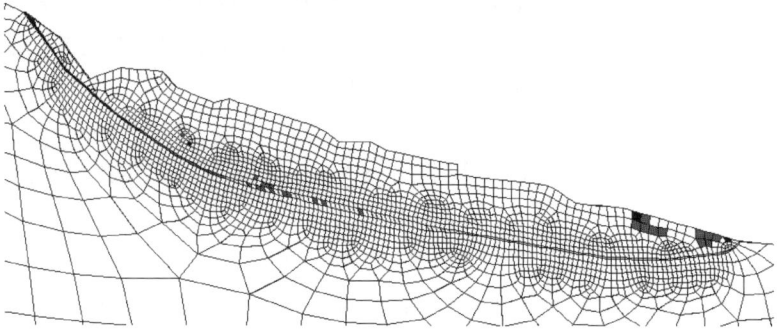

图 12-25　6 号滑坡等效模型的塑性区分布图

块石的存在而出现了塑性区,而等效模型中由于坡高较小则没有单元进入塑性。
对于坡度为 1∶2.5 的模型来说,两者都比较稳定(图 12-26 和图 12-27)。对于随机
结构模型,其临界坡度大致为 1∶2.5。由此可见,对于由基岩构成的二元结构边坡,
特别是厚度较小或者坡度较小的边坡来说,在其中起作用的主要是岩土体与基岩的
接触面,即所谓的滑带,而岩土体中块石与土体的界面则不起大的作用。这时用等效
模型代替实测模型是可行的,并可以用一些传统的边坡稳定性分析方法来分析。

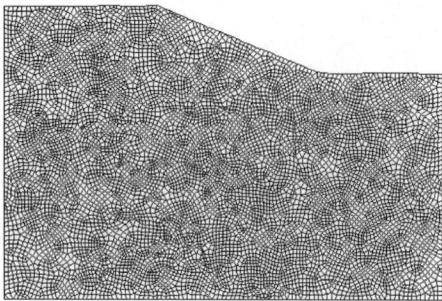

图 12-26　模型 5 的塑性区分布图

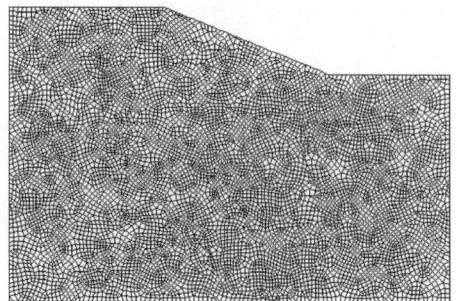

图 12-27　等效模型 5 的塑性区分布图

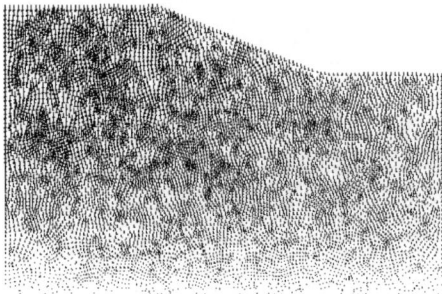

图 12-28　模型 5 的位移矢量图

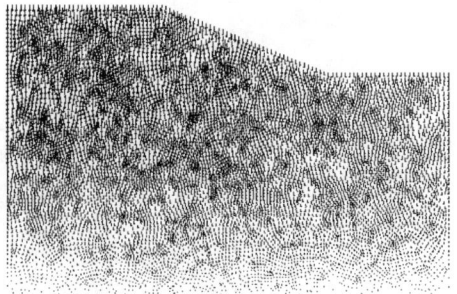

图 12-29　等效模型 5 的位移矢量图

12.4.2　非均质型土石混合体边坡

图 12-30～图 12-37 分别是 1 号、4 号滑坡的实测模型及其相应的均质模型的塑性区分布图和位移矢量图。从其塑性区的发展来看,等效边坡的塑性区扩展和分布是很规则且有规律的;而土石混合体边坡与均质的等效边坡的破坏机理是有明显区别的,特别是第一、第三阶段,在较厚的坡体中可以形成多级滑动面(图 12-22),而均质边坡一般是形成单一的滑动面(图 12-31),这主要是由于坡体材料的不均质性造成的[6]。

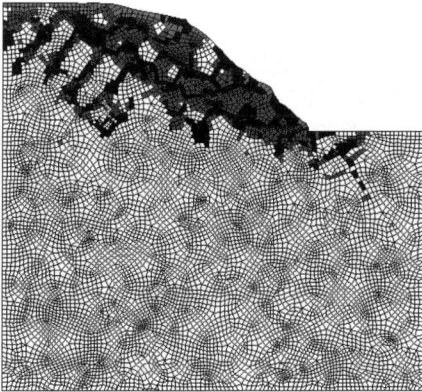

图 12-30　模型 1 的塑性区分布图

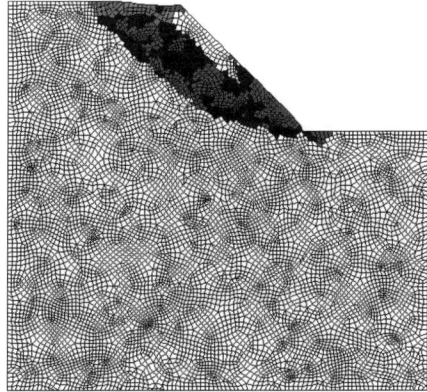

图 12-31　等效模型 1 的塑性区分布图

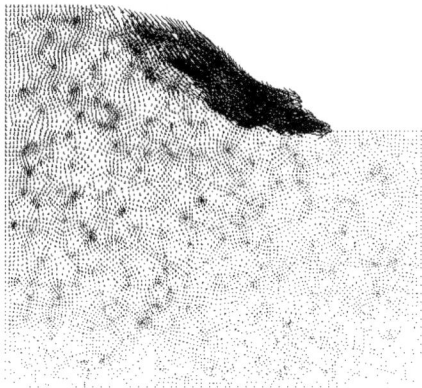

图 12-32　模型 1 的位移矢量图

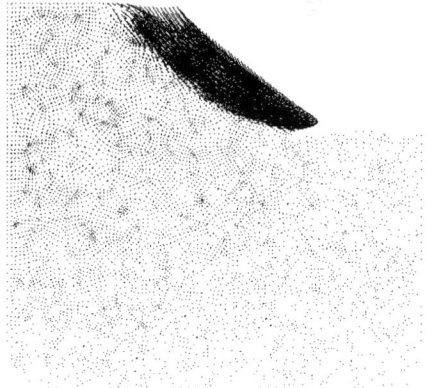

图 12-33　等效模型 1 的位移矢量图

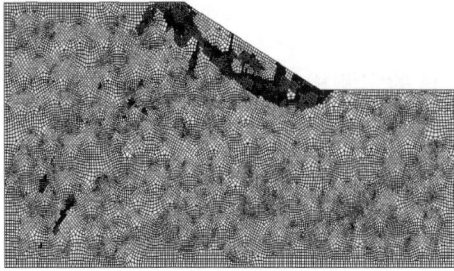

图 12-34　模型 4 的塑性区分布图　　　　图 12-35　等效模型 4 的塑性区分布图

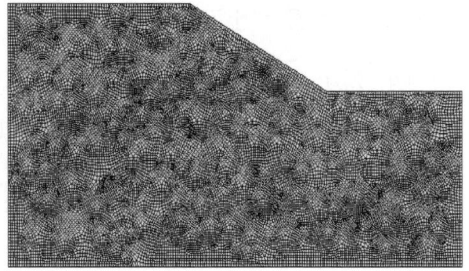

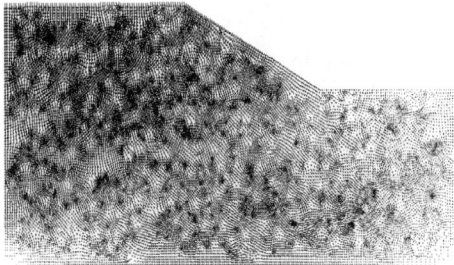

图 12-36　模型 4 的位移矢量图　　　　图 12-37　等效模型 4 的位移矢量图

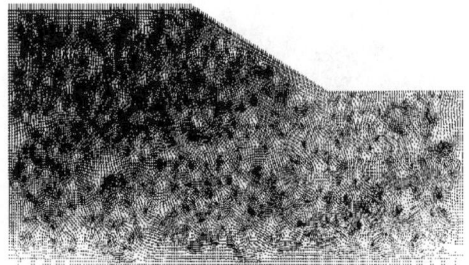

　　坡体的不均匀性还造成了土石混合体的临界坡度有很大的差别。对于坡度为
1∶1 的模型,随机结构模型和等效模型都已经失稳(图 12-30 和图 12-31)。对于
坡度为 1∶2 的随机结构模型来说,已经形成了贯穿的滑移面,而相应的等效模型
则比较稳定(图 12-34 和图 12-35),临界坡度大致为 1∶2。另外,随机结构模型和
等效模型的最大位移相差也比较大,如图 12-32、图 12-33、图 12-36 与图 12-37 所
示。表 12-5 给出了随机结构模型和等效模型的最大位移。综上所述,在坡度较大
的土石混合体边坡工程的设计与施工中,一定要考虑土石混合体边坡的非均质性
影响。

表 12-5　随机模型与等效模型的最大位移比较表

模型	随机模型 1	等效模型 1	随机模型 4	等效模型 4
位移/m	5.338	1.389	1.096	0.1108

　　所以,对于土石混合体边坡,采取什么样的办法要根据边坡的实际情况进行具
体问题具体分析。例如,对于仅有土石混合体组成的一元结构来说,如果其中的砾
石块体和边坡的尺寸相比较大时(模型 1),用等效模型来代替随机结构模型是不
可取的,这时必须采取细观处理技术来考虑块体对稳定性的影响。

12.5   边坡基岩面对土石混合体边坡稳定性的影响

根据第 2 章土石混合体成因的分析,土石混合体边坡有的是在顺坡基岩面上随岩石风化等物理化学作用就地堆积而成;有的则是在冲洪积等营力作用下形成的巨厚土石混合体对基层中形成边坡。这就使得土石混合体边坡与下覆岩层形成了不同的边坡结构:边坡基岩面为均质基岩的二元结构与边坡基岩面为土石混合体的一元结构。

12.5.1   二元结构边坡基岩面倾角对稳定性的影响

在实测模型中对白衣庵 6 号小滑坡和 3 号小滑坡进行了分析。两者都是二元结构的土石混合体边坡,它们的最大区别就是基岩面的形状,特别是倾角有着很大的差别。6 号滑坡基岩面的平均倾角为 17°左右,而 3 号滑坡基岩面的平均倾角为 35°。在实际中,6 号滑坡在自然状态下是稳定的,而 3 号滑坡则由于倾角过大经常处于活动状态。从数值计算中也可以看到这一点,图 12-24、图 12-38 分别是 6 号滑坡和 3 号滑坡的塑性区分布图。从图 12-24 中可以看出,在滑坡后缘的滑带中出现一小段塑性区,单元处于剪切破坏状态,后缘的坡体中仅有一个单元处于拉伸破坏状态。所以 6 号滑坡由于基岩面倾角较小而总体上处于比较稳定的状态。

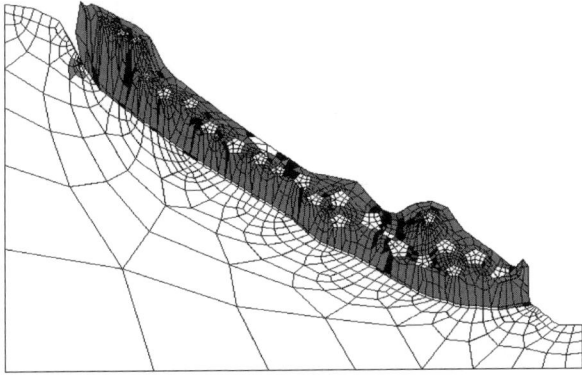

图 12-38   3 号滑坡的塑性区分布图

从图 12-38 中可以发现,坡体材料中单元基本上都进入塑性状态,但大都处于拉伸破坏,这主要是由于坡度较大使得坡体向坡外运动而造成的,只是在砾石块体附近的单元由于非均质的影响而处于剪切破坏状态。这时滑带中的单元大部分已经进入了塑性状态,其中绝大部分是剪切破坏,也有一些单元由于滑带(基岩面)形状的变化而处于拉伸状态,但是还没有完全贯通,这主要是由于边坡的大变形(例如坡体后缘与基岩发生的很大程度的分离),使得有些单元变形过大而产生了"非法网格"(FLAC 中的术语),从而计算停止造成的。由此可见,3 号滑坡由于基岩面倾角过大,而产生较大的变形,从而造成边坡的破坏,这种破坏其实是一种应变控制的破坏。

总之,由于二元结构的土石混合体边坡坡体与基岩强度差异大,极易在两种材料的接触界面上形成潜在滑动面,在基岩坡度较大的情况下尤其不利于土石混合体边坡的稳定。

12.5.2　一元结构边坡坡度对稳定性的影响

一元结构的土石混合体边坡不存在地质成因界面对其稳定性的影响。这类边坡稳定性的影响因素除自身材料力学特性外,以边坡的坡度影响最大。为此,这里对一元结构的土石混合体边坡进行了四种坡度情况的模拟(表 12-2),其坡度分别为 1∶2、1∶0.8、1∶1、1∶2.5。图 12-39 中(a)、(b)、(c)与(d)分别为四种边坡最终的塑性区分布图。

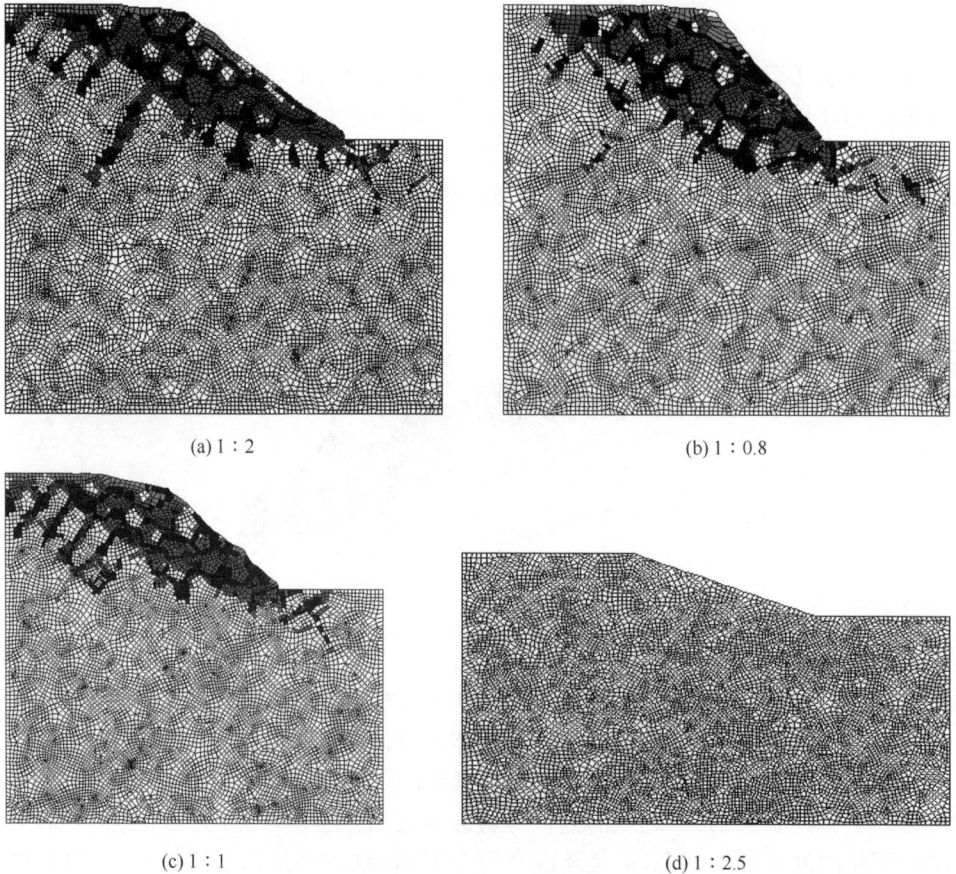

(a) 1∶2　　　　　　　　　　　　　　　(b) 1∶0.8

(c) 1∶1　　　　　　　　　　　　　　　(d) 1∶2.5

图 12-39　不同坡度土石混合体一元结构边坡塑性区分布图

显然,坡度较小(1∶2.5)的边坡稳定性较好,坡度较大(1∶0.8)的边坡稳定性较差。但是这里的坡度范围和表 12-1 中建议的容许坡度有较大的误差,例如,当坡度为 1∶2(模型 4)、1∶1(模型 1)时,边坡也发生了破坏。造成这种现象的原因可能有两种:一是在数值计算中所给的参数较小,但是这些参数是根据工程类比法以及前面已经得到试验证实的经验公式得到的;二是由于土石混合体边坡显著不均质性的影响,而造成的边坡变形破坏的特殊机理。从计算分析来看,第二种原因的可能性最大,所以在分析土石混合体边坡特别是里面所含的块体较大且分布极不均匀时,应充分考虑块体对变形和稳定性的影响。

12.6　蓄水条件下土石混合体边坡的稳定性分析

水库诱发岸坡失稳是水利水电工程中遇到的一个重大难题[2,3,18,19],也是土石混合体边坡变形失稳的主要原因。

12.6.1　土石混合体边坡地下水力学作用分析

分析岩土体边坡地下水的力学作用,首先应搞清岩土体介质的透水特性,确定边坡岩土体是透水介质、隔水介质或由二者组成的复合介质。其次调查研究地下水的实际流动状态,包括水位及其可能存在的变化幅度,地下水类型(潜水、承压水等)以及渗透径流途径等。一般说来,透水边坡体的水作用力为体力、隔水体边坡岩体的水作用力为面力,复合型介质边坡则可能二者同时存在。

对于透水介质边坡,地下水的力学作用应考虑地下水的浮力和地下水渗流引起的动水压力。根据边坡中地下水的分布状态,考虑内容又有所不同。当地下水位穿越边坡时,必有动水压力的作用,同时,地下水的浮力采用边坡岩土体浮容重来考虑,应注意条块在水位线以下取浮容重,水位线以上取天然容重。当边坡完全浸没于水体之下时,边坡一般不存在动水压力,其浮力完全由条块的浮容重来考虑。对于隔水介质边坡,地下水的力学效应考虑底滑面的浮托力,两侧面的静水压力或边坡后缘拉裂缝的静水压力等。由于结构面控制着地下水的渗透途径,影响地下水力学效应,因此必须考虑结构面的连通性问题,以及正确分析结构面与地下水位的关系问题。复合型介质边坡的地下水作用比较复杂,在边坡岩土体中不仅存在各种静水压力的作用,还可能有动水压力的作用,在进行边坡稳定性验算时,应根据具体情况,有所侧重或区分。

12.6.2　计算方法与模型的建立

库水位升降对边坡的影响是一个非常复杂的物理和力学过程,要想真正地模拟所有因素的影响是不可能的,所以要找出问题的关键,抓住矛盾的主要方面。从前面的分析可知,动水压力的影响是极其重要的,但是如何模拟地下水的动水压力进而对边坡进行耦合分析则是一个非常前沿的课题,有效的方法也不多。本书通过计算水位升降引起的地下水位线的变动,采用静水压力的计算方法来模拟动水压力的影响,即在数值计算中,处于动态水位线以上的材料单元赋予天然状态下的强度参数,之下的单元赋予饱水时的参数。这种方法虽不能真正模拟实际情况,但从计算结果来看也能反映水位升降对稳定性的影响。

模型采用白衣庵地区的 6 号小滑坡和随机结构模型中坡度为 1:2.5 的模型,因为此时这两种模型在自重作用下是稳定的,研究的目的就是要看它在蓄水特别是水位升降条件下是否仍旧稳定。对于水的影响主要模拟了三种情况:一是在初始水位下;一是初始水位经过一段时间上升到某一水位;一是水位从某一高度下降到初始水位。模型的建立仍使用第 6 章中提出的模型自动生成技术。

12.6.3　地下水位线的计算

降雨和江面水位引起库岸边坡地下潜水位的变化,属于潜水非稳定流的问题。潜水流的非稳定计算方法很多,本书利用卡明斯基关于潜水非稳定运动的有限差分公式(具体见文献[20]),借助 FORTRAN 语言编写了非稳定流程序(NSCP)。

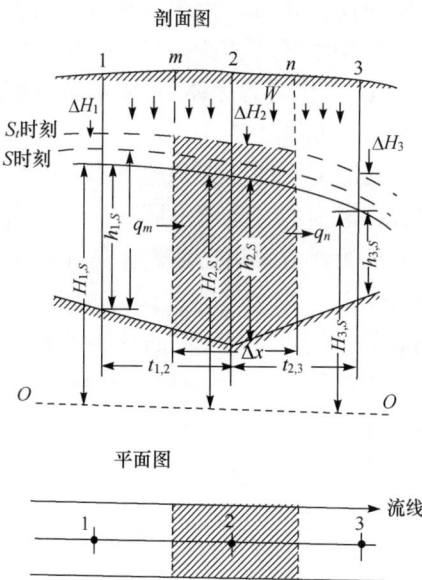

图 12-40　潜水非稳定平面流动

对于图 12-40 所示剖面,取单位宽度的含水层,沿流向顺序取 1、2、3 断面(钻井)用下列符号表示:

$t_{1,2}$、$t_{2,3}$ 为断面 1 与 2、2 与 3 之间的距离;

h_1、h_2、h_3 为断面 1、2、3 的含水层厚度;

H_1、H_2、H_3 为断面 1、2、3 的水位标高;

S,$S+1$ 表示 Δt 时间段前后的时刻。

通过长期观测,可以获得每个断面钻井上相应于 S 和 $S+1$ 时刻的潜水含水层厚度和水位标高。如断面(钻井)2 在 S 和 $S+1$ 时刻的水位标高即以符号标志 $H_{2,S}$ 和 $H_{2,S+1}$ 表示,而在 Δt 时间段断面(钻井)2 上的水位变化值则为 $\Delta H_2 = H_{2,S+1} - H_{2,S}$

在上述断面 1、2 及 2、3 之间中点分别做中间断面 m、n,两断面间作为研究地段。在单位时间内,通过两断面的水量分别为

$$q_m = \frac{K_1 h_{1,\mathrm{S}} + K_2 h_{2,\mathrm{S}}}{2} \times \frac{H_{1,\mathrm{S}} - H_{2,\mathrm{S}}}{l_{1,2}} \qquad (12\text{-}1)$$

$$q_n = \frac{K_2 h_{2,\mathrm{S}} + K_3 h_{3,\mathrm{S}}}{2} \times \frac{H_{2,\mathrm{S}} - H_{3,\mathrm{S}}}{l_{2,3}} \qquad (12\text{-}2)$$

式中,K_1、K_2、K_3 分别为 1、2、3 断面的平均渗透系数,按下式求得

$$K_i = \frac{\sum k_{i,j} h_{i,j}}{\sum h_{i,j}} \qquad (12\text{-}3)$$

式中,$k_{i,j}$ 为 i 剖面 j 层土渗透系数;$h_{i,j}$ 为 i 剖面 j 层土中含水厚度。

由于上面渗入补给的单位时间内的水量为

$$W\left(\frac{1}{2}l_{1,2} + \frac{1}{2}l_{1,3}\right) \qquad (12\text{-}4)$$

其中,W 为单位时间单位面积上的渗入补给量,如因蒸发消耗的水取负值。

在研究地段(m、n 之间的部分),Δt 时间内流入和流出量的总和为

$$\Delta V = (q_m - q_n)\Delta t + \frac{W}{2}(l_{1,2} + l_{2,3})\Delta t \qquad (12\text{-}5)$$

潜水的非稳定运动表现在该地段水量的增量,引起潜水水位随时间发生变化。当水流聚集时,增量为正值,影响潜水位上升;当水流消耗时,增量为负值,影响潜水水位下降。这里以 ΔH 符号的正负来表示水位的上升值和下降值。

当断面之间的距离不大,而彼此相邻的断面中的水位变化差别不大时,则可近似地认为,所研究地段内的增值就等于中间断面 2 的水位增值 ΔH_2。由于水位变化的结果,在该地段中水量的增值可以用下列公式来表示:

$$\Delta V = \mu(H_{2,\mathrm{S}+1} - H_{2,\mathrm{S}}) \times \frac{l_{1,2} + l_{2,3}}{2} = \mu \Delta H_2 \times \frac{l_{1,2} + l_{2,3}}{2} \qquad (12\text{-}6)$$

式中,μ 为当潜水位上升时表示饱和差,下降时表示给水度。

根据潜水均衡方程,可得如下有限差分方程式:

$$\begin{aligned}\Delta H_2 = {} & \frac{1}{\mu(l_{1,2} + l_{2,3})} \times \Big[(K_1 h_{1,s} + K_2 h_{2,s}) \times \frac{H_{1,s} - H_{2,s}}{l_{1,2}} \\ & - (K_2 h_{2,s} + K_3 h_{3,s})\frac{H_{2,s} - H_{3,\mathrm{S}}}{l_{2,3}}\Big]\Delta t + \frac{W}{\mu}\Delta t\end{aligned} \qquad (12\text{-}7)$$

式(12-7)即为卡明斯基求潜水非稳定运动的有限差分方程式。

对于白衣庵地区的 6 号小滑坡来说,根据三峡水库投入运营时的水位,计算了以下三种工况的地下水位线(图 12-41):

(1) 145m 死库容水位时的情况。

(2) 由 145m 经一个月上升到 175m 洪水位时的情况。

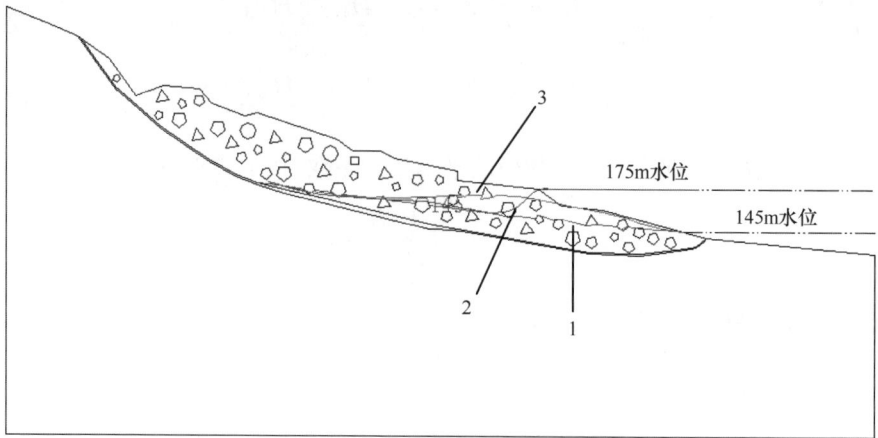

图 12-41　三种工况下的地下水位线

1.145m 时初始水位线；2.145m 经一个月上升到 175m 时的水位线；

3.175m 稳定后经一个月下降到 145m 时的水位线

（3）由 175m 经一个月下降到 145m 时的情况。

对于随机结构模型中坡度为 1：2.5 的模型，首先假定库水位为 105m 时的初始水位线，然后计算由 105m 经一个月上升到 115m 时的水位线，最后计算由 115m 经 20 天下降到 105m 时的水位线，计算结果见图 12-42。

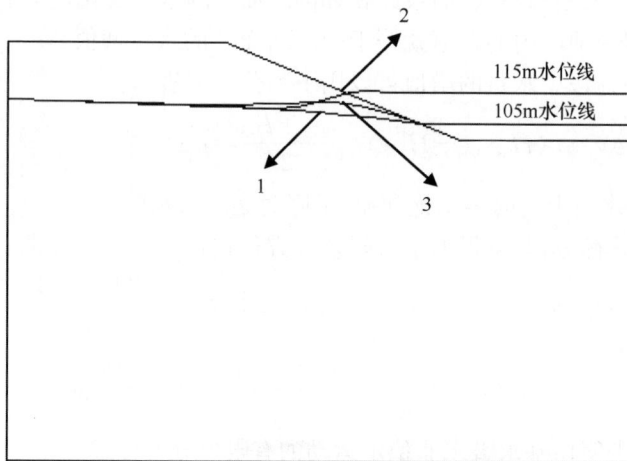

图 12-42　模型 5 三种工况下的地下水位线

1.105m 时初始水位线；2.105m 经一个月上升到 115m 时的水位线；

3.175m 稳定后经 20 天下降到 105m 时的水位线

12.6.4 计算结果与分析

图 12-43~图 12-45 分别是 6 号滑坡在三种工况下的塑性区分布图。从图中可以看出,在这三种情况下,边坡总体上都是稳定的,但是和仅有自重应力作用时(图 12-24)相比,其最大区别是在有水情况下滑带中部开始有单元进入塑性破坏(图 12-43)。其原因是在 145m 水位时,地下水渗入到滑面的中部,造成了滑动面的水理弱化,以及滑动面上渗压所导致的有效应力的降低,从而造成了材料的破坏。当水位从 145m 上升到 175m 时,滑坡前缘(沿江公路以下的部位)浸泡在水中,在库水浸泡、冲刷、淘蚀作用下,黏土首先吸水膨胀,失去黏聚力,强度大大降低,从而达到塑性破坏。随着库水位的抬高和时间的延长,影响范围(塑性区)将逐步加深和扩展(图 12-44)。当水位从 175m 回落到 145m 时,由于动水压力的影响,滑带的中部出现了较大的塑性区(图 12-45)。

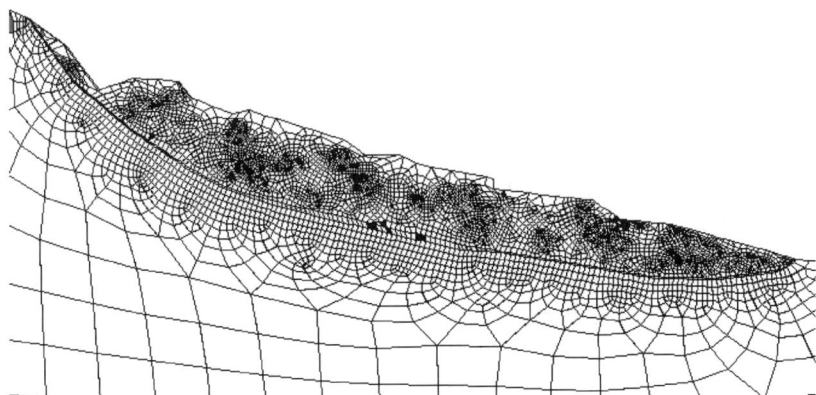

图 12-43 边坡在 145m 水位时的塑性区分布图

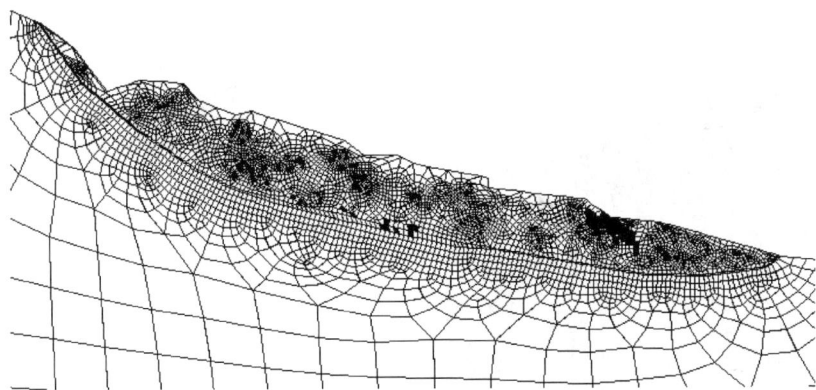

图 12-44 水位从 145m 上升到 175m 时的塑性区分布图

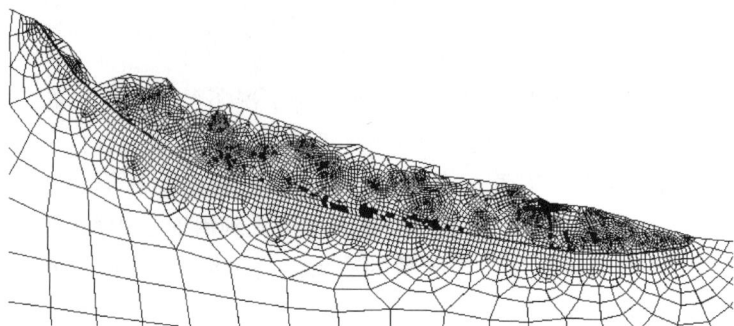

图 12-45　水位从 175m 下降到 145m 时的塑性区分布图

　　图 12-46~图 12-51 分别是随机模型 5 在三种工况下的塑性区分布图与位移矢量图。从图中可以看出,水库蓄水以后,地下水位线以下的坡体材料处于饱水状态,强度力学参数大大降低,自身难以保持稳定,而使坡体前缘发生滑塌。这种破坏是一个由表及里逐步扩展的过程,最终发展的结果将诱发滑坡(图 12-46 与图 12-47)。而当水位上升时(从初始水位上升到 115m),水面对边坡反而会产生一种有利的阻止滑动的作用,边坡基本是稳定的(图 12-48 与 12-49)。当库水位下降特别是急速下降时(例如,从 115m 经 20 天下降到 105m),此时坡体内的地下水来不及迅速排出,产生很高的渗透压力,它可以对坡面特别是透水性不好的坡面产生很大的动水压力,此时边坡稳定性最差(图 12-50 与图 12-51)。

　　从以上的分析可知,水位升降对边坡的稳定性是有很大影响的,只是由于 6 号滑坡的倾角较小而显得不太明显。而对于随机结构模型 5 来说,效果比较明显。当水位上升特别是缓慢上升时,最主要的影响是对库水对坡体前缘的浸泡、冲刷、淘蚀等作用;而当水位急剧上升时,水面对边坡反而会产生一种有利的阻止滑动的作用,这可以从其他实例中得到验证。当库水位下降特别是急速下降时,由于坡体内的地下水来不及迅速排出而产生的很高的渗透压力,是影响稳定性的最主要的作用。而当水位缓慢下降时,其对稳定性的影响则不大。

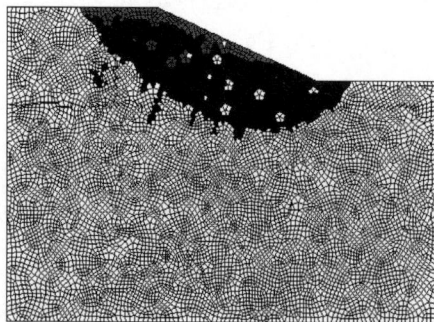

图 12-46　工况 1 情况下的塑性区分布图

图 12-47　工况 1 情况下的位移矢量图

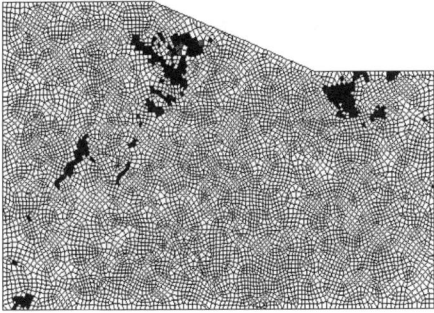

图 12-48 工况 2 情况下的塑性区分布图

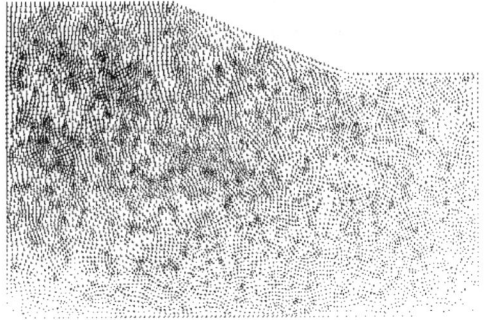

图 12-49 工况 2 情况下的位移矢量图

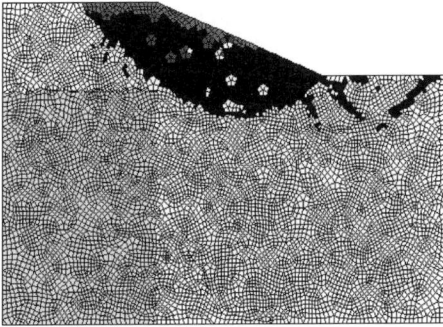

图 12-50 工况 3 情况下的塑性区分布图

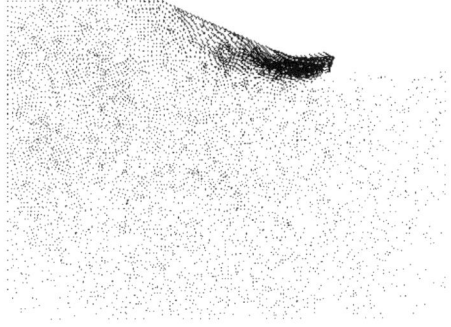

图 12-51 工况 3 情况下的位移矢量图

12.7 本 章 小 结

基于土石混合体边坡的大量野外地质调查与长江三峡土石混合体构成的白衣庵古滑坡及其次生滑坡的变形破坏分析,本章从影响土石混合体边坡稳定性的主要因素、变形破坏的几种地质模式、变形破坏特点、土石混合体库岸边坡在自重和蓄水条件下的变形特点以及滑坡发育的机理等方面开展了深入研究。

(1)结合大量的工程实例分析,土石混合体边坡稳定性的影响因素主要有边坡的物质组成、结构特点、几何形态以及水、外动力作用等;并提出了土石混合体边坡变形破坏的四种地质模式:在坡体中发生的旋转型(即弧形)滑动破坏,沿堆积层与基岩面发生的平移型滑动破坏,崩岗型破坏,流动型破坏(泥石流滑坡)。

(2)利用实测模型、等效模型和随机结构模型对土石混合体边坡在自重应力作用下的稳定性进行了详细的研究。研究表明,土石混合体边坡的破坏分为以下几个过程:塑性区的不均匀化分布,塑性区的转化与运移,塑性区的扩展与连通,破坏面(滑移面)的形成。其中,土石混合体边坡塑性区的发展主要集中于块石相间的土体中,以及土石混合体边坡多个潜在滑动面的形成是其与均质边坡的根本差别所在。

(3) 研究还表明,土石混合体的非均质性对土石混合体边坡稳定性的影响更多取决于边坡的坡度、厚度与土石混合体中块石粒径的大小。如果其中所含的块石或碎石的大小相对于边坡很小时,则可以把它看作均质体,只是其参数和纯粹的土体相比将有所提高;但是如果其中的块石尺寸相对较大,而且分布极不均匀时,特别是当块体的位置正好处在潜在滑动面上时,则要考虑块石的大小和分布对边坡变形破坏的影响。

(4) 土石混合体边坡的下覆地层结构对其稳定性影响很大。土石混合体边坡的下覆地层为基岩更不利于边坡的稳定;而土石混合体边坡的下覆地层为土石混合体时,其坡体稳定性要略好些。坡度越大,同样下覆地层结构的土石混合体边坡的稳定越差。

(5) 水位升降对土石混合体边坡的稳定性有很大影响。当水位上升特别是缓慢上升时,库水对坡体前缘具有浸泡、冲刷、淘蚀等作用;而当水位急剧上升时,水面对边坡反而会产生一种有利的阻止滑动的作用。当库水位下降特别是急速下降时,由于坡体内的地下水来不及迅速排出而产生的很高的渗透压力,是影响稳定性的最主要的作用。而当水位缓慢下降时,其对稳定性的影响则不大。

参 考 文 献

[1] 李玉生,钟荫乾. 长江三峡工程库区大型滑坡崩塌. 广州:广东旅游出版社,1991.

[2] 湖南省水力水电勘测设计院. 边坡工程地质. 北京:水利电力出版社,1983.

[3] 牟会宠. 滑坡. 北京:地震出版社,1987.

[4] 孙广忠. 中国典型滑坡. 北京:科学出版社,1988.

[5] 罗国煜,李生林. 工程地质学基础. 南京:南京大学出版社,1990.

[6] 南京大学水文地质工程地质教研室. 工程地质学. 北京:地质出版社,1982.

[7] 田陵君,王兰生,刘世凯. 长江三峡工程库岸稳定性. 北京:中国科学技术出版社,1992.

[8] 张年学,盛祝平,孙广忠,等. 长江三峡工程库区顺层岸坡研究. 北京:地震出版社,1993.

[9] 周平根. 滑坡的地下水作用研究[博士学位论文]. 北京:中国科学院地质研究所,1997.

[10] 孙玉科. 岩质边坡稳定性的工程地质研究//孙玉科论文集. 北京:地震出版社,1999.

[11] 李思平. 广东省崩岗形成的岩土本质剖析//第二届全国工程地质力学青年学术讨论会论文集. 北京:地震出版社,1992.

[12] 张淑光,钟朝章. 广东省崩岗形成的机理与类型. 水土保持通报,1990,(3):8-16.

[13] 杨陪星. 广东省花岗岩类岩石风化土的工程地质特征. 人民珠江,1988,(3):19-23.

[14] 张年学. 滑坡、崩塌和泥石流综述,工程地质学新进展. 北京:北京科学技术出版社,1991.

[15] 张晓刚. 长江上游滑坡分布研究,滑坡研究与防治(Ⅰ). 成都:四川科学技术出版社,1996.

［16］West L J, Hencher S R. Assessing the Stability of Slopes in Heterogeneous Soils Land-slides. Rotterdam: A. A. Balkema, 1991.

［17］贺可强,阳吉宝,李显忠,等. 堆积层滑坡预测预报及其防治. 北京:地震出版社,1996.

［18］钟式范,马水山,张保军. 隔河岩水利枢纽水库蓄水对岸坡稳定性的影响. 岩石力学与工程学报,1996,15(3):282-288.

［19］蔡耀军,崔政权,Cojean R. 水库诱发岸坡变形失稳的机理//第六次全国岩石力学与工程学术大会论文集. 北京:中国科学技术出版社,2000.

［20］北京地质学院水文地质教研室. 地下水动力学. 北京:中国工业出版社,1961.

第 13 章　固-流-热耦合数学模型及其数值求解研究

土石混合体是赋存于一定的地质环境中的地质材料,即由地应力场、渗流场及温度场等构成的环境,其物理特性的研究是一个典型的固-流-热多场耦合问题。此外,由于其结构上的高非均质与非均匀性以及人类工程的扰动,土石混合体的应力场、渗流场与温度场三者之间相互作用、相互影响,即 THM 多场耦合尤为复杂、强烈。然而,土石混合体地基与滑坡稳定性评价等工程实践中往往简单地忽略渗流场与温度场的影响,只是按普通力学问题来分析,或以参数折减等方式简单考虑渗流场的影响。究其原因,已有固-流-热多场耦合理论大多过于复杂,难以用于对高非均质的土石混合体的分析。因此,有效、可求解而又能反映土石混合体复杂的多场耦合特性的固-流-热多场耦合理论的探索是一项具有理论价值和实际工程应用前景的重要课题,也是本章研究的重点。立足于经典固体力学理论、流体力学理论与热力学理论,本章推导并阐述饱和多孔介质固-流-热多场耦合作用各个物理过程及其数学模型,包括力学平衡方程、渗流方程、能量方程及其耦合关系等。此外,基于功能强大的偏微分方程求解软件 COMSOL Multiphysics 对这一组复杂的偏微分方程组进行有限元程序化,实现应力场、渗流场与温度场三场完全耦合的数值求解。最后,本章还以实例检验了本书提出的基于 COMSOL Multiphysics 固-流-热耦合数学模型的有效性与合理性。

13.1　多场耦合理论概述

多场耦合作用是指系统中的一个物理场影响着另一个物理场,包括其起始状态和整个过程。而单一的物理作用一般不考虑其他物理作用对其的影响,即无耦合关系,如应力传递、渗流与热传递等。因此,对于多物理场的数学模型的建立与耦合分析,耦合关系的引入是关键所在。当前,多场理论研究中主要围绕固-流-热的多场耦合作用,国际上称为 coupled thermal-hydrological-mechanical(THM)process。这一耦合系统指介质中最为常见的温度场、渗流场与应力场等三个物理场的相互作用,真实地反映岩土体在多物理场复杂条件下的物理行为。从 20 世纪 80 年代以来,随着地下能源的开发、石油开采和核废料储存等问题的出现,对该问题的研究已取得了重要进展,也是目前岩土工程、石油工程与环境工程等领域的研究热点之一[1-6]。而固-流-热多场耦合理论的关键与核心取决于其耦合的数学模型及其求解的研究,这也是多场耦合机理研究定量化的重要手段。

　　国内外许多专家提出了不同的耦合关系,并给出了许多固-流-热多场耦合的数学模型,并在相关工程与理论研究中得到应用[7]。一般认为,耦合数学模型主要包括三类:单向耦合、松散耦合与完全耦合。单向耦合指耦合分析中用一个物理场计算所得的物理量作为另一个物理场的初始值;松散耦合是指耦合分析中以一个物理场计算所得的物理量作为另一个物理场的初始值,又以第二个物理场所得物理量作为第一个物理场的初始值,如此反复交错进行;而完全耦合则应完全考虑不同物理场的相互影响,必须多场同时求解。据文献检索,已有耦合模型与分析中大多数局限于单向耦合或松散耦合,这对于针对某一物理场对另一物理场的影响分析的耦合问题,或主次分明的多场耦合问题具有重要的实际意义。另一方面,完全耦合模型的研究则大多局限于理论探索、公式表达。其中,有的模型罗列了几十个方程虽准确表达了不同物理场及其相互影响的实际物理过程,却难以用于对实际问题实际的求解;还有些耦合模型虽实现了不同物理场的耦合,却大大简化了不同物理场的相互影响过程,与实际物理过程相差较大。

　　因此,对于高非均质材料土石混合体的应力场、渗流场与温度场耦合研究,其耦合关系的确定与求解更为复杂,必须以下面两个关键问题作为这一耦合理论研究的突破口:其一,采用尽可能简单的方程组表达渗流场、应力场与温度场之间的相互作用与影响;其二,选择合适的方法与求解工具对方程组完全耦合求解。

　　基于线性热弹性理论以及已有相关研究成果,本章围绕上述两个关键问题进行突破性研究:第一,推导并阐述饱和材料固-流-热多场耦合作用各个物理过程及其数学模型,包括力学平衡方程、渗流方程、能量方程及其耦合方程等,力求用最简单的关系式表达这一复杂的耦合过程;第二,采用国际知名的偏微分方程求解软件COMSOL Multiphysics 对这一组复杂的方程进行有限元程序化,实现应力场、渗流场与温度场三场完全耦合的数值求解,其中各控制方程形式转换及其变量、关系式在软件中的正确表达是将该软件与耦合方程结合的关键所在,也是实现该多场问题完全耦合求解的基础。下面就以上两个问题分别阐述。

13.2　固-流-热多场耦合理论

　　本书根据文献[8]~[13]多位专家的理论模型,基于线性热弹性理论,推导了一组考虑渗流场、应力场与温度场等多物理场完全耦合而又具有可求解性的方程组。

　　下面分别研究应力场、渗流场以及温度场的本构关系和控制方程。在本章中,以拉应力为正,孔隙水压力吸力为负。

13.2.1 应力控制方程

本章中,岩土体本构关系的建立是基于线性热弹性假设,即材料总的应变是应力引起的应变、水压力导致的应变与热应变之和。其中,热应变和水压力引起的应变分别表示为 $\varepsilon_T = 1/3\alpha_T T\delta_{ij}$ 和 $\varepsilon_p = \alpha_p p\delta_{ij}$。材料的总应变 ε_{ij} 可表示为

$$\varepsilon_{ij} = \frac{1}{2G}\sigma_{ij} - \frac{\nu}{2G(1+\nu)}\sigma_{kk} + \frac{\alpha_T}{K'}T\delta_{ij} + \frac{\alpha_p}{K'}p\delta_{ij} \tag{13-1}$$

式中右边前两项表示应力导致的应变。由式(13-1)容易解出应变表达应力的关系式,即各向同性的线热弹性材料应力连续方程可表示为总应力 σ_{ij} 与应变 ε_{ij}、孔隙水压力 p 和温度 T 的函数:

$$\sigma_{ij} = 2G\varepsilon_{ij} + \frac{2G\nu}{1-2\upsilon}\varepsilon_{kk}\delta_{ij} - \alpha_p p\delta_{ij} - K'\alpha_T T\delta_{ij} \tag{13-2}$$

式中,G 是剪切模量(Pa);ν 是泊松比;δ_{ij} 为 Kronecker 符号(当 $i=j$ 时 δ_{ij} 为 1,当 $i\neq j$ 时 δ_{ij} 为 0);$K'(=2G(1+\nu)/3(1-2\nu))$ 是排水体积模量(Pa);α_T 为体热膨胀系数(℃$^{-1}$);$\alpha_p(\leqslant 1)$ 为 Biot 系数,其值取决于材料的压缩性,可由下式计算:

$$\alpha_p = 1 - \frac{K'}{K_s} = \frac{3(\nu_u - \nu)}{B(1-2\nu)(1+\nu_u)} \tag{13-3}$$

式中,K_s 为材料骨架的有效体积模量,有效应力为 $\sigma'_{ij} = \sigma_{ij} + \alpha_p p\delta_{ij}$。

利用静力平衡关系 $\sigma_{ij,j} + F_i = 0$ 和柯西方程 $\varepsilon_{ij} = \dfrac{1}{2}(u_{i,j} + u_{j,i})$,最后可以得到材料在应力、水压力与热作用下固-流-热耦合的应力控制方程:

$$Gu_{i,jj} + \frac{G}{1-2\nu}u_{j,ji} - \alpha_p p_{,i} - K'\alpha_T T_{,i} + F_i = 0 \tag{13-4}$$

式中,F_i 和 $u_i(i=x,y,z)$ 分别为 i 方向的体积力和位移。如果不考虑水压力与温度相关的两项,式(13-4)即为经典的理想弹性力学纳维(Navier)方程。

13.2.2 渗流方程

本节所研究的渗流方程是指将流量连续性方程、状态方程和 Darcy 定律结合起来,消去某些量而推导出的联系应变、水压力与温度的微分方程。

首先,岩土体材料可以假定是由含有一定孔隙的固体骨架组成,水(或流体)可以在孔隙中自由流动,并假定固体骨架与孔隙水均处于热平衡状态,且它们的热量交换在瞬间完成(相对热和流体在整个介质中的扩散)。对于饱和介质而言,介质体积 V 由固体骨架体积 V_s 与孔隙(流体)体积 V_e 构成。V、V_s 和 V_e 的连续性方程应满足下列关系:

$$\frac{1}{V}\frac{\partial V}{\partial t} = \frac{1}{V}\frac{\partial V_e}{\partial t} + \frac{1}{V}\frac{\partial V_s}{\partial t} = \frac{\partial \varepsilon_v}{\partial t} \tag{13-5}$$

式中,ε_v 为体积应变。固体骨架和孔隙(流体)的体积变化又可分别表示为

$$\frac{1}{V}\frac{\partial V_s}{\partial t}=(1-\phi)a_s\frac{\partial T}{\partial t}-\frac{1-\phi}{K_s}\frac{\partial p}{\partial t}+\frac{1}{3K_s}\delta_{ij}\frac{\partial \sigma'_{ij}}{\partial t} \tag{13-6}$$

$$\frac{1}{V}\frac{\partial V_e}{\partial t}=-\nabla q_1+\phi a_1\frac{\partial T}{\partial t}-\frac{\phi}{\beta_1}\frac{\partial p}{\partial t} \tag{13-7}$$

其中,式(13-6)右边三项分别表示温度、水压力和有效应力引起固体骨架的体积变化;式(13-7)中,q_1、a_1 和 β_1 分别为水(流体)的流速(m/s)、体热膨胀系数($℃^{-1}$)和体积模量(Pa),式右边第一项为流出系统中水的净流量,而式右边后两项则分别是温度和水压力导致水的体积变化。

将式(13-6)与式(13-7)相加代入式(13-5),可得到连续性方程为

$$\frac{1}{V}\frac{\partial V}{\partial t}=\frac{\partial \varepsilon_v}{\partial t}=-\nabla \cdot q_1+\left[\phi a_1+(1-\phi)a_s\right]\frac{\partial T}{\partial t}-\left(\frac{\phi}{\beta_1}+\frac{1-\phi}{K_s}\right)\frac{\partial p}{\partial t}+\frac{1}{3K_s}\frac{\partial \sigma'_{ij}}{\partial t}\delta_{ij}$$

$$\tag{13-8}$$

式中,t 为时间(s);$\varepsilon_v(=\varepsilon_{xx}+\varepsilon_{yy}+\varepsilon_{zz})$ 为体积应变;ϕ 为孔隙度;a_s 为固体骨架的体热膨胀系数($℃^{-1}$)。

因此,式(12-5)可以写成

$$\nabla \cdot q_1=-\frac{\partial \varepsilon_v}{\partial t}+\left[\phi a_1+(1-\phi)a_s\right]\frac{\partial T}{\partial t}-\left(\frac{\phi}{\beta_1}+\frac{1-\phi}{K_s}\right)\frac{\partial p}{\partial t}+\frac{1}{3K_s}\frac{\partial \sigma'_{ij}}{\partial t}\delta_{ij}. \tag{13-9}$$

另外,若忽略该饱和介质中热渗透性的影响,流体连续性方程可根据 Darcy 定律表示为

$$q_1=-\kappa \nabla(p+\rho_1 g z) \tag{13-10}$$

式中,z 是垂直坐标;$\kappa=k/\mu_1$ 是渗透率张量($m^4/(N \cdot s)$),k 是材料固有渗透系数(m^2),μ_1 是流体的黏度($N \cdot s/m^2$);ρ_1 是流体密度(kg/m^3);g 是重力加速度(m/s^2)。

将式(13-10)和式(13-1)代入式(13-9),可以得到固-流-热耦合的渗流方程:

$$c_1\frac{\partial \varepsilon_v}{\partial t}-c_2\frac{\partial T}{\partial t}+c_3\frac{\partial p}{\partial t}=\nabla \cdot \left[\kappa(\nabla p+\rho_1 g \nabla z)\right] \tag{13-11}$$

式中左边各系数由下列各式计算得到

$$\begin{cases} c_1=1-\dfrac{K'}{K_s}=\dfrac{3(\nu_u-\nu)}{B(1+\nu_u)(1-2\nu)} \\[3mm] c_2=\phi a_1+(1-\phi)a_s-\dfrac{a_T K'}{K_s} \\[3mm] c_3=\dfrac{\phi}{\beta_1}+\dfrac{1-\phi}{K_s}=\dfrac{9(1-2\nu_u)(\nu_u-\nu)}{2GB^2(1-2\nu)(1+\nu_u)^2} \end{cases} \tag{13-12}$$

13.2.3　能量守恒方程

固体骨架和流体共同存在于同一个体积空间,但它们具有不同的热动力学特性,如比热容和热传导系数等。因此,固体骨架和流体的能量守恒方程需要分别定义。固体骨架的能量守恒方程定义如下:

$$(1-\phi)(\rho c_{\mathrm{p}})_{\mathrm{s}}\frac{\partial T}{\partial t}=(1-\phi)\nabla\cdot(\boldsymbol{K}_{\mathrm{s}}\nabla T)+(1-\phi)q_{\mathrm{s}} \tag{13-13}$$

式中,$(\rho c_{\mathrm{p}})_{\mathrm{s}}$ 为岩体骨架的热容;$\boldsymbol{K}_{\mathrm{s}}$ 为岩体骨架的热传导张量;q_{s} 为岩体的热源强度。

对于流体,相应的能量守恒方程可定义如下:

$$\phi\,(\rho c_{\mathrm{p}})_{\mathrm{l}}\frac{\partial T}{\partial t}+(\rho c_{\mathrm{p}})_{\mathrm{l}}(\boldsymbol{V}_{\mathrm{l}}\cdot\nabla)T=\phi\,\nabla\cdot(\boldsymbol{K}_{\mathrm{l}}\nabla T)+\phi q_{\mathrm{l}} \tag{13-14}$$

式中,$(\rho c_{\mathrm{p}})_{\mathrm{l}}$、$\boldsymbol{K}_{\mathrm{l}}$ 和 q_{l} 分别为流体的热容、热传导张量和热源强度。

对于单相流,假设固体和流体之间总是处于热平衡状态,这样将式(13-13)与式(13-14)叠加,并考虑到变形能,即可得到以下统一的能量守恒方程[14]:

$$(\rho c_{\mathrm{p}})_{\mathrm{t}}\frac{\partial T}{\partial t}+(1-\phi)T_{0}\gamma\frac{\partial\varepsilon_{\mathrm{v}}}{\partial t}+(\rho c_{\mathrm{p}})_{\mathrm{l}}(\boldsymbol{V}_{\mathrm{l}}\cdot\nabla)T=\nabla\cdot(\boldsymbol{K}_{\mathrm{t}}\cdot\nabla T)+q_{\mathrm{t}} \tag{13-15}$$

式中,$\gamma=(2\mu+3\lambda)\beta$,$\mu$ 和 λ 为拉梅常数,β 为各向同性固体的线性热膨胀系数;T_{0} 为无应力状态下的热力学温度;$(\rho c_{\mathrm{p}})_{\mathrm{t}}$ 和 $\boldsymbol{K}_{\mathrm{t}}$ 分别为充满了流体的多孔介质的比热容和热传导系数,定义如下:

$$\left.\begin{array}{c}(\rho c_{\mathrm{p}})_{\mathrm{t}}=\phi\,(\rho c_{\mathrm{p}})_{\mathrm{l}}+(1-\phi)(\rho c_{\mathrm{p}})_{\mathrm{s}}\\ \boldsymbol{K}_{\mathrm{t}}=\phi\boldsymbol{K}_{\mathrm{l}}+(1-\phi)\boldsymbol{K}_{\mathrm{s}}\end{array}\right\} \tag{13-16}$$

其中,q_{t} 为充满了流体的多孔介质的热源汇项,定义为 $q_{\mathrm{t}}=\phi q_{\mathrm{l}}+(1-\phi)q_{\mathrm{s}}$。

13.2.4　耦合关系方程

不同物理场之间的相互作用与相互影响大多以不同物理场中物理量的交叉耦合体现。在以上的力学、渗流与能量的控制方程中,其不同场的这种相互作用均有所体现。例如,应力或应变是水压力、温度的函数;流速与水压力的分布也与温度、应力分布相关。这些在前文提出的各控制方程中均有对应项。此外,渗透系数是孔隙度与孔隙连通状况的直接体现;而应力状态下孔隙度的变化与应力或应变密切相关。因此,渗透系数与应力之间应有正确的关系式来表达这一物理机制,这也是研究渗流耦合问题的核心内容。目前,许多学者通过室内试验和工程实践建立了多种岩石的应力-渗透系数关系。本节主要采用较为常用的渗透系数与应力的负指数方程关系式[15,16]:

$$k=k_{0}\cdot\exp(-\alpha_{\mathrm{p}}\bar{\sigma}_{\mathrm{v}});\quad\bar{\sigma}_{\mathrm{v}}=\frac{1}{2}(\sigma_{1}+\sigma_{2}) \tag{13-17}$$

式中，k_0 为材料初始渗透系数；$\bar{\sigma}_v$ 为平均应力；α_p 为耦合系数。该关系式表明材料的渗透系数随压应力的增加而减小，随拉应力的增加而增大；耦合参数越大，应力对渗透系数的影响就越大，该参数还反映了材料结构的固有属性。

根据以上分析，方程组(13-4)、(13-11)和(13-15)表达了有热源的多孔弹性饱和介质中固-流-热耦合的非线性物理过程，即求解这一复杂多物理场应力、水压力以及温度等物理量变化规律的完整方程组。具体来说，这一系列方程组考虑了介质中能量与物质运移的热动力耦合过程、材料密度(固体骨架、流体与孔隙)随压力和温度变化的关系，尤其是体系中应力和流场的演化规律等。

13.3　基于 COMSOL Multiphysics 的固-流-热耦合数学模型的建立

由于固-流-热耦合方程组既考虑了不同物理场的相互作用，又是时间的物理过程，具有典型的非线性，除少数特殊情况可求出解析解外，一般需要用数值方法进行求解。近年来，对这一问题求解的数值方法取得了很大进展，如连续模型的有限元法、离散化模型的分离元法以及无网格伽辽金法等[17]。本书通过专门针对偏微分方程组求解的有限元分析工具 COMSOL Multiphysics(FEMLAB)进行二次开发，对前文给出的固-流-热耦合方程组创新性地完成了精确求解，而将前文阐述的各控制方程的不同项通过该软件表达进而实现求解则是本研究的关键所在。

13.3.1　COMSOL Multiphysics 介绍

COMSOL Multiphysics(FEMLAB)是基于偏微分方程模拟和求解各种科学与工程问题强有力的交互式平台。基于该软件平台，传统的单物理场模型可以很容易地延伸为多物理场模型以有效解决多物理场的耦合问题。对于复杂物理过程的微分方程，该软件并不需要编制复杂的偏微分方程组的求解器，只需将方程中各变量在软件界面中一一对应即可求解。具体来说，该软件的强大处理功能主要体现在以下几方面[18]。

(1) 它含一些内嵌的经典物理模型，包括单物理场和多物理场模型，可以直接用于分析。例如，化学工程模型、电磁学模型、多种结构力学模型、流体动力模型、热传递模型、地球物理模型以及磁-力、磁-热、流-力等多场耦合模型等。

(2) 功能最强大、最灵活的还是其偏微分方程组模式：系数形式、通式与弱形式。这三个数学应用模式中，系数形式(coefficient form)适宜求解线性问题；通式(general form)适宜求解非线性问题；弱形式(weak form)最为灵活，对于边界条件、时间序列复杂模型尤为适宜，但应用也相对复杂些。一般地，大多数物理问题均可采用通式模式进行求解。

（3）对于不同物理场中交叉耦合项的处理简单有效。一方面，在各物理场的偏微分方程中考虑了不同场的影响；另一方面，各物理场中的计算变量可以直接用于耦合关系的定义。

（4）该软件带有 SCRIPT 语言并兼容 MATLAB 语言，具有强大的二次开发功能，对于创新性理论研究尤为适合。

此外，COMSOL Multiphysics 还有强大的后处理功能，可以用多种方式来表达求解结果，如等势线、曲线、图像及动画等。

13.3.2　THM 耦合数学模型的 COMSOL Multiphysics 表达

对于 12.2 节中提出的固-流-热耦合数学模型，本书选择结构力学模型加通式模式微分方程组（描述耦合热传导方程和流体流动方程）来求解岩体三场全耦合问题；此外，在结构力学模型和通式微分方程组模式之间还需定义很多交叉耦合项。下面就以 COMSOL Mutiphysics 中通式微分方程的标准形式详细介绍 THM 耦合问题的定义，即各物理场中不同物理项的数学表达。

一般地，对于多场耦合问题的求解，其对应的 m 个偏微分联立方程必须对方程包含的 n 个独立变量进行并行求解。本研究采用的通式微分方程也是求解这一高非线性问题简单而有效的工具。具体来讲，假设方程组有 n 独立变量 u_1^F，u_2^F，…，u_N^F，其偏微分方程通式与边界条件可定义如下式：

$$\begin{cases} D_a^F \dfrac{\partial U^F}{\partial t} + \nabla \cdot \varGamma^F = F^F & \text{in } \Omega \\[2mm] -\boldsymbol{n} \cdot \varGamma^F = G^F + \left(\dfrac{\partial R^F}{\partial U^F}\right)^T \boldsymbol{\mu}^F & \text{on } \partial\Omega \\[2mm] 0 = R^F & \text{on } \partial\Omega \end{cases} \tag{13-18}$$

式中，Ω 是计算域，包括不同子域；$\partial\Omega$ 是求解域的边界；$\boldsymbol{n}$ 是边界上的外法向张量。该方程组中第一式为微分方程，代表计算域中各物理场的物理过程；第二、三式表示边界条件，即在边界上满足一定关系。其中，第二式为诺伊曼（Neumann）边界条件，也叫自然边界条件，以渗流场为例，即在边界上设定固定流量；第三式为狄利克雷（Dirichlet）边界条件，主要对边界约束，如假定在流体在边界上不流动。

标准的偏微分方程通式，即式（13-18）缺少对变量在时间和空间的联合导数，而在本书的 THM 耦合方程组中，应力、水压力等变量是随时间、空间变化的。因此，有必要将偏微分方程弱形式中考虑时间、空间的变量偏微分项引入偏微分方程通式中。通过简化，考虑时间、空间的变量偏微分项后，式（13-18）可改写为

$$
\begin{cases}
\nabla \cdot \left(D_a^{\mathrm{F}} \cdot \dfrac{\partial U^{\mathrm{F}}}{\partial t} \right) + D_a^{\mathrm{F}} \cdot \dfrac{\partial U^{\mathrm{F}}}{\partial t} + \nabla \cdot \varGamma^{\mathrm{F}} = F^{\mathrm{F}} & \text{in } \Omega \\[2mm]
-\boldsymbol{n} \cdot \varGamma^{\mathrm{F}} = G^{\mathrm{F}} + \left(\dfrac{\partial R^{\mathrm{F}}}{\partial U^{\mathrm{F}}} \right)^{\mathrm{T}} \boldsymbol{\mu}^{\mathrm{F}} & \text{on } \partial\Omega \\[2mm]
0 = R^{\mathrm{F}} & \text{on } \partial\Omega
\end{cases}
\tag{13-19}
$$

式中，$D_a^{\mathrm{F}}(D_{alkj}^{\mathrm{F}}, l=1,2,\cdots,5, k=1,2,\cdots,5, j=1,2)$ 是三阶张量。式中 n 个独立变量的系数矩阵和向量矩阵分别定义如下列各式：

$$
U^{\mathrm{F}} = \begin{bmatrix} u_1^{\mathrm{F}} \\ u_2^{\mathrm{F}} \\ \vdots \\ u_N^{\mathrm{F}} \end{bmatrix}; \quad
D_a^{\mathrm{F}} = \begin{bmatrix} d_{11}^{\mathrm{F}} & d_{12}^{\mathrm{F}} & \cdots & d_{1N}^{\mathrm{F}} \\ d_{21}^{\mathrm{F}} & d_{22}^{\mathrm{F}} & \cdots & d_{2N}^{\mathrm{F}} \\ \vdots & \vdots & \vdots & \vdots \\ d_{N1}^{\mathrm{F}} & d_{N2}^{\mathrm{F}} & \cdots & d_{NN}^{\mathrm{F}} \end{bmatrix}; \quad
\varGamma^{\mathrm{F}} = \begin{bmatrix} \varGamma_1^{\mathrm{F}} \\ \varGamma_2^{\mathrm{F}} \\ \vdots \\ \varGamma_N^{\mathrm{F}} \end{bmatrix}
\tag{13-20}
$$

$$
F^{\mathrm{F}} = \begin{bmatrix} F_1^{\mathrm{F}} \\ F_2^{\mathrm{F}} \\ \vdots \\ F_N^{\mathrm{F}} \end{bmatrix}; \quad
G^{\mathrm{F}} = \begin{bmatrix} G_1^{\mathrm{F}} \\ G_2^{\mathrm{F}} \\ \vdots \\ G_N^{\mathrm{F}} \end{bmatrix}; \quad
\boldsymbol{\mu}^{\mathrm{F}} = \begin{bmatrix} \mu_1^{\mathrm{F}} \\ \mu_2^{\mathrm{F}} \\ \vdots \\ \mu_M^{\mathrm{F}} \end{bmatrix}
\tag{13-21}
$$

$$
\varGamma_{lj}^{\mathrm{F}} = c_{lkji}^{\mathrm{F}} \frac{\partial u_k^{\mathrm{F}}}{\partial x_i} - \alpha_{lkj}^{\mathrm{F}} \cdot u_k^{\mathrm{F}} + \gamma_{lj}^{\mathrm{F}}
\tag{13-22}
$$

$$
F_l^{\mathrm{F}} = f_l^{\mathrm{F}} - \beta_{lki}^{\mathrm{F}} \frac{\partial u_k^{\mathrm{F}}}{\partial x_i} - a_{lk}^{\mathrm{F}} \cdot u_k^{\mathrm{F}}
\tag{13-23}
$$

$$
G_l^{\mathrm{F}} = g_l^{\mathrm{F}} - q_{lk}^{\mathrm{F}} \cdot u_k^{\mathrm{F}}
\tag{13-24}
$$

$$
R_m^{\mathrm{F}} = r_m^{\mathrm{F}} - h_{ml}^{\mathrm{F}} \cdot u_l^{\mathrm{F}}
\tag{13-25}
$$

上述各式中，N 是未知独立变量总数；M 是约束条件总数；F_l^{F}、G_l^{F} 和 R_m^{F} 是标量；$\varGamma_l^{\mathrm{F}}$ 是矢量；$\mu_1^{\mathrm{F}}, \mu_2^{\mathrm{F}}, \cdots, \mu_M^{\mathrm{F}}$ 为拉格朗日乘子。

根据通式微分方程组模式的表达形式，前文阐述的固-流-热完全耦合方程组，即式(13-4)、式(13-11)和式(13-15)，就可以通过结构力学模型和通式微分方程组模式结合在一起转换成一个统一的通式形式的微分方程组。对于二维问题，方程独立变量、系数和矩阵分别表示如下：

$$
U^{\mathrm{F}} = [p \quad C \quad T \quad u^x \quad u_y]^{\mathrm{T}}
\tag{13-26}
$$

式中各物理量分别为孔隙水压力、物质运移量、温度以及 x、y 方向的位移。

D_a^{F} 系数矩阵中，$d_{a141}^{\mathrm{F}} = d_{a152}^{\mathrm{F}} = \dfrac{\rho_l}{\rho_0}$，$d_{a341}^{\mathrm{F}} = d_{a352}^{\mathrm{F}} = T_0\gamma$，其他项为 0，因此，$D_a^{\mathrm{F}}$ 可表示为

$$D_a^F = \begin{bmatrix} \phi\beta_P & 0 & -\phi\beta_T & 0 & 0 \\ 0 & \phi & 0 & 0 & 0 \\ 0 & 0 & (\rho c)_M & 0 & 0 \\ 0 & 0 & 0 & 0 & 0 \\ 0 & 0 & 0 & 0 & 0 \end{bmatrix} \tag{13-27}$$

式(13-20)～式(13-25)中的其他向量、系数等分别表示如下列各式。

$$\begin{bmatrix} c_{1111}^F & c_{1112}^F \\ c_{1121}^F & c_{1122}^F \end{bmatrix} = \frac{\rho_1}{\rho_0} \cdot \frac{1}{\mu_m} \begin{bmatrix} k_{xx} & k_{xy} \\ k_{yx} & k_{yy} \end{bmatrix} \tag{13-28}$$

$$\begin{bmatrix} c_{2211}^F & c_{2212}^F \\ c_{2221}^F & c_{2222}^F \end{bmatrix} = \begin{bmatrix} D_{xx} & D_{xy} \\ D_{yx} & D_{yy} \end{bmatrix} \tag{13-29}$$

$$\begin{bmatrix} c_{3311}^F & c_{3312}^F \\ c_{3321}^F & c_{3322}^F \end{bmatrix} = \begin{bmatrix} K_{Mxx} & K_{Mxy} \\ K_{Myx} & K_{Myy} \end{bmatrix} \tag{13-30}$$

$$\begin{bmatrix} c_{4411}^F & c_{4412}^F \\ c_{4421}^F & c_{4422}^F \end{bmatrix} = \begin{bmatrix} \frac{E \cdot (1-\nu)}{(1+\nu)(1-2\nu)} & 0 \\ 0 & \frac{E}{2(1+\nu)} \end{bmatrix} \tag{13-31}$$

$$\begin{bmatrix} c_{4511}^F & c_{4512}^F \\ c_{4521}^F & c_{4522}^F \end{bmatrix} = \begin{bmatrix} 0 & \frac{E \cdot (1-\nu)}{(1+\nu)(1-2\nu)} \\ \frac{E}{2(1+\nu)} & 0 \end{bmatrix} \tag{13-32}$$

$$\begin{bmatrix} c_{5411}^F & c_{5412}^F \\ c_{5421}^F & c_{5422}^F \end{bmatrix} = \begin{bmatrix} 0 & \frac{E}{2(1+\nu)} \\ \frac{E \cdot (1-\nu)}{(1+\nu)(1-2\nu)} & 0 \end{bmatrix} \tag{13-33}$$

$$\begin{bmatrix} c_{5511}^F & c_{5512}^F \\ c_{5521}^F & c_{5522}^F \end{bmatrix} = \begin{bmatrix} \frac{E}{2(1+\nu)} & 0 \\ 0 & \frac{E \cdot (1-\nu)}{(1+\nu)(1-2\nu)} \end{bmatrix} \tag{13-34}$$

c_{ijkl}^F 的其他项均为 0。

$$\alpha_{1kj}^F = 0, \quad (k=1,2,\cdots,5; j=1,2) \tag{13-35}$$

$$\alpha_{21j}^F = \alpha_{23j}^F = \alpha_{24j}^F = \alpha_{25j}^F = 0, \quad (j=1,2; \alpha_{221}^F = u_x^l, \alpha_{222}^F = u_y^l) \tag{13-36}$$

$$\alpha_{3kj}^F = \alpha_{4kj}^F = \alpha_{5kj}^F = 0, \quad (k=1,2,\cdots,5; j=1,2) \tag{13-37}$$

$$\gamma_{11}^F = 0 \tag{13-38}$$

如果计算域是垂直断面，$\gamma_{12}^F = -\rho g$，否则，$\gamma_{12}^F = 0$。

$$\gamma_{2j}^F = \gamma_{3j}^F = \gamma_{4j}^F = \gamma_{5j}^F = 0, \quad (j=1,2) \tag{13-39}$$

$$f_1^{\mathrm{F}}=Q_1, f_2^{\mathrm{F}}=I_C, f_3^{\mathrm{F}}=Q_{\mathrm{T}}, f_4^{\mathrm{F}}=F_x, f_5^{\mathrm{F}}=F_y \tag{13-40}$$

$$\beta_{1ki}^{\mathrm{F}}=\beta_{2ki}^{\mathrm{F}}=0, \quad (k=1,2,\cdots,5; i=1,2) \tag{13-41}$$

$$\beta_{31i}^{\mathrm{F}}=\beta_{32i}^{\mathrm{F}}=\beta_{34i}^{\mathrm{F}}=\beta_{35i}^{\mathrm{F}}=0, \quad (i=1,2) \tag{13-42}$$

如果计算域是垂直断面，$\begin{cases}\beta_{331}^{\mathrm{F}}\\\beta_{332}^{\mathrm{F}}\end{cases}=\rho_l c_l \dfrac{k}{\mu_m}(\nabla P-\rho_l \boldsymbol{g})$，否则，

$$\begin{cases}\beta_{331}^{\mathrm{F}}\\\beta_{332}^{\mathrm{F}}\end{cases}=\rho_l c_l \frac{k}{\mu_m}\nabla P \tag{13-43}$$

$$\beta_{431}^{\mathrm{F}}=\gamma, \beta_{432}^{\mathrm{F}}=0, \beta_{411}^{\mathrm{F}}=\alpha, \beta_{412}^{\mathrm{F}}=0 \tag{13-44}$$

$$\beta_{531}^{\mathrm{F}}=0, \beta_{532}^{\mathrm{F}}=\gamma, \beta_{511}^{\mathrm{F}}=0, \beta_{512}^{\mathrm{F}}=\alpha \tag{13-45}$$

β_{ijk}^{F} 矩阵的其他各项均为 0。

$$\alpha_{lk}^{\mathrm{F}}=0, (l=1,2,\cdots,5; k=1,2,\cdots,5) \tag{13-46}$$

COMSOL Multiphysics 进行 THM 三场耦合分析时，将结构力学模型和通式微分方程组模式结合的微分方程组，即式(13-20)～式(13-46)统一求解。求解中，渗流场、应力场与温度场的物理量定义及其参数、边界条件的确定等可概括以下三部分：

第一，结构力学模型部分。这一模块是 COMSOL Multiphysics 软件内嵌的经典力学模块，其基本物理量，即弹性模量、剪切模量、泊松比、不排水泊松比、密度等与一般弹性力学模块基本一致。该模块也定义了应力场与渗流场、温度场的单向耦合项，即假定温度、水压力为常量，仅考虑温度、渗流对应力场的影响。本研究中均将这些项设置为 0，即不考虑这种单向耦合作用；而以整个 THM 三场耦合体系中变化的温度与水压力作用在每个单元体上的力来考虑渗流场与温度场对应力场的影响，即这种影响不是基于其他物理场物理量的初始值，对于二维平面问题其关系式可以表述为 x 与 y 两个方向，分别如下所示：

$$Body fx=-\alpha_p p_x-\alpha_{\mathrm{T}} T_x \tag{13-47}$$

$$Body fy=-\alpha_p p_y-\alpha_{\mathrm{T}} T_y \tag{13-48}$$

第二，渗流场(P)与温度场(T)的通式微分方程组模式。渗流方程与能量方程从通式微分方程形式上基本一致，因此该模式将两个场并行求解。其表达的物理量为：独立变量 P、T 表示水压力与温度；矢量 $P_x * c$ 与 $P_y * c$ 表示 x 与 y 方向的流速；矢量 $T_x * c_0$ 与 $T_y * c_0$ 表示温度沿 x 与 y 方向的变化，如图 13-1(a)所示。其中，c 为与材料力学特性、渗透特性相关的系数，c_0 为与材料力学特性、热传导相关的系数。其次，体积应变对渗流场的影响也被充分考虑，如图 13-1(b)所示。此外，该方程组模式还考虑了水压力与温度的时间效应。

第三，边界条件的设定是针对不同物理场分别进行。应力场中，边界条件包括应力与位移约束两种，分别定义为

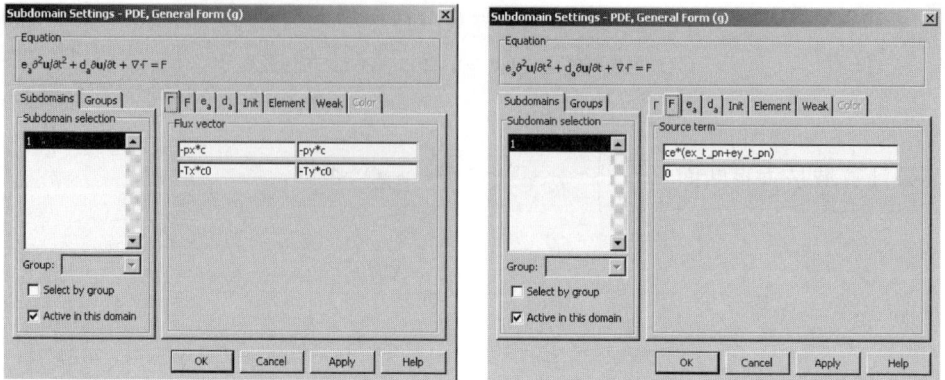

(a) 矢量表达　　　　　　　　　　　　(b) 体积应变对渗流场的影响

图 13-1　渗流场与温度场微分方程中变量的定义

$$\sigma(\boldsymbol{x},t) \cdot \boldsymbol{n}(\boldsymbol{x}) = \overline{\boldsymbol{F}}(\boldsymbol{x},t), \quad (t \in [0,\infty)) \tag{13-49}$$

$$\boldsymbol{u}(\boldsymbol{x},t) = \overline{\boldsymbol{u}}(\boldsymbol{x},t), \quad (t \in [0,\infty)) \tag{13-50}$$

渗流场中,边界条件包括水压力约束与流量控制边界,分别定义为

诺伊曼边界:

$$p(\boldsymbol{x},t) = \overline{p}(\boldsymbol{x},t) \quad (t \in [0,\infty)) \tag{13-51}$$

狄利克雷边界:

$$\kappa \cdot (\nabla p - \rho_l g) \cdot \boldsymbol{n}(\boldsymbol{x}) = \overline{Q}_l(\boldsymbol{x},t), \quad (t \in [0,\infty)) \tag{13-52}$$

温度场中,热传导的边界条件分别定义如下。

诺伊曼边界:

$$T(\boldsymbol{x},t) = \overline{T}(\boldsymbol{x},t), \quad (t \in [0,\infty)) \tag{13-53}$$

狄利克雷边界:

$$\lambda_M \nabla T \cdot \boldsymbol{n}(\boldsymbol{x}) = \overline{Q}_h(\boldsymbol{x},t), \quad (t \in [0,\infty)) \tag{13-54}$$

上述各式中,$\boldsymbol{n}$ 表示边界的外法向方向。

根据 12.2 节中提出的应力、渗流与能量控制方程,以上研究基于 COMSOL Mutiphysics 软件以微分方程形式表达了复杂的应力场、渗流场与温度场的耦合过程;同时解出位移场、渗流场和温度场,从而实现了三场的全耦合求解,避免了松散耦合法求解多场耦合问题带来的误差,给出了更接近真实物理过程的数值解答。

13.4　耦合数学模型合理性的实例验证

本章前 3 节详细阐述了固-流-热耦合的数学模型及其在 COMSOL Mutiphysics 中求解的实现。为了进一步证实本章所提出的耦合模型及其求解的正确性与合理性,结合钻孔对岩体应力与渗流场的影响这一经典理论问题,本节利用本章提出的基于 COMSOL Multiphysics 的耦合数学模型进行数值分析,并将之与已有的理论解析解进行对比。

13.4.1　问题的定义

如图 13-2 所示,垂直钻孔对岩体应力场与渗流场的影响是一个典型固-流两场耦合问题,其应力与水压力条件可表示如下:

$$\begin{cases} \sigma_{xx} = -(P_0 - S_0) \\ \sigma_{yy} = -(P_0 + S_0) \\ \sigma_{xy} = 0 \\ p = p_0 \end{cases} \tag{13-55}$$

式中,P_0 和 S_0 分别为岩体远场平均应力与应力偏量;p_0 是初始孔隙水压力。假定岩体初始主应力方向与钻孔轴向平行,即 x 和 y 方向。

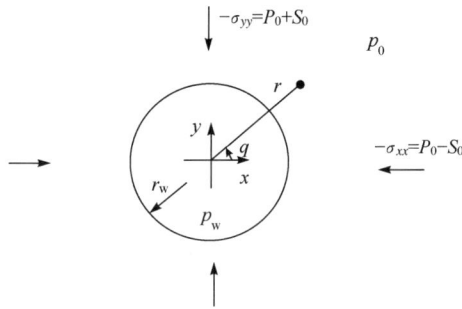

图 13-2　钻孔影响下岩体固-流耦合模型

（图中 r_w 是钻孔半径,p_w 是钻孔水压力）

对于这一问题,即钻孔影响下岩体固-流耦合问题,Detournay 等[19] 给出了钻孔开挖影响下岩体孔隙水压力、径向应力与切向应力在钻孔不同轴向沿半径方向的理论解析解。本数值求解就是基于这一理论解的问题而开展的。

根据文献[19],该问题的耦合分析可以分解成以下三个问题的叠加:①加载远场各向同性应力;②计算域初始孔隙水压力加载;③加载远场偏应力。钻孔孔壁的不同边界条件表示 3 个模型中不同加载方式在岩体中产生的应力,其详细边界条件列于表 13-1。不同模型中采用的材料参数如表 13-2 所示。

表 13-1　模型 1～3 中钻孔孔壁的边界条件（r 与 θ 表示极坐标系）

边界条件	模型 1	模型 2	模型 3
σ_{rr}	P_0	0	$-S_0 \cos 2\theta$
$\sigma_{r\theta}$	0	0	$S_0 \sin 2\theta$
p	0	$-p_0$	0

表 13-2　模型计算中的材料参数

材料参数		模型 2	模型 3
G	剪切模量/MPa	3333.3	5381.0
ν	泊松比	0.25	0.20
ν_u	不排水泊松比	0.50	0.40
B	Skempton 系数	1.0	0.8
ϕ	孔隙度	0.01	0.01
c	流体热扩散率/(m^2/s)	0.01	0.0225
k	渗透系数/m^2	1×10^{-15}	1×10^{-15}
μ_l	流体黏度/Pa·s	0.001	0.001

13.4.2　问题的求解与讨论

该钻孔影响下岩体固-流耦合问题可以看作平面应变问题。钻孔开挖瞬时完成,即在 $t=0$ 时刻使作用在孔壁上的应力和孔隙水压力均设为 0。首先,模型 1 计算出岩体的初始应力场;模型 2 模拟计算域初始孔隙水压力加载;模型 3 分析偏应力对固-流场的影响。其中,模型 2 和模型 3 的边界条件如图 13-3 所示。

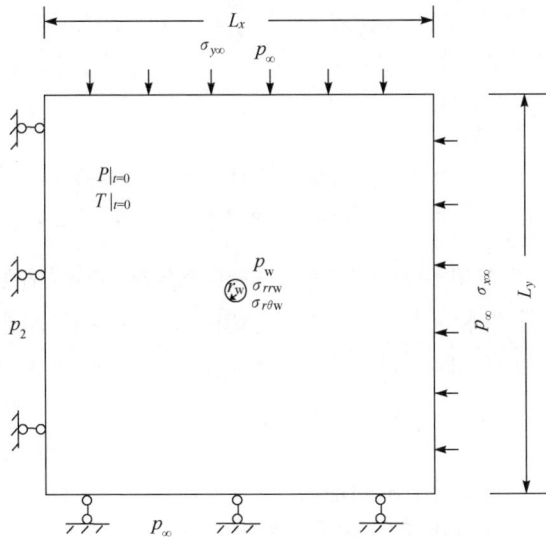

图 13-3　钻孔影响下固-流耦合模型初始条件与边界条件示意图
图中,钻孔半径 $r_w = 0.1m$;模型 2: $p_w = -p_0$, $\sigma_{rrw} = 0$, $\sigma_{r\theta w} = 0$, $p_\infty = 0$,
$\sigma_{x\infty} = 0$, $\sigma_{y\infty} = 0$, $P|_{t=0} = p_0$, $L_x = L_y = 40m$;模型 3: $p_w = 0$,
$\sigma_{rrw} = 0$, $\sigma_{r\theta w} = 0$, $p_\infty = 0$, $\sigma_{x\infty} = -S_0$, $\sigma_{y\infty} = S_0$, $P|_{t=0} = 0$, $L_x = L_y = 10m$

鉴于 Detournay 等[19] 主要对钻孔影响下固-流耦合模型的应力、孔隙水压力进行了理论求解,本节的数值分析也主要讨论应力与孔隙水压力的分布演化特点,如图 13-4～图 13-7 所示。

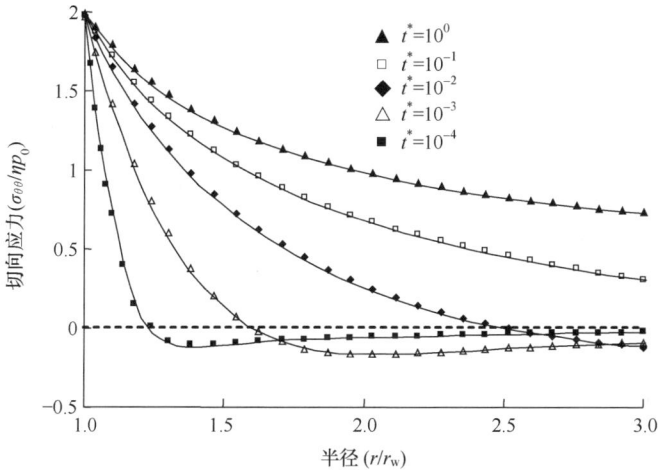

图 13-4　模型 2 中切向应力沿半径方向变化的数值解与理论解[19]对比

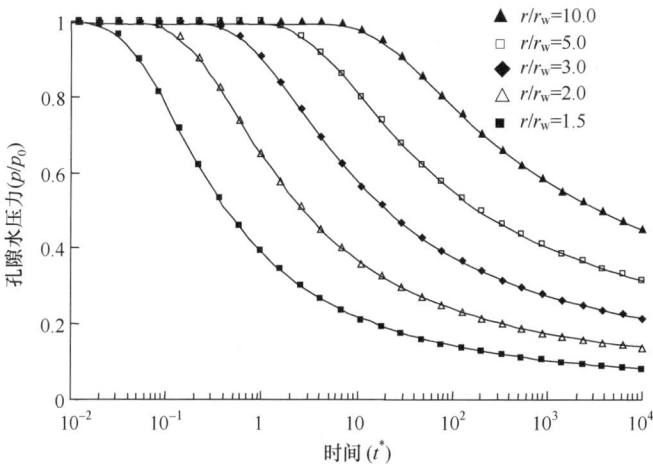

图 13-5　模型 2 孔隙水压力随时间的变化的数值解与理论解[19]对比

图 13-4 给出了模型 2 中钻孔附近岩体切向应力 $\sigma_{\theta\theta}/\eta p_0$ 沿半径方向变化的数值解(应力 $\sigma_{\theta\theta}/\eta p_0$ 是变量 $\rho=r/r_w$ 和 $t^*=ct/r_w^2$ 的函数,与岩体材料属性无关,其中 $\eta=0.5\alpha(1-2\nu)/(1-\nu)$)。为消除边界对计算的影响,模型 2 的计算域尽可能大(为 40m×40m)。切向应力在孔壁附近迅速趋于稳定,在孔壁上瞬间就达到稳定值;而远离钻孔的区域,应力变化虽很小但难以达到一个稳定值,这也与计算域

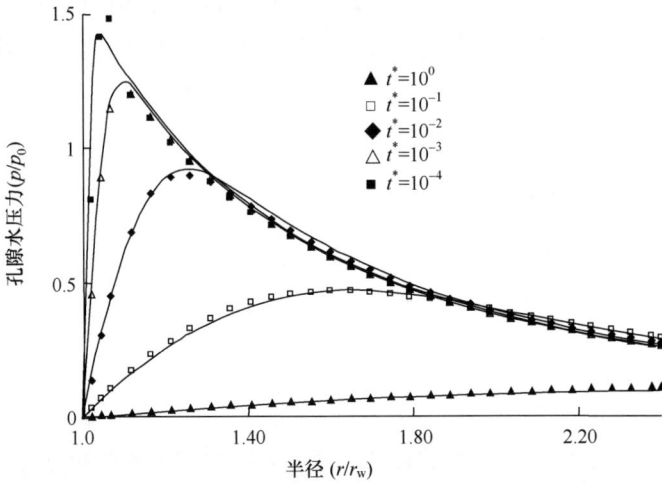

图 13-6　模型 3 孔隙水压力随半径变化的数值解与理论解[19]对比（沿钻孔轴向 x 方向）

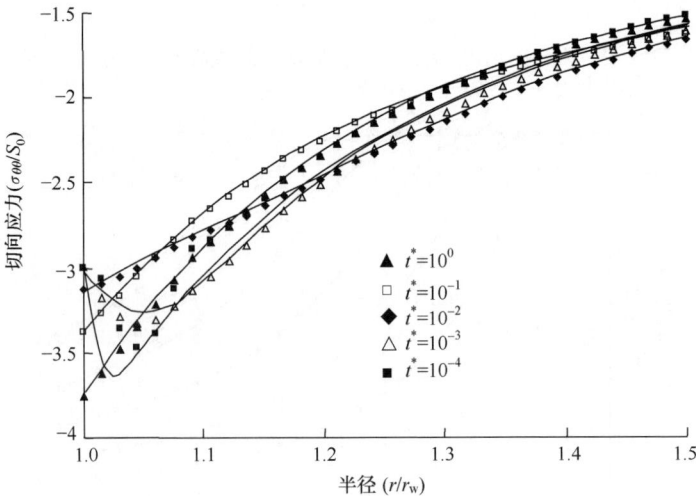

图 13-7　模型 3 切向应力随半径变化的数值解与理论解[19]对比（沿钻孔轴向 x 方向）

中孔隙水的流动与超孔隙水压力的消失是一致的。数值分析还表明，钻孔开挖沿孔壁形成的应力集中是拉应力，即 $\sigma_{\theta\theta}=2\eta p_0$。模型中应力的分布特点与 Detournay 等的理论解完全吻合，如图 13-4 所示。

图 13-5 给出了模型 2 中距孔壁不同距离处孔隙水压力随时间的变化曲线。距孔壁越远，水压力降低越滞后，这也反映了钻孔附近岩体中的孔隙水先向钻孔内流动，并导致远处岩体孔隙水向钻孔方向流动。这与实际情况一致，也与 Detournay 等的理论解完全吻合。图 13-6 是模型 3 中孔壁附近孔隙水压力在不同时刻随

半径的变化曲线(沿钻孔轴向 x 方向)。由于开挖是瞬间完成的,孔壁处的孔隙水排泄也瞬间完成,水压力趋于 0;而孔壁附近岩体孔隙水却来不及排泄,从而在孔壁附近形成水压力集中。随着时间的推移,孔壁附近孔隙水排泄趋于畅通,水压力集中逐渐减弱,在 $t=1$ 时水压力趋于稳定。钻孔孔壁附近岩体孔隙水压力的这一演化特点也与 Detournay 等的理论解完全吻合。

图 13-7 是模型 3 中孔壁附近岩体切向应力在不同时刻随半径的变化曲线(沿钻孔轴向 x 方向),其数值解与 Detournay 等的理论解也基本吻合。受开挖影响,钻孔围岩孔隙水的排泄对钻孔围岩的应力集中有重要影响。由于岩体内孔隙水排泄的差异,岩体弹性模量在孔壁处由于孔隙水排泄畅通表现为排水弹性模量,而孔壁围岩则表现为更硬的不排水弹性模量。岩体内弹性模量的差异使孔壁岩体在模型初始时刻基本没有产生应力集中,即当 $t^* < 10^{-2}$ 时,钻孔围岩切向应力峰值是在岩体内部而并不是在孔壁上。而随时间增加,切向应力峰值逐渐转移到孔壁上(其值达到 $4S_0\cos2\theta$),并沿半径方向单调递减。值得一提的是,切向应力 $\sigma_{\theta\theta}$ 的这一变化特点仅出现在孔壁附近岩体中,因此,可以将这种现象称之为孔壁表面效应。研究还发现,与切向应力相比,钻孔围岩径向应力 σ_{rr} 随时间变化不明显。

以上分析表明,对于钻孔影响下岩体固-流耦合问题,数值求解给出的应力、孔隙水压力等随时间变化特点与空间分布特征,既与 Detournay 等的理论解完全吻合,也反映该问题的实际情况。因此,本章提出的基于 COMSOL Multiphysics 求解的应力场、渗流场以及温度场的本构关系和控制方程能正确反映岩土体等地质介质在渗流场与应力场耦合下的物理特性。

13.5 本 章 小 结

固-流-热多场耦合作用是近年来岩土工程等领域的研究热点。在广泛的涉及土石混合体的工程领域中,土石混合体并不仅仅包含力学行为,而且是一个应力场、渗流场与温度场相互作用的系统。因此,有必要研究适用于土石混合体多场物理特性的固-流-热耦合理论。这也是本章研究的主要内容,具体有以下结论:

(1)基于线性热弹性理论以及前人研究成果,根据饱和多孔介质固-流-热多场耦合作用各个物理过程的物理含义,推导并阐述了固-流-热三场耦合的力学平衡方程、渗流方程与能量方程,并给出了其明确的数学模型。

(2)COMSOL Mutiphysics 是专门为求解复杂偏微分方程组而开发的软件,本节扼要地介绍了该软件的特点及核心技术。基于该软件对复杂偏微分方程组求解的强大功能,对上述固-流-热三场耦合数学模型进行有限元程序化,实现了应力场、渗流场与温度场三场完全耦合的数值求解。

（3）结合钻孔对岩体应力与渗流场的影响这一经典理论问题，本节利用本章提出的基于 COMSOL Multiphysics 的 THM 多场耦合理论进行数值求解。结果表明，数值求解与已有的理论解析解基本吻合。

因此，本书提出的基于 COMSOL Mutiphysics 固-流-热耦合数学模型有效、合理，为深入研究土石混合体的多场物理特性奠定了理论基础。

参 考 文 献

[1] 仵彦卿. 裂隙岩体应力与渗流关系研究. 水文地质工程地质,1995,(6):30-35.

[2] Olivella S,Gens A,Gonzalez C. THM analysis of a heating test in a fractured tuff// Stephansson O, Hudson J A, Jing L. Coupled T-H-M-C Processes in Geo-Systems: Fundamentals, Modelling, Experiments and Applications. Oxford: Elsevier Geo- Engineering Book Series, 2004:181-186.

[3] 孔祥言,李道伦,徐献芝,等. 热-流-固耦合渗流的数学模型研究. 水动力学研究与进展, 2005,20(2):269-275.

[4] 薛强,梁冰,王起新. 多场耦合理论在污染物运移过程中的应用. 岩石力学与工程学报, 2002,21(S2):2318-2321.

[5] Li X,Cui L,Roegiers J C. Thermoporoelastic modeling of wellbore stability in non-hydrostatic stress field. International Journal of Rock Mechanics & Mining Science & Geomechanics Abstracts,1996,35(4):584-584.

[6] Stephansson O,Jing L,Tsang C F. Coupled Thermohydro-Mechanical Processes of Fractured Media. Rotterdam:Elsevier,1996.

[7] Jing L,Tsang C F,Stephansson O. DECOVALEX-An international cooperative research project on mathematical models of coupled THM processes for safety analysis of radioactive waste repositories. International Journal of Rock Mechanics & Mining Science & Geomechanics Abstracts,1995,32(5):389-398.

[8] Rice J R,Cleary M P. Some basic stress diffusion solutions for fluid-saturated elastic porous media with compressible constituents. Reviews of Geophysics,1976,14(2):227-241.

[9] Cleary M P. Fundamental solutions for a fluid-saturated porous solid. International Journal of Solids & Structures,1977,13(9):785-806.

[10] Noorishad J,Tsang C F. Coupled thermohydroelasticity phenomena in variably saturated fractured porous rocks-Formulation and numerical solution//Stephansson O,Jing L,Tsang C F. Coupled Thermo-Hydro-Mechanical Processes of Fractured Media. Amsterdam: Elsevier Science Publishers,1996:93-134.

[11] Kurashige M. A thermoelastic theory of fluid-filled porous materials. International Journal of Solids & Structures,1989,25(9):1039-1052.

[12] Zhou Y,Rajapakse R,Graham J. A coupled thermoporoelastic model with thermo-osmosis and thermal-filtration. International Journal of Solids & Structures, 1998, 35 (34): 4659-4683.

[13] Tsang C F. Linking thermal, hydrological, and mechanical processes in fractured rocks. Annual Review of Earth & Planetary Sciences, 2003, 27(1): 359-384.

[14] Lesnic D, Elliott L, Ingham D B, et al. A mathematical model and numerical investigation for determining the hydraulic conductivity of rocks. International Journal of Rock Mechanics & Mining Sciences, 1997, 34(5): 741-759.

[15] Louis C. Rock Hydraulics in Rock Mechanics. New York: Verlaywien, 1974.

[16] Heiland J. Laboratory testing of coupled hydro-mechanical processes during rock deformation. Hydrogeology, 2003, 11(1): 122-141.

[17] 田杰, 刘先贵, 尚根华. 基于流固耦合理论的套损力学机理分析. 水动力学研究与进展, 2005, 20(2): 221-225.

[18] COMSOL AB. FEMLAB User's guide and introduction, Version 3. 1, 2004.

[19] Detournay E, Cheng H D. Poroelastic response of a borehole in a non-hydrostatic stress field. International Journal of Rock Mechanics & Mining Sciences & Geomechanics Abstracts, 1988, 25(3): 171-182.

第14章　土石混合体的渗流特性及其固流耦合特性

14.1　引　　言

正如第2章分析表明,土石混合体在分布上与各大江、大河密切相关,而我国目前正处于各大江、大河的水电开发与建设的重要阶段。建设中出现的诸多岩石力学与工程地质问题中,由于土石混合体所处水文地质与工程地质环境改变而产生的土石混合体的渗流稳定性问题以及水与土石混合体的相互作用(即土石混合体的固流耦合问题)等日益成为诸多水电工程中急需解决的一个关键问题。例如,在水利建设中,经常会遇到土石类坝基,水利水电科学研究院曾调查了我国33座坝身有问题的土石坝,其中属于土石类坝基渗透变形所引起的竟占60%[1],而这多为土石混合体坝基在坝体重力作用下产生大变形甚至出现裂隙而引发的坝基渗漏问题。此外,还有由于土石混合体水文力学条件改变导致库区土石混合体斜坡或滑坡的稳定性问题等。因此,有必要开展土石混合体渗透特性及其固流耦合特性的理论研究,为相关工程的设计与施工提供科学依据。

针对这一问题,国内外有一些学者进行了两方面的研究:一是坝基渗漏问题的研究,但均将土石混合体按均质土体来对待。例如,下米庄水库坝基为全新统中粗砂砂砾层且含有大量小砾石,杨石眉等将该砂砾层按土体进行了坝基渗透稳定性分析[2];葛畅等对土石类坝基临界水力坡度的确定进行了一系列试验研究[1]。二是水对土石混合体力学强度的影响。刘文平等通过对三峡库区不同含水率和不同含石率碎石土的剪切强度及参数的研究结果表明,含水率不同碎石引起强度变化的临界含石率也不同;碎石含量不变时,c值随含水率变化幅度不大,但φ值随含水率变化会有较大变化;碎石土从天然状态到饱和状态,内摩擦角依据碎石含量不同,可降$3°\sim10°$[3]。而实际上,土石混合体材料引起的坝基稳定性问题以及库岸滑坡稳定性问题首先不能看成是均质土体进行渗透分析;其次也不是渗透变形或材料力学强度降低的问题,而是渗透变形与材料水软化联合作用的结果,是一个典型的固流耦合问题。

因此,本章根据第3章土石混合体数码图像所建立的数值模型以及第12章多物理场耦合理论分析中所建立的渗流场分析模块探讨土石混合体中的渗流过程及其机理。在此基础上,结合第12章多物理场耦合理论分析中所建立的固流耦合分析模块,研究渗流与应力联合作用下土石混合体的渗流场、应力场的变化。基于前人关于岩土体固流耦合的求解理论、方法,本章还发展并提出土石混合体固流全耦合的数值求解方法,为相关研究以及过程的使用积累科学数据。

14.2　土石混合体渗流的结构效应

　　要研究土石混合体的固流耦合问题,首先要分析水在土石混合体中的渗流过程,即土石混合体的渗流特性。尽管水在土体和裂隙岩体中的渗流过程已经得到了充分的研究,有了比较成熟的理论和一套系统的分析方法,但是,对于水在土石混合体中的渗流过程却很少有人涉及。究其原因,一是因为这种物质很难取样而难以进行室内试验;二是由于其本身结构的复杂性和随意性而引起的物理量测量上的困难。基于前文的研究成果,我们可以通过数值模拟实现土石混合体试样表达以及试样内各物理量变化的监测,进而准确描述土石混合体的渗流过程(目前也鲜有数值模拟研究成果的报道)。因此,本节就以第 3 章所建立的试样 a 与试样 b 作为数值分析的结构模型(图 3-4),进行土石混合体渗流特性的分析。

　　由于组成土石混合体的土体与块石渗透系数相差很大,水压力作用下其渗流场受其内部块石分布影响显著,我们称之为土石混合体渗流的结构效应。土石混合体中岩石和土体本身均可看作均质材料,其渗透特性都满足 Darcy 定律,即在稳定流的情况下材料内部流速(渗流场)一致、水压力由高向低线性递减。那么,稳定流状态下高非均质材料的土石混合体的渗流场与水压力的分布与均质材料是否一致? 下面根据第 12 章提出的渗流方程对试样的渗透试验模拟来具体分析。

14.2.1　问题的定义

　　岩土体材料渗透特性的研究大多基于小试样的室内渗透试验或现场抽水试验等,分析与评价材料内部渗流场、水压力的分布特点以及渗透系数的计算。一般试验中,均假定材料满足 Darcy 定律,即由通过单位高度材料的流量与水压差计算渗透系数 k,见式(14-1)。

$$k=\frac{qLu}{\Delta P \cdot A} \quad \text{或} \quad k=\frac{qL}{\Delta h \cdot A} \quad (14-1)$$

式中,L 为渗流路径长度(试样长度);q 为流量;A 为单宽面积;ΔP 为水压力差;Δh 为水头差。

　　本节采用对试样 a 与 b 的渗透试验数值模拟来研究土石混合体渗透特性与渗流场特点,并假定试样内的块石与土体满足 Darcy 定律。渗透试验模拟的模型边界条件采用垂向边界等水压力差、侧向边界流量为 0,如图 14-1 所示。计算中,流体的黏滞系数 u 为 $10^{-3}\,\mathrm{Ns/m^2}$,试样土体与块石

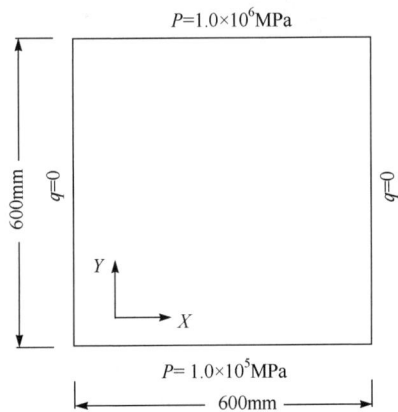

图 14-1　渗透试验模拟边界

$P=1.0 \times 10^6 \mathrm{MPa}$

$q=0$

$q=0$

$P=1.0 \times 10^5 \mathrm{MPa}$

600mm

600mm

渗透系数分别为 $5\times10^{-12}\,\mathrm{m}^2$ 和 $1\times10^{-14}\,\mathrm{m}^2$。

14.2.2 结果分析

这里从试样渗流场、孔隙水压力分布以及渗透系数的变化等方面来分析土石混合体渗流的结构效应。

1) 渗流场分析

图 14-2 为试样 a 与 b 的渗流场与块石分布对比图。如图所示,试样内水的渗流主要发生在土体中,基本绕过块石。这是由于土体与块石渗透性的巨大差异,块石基本可以看成不透水。土石混合体的土与块石的组织结构特征对渗流场产生效应更体现在块石相夹的土体中孔隙水流速的急剧增加。由于试样横断面的流量不变,而块石的隔水作用使得对应断面的有效过水断面线面积减小,从而导致水在有效过水区域流速猛增。而流速在块石相夹土体中的流速加大,有可能携带土体中的细颗粒,有利于潜蚀或管涌的发生,不利于土体稳定,从而导致试样局部结构失稳,也影响土石混合体的整体结构稳定。

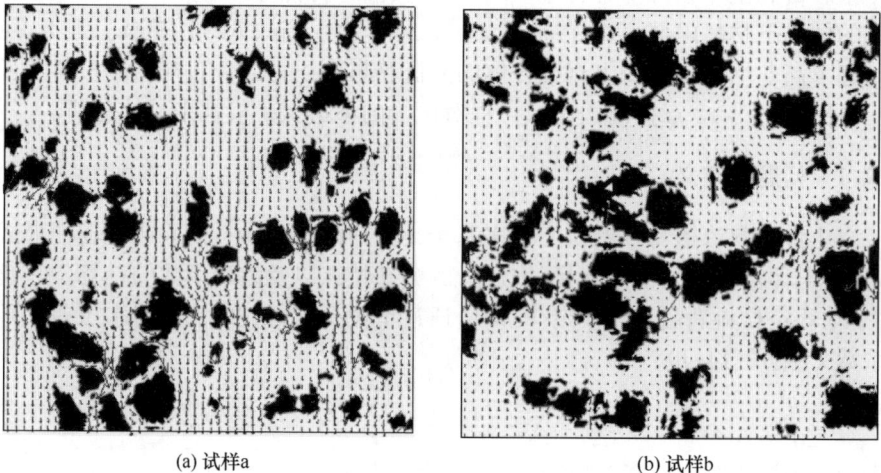

(a) 试样a　　　　　　　　　　(b) 试样b

图 14-2　土石混合体渗流场与块石分布

数值模拟分析还表明,试样 a 与 b 渗流场分布与流速大小存在一定差异。试样 a 中孔隙水的平均流速为 $4.8\times10^{-3}\,\mathrm{m/s}$,非块石相夹的土体中孔隙水的流速基本一致,且和块石相夹的土体中孔隙水流速相差较小;而试样 b 中孔隙水的平均流速为 $3.5\times10^{-3}\,\mathrm{m/s}$,非块石相夹的土体中孔隙水的流速也基本一致,但和块石相夹的土体中孔隙水流速相差很大。究其原因,两个试样组织结构的差异导致其渗流场分布与流速大小的差异。首先,试样 b 的含石率稍高于试样 a,即试样 b 的有效透水面积少于试样 a。在同样水压力差的条件下,通过试样 b 的流量更小,其整体流速必然小于试样 a。其次,试样 b 中块石的分布与尺寸更为非均匀,这导致其渗流场内部流速差异更为显著(相对试样 a)。

2) 水压力分析

图 14-3 是两个试样内孔隙水压力等值线与块石分布对比图。图中,试样底部水压力为 0.1MPa,顶部为 1MPa,等值线间隔为 0.02MPa。总体上,沿试样中孔隙水总体流动方向(即自试样顶部向底部),水压力逐渐降低。土石混合体结构效应对于其水压力分布的影响较为显著,具体表现在以下几方面:

(1) 由于土与块石渗透性的巨大差异,试样中水压力分布较为不规则,而且试样 b 由于其组织结构非均匀性更显著,其水压力分布更为不规则。

(2) 沿水的渗流方向,水压力在块石中急剧下降,即水压力等值线尤为密集,水压力梯度很大。由于块石的相对隔水作用,水在块石中的渗流很弱,从而导致水压沿渗流方向快速降低,这也在渗流方向形成一个很大的渗透力。

(3) 沿水的渗流方向,土体中水压力分布则相对均匀。但是,位于块石前后土体的水压力降幅相对较小,尤其是被若干块石包围的土体中,相当于一个近封闭的渗流单元,其水压力变化尤为小;而位于块石左右,尤其是被块石相夹的土体中,水压力变化较大,这也与其流速的增加是一致的。

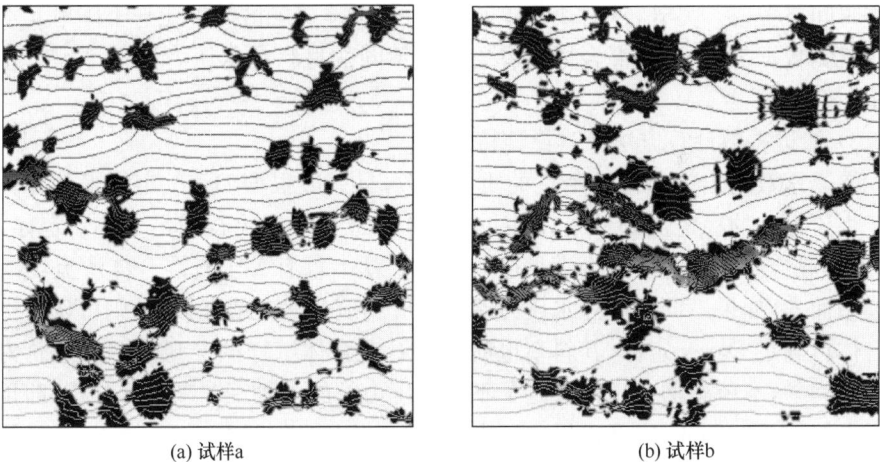

(a) 试样a　　　　　　　　　　　　　　　　(b) 试样b

图 14-3　土石混合体内水压力与块石分布

另一方面,土石混合体内部水压力随时间的变化规律似乎不受其组织结构特征的影响。岩土体材料内渗流场的演化是一个流体在材料内运移的时间过程。因此,我们监测了试样 a 中不同位置的水压力变化;同时,还着重分析了块石单元、块石与土体接触区域单元与土体单元(其坐标分别为(0.28,0.3)、(0.3,0.3)、(0.32,0.3))水压力传递的差异,如图 14-4 所示(图中,rock、contact 与 soil 分别代表块石单元、块石与土体接触区域单元与土体单元)。

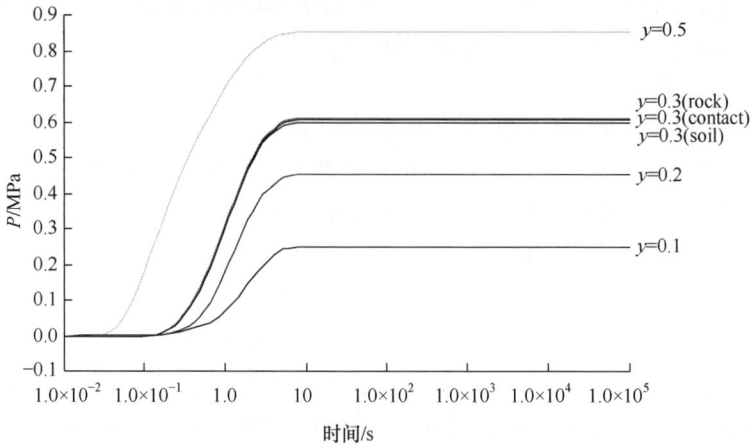

图 14-4　土石混合体内不同位置水压力随时间变化曲线

从水压力随时间变化的曲线来看,土石混合体内部渗流过程与一般均质材料总体上有些相似,离强水头边界越近,其水压力上升越快,并逐渐向低水头处传递。据分析,受块石隔水作用的影响,水压力在土石混合体中的传递要比在土体中传递所需时间要多些。另外,从对块石单元、块石与土体接触区域单元与土体单元水压力的监测数据来看,土石混合体内渗透特性不同的材料在水压力传递过程中差异很小。

3) 渗透系数计算方法及其渗透特性

渗透系数是岩土体渗透特性的重要参数,且一般根据 Darcy 定律来计算。在既定水压力差的稳定流条件下,土石混合体中的土体与块石满足 Darcy 定律,但是,土石混合体试样整体是否满足这一定律? 就本章有关土石混合体渗流场的数值模型而言,如果不同的边界水压力差与相应的流量满足线性关系,则可认为土石混合体也满足 Darcy 定律,其斜率也就是土石混合体试样的宏观渗透系数。为弄清这一问题,本节就两个试样设定了不同水压力差的多种工况来进行分析,即顶部边界保持 1MPa 不变,底部边界水压力分别为:0MPa、0.1MPa、0.2MPa、0.4MPa、0.6MPa 和 0.8MPa。根据式(14-1),渗透系数 k 为 q/A 与 $\Delta P/uL$ 的比值,而在该数值分析中模型的黏滞系数、渗流路径以及单宽面积都是常量。因此,可以根据不同水压力差的各种工况计算得到流量,并分别计算出相应的 q/A 与 $\Delta P/uL$(即流速与水压力梯度)来检验其线相关性。

根据以上讨论,我们对试样 a 与 b 在给定不同水压力差条件下进行了稳定渗流场的数值分析。计算结果表明,在既定水压力差的稳定流条件下,土石混合体试样整体上也满足 Darcy 定律。如图 14-5 所示,不同水压力差的各种工况计算得到通过的两个试样的流速 q/A 与 $\Delta P/uL$ 呈明显的线性相关。因此,我们可以根据对土石混合体试样在给定水压力差的稳定渗流场的数值分析,监测得到通过顶、底边界的流速,进而根据式(14-1)求得试样的渗透系数。结果显示,试样 a 与 b 的宏观渗透系数分别为 $3.17 \times 10^{-12} \mathrm{m}^2$ 和 $2.32 \times 10^{-12} \mathrm{m}^2$。

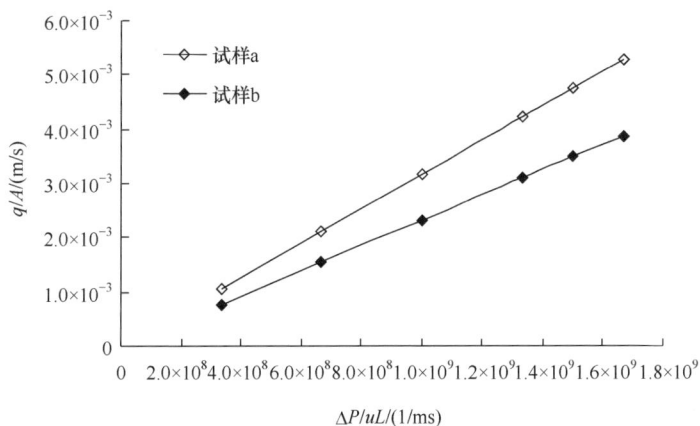

图 14-5　不同水压力差条件下渗透模拟试验的流速与水压力梯度

显然,相比试样中土体的渗透系数($5 \times 10^{-12} \mathrm{m}^2$)而言,土石混合体(两个试样)的渗透系数均有一定程度的减小,这也是土石混合体结构渗流效应的重要体现。由于土石混合体中块石的相对隔水作用,造成了试样中实际过水面积的减小(即相当于有效孔隙度减小),其结果必然是渗透系数降低,这也是影响渗流场变化的一个重要因素。值得一提的是,渗流场中的关键物理参数——材料的渗透系数是由材料孔隙度控制,而在应力作用下孔隙度的开张与闭合则直接影响其渗透系数的变化。因此,若考虑应力作用土石混合体的渗流场将更为复杂。

4) 渗透系数的含石率相关性与各向异性

前文已指出,由于土石混合体中块石的相对隔水作用,造成了试样渗透系数的降低。那么,土石混合体渗透系数是否与试样中块石含量具有一定相关性? 从前面试样 a 与 b 的结果来看,渗透系数变化与含石率呈负相关,即试样 b 的含石率 22.7% 高于试样 a 的含石率 18.43%,其渗透系数小于试样 a。这一认识需要更多不同试样的研究来佐证。此外,鉴于土石混合体在力学特性上表现的各向异性,其渗流是否也具有各向异性?

为回答上述问题,本节仍以前文土石混合体力学特征与含石率分析中研究的 9 个试样进行渗透试验数值模拟。数值模型边界加载采用等水压力差加载,具体包括:垂向加载,垂向边界等水压力差 0.9MPa,侧向边界流量为 0,如图 14-1 所示;平行加载,侧向边界等水压力差 0.9MPa,垂向边界流量为 0。分析的试样即为试样 a、b、c、d、e、f、g、h 和 i,其细观结构与含石率如图 4-23 所示。计算中,流体的

黏滞系数 u 为 $1.0 \times 10^{-3} \mathrm{Ns/m^2}$，试样内土体与块石渗透系数分别为 $5 \times 10^{-12} \mathrm{m^2}$ 和 $1 \times 10^{-14} \mathrm{m^2}$。

表 14-1 与图 14-6 分别给出了 9 个土石混合体试样在两种模拟条件下各试样渗透系数的计算值及其与含石率的关系曲线，其中 $k_\perp$、$k_\parallel$ 分别为垂向等水压加载与平行等水压加载所得渗透系数，$k_\perp/k_s$、$k_\parallel/k_s$ 分别为垂直渗透系数、平行渗透系数与模型中土体渗透系数之比。图 14-6 表明，随含石率增加土石混合体的渗透系数逐渐减小，即含石率与渗透系数为一种负相关的关系。显然，相对不透水的块石越多，土石混合体的渗透性越差，而这种负相关又不是线性的，这也表明渗透系数的变化不仅与含石率有关，而且与土石混合体中块石的形状、分布等结构因素有关。

表 14-1　在两种模拟条件下各土石混合体试样渗透系数的计算值

试样	含石率/%	垂直加载			平行加载		
		流速(q/A)	$k_\perp/\mathrm{m^2}$	$k_\perp/k_s$	流速(q/A)	$k_\parallel/\mathrm{m^2}$	$k_\parallel/k_s$
a	18.43	0.00476	3.17×10^{-12}	0.635	0.004684	3.12×10^{-12}	0.625
b	22.70	0.003479	2.32×10^{-12}	0.464	0.003951	2.63×10^{-12}	0.527
c	47.00	0.002186	1.46×10^{-12}	0.291	0.002462	1.64×10^{-12}	0.328
d	30.42	0.003387	2.26×10^{-12}	0.452	0.003821	2.55×10^{-12}	0.509
e	32.99	0.002757	1.84×10^{-12}	0.368	0.00313	2.09×10^{-12}	0.417
f	39.27	0.002117	1.41×10^{-12}	0.282	0.002528	1.69×10^{-12}	0.337
g	59.71	0.001682	1.12×10^{-12}	0.224	0.001474	9.83×10^{-13}	0.197
h	9.35	0.005761	3.84×10^{-12}	0.768	0.006156	4.1×10^{-12}	0.821
i	51.42	0.000962	6.41×10^{-13}	0.128	0.001269	8.46×10^{-13}	0.169

注：$\Delta P = 0.9 \mathrm{MPa}$，$u = 1.0 \times 10^{-3} \mathrm{Ns/m^2}$，$L = 0.6 \mathrm{m}$，$\Delta P/uL = 1.5 \times 10^9$

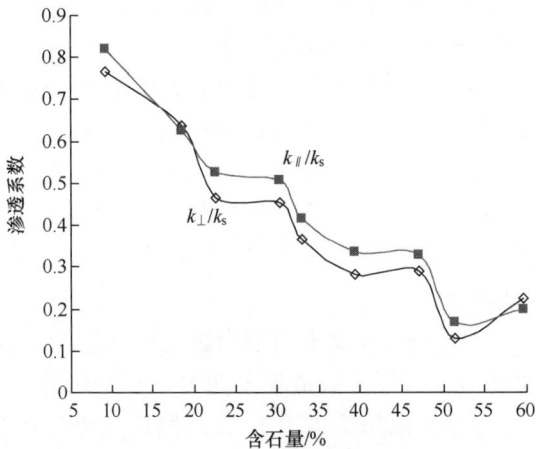

图 14-6　随含石率变化土石混合体渗透系数的变化及其各向异性

此外,不同加载方向的计算结果显示,垂向等水压加载所得渗透系数与平行等水压加载结果随含石率变化尽管在趋势上基本一致,但仍有一定差异。这表明土石混合体受块石分布的结构影响,其渗流场与渗透特性也有所差异;而且当块石分布呈一定的定向排列时,这种结构性的差距将可能被进一步放大,并可能在土石混合体内形成强渗流通道,导致管涌的发生。

14.3　土石混合体渗流场与应力场(HM)耦合特性

前面就土石混合体渗流场分析表明,土石混合体特殊的组织结构特征导致其与均质材料迥然不同的渗流特性。实际上,大多数情况下土石混合体都处于渗流场与应力场两场的共同作用下,因此土石混合体渗流场与应力场将更为复杂,其HM两场的耦合分析也是本章研究的重点。显然,这是一个复杂的高非均质介质的多物理场耦合问题。结合第 12 章的多场耦合理论,本节首先阐述土石混合体HM两场耦合模型的建立,包括数值分析问题与工况的定义以及耦合的控制方程与耦合关系等。

14.3.1　问题的定义

岩土体渗流场与应力场耦合作用的研究大多是基于实验室小试样力学试验以及钻孔孔壁稳定性或油气运移等问题[4]。尤其是,针对砂岩与花岗岩等中粗颗粒岩石在稳定流条件下小试样单轴压缩或三轴压缩试验的研究,为岩石渗流场与应力场相互影响的研究积累了很多科学数据,也为相关研究探索出一个的科学方法[5]。因此,本书土石混合体渗流与应力两场耦合分析也基于这一方法开展,即该耦合分析是基于土石混合体试样在稳定流条件下有侧限单轴压缩试验数值模拟来进行,如图 14-7 所示。图中,P_1、P_2 分别为试样顶、底边界水压力,σ_y 为试样应力(或位移)加载,试样内部初始水压力与初始应力均为 0。

为便于对比分析,本节土石混合体两场耦合分析的试样仍为第 3 章建立的试样 a。HM 耦合数值模型的边界条件也尽可能和前文单物理场分析一致:

(1)渗流场中,顶、底部边界水压力为 $P_1=1\text{MPa}$ 与 $P_2=0.1\text{MPa}$,水压力差为 0.9MPa;两侧无流量。

(2)应力场中,顶部为应力加载 $\sigma_y=1\text{MPa}$,底部 y 方向位移约束,两侧位移约束。

需要指出的是,该模型中应力场边界条件与单物理场分析不一致。第一,采用应力加载是基于前文研究表明应力加载有利于试样弹性模量的分析。第二,采用了两侧有侧限加载,主要是由于耦合分析中两侧无流量渗流边界要求应力场有相应一致的边界条件,即两侧边界无位移。第三,将渗流场水压力以边界应力的形式

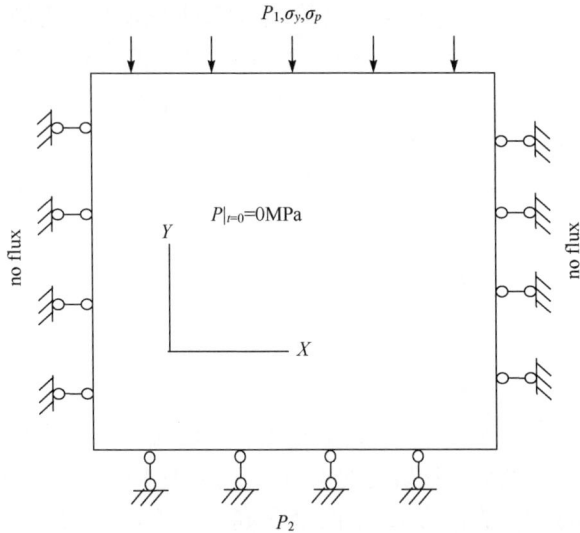

图 14-7　土石混合体渗流场与应力场耦合数值模型

加载在试样上。在油气运移、核废料处理等深部岩体的渗流-应力耦合研究中,由于其原岩受自重与构造作用影响,其初始地应力往往大大高于其水压力,因此可以忽略水压力产生的应力边界效应。但是,土石混合体基本出露于地表浅层或地表,其初始地应力与水压力相差不大。因此,本书耦合分析中必须考虑水压力产生的应力边界效应,即水压力作用在土石混合体式样上有两种效应:水压力作为外力加载在土石混合体试样上的应力效应,以及水在土石混合体中流动产生的孔隙水压力效应。具体地,我们考虑土石混合体 HM 耦合分析的应力边界时,将水压力以边界应力的形式体现,即相当于试样顶部实际应力加载为 $\sigma'_y = \sigma_y + \sigma_p$,其中 $\sigma_p = \alpha_p P_1$。

　　为了精确分析土石混合体渗流-应力两场耦合过程中应力、水压力引起应力边界效应以及水压力的不同效应,我们进行了 5 个工况的对比分析,见表 14-2。其中,工况 H 和 13.2 节中渗流场分析模型完全一致,在此不作重复分析。

表 14-2　土石混合体 HM 耦合分析的对比工况及其应力与水压力边界

模型	边界条件	物理意义
M	$\sigma_y = 1\text{MPa}$	应力场分析
H	$P_1 = 1\text{MPa}, P_2 = 0.1\text{MPa}$	渗流场分析
MF	$\sigma_y = 1\text{MPa}, \sigma_p = \alpha_p \text{MPa}$	考虑应力与水压力引起应力边界作用
MP	$\sigma_y = 1\text{MPa}, P_1 = 1\text{MPa}, P_2 = 0.1\text{MPa}$	考虑应力与水压力作用
MH	$\sigma_y = 1\text{MPa}, \sigma_p = \alpha_p \text{MPa}, P_1 = 1\text{MPa},$ $P_2 = 0.1\text{MPa}$	考虑应力与水压力作用及其引起应力边界作用

　　耦合模型分析采用的材料物理参数也基本上和 13.2 节中对应单物理场分析采用的参数一致；其他有关耦合的系数均根据第 12 章中相应公式计算得到，如表 14-3 所示。

表 14-3　土石混合体耦合模型的材料参数及耦合系数

	参数	块石	土体
E	弹性模量/MPa	4000	50
ν	泊松比	0.25	0.40
ν_u	不排水泊松比	0.30	0.43
B	Skempton 系数	0.8	0.8
c_1		0.288	0.393
c_3/Pa^{-1}		4.044×10^{-9}	1.04×10^{-10}
α_p		0.288	0.393
k	渗透系数/m^2	1×10^{-14}	5×10^{-12}
μ_l	流体黏度/Pa·s	0.001	

14.3.2　控制方程与耦合关系

　　土石混合体 HM 两场耦合模型中的主要物质——土体与块石均可看成线弹性材料，满足第 5 章给出的渗流与应力控制方程。因此，该数值分析中采用的渗流与应力控制方程在此不作详细讨论，即将式(13-4)与式(13-11)中有关温度场的耦合项去掉，得到

$$Gu_{i,jj} + \frac{G}{1-2\nu}u_{j,ji} - \alpha_p p_{,i} + F_i = 0 \tag{14-2}$$

$$c_1 \frac{\partial \varepsilon_v}{\partial t} + c_3 \frac{\partial p}{\partial t} = \nabla \cdot [\kappa(\nabla p + \rho_l g \nabla z)] \tag{14-3}$$

式中各变量物理意义以及系数的计算同式(13-4)与式(13-11)。

　　在渗流场与应力场的耦合关系中，应力与渗透系数关系的确定是一个关键问题。1974 年，Louis 根据某坝址钻孔抽水试验资料建立了渗透系数与正应力的经验关系，也为应力与渗透系数关系的研究奠定了基础[6]，如下式所示：

$$k(\sigma, p) = \xi k_0 e^{-\beta(\sigma_{ij}/3 - \alpha_p)} \tag{14-4}$$

式中，k、k_0 为材料初始渗透系数和渗透系数；p 为孔隙水压力；ξ、α 和 β 分别为渗透系数突跳倍率、孔隙水压力系数和耦合系数，由试验或经验确定。

　　之后，许多研究人员根据 Louis 的经验公式开展了有关应力与渗透系数关系的试验与观测，并发展了一些新的经验或理论公式。Rutqvist 等根据 Yucca Mountain 的大量现场观测提出了基于岩体裂隙及其法向应力的渗透系数与应力

关系式,见式(14-5)[7,8];Bandis 等也根据岩体裂隙的变化并考虑了岩体的剪胀效应,推导了岩体变形与渗透系数的关系,见式(14-6)[9];Olivella 等基于孔隙度的变化与工程实践进一步将 Louis 的公式简化了,见式(14-7)[10,11]。

$$F_k = 1 + \frac{b_{max}}{b_i} [\exp(-\alpha\sigma_n) - \exp(-\alpha\sigma_{ni})]^3 \tag{14-5}$$

$$F_k = \left[\frac{d}{c(c\sigma_n + 1)b_i} - \frac{e_{ftp} + e_{fsp}\tan\psi_f}{\phi_{fi}} \right]^3 \tag{14-6}$$

$$F_k = \exp(-A\Delta\sigma_m) \tag{14-7}$$

式中,$F_k = k/k_0$ 是岩体渗透系数与初始渗透系数的比值;b_i 与 σ_{ni} 分别为孔隙初始宽度和岩体初始应力;σ_n 为孔隙法向应力;b_{max} 和 α 为经验参数;c 是岩体初始孔隙宽度与法向应力的系数;d 为岩石初始法向刚度的倒数;e_{ftp} 与 e_{fsp} 分别为拉张与剪切塑性变形;ψ_f 为剪胀角;ϕ_{fi} 为岩体初始孔隙度。

结合在 Yucca Mountain 一个地下隧道针对温度-渗流-应力场的现场长期观测试验,Rutqvist 对比了以上 3 个应力-渗透系数关系式的适用性。结果表明,这 3 个关系式总体上趋于一致,均较好地反映了应力对渗透系数的影响,如图 14-8 所示[12]。

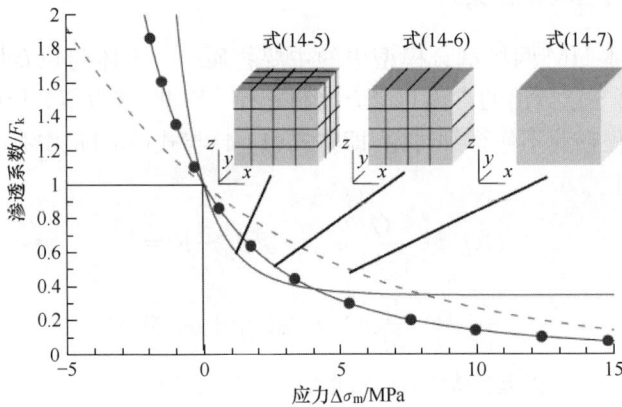

图 14-8 不同应力-渗透系数关系式对比图

考虑到土石混合体中土体的孔隙度难以用岩体的裂隙来表达,本章的渗流与应力场的耦合分析采用式(14-7)作为其渗透系数与应力的耦合关系,式中 $\Delta\sigma_m$ 正值为压应力,系数 A 由下式确定:

$$A = \frac{3(\nu_u - \nu)}{B(1 - 2\nu)(1 + \nu_u)} \tag{14-8}$$

14.3.3 土石混合体渗流场与应力场耦合效应分析

土石混合体在水压力边界与应力边界联合作用下,内部分别由水的流动形成渗流场、应力作用产生应力场,二者之间的相互作用主要表现在:渗流通过施加于某作用面上的渗透压力和在渗流区域内分布的渗透体积力而影响岩体的应力分布;应力通过改变岩体的体积应变及空隙率而影响岩体的渗透系数 K。以往的数值求解中,应力场和渗流场的耦合作用是通过两者的交替求解来完成的,即先进行应力求解或渗流求解,然后把上一步的计算结果作为下一步的初始条件进行计算,如此一直反复交替,直到达到预先规定的要求。

本书求解采用的 COMSOL Multiphysics 软件对这一复杂耦合问题的分析可以进行两场的同时求解,即实现完全耦合分析。此外本书的数值分析还考虑渗流过程的时间效应。为了清楚地分析土石混合体的固流耦合特性及其机制,下面就从土石混合体渗流场与应力场耦合作用下渗流场引起的力学效应与应力场引起的渗流效应分别阐述。

14.3.3.1 力学效应

土石混合体渗流场与应力场耦合作用下,耦合引起土石混合体的力学效应,即其力学特性的变化主要是土石混合体内应力场与位移场的变化。下面就根据不同应力与水压力边界等 4 种工况(M、MF、MP 与 MH),从分析模型内应力、位移、渗流场对应力场(位移场)影响的敏感性以及耦合作用下应力场的时间效应等方面阐述耦合引起土石混合体的力学效应。

1) 应力分析

耦合作用下,渗流场对应力场的影响主要体现在水压力对试样有效应力的影响,即有效应力的分布变化。本章应力分析中,在考虑水压力作用的模型中应力均为有效应力。图 14-9 给出了 M、MF、MP 及 MH 等 4 种工况下,即单应力场、考虑应力与水压力引起的边界应力、考虑应力与水压力以及应力场与渗流场全耦合等,试样中部沿加载方向(有效)应力的分布图。图 14-9 为有无水压力作用下试样中块石有效应力随时间变化的对比曲线,图中 3 点在试样 a 内的坐标为(0.28,0.3)、(0.3,0.3)、(0.32,0.3),分别代表块石单元、块石与土体接触区域单元与土体单元。

一般认为,固流耦合作用下渗流场对材料应力场的影响较小。但是,从本数值模型的分析结果来看,由于土石混合体特殊的组织结构特征,渗流场对试样应力仍有一定影响。根据研究表明,渗流场与应力场完全耦合作用下,土石混合体内部有效应力变化受三个因素控制:第一,水压力引起试样内部有效应力的降低;第二,沿渗流方向的水压力梯度产生的渗透力作用;第三,水压力导致其在试样边界产生的边界应力增加,从而使试样内应力增加。而由于块石与土体渗透与力学特性的巨大差异,上述三个因素对块石与土体的影响并不一致,这也是土石混合体的非均质性所特有的。固流耦合作用下渗流场对土石混合体应力场的影响及其机制概括为以下三方面:

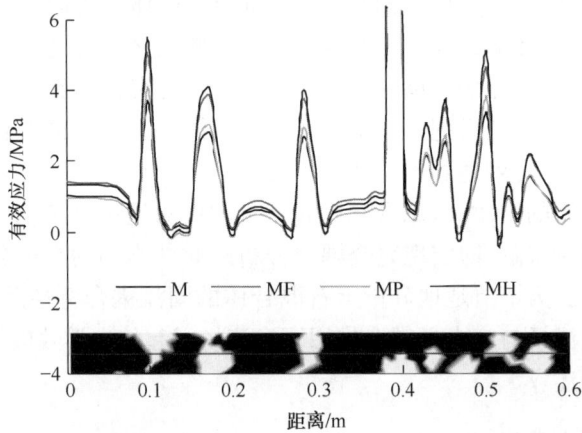

图 14-9　不同工况下试样 a 中部应力分布与块石位置对比图

(1)渗流场作用下,块石内应力明显增加。一方面,水压力引起的边界应力引起块石内部应力的明显增加(图 14-9 中 MF 相对 M 而言),这是毋庸置疑的。另一方面,水压力本身也导致块石内有效压应力的增加(图 14-9 中 MP 相对 M 而言),这是值得深究的特殊现象。水压力对于材料有效应力的影响包括两方面:一是水压力对有效应力的减小;二是水压力传递形成的渗透力作用,即水在土体中流动时,渗流施加于单位土粒上的拖曳力,其作用方向与渗流方向一致(一般计算分析中往往忽略渗透力的作用)。在高非均质的土石混合体中的块石由于渗透系数很低,沿渗流方向水压力急剧降低并形成很大的水压力梯度,从而导致沿渗流方向的很大的渗透力,即 $-\alpha_p P_y$(其中,$P_y = \partial P/\partial y$),渗透力在块石中央尤其大些。图 14-10 中有无水压力作用下试样中块石有效应力随时间变化的对比曲线也反映了这一渗透力作用。总的来说,渗流在块石中形成的渗透力远高于水压力,从而导致渗流作用下土石混合体内块石有效应力的增加,这也是这一高非均质材料的特殊结构效应。

(2)渗流场作用下,土体中应力总体变化则小得多。首先,水压力引起的边界应力也引起了体内部应力的明显增加(MF 相对 M 而言)。其次,水压力本身减小了试样中土体的有效应力(MP 相对 M 而言);而由于土体中水压力梯度很小,产生的渗透力相对块石而言则小得多,如图 14-10 所示。总体上,水压力引起的边界应力效应与水压力作用趋于抵消,最终导致在渗流场与应力场全耦合作用下试样内土体应力变化很小。

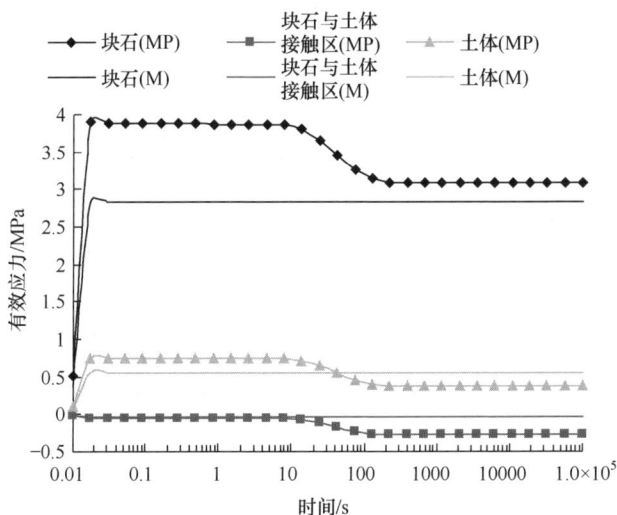

图 14-10　M 与 MP 工况块石、土体以及块石与土体接触区域应力随时间变化

（3）块石与土体接触界面附近应力变化复杂，土体中尤为复杂。首先，受强度差异影响，块石与土体接触界面附近的土体应力明显低于两侧土体与块石的现象在不同工况中均存在。此外，水压力对该区域单元应力的降低作用更为显著。

总的来说，渗流场对于土石混合体应力场的影响要比均质材料显著，尤其是渗流场引起的块石应力的明显增加可能导致块石转动、移动，这也是值得注意。此外，该研究也证实水压力在试样边界产生的应力作用在土石混合体渗流与应力耦合分析中是不能忽略的。

2）位移分析

本数值模型中，试样垂向位移也反映了试样在加载条件下的整体应变。图 14-11 给出了试样在 M、MF、MP 及 MH 等四种工况加载条件下试样顶部位移分布（负为压缩变形），四种工况的平均位移分别为 -0.00588m、-0.00812m、-0.00668m 和 -0.00893m。从试样总位移分布（即试样产生的应变）来看，水压力及其在边界上产生的应力对于试样变形起着很大的作用，而且两者作用是同向的，即导致的试验变形均为压缩变形。首先，水压力在边界上产生的应力对于试样整体变形的影响较为显著（MF 相对 M 而言），其机制与试样应力加载产生变形一致，即主要是通过应力加载导致试样变形；但同样大小的水压力加载与应力加载，水压力产生的应力边界效应导致的变形要比应力加载小得多。其次，渗流本身产生的变形则相对小些（MP 相对 M 而言），渗流过程产生的渗透力是水压力导致试样变形的主要因素，即渗透变形。土石混合体的渗流场与应力场全耦合条件下，应力变形、渗透变形及水压力在边界上产生的应力变形对于试样总体位移的贡献分别为 65.9%、8.9% 和 25.1%。

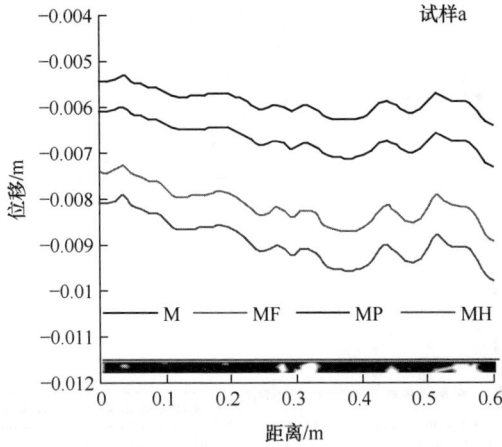

图 14-11　M、MF、MP 及 MH 等工况试样顶部位移分布

　　显然,耦合条件下试样变形不仅仅是应力作用的结果,即弹性状态下试样应变并不是加载应力与弹性模量的比值。土石混合体在渗流场与应力场耦合作用下的变形机制可以概括为两部分:其一为应力加载产生的压缩或拉张变形;其二为沿渗流方向的水压力梯度变化产生的渗透力引起试样的压缩变形,即渗透变形。

　　3) 渗流场对应力场、位移场影响的敏感性分析

　　正如前文所述,土石混合体渗流场对应力场是有一定影响的。因此有必要探讨一下渗流场与应力场完全耦合作用下,渗流场对应力场影响的敏感性,即随水压力增加土石混合体内部有效应力的变化规律。随水压力增加,土石混合体内部应力场的变化仍是由水压力增加引起的有效应力降低、渗透力作用与边界应力三个因素决定。而对于水压力较小的情况下,材料的应力变化可能会不太明显。因此,本节首先从局部分析不同水压力下试样中部块石单元、块石与土体接触区域单元与土体单元的应力变化,如图 14-12 所示,其变化特征与机制可具体描述如下:

　　(1) 随水压力增加,试样内土体应力有微小增加,而位于接触界面附近的土体应力则有微小降低,即水压力对于土体应力总体影响不大。据分析,随试样边界水压力的增加,水压力引起的边界应力与渗透力作用导致试样内土体应力的增加稍高于水压力本身产生的应力降低,而位于块石与土体接触界面附近的土体,其结果则正好相反。

　　(2) 随水压力增加,试样内块石中的应力显著增加。究其原因,水压力引起的边界应力导致试样内块石应力的增加是水压力对块石应力影响的主要机制;而水压力增加对块石内水压力梯度的影响不大,因此由此产生的渗透力对块石的应力影响也不大。水压力增加无疑也降低其有效应力,但相比水压力引起的边界应力

内土体应力变化很小。

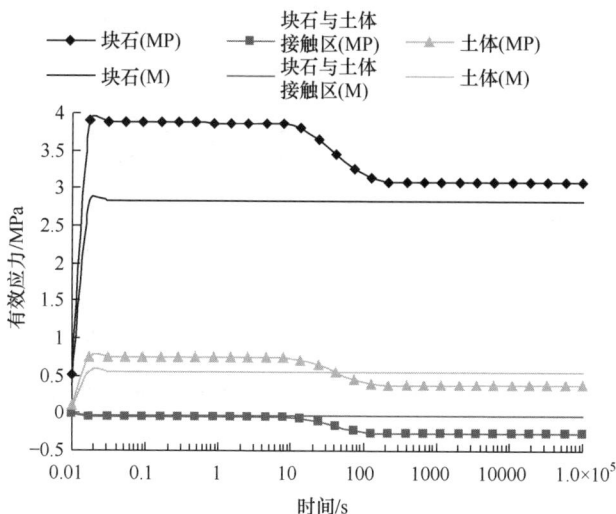

图 14-10　M 与 MP 工况块石、土体以及块石与土体接触区域应力随时间变化

（3）块石与土体接触界面附近应力变化复杂，土体中尤为复杂。首先，受强度差异影响，块石与土体接触界面附近的土体应力明显低于两侧土体与块石的现象在不同工况中均存在。此外，水压力对该区域单元应力的降低作用更为显著。

总的来说，渗流场对于土石混合体应力场的影响要比均质材料显著，尤其是渗流场引起的块石应力的明显增加可能导致块石转动、移动，这也是值得注意。此外，该研究也证实水压力在试样边界产生的应力作用在土石混合体渗流与应力耦合分析中是不能忽略的。

2）位移分析

本数值模型中，试样垂向位移也反映了试样在加载条件下的整体应变。图 14-11 给出了试样在 M、MF、MP 及 MH 等四种工况加载条件下试样顶部位移分布（负为压缩变形），四种工况的平均位移分别为－0.00588m、－0.00812m、－0.00668m 和－0.00893m。从试样总位移分布（即试样产生的应变）来看，水压力及其在边界上产生的应力对于试样变形起着很大的作用，而且两者作用是同向的，即导致的试验变形均为压缩变形。首先，水压力在边界上产生的应力对于试样整体变形的影响较为显著（MF 相对 M 而言），其机制与试样应力加载产生变形一致，即主要是通过应力加载导致试样变形；但同样大小的水压力加载与应力加载，水压力产生的应力边界效应导致的变形要比应力加载小得多。其次，渗流本身产生的变形则相对小些（MP 相对 M 而言），渗流过程产生的渗透力是水压力导致试样变形的主要因素，即渗透变形。土石混合体的渗流场与应力场全耦合条件下，应力变形、渗透变形及水压力在边界上产生的应力变形对于试样总体位移的贡献分别为 65.9%、8.9%和 25.1%。

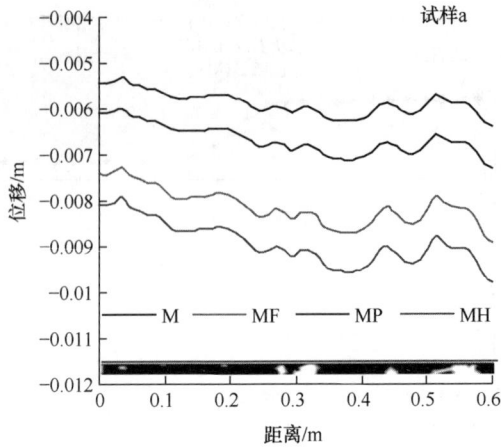

图 14-11　M、MF、MP 及 MH 等工况试样顶部位移分布

显然,耦合条件下试样变形不仅仅是应力作用的结果,即弹性状态下试样应变并不是加载应力与弹性模量的比值。土石混合体在渗流场与应力场耦合作用下的变形机制可以概括为两部分:其一为应力加载产生的压缩或拉张变形;其二为沿渗流方向的水压力梯度变化产生的渗透力引起试样的压缩变形,即渗透变形。

3) 渗流场对应力场、位移场影响的敏感性分析

正如前文所述,土石混合体渗流场对应力场是有一定影响的。因此有必要探讨一下渗流场与应力场完全耦合作用下,渗流场对应力场影响的敏感性,即随水压力增加土石混合体内部有效应力的变化规律。随水压力增加,土石混合体内部应力场的变化仍是由水压力增加引起的有效应力降低、渗透力作用与边界应力三个因素决定。而对于水压力较小的情况下,材料的应力变化可能会不太明显。因此,本节首先从局部分析不同水压力下试样中部块石单元、块石与土体接触区域单元与土体单元的应力变化,如图 14-12 所示,其变化特征与机制可具体描述如下:

(1) 随水压力增加,试样内土体应力有微小增加,而位于接触界面附近的土体应力则有微小降低,即水压力对于土体应力总体影响不大。据分析,随试样边界水压力的增加,水压力引起的边界应力与渗透力作用导致试样内土体应力的增加稍高于水压力本身产生的应力降低,而位于块石与土体接触界面附近的土体,其结果则正好相反。

(2) 随水压力增加,试样内块石中的应力显著增加。究其原因,水压力引起的边界应力导致试样内块石应力的增加是水压力对块石应力影响的主要机制;而水压力增加对块石内水压力梯度的影响不大,因此由此产生的渗透力对块石的应力影响也不大。水压力增加无疑也降低其有效应力,但相比水压力引起的边界应力

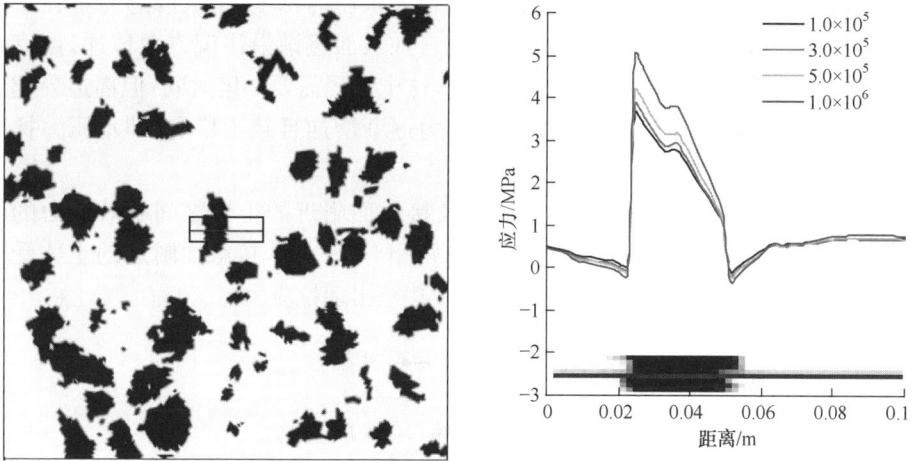

图 14-12　随水压力增加试样 a 内局部区域块石、土体以及接触界面应力分布

效应则小得多。因此,块石内应力随水压力增加而显著增加。

另一方面,随水压力增加,土石混合体试样整体的应力与位移均逐渐增加。首先,水压力增加导致其在边界上产生的应力相应增加,从而使试样整体的加载应力增加。其次,随水压力增加,水压力在试样边界上引起的压应力导致的压缩变形增加,从而使试样整体变形增加;沿渗流方向由水压力梯度引起的渗透力作用导致试样产生渗透变形也是试样整体变形增加的一个重要因素。

总之,水压力增加必然引起土石混合体试样整体以及内部各单元应力与变形的增加,而试样内块石单元应力的增加更为明显。

4) 应力场的时间效应分析

本书采用的渗流控制方程考虑了水压力传递的时间过程,因此土石混合体的渗流场与应力场的耦合过程也是一个时间的物理过程。土石混合体应力的时间物理过程,有两方面的体现:其一是在指定水压力等边界条件下试样内水压力与应力、应变分布随时间的变化特点;其二是试样边界水压力上升的快慢对土石混合体内水压力以及应力分布的影响。

一方面,计算工况 MH 中考虑了定水压力条件下土石混合体应力演化的时间过程。图 14-13 是试样 a 内部块石单元、土体单元以及接触面附近的土体单元的有效应力随时间变化的曲线。图中 3 点在试样 a 内的坐标为(0.28,0.3)、(0.3,0.3)、(0.32,0.3),分别为试样内的块石单元、接触面附近的土体单元以及土体单元。块石、土体以及接触面附近的土体的有效应力随时间变化曲线总体上均可分为三个阶段:应力传递、水压力传递以及水压力效应。首先,应力边界(包括水压力在边界产生的应力)加载在瞬间传递到块石、土体以及接触面附近的土体中,形成其应力的瞬间增加阶段;此外,试样内存在较大水压力梯度,形成渗透力也在这一阶段中使应力增加(图 14-10)。其次,水流自加载面逐渐沿渗流方向传递,渗流到达各单元之前单元有效应力基本保持不变,这个过程需要一定时间,但离边界越近所需时间越短。最后,在渗流作用下,水压力逐渐增加且趋于稳定(即水压力梯度减小、渗透力降低),导致试样内应力降低。

此外,图 14-13 还表明,块石、土体以及接触面附近的土体之间有效应力的巨大差异:块石中应力集中明显,土体中应力则相对低一些,接触面附近的土体受软硬接触的块石与土体错动影响应力相当低,甚至出现拉应力。

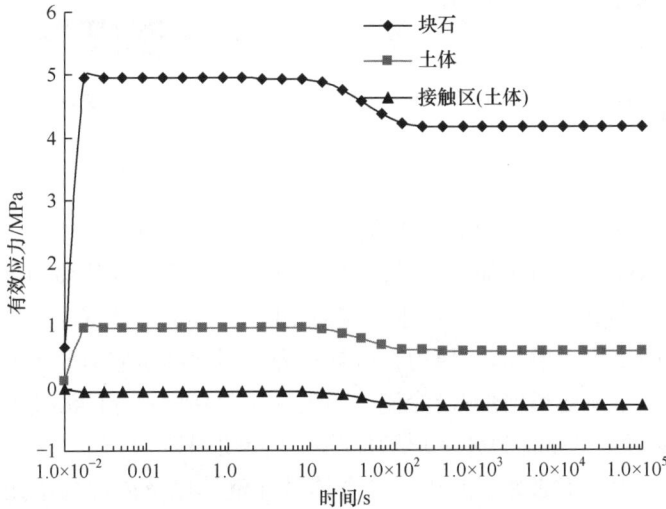

图 14-13　试样 a 内部块石、土体以及接触面应力随时间变化曲线

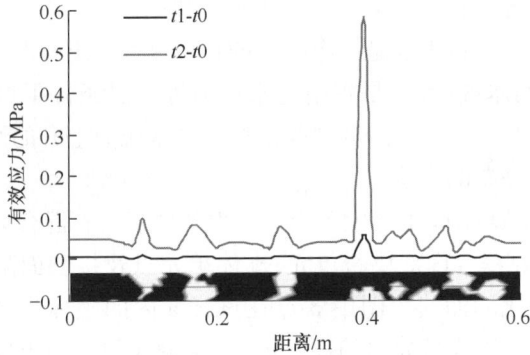

图 14-14　水压力上升的快慢对试样 a 中部应力变化的影响

另一方面,计算工况 MH 还以三种不同时间梯度的水压力变化作为模型的边

界条件,研究水压力上升的快慢对土石混合体内水压力以及应力分布的影响。三种不同时间梯度的水压力加载方式分别为:t0 模型,$P_1=1.0\times10^5+2t$;t1 模型,$P_1=1\times10^5+200t$;t2 模型,$P_1=1\times10^5+2000t$。以 t0 模型为计算初始值,t1 模型与 t2 模型中部应力的变化如图 14-14 所示,即水压力上升较快不仅影响了土石混合体内渗流场的变化,试样内部应力的增加也较高。但是,水位骤降时土石混合体内的有效应力又存在着一个从起始状态过渡到新状态的过程,这一过程很难在水位骤降的短时间内完成。这样,就可能出现一个随时间消散的附加孔隙水压力场,而形成一个更高水平的应力场,这也是许多水库过程事故的直接原因。这一研究成果为库区库水位调控提供了科学依据。1963 年意大利 Vajoint 水库,由于持续降雨和人为调控使库水位骤涨骤落,从而诱发库岸大规模滑坡[13]。岩土体在固流耦合作用下,渗流场快速变化引起应力场快速响应正好解释该水库滑坡发生的内在原因。因此,水库水位调控中非常有必要调节水位涨落的速度。此外该图还表明,块石内应力变化对水压力变化的响应要比土体更为敏感。据分析,渗流在块石中传递较慢形成较大的渗透力,导致块石内应力的增加。

总之,渗流场对土石混合体应力场的影响要比均质材料显著得多,主要表现在,由于块石与土体渗透、力学特性的差异,土石混合体内块石应力受渗流场影响而显著增加,而土体应力增加则小得多。渗流场进一步加剧了土石混合体内块石应力集中的程度。此外,块石与土体接触区域可能出现拉应力,而成为土石混合体变形发展的敏感区域。

14.3.3.2　渗流效应

土石混合体渗流场与应力场耦合作用下,耦合引起土石混合体的渗流效应,即其渗流场以及渗透特性的变化。下面就根据不同应力与水压力边界等三种工况(H、MP 与 MH),从分析模型内应力场对渗透系数变化、渗流场以及水压力变化的影响等方面阐述耦合引起土石混合体的渗流效应。其中,H、MP 及 MH 分别为单渗流场、考虑应力与水压力,以及应力场与渗流场全耦合三种工况。

1) 渗透系数变化

由于应力场的存在,土石混合体必然会在压应力或拉应力作用下产生压缩或拉张的变形,进而改变材料中的孔隙大小、通道,最终导致其渗透特性以及渗流场的变化。图 14-15 给出了试样中部初始渗透系数以及在 MP 与 MH 工况下的渗透系数与块石分布的对比图。可以看出,由于模拟采用压缩加载边界条件,试样内部应力分布以压应力为主,引起块石与土体孔隙的闭合,最终导致试样内块石和土体的渗透系数均有不同程度的降低。图中还表明,应力加载是渗透系数变化的主要原因(k-MP 相对 k_0),而水压力作用在边界上的应力只引起渗透系数微小的变化(k-MH 相对 k-MP)。

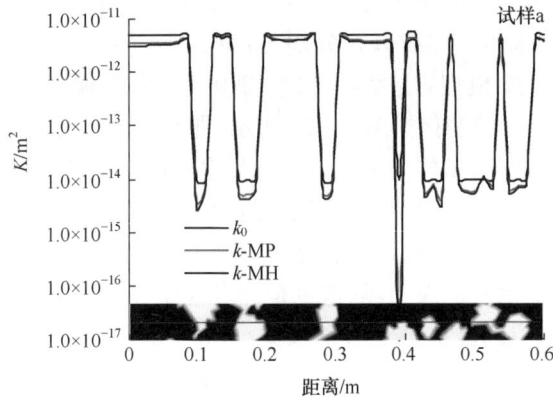

图 14-15　应力场影响下模型中部渗透系数变化与块石分布的对比

　　由 Darcy 定律可知,可以根据流过试样的流量计算出试样在不同工况下的整体渗透系数,即在 H 以及 MP 与 MH 等工况下,试样整体渗透系数分别为 $3.17 \times 10^{-12} \mathrm{m}^2$、$2.84 \times 10^{-12} \mathrm{m}^2$ 和 $2.66 \times 10^{-12} \mathrm{m}^2$。相对土石混合体中土体的渗透系数而言,试样在不同工况下的整体渗透系数均有不同程度的降低。应该肯定,低渗透性的块石及其分布是土石混合体整体渗透系数降低的主要因素,即在 H 工况下试样渗透系数降到 $3.17 \times 10^{-12} \mathrm{m}^2$。但是,压应力边界的加载导致试样内孔隙的闭合,从而使试样渗透系数进一步减小到 $2.84 \times 10^{-12} \mathrm{m}^2$;同样,水压力作用在边界上的应力 $\alpha_p P_1$ 也使试样内孔隙的闭合,试样渗透系数减小到 $2.66 \times 10^{-12} \mathrm{m}^2$。据分析,应力边界为 1MPa,远高于 $\alpha_p P_1$(约 $0.3 \sim 0.4 \mathrm{MPa}$,$\alpha_p$ 的取值因材料不同而有差异),因此应力边界加载是土石混合体渗流场与应力场耦合作用中其渗透系数降低的主要因素,这也表明应力场对渗流场的影响更为显著。

　　另一方面,结合本章 13.2 节关于土石混合体渗透系数随含石率增加的变化特征分析,本节还就前文的 9 个模型探讨了固流耦合作用下土石混合体渗透系数随含石率增加的变化规律。各试样均为应力场与渗流场全耦合条件,采用的应力位移边界与水压力边界均和前文给定的 MH 工况完全一致。图 14-16 给出了固流耦合作用下土石混合体渗透系数(k_{MH}/k_s)随含石率增加的变化与仅考虑渗流作用下土石混合体渗透系数(k_H/k_s)随含石率增加的变化的对比结果。研究表明,当含石率较低时,应力场对试样整体渗透系数的影响比较显著;而随着含石率增加,应力场对试样整体渗透系数的影响逐渐减弱。需要指出,本章分析采用的计算参数中,土石混合体内块石的渗透系数要大大低于土体,因此土体对应力作用的响应是整个模型渗透系数变化的主要机制。就本章分析采用的压应力加载条件下,含石率较低时压应力作用下土体承担了主要载荷,而块石只是悬浮于土体中,其结果导致土体内压密程度很高,孔隙闭合,渗透系数明显降低;而含石率较高时,块石相互接触形成骨架结构,并成为承担载荷的主体,其结果是土体承担载荷较小,压缩变形不大,土体内孔隙闭合也不明显,因此试样整体渗透系数变化不大。

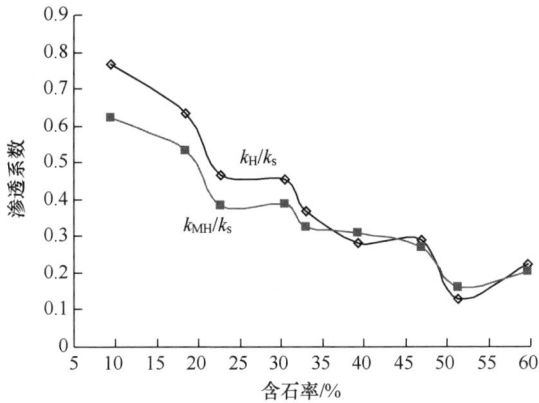

图 14-16　固流耦合作用下土石混合体渗透系数随含石率增加的变化规律

2) 水压力分析

水压力是渗流场的一个重要表征物理量,也是渗流场影响应力场分布的一个重要因素。以往研究中更多注重水压力对应力场的影响,那么,在应力场与渗流场全耦合作用下,应力场是如何影响土石混合体内水压力的分布? 我们就以模型中部各点的水压力随不同工况的对比来分析固流耦合作用下土石混合体内部水压力的分布特征。

固流耦合作用下土石混合体内水压力的分布仍很大程度取决于块石的分布,而其水压力相对仅考虑渗流的 H 工况水压力的变化也与块石分布密切相关,如图 14-17 所示。首先,由于块石基本不透水,块石内部水压力变化很小,而土体中水压力变化则大得多。其次,土体中水压力变化在应力场作用下明显增加,而且离块石较远的土体的水压力增加要比块石密集处夹杂的土体水压力增加大。最后,应力边界在应力场对水压力的影响中是主要因素,而水压力边界的影响则要小得多(MP 工况相对 MH 工况)。土石混合体内水压力分布特征及其机理可以解释如下:水流经土体的过程可以认为是一个水被挤出的过程,水在被挤出时产生的压力也就是孔隙水压力。土体中由于有较大的压缩变形,渗透系数降低,水在被挤出时所需压力也大,这一过程产生的水压力自然要比渗流经过原有材料(渗透系数降低前)产生的水压力要大。而应力边界对于土体压缩变形的贡献要比水压力边界大得多(据前文 13.3.3.2),因此,应力边界对水压力的影响也要高于水压力边界(MP 工况相对 MH 工况)。

此外,我们还结合 MH 工况重点分析了固流耦合作用下土石混合体内水压力随时间变化的过程。图 14-18 给出了固流耦合模型内不同位置水压力随时间变化

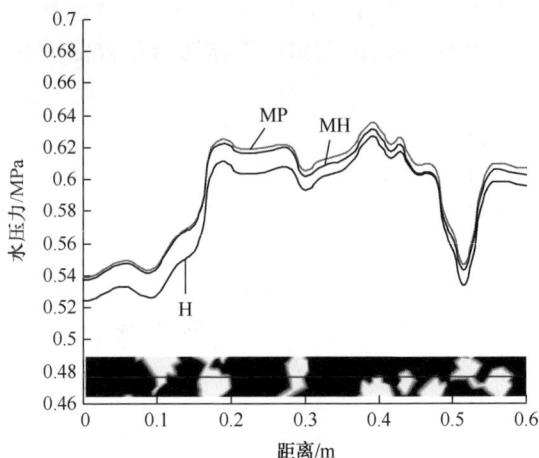

图14-17　不同工况模型中部各点的水压力与块石位置对比

曲线。与渗流场 H 模型中水压力随时间变化曲线（图14-4）相比：固流模型内水压力的传递要慢于 H 模型中水压力的传递。究其原因，主要是应力场的作用使模型内土体孔隙闭合，导致水压力扩散的速度降低。总体上，固流耦合作用下土石混合体内水压力随时间变化与 H 模型中水压力的传递基本一致，即离强水头边界越近，其水压力上升越快，并逐渐向低水头处传递。另外，固流耦合作用下块石单元、块石与土体接触区域单元与土体单元水压力等不同材料在水压力传递过程上差异也很小。

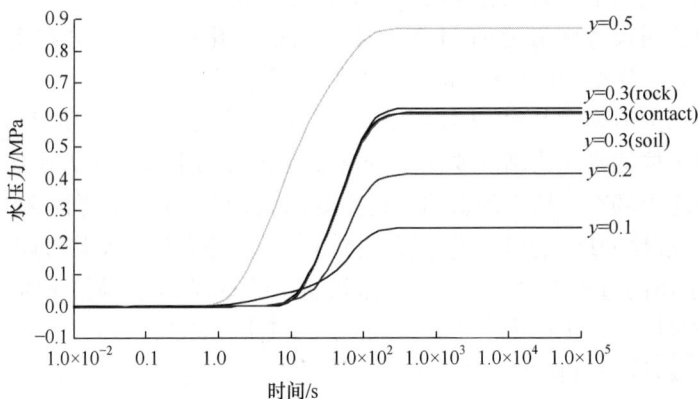

图 14-18　MH 工况模型内不同位置水压力随时间变化曲线

3）渗流场的变化

本章 14.2 节的研究表明，土石混合体的渗流场受其特殊组织结构特征影响，表现为与均质材料迥然不同的渗流分布特征。那么，在应力场与渗流场的耦合作用下,土石混合体的渗流场(包括材料内的各点的流速与方向)是如何变化? 本节就以模型中部各点沿 X 与 Y 方向的流速随不同工况的变化对比来分析其内部渗流分布特征。

根据计算结果,图 14-19 给出了考虑渗流的三种工况中模型中部各点沿 X 与 Y 方向的流速,图中(a)图为 X 方向,(b)图为 Y 方向。根据计算结果,在固流耦合作用下土石混合体渗流场的响应可以概括为以下几方面:第一,应力场作用下土石混合体内渗流场流速的变化主要发生在土体中,块石内流速基本没有变化。由于块石与土体强度差异很大,应力作用下块石基本不产生变形,其内部的孔隙也基本不变,故而渗流也不变;而土体在应力作用下必然产生明显的压缩变形,导致其内部孔隙闭合,渗流受阻,流速降低。第二,应力场作用下模型内沿应力边界加载方向(即 Y 方向)的渗流速度明显减小;而 X 方向的渗流速度则变化小得多。在压应力作用下,土体主要沿加载方向产生压缩变形,从而导致渗流在该方向产生较大的变化。这更说明,固流耦合作用下土石混合体渗流场变化是力学场对渗流场影响的直接反映。第三,应力边界在应力场对渗流场的影响中是主要因素,而水压力边界的影响则要小得多(MP 工况相对 MH 工况)。

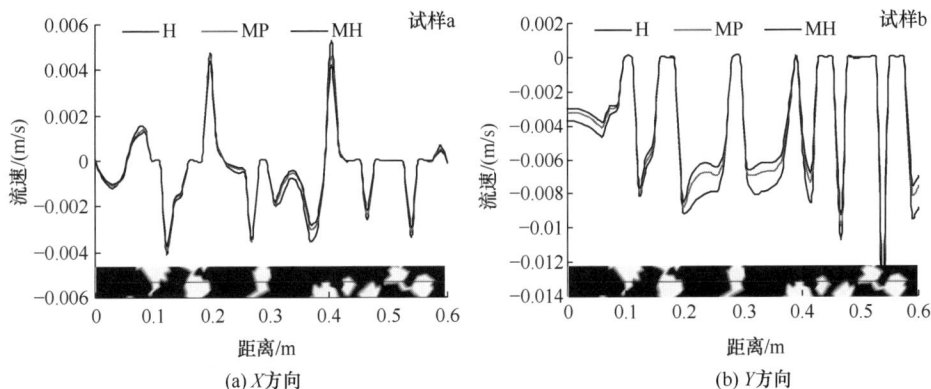

图 14-19　不同工况模型中部各点 X、Y 方向的流速

渗流场,即渗流经过材料内部的流速是材料渗透系数与水压力梯度的体现。自然界中土石混合体多承受压应力,因此,在应力场与渗流场同时存在的土石混合体中,应力场的作用有助于材料内部孔隙闭合,导致渗流场的减弱,大大地避免了管涌等不良渗透变形的发生。但是,并不是应力越大,渗流场渗流强度就越弱。如果应力增加到一定程度,导致土石混合体内土体塑性变形,甚至破坏,土体内必然形成大量新裂隙,大大促进渗流。而在相对不透水的块石的隔水作用下,这很可能导致大量定向径流在土体中产生,甚至发展为管涌等不良渗透变形;同时,大量的渗透变形也更不利于土石混合体力学体系的稳定。如此恶性循环,则很不利于土

石混合体的整体稳定性。因此,在处理固流耦合条件下的土石混合体稳定问题时,要充分考虑其所承受的载荷。

4) 应力场对渗流场的敏感性分析

前文分析表明,土石混合体应力场对渗流场是有一定影响的,包括对土石混合体渗透系数、水压力以及渗流速度、方向的影响。因此有必要探讨一下渗流场与应力场完全耦合作用下,应力场对渗流场影响的敏感性。基于试样 a 的 MH 工况模型,我们保持该模型水压力边界不变,通过改变其应力边界的应力加载值来分析渗流场对应力场变化的响应规律与机制,这里主要讨论试样整体渗透系数的变化。本节分别将应力边界的应力值设定为 0MPa、0.5MPa、1MPa、2MPa、3MPa 与 4MPa 6 种情况。

根据计算分析结果,我们得到了试样 a 在上述 6 种情况下整体渗透系数与模型应力边界的应力值的关系曲线,如图 14-20 所示,图中渗透系数为试样整体渗透系数与土体渗透系数之比。随模型应力边界条件上应力值的增加,土石混合体渗透系数与应力边界值呈指数函数逐渐下降。由于模型中边界应力值的增加,模型内整体应力水平也必然有所提高,并使得为渗流提供渠道的土体孔隙趋于闭合,模型中总的有效渗透面积减小,其整体身体系数也必然降低。这与实际情况基本一致,也说明我们采用的分析理论与方法的正确性。

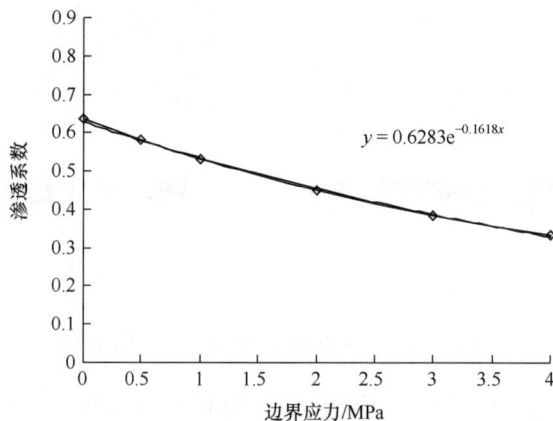

$$y = 0.6283e^{-0.1618x}$$

图 14-20　随模型应力边界的应力值增加试样 a 整体渗透系数变化规律

14.4　本 章 小 结

由于土石混合体所处水文地质与工程地质环境改变而产生的土石混合体的渗流稳定性问题以及水与土石混合体的相互作用等,日益成为诸多水电工程中急需解决的一个关键问题。结合土石混合体数值模型与渗流分析方法、固流耦合求解方法,本章首次分析了土石混合体渗流特性及其渗流场与应力场全耦合分析的关键问题,并实现了该复杂耦合问题的精确求解,得出了一系列重要的结论。

(1) 土石混合体特有的组织结构特征导致其渗流特性与渗流场和均质材料存在显著差异。块石相夹的土体中孔隙水流速的急剧增加,有利于管涌的发生;水压力分布较为不规则,在块石中水压力等值线尤为密集,形成一个很大的渗透力;土石混合体渗透系数较均质土体有一定程度的减小,且随含石率增加土石混合体的渗透系数逐渐减小。

(2) 探讨与解决了土石混合体渗流场与应力场全耦合分析的许多关键问题,如耦合问题的定义、计算模型边界条件及工况的设定、力学与渗流控制方程的选择,以及相应渗透系数与应力关系式的选择等。

(3) 土石混合体渗流场与应力场耦合作用比较显著。土石混合体中,渗流场引起试样内应力增加(尤其是块石的应力),也引起了土体压缩变形的增加;压应力边界的作用也使试样渗透系数减小,使土体中水压力明显增加、流速减小。此外,水压力的快速变化也会导致应力的快速上升,不利于土石混合体的稳定。

需要指出,本章理论研究仅考虑弹性条件下的固流全耦合。实际上许多条件下,土石混合体中会产生塑性变形,甚至破坏。因此,有必要将土石混合体的固流耦合模型及其求解由弹性求解延伸到弹塑性求解,这也是今后研究的一个重要方向。

参 考 文 献

[1] 葛畅,张允亭. 本钢南芬拦水坝坝基渗透变形勘察——关于碎石类土的渗透变形试验. 油气田地面工程,2003,22(12):37-38.

[2] 杨石眉,高峰. 下米庄水库坝基土渗透稳定性分析及工程处理. 山西水利,2003,(4):41-42.

[3] 刘文平,时卫民,孔位学,等. 水对三峡库区碎石土的弱化作用. 岩土力学,2005,26(11):1857-1861.

[4] Liu J,Elsworth D,Brady B H. Linking stress-dependent effective porosity and hydraulic conductivity fields to RMR. International Journal of Rock Mechanics and Mining Sciences,1999,36(5):581-596.

[5] 周辉,汤艳春,胡大伟. 盐岩裂隙渗流-溶解耦合模型及试验研究. 岩石力学与工程学报,2006,25(5):946-950.

[6] Louis C. Rock Hydraulics in Rock Mechanics. New York:Verlaywien,1974.

[7] Rutqvist J,Wu Y S,Tsang C F,et al. A modeling approach for analysis of coupled multiphase fluid flow,heat transfer,and deformation in fractured porous rock. International Journal of Rock Mechanics & Mining Sciences,2002,39(4):429-42.

[8] Rutqvist J,Tsang C F. Analysis of thermal-hydrologic-mechanical behavior near an emplace-

ment drift at Yucca Mountain. Journal of Contaminant Hydrology,2003,s62-63(1):637-652.

[9] Bandis S,Lumsden A C,Barton N R. Fundamentals of rock joint deformation. International Journal of Rock Mechanics & Mining Sciences & Geomechanics Abstracts,1983,20(6):249-268.

[10] Olivella S, Gens A, Gonzalez C. THM analysis of a heating test in a fractured tuff// Stephansson O,Hudson J A,Jing L. Coupled T-H-M-C processes in geo-systems:fundamentals,modeling, experiments and applications. Oxford:Elsevier Geo-Engineering Book Series,2004:181-186.

[11] Liao Q L,Liu J,Li X,et al. Linking directional strain-dependent permeability fields to a fully coupled THM model. The 2nd International Conference on Coupled T-H-M-C Processes in Geo-systems:Fundamentals,Modeling,Experiments & Applications. Nanjing:HoHai University,2006:364-369.

[12] Rutqvist J,Tsang C F. A study of caprock hydromechanical changes associated with CO_2-injection into a brine formation. Environmental Geology,2002,42(2):296-305.

[13] 李晓,张年学,廖秋林,等. 库水位涨落与降雨联合作用下滑坡地下水动力场分析. 岩石力学与工程学报,2004,23(21):3714-3720.

第 15 章　大渡河双江口土石混合体坝基的渗透稳定性分析

大渡河流域水电开发是我国"十一五"规划中水电建设的重要部分,对于缺电的四川省的经济发展有着重要意义。大渡河流域属典型的高山峡谷地区,适宜水电开发。但是,河谷区分布大量深厚的土石混合体,坝基若选择深埋的基岩,必然使工程甚为浩大,成本大大增加。若拦河大坝的坝址选择深厚覆盖层土石混合体作为坝基,虽节约了开发成本且可缩短开发周期,但在特殊地质体上的建数百米高的土石混合体重力坝是一个新的工程地质与岩石力学问题。坝体与坝基都长期处于水压的作用下,因此这不仅仅是一个复杂的力学问题,更是一个典型的固流耦合问题。

从坝体与坝基安全度的设计来考虑,坝体、坝基的渗透稳定性与力学稳定性都必须是有相当的保障。因此,可以认为坝体、坝基是一个弹性体;而长时间水压作用下其渗流场也可以假定为稳定渗流场,即坝体、坝基的固流耦合问题可以通过前文阐述的基于线弹性的固流耦合理论进行数值分析。需要指出的是,对于这类高水压作用下的土石混合体坝体、坝基而言,其渗透稳定性问题是其固流耦合中的关键问题。因此,本章就基于第 12 章与第 13 章关于固流耦合问题的求解方法与土石混合体固流耦合特性分析,重点对大渡河双江口坝体、坝基工程的渗透稳定性稳定进行数值分析,为该工程的设计、施工提供科学依据。

15.1　大渡河流域水电及双江口坝基工程概况

大渡河流域水力资源丰富,地质、地貌条件复杂。双江口为大渡河上游控制性水库,是该流域多个电站中规模较大且控制性工程。

15.1.1　大渡河流域水电概况

大渡河是长江上游的重要支流,发源于青海省境内,流经四川金川、丹巴、泸定、石棉等城镇。大渡河流域水电资源丰富,是我国十二大水电基地之一,是四川水能资源丰富的三大河流之一,河道全长 1062km,天然落差 4177m,流域面积 7.74 万 km²(不含青衣江支流),年径流量 488 亿 m³,可开发容量约 2340 万 kW。大渡河干流规划可建 3 库 22 级电站。梯级自上而下依次为:下尔呷、巴拉、达维、卜寺沟、双江口、金川、巴底、丹巴、猴子岩、长河坝、黄金坪、泸定、硬梁包、大岗山、龙头石、老鹰岩、瀑布沟、深溪沟、枕头坝、沙坪、龚嘴、铜街子,如图 15-1 所示。其中,下尔呷水库为规划河段的"龙头"水库,双江口为上游控制性水库,瀑布沟为下游控制性水库。目前大渡河干流上已建成的梯级水电站仅有龚嘴和铜街子,总装机 130 万 kW,占整个流域技术可开发量的 5.5%。

大渡河流域属典型的高山峡谷地区,许多拦河大坝的坝址为深厚覆盖层土石混合体坝基。例如,已建成的铜街子水电站坝址区域就分布有大量的土石混合体,并成为工程中的一个重要的工程地质问题[1];建设中的瀑布沟水电站拦河大坝为砾石土心墙堆石坝,坝高186m,坝基最大覆盖层厚度约75m;正在进行可行研究的大渡河干流上龙头水库双江口水电站,大坝壅水高约260m,拟采用土质心墙堆石坝,坝基覆盖层最大厚度约60m。在如此深厚的覆盖层上修建高达270m的土石坝,国内外十分罕见。对于坝高达300m量级且防渗体又建基于深覆盖层上的土石混合体,国内外至今尚无工程先例,尚有许多关键技术问题需要研究解决,例如,坝基深厚覆盖层采用何种防渗型式、坝基混凝土防渗墙与土质防渗心墙的连接型式、坝基深厚覆盖层防渗结构型式的选择和安全可靠性等。而为了解决这些问题必须首先搞清坝体及土石混合体坝基在各种工况情况下渗流场特征、应力与变形状况的正确分析,尤其是其固流耦合问题中的渗透稳定性稳定分析。

15.1.2　双江口水电工程与坝址概况

双江口水电站为大渡河干流上的控制性水库,坝段位于阿坝州马尔康县境内的大渡河上源河流足木足河与绰斯甲河回口以下 2km 处,距马尔康县城 50km。坝址控制流域面积 3.9 万 km²,占全流域的 51%,坝址处多年平均流量 512m³/s,初拟正常蓄水位 2510m,正常蓄水位以下库容 27.1 亿 m³,调节库容 19.1 亿 m³,具有年调节能力 8 亿 m³。发电机组初拟装机容量 180 万 kW,年发电量 62.19 亿 kW·h,枯期电量 26.19 亿 kW·h,枯水年枯水期平均出力 65.6 万 kW。项目总投资 153.6 亿元。

双江口水电站坝址区地处青藏高原的边缘地带,受燕山运动以及新构造运动影响,地层内断层、褶皱等构造较为发育。坝址区域地层主要为燕山期的花岗岩以及崩塌堆积、河流堆积等形成的土石混合体层[2,3]。由于峡谷区两侧斜坡坡度很大,所以崩塌、风化等作用形成碎石都堆积于地势最低处,即河谷中,如图 15-2 所示。堆积于河谷中的巨厚土石混合体也就是拟建大坝的坝基,如图 15-3 所示。

经坝型初选,双江口水电站拟建的心墙堆石坝最大坝高为 322m,混凝土拱坝最高为336m,目前均属世界级高坝。大坝设计壅水高约260m,拟采用土质心墙堆石坝,坝基覆盖层最大厚度约 60m。双江口水电站预计正常蓄水位 2510m,近 260m 高的水头增加造成的水压力、大坝前后水压力巨大差异增加必然对坝基土石混合体渗流场以及对河谷土石混合体渗流场产生巨大影响,而这些影响的正确评价也是大坝与坝基防渗设计的重要依据。

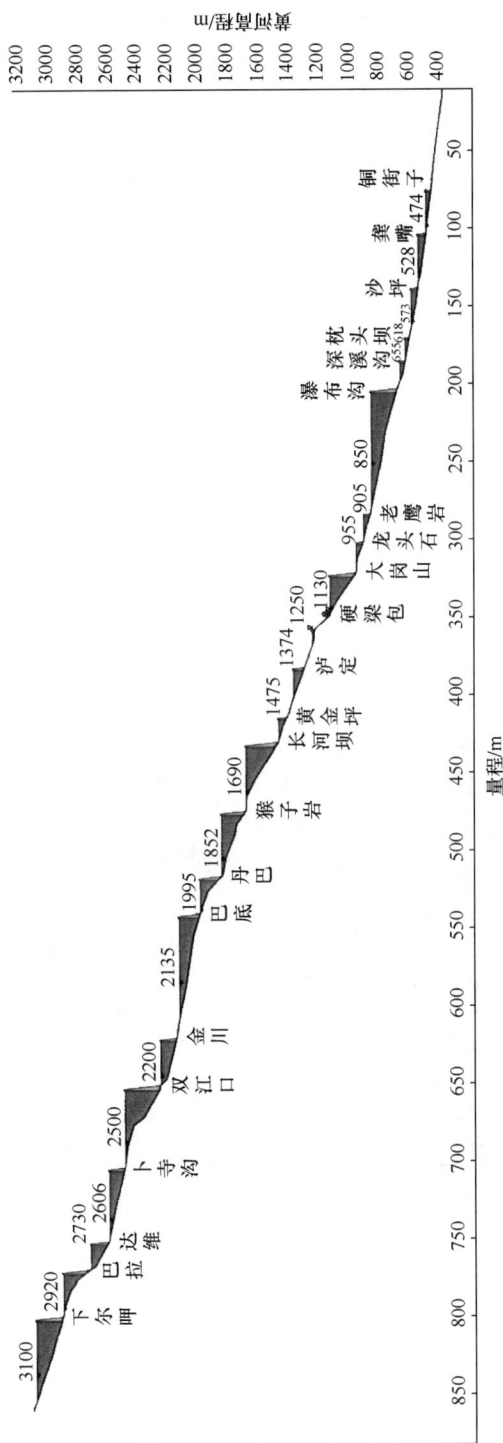

图 15-1　大渡河干流水电规划梯级开发方案纵剖面图

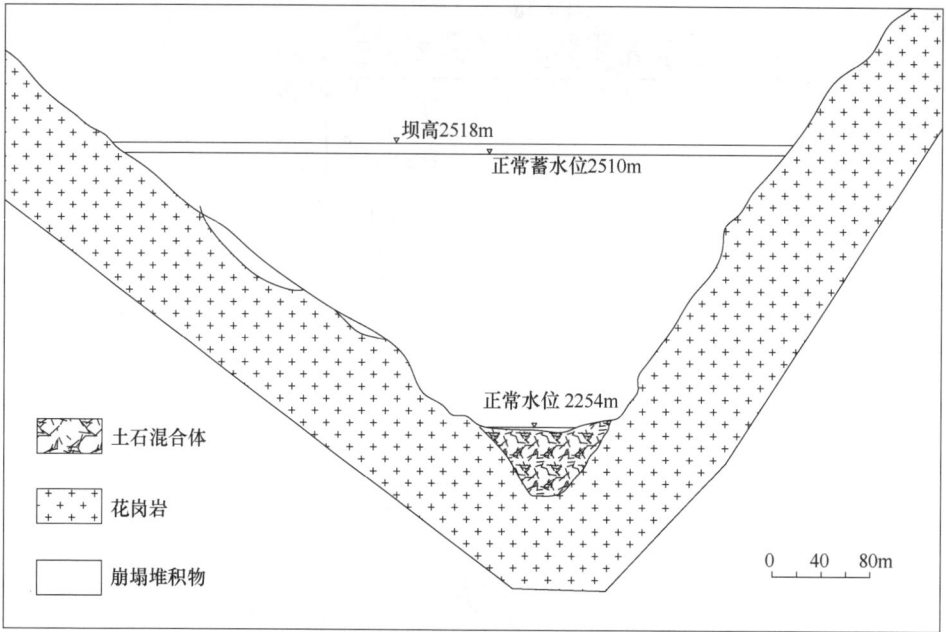

图 15-2　双江口水电站坝址区地质剖面图

图 15-3　双江口水电站坝址区土石混合体

　　总之,目前正在进行和将要开展施工的大渡河干流一系列水电站,如长河坝(坝高 240m,坝基土石混合体覆盖层厚度 70～90m)、猴子岩等工程也存在类似问题。所以,本章结合双江口工程开展深厚土石混合体覆盖层上建 300m 级高土石坝关键技术研究,既解决了双江口工程设计的关键技术问题,又为类似工程积累实践经验。

15.2　坝基固流耦合问题的定义

实际水电工程往往非常复杂,涉及静力学、流体力学与结构等诸多领域。对于实际工程问题的理论分析,一般是根据复杂的问题概化出一定物理模型或数学模型,然后进行求解[4]。而且,更多情况下只是将复杂工程的每一方面抽象成不同的理论模型进行研究,再将几个模型结合起来分析。

就本章所研究的坝基渗漏问题而言,我们根据实际情况作如下假定:

(1) 从坝体与坝基安全度的设计来考虑,坝体与坝基是稳定的,不能产生大变形与破坏,因此可以认为坝体、坝基是一个弹性体。

(2) 假定坝基及其附近区域的渗流满足达西定律,且为稳定流。

(3) 沿大坝长度方向,坝体与坝基所受体力和侧面所受外力都平行于其纵断面,因此可以假定这一问题为平面应变问题,即将整个大坝与坝基的三维问题简化为二维问题。

因此,计算中可以将坝基受力与渗流作用模型描述为图 15-4 中坝基受坝体重力作用与上下游水压力差作用的一个应力与渗流场的两场耦合问题。

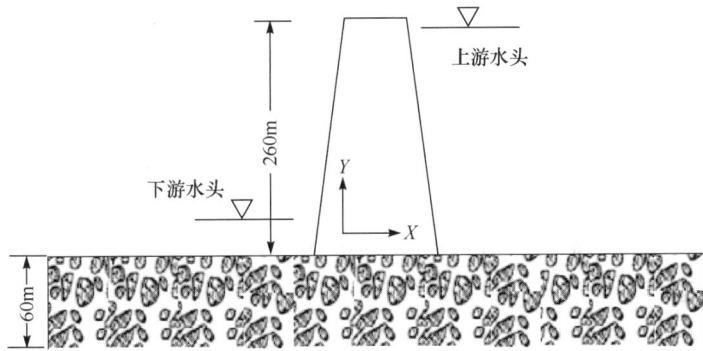

图 15-4　坝基受坝体重力作用与上下游水压力差作用示意图

根据以上对坝体重力作用下双江口坝基渗漏问题的分析与假定,这一问题完全可以通过前文阐述的基于线弹性的固流耦合理论进行数值分析。该问题物理模型的边界条件进一步明确,如图 15-5 所示。

(1) 坝体的重力作用可以以均布载荷作用直接加在坝体与坝基接触界面上,坝体容重为 2.2g/cm^3,即 $\sigma_y = 2.6 \times 2.2 = 5.72(\text{MPa})$。

(2) 水压力边界:下游水压力 $P_1 = 0.3 \text{MPa}$,上游水压力 $P_2 = 2.7 \text{MPa}$。

(3) 物理模型的左右边界沿 X 方向位移约束,底边界沿 Y 方向位移约束。

(4) 水压力引起上下游河床的应力边界分别为 σ_1 与 σ_2。

(5) 模型的左右边界与底边界均假定流量为 0。

计算中，流体的黏滞系数 u 为 $10^{-3}\,\mathrm{Ns/m^2}$；试样土体与块石弹性模量分别为 50MPa 和 4GPa；渗透系数分别为 $5\times10^{-12}\,\mathrm{m^2}$ 和 $1\times10^{-14}\,\mathrm{m^2}$。

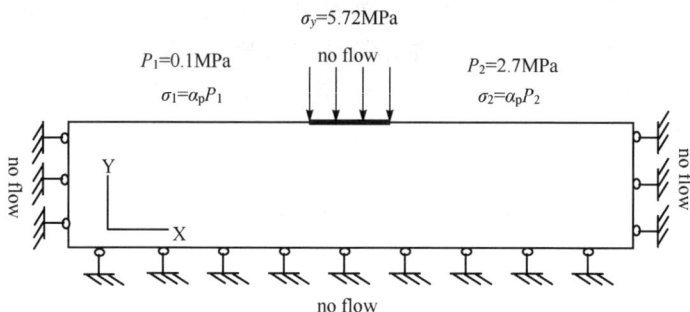

图 15-5　坝体重力作用下坝基应力与渗流场物理模型

15.3　坝基渗流场与渗透稳定性分析

基于上述关于双江口渗流应力耦合物理模型，我们拟对坝基的关键问题——坝基渗流场（包括流速与水压力）及其渗漏稳定性进行重点分析；同时也考虑了坝基应力分布与变形特征。计算采用软件仍是第 12 章所用有限元分析工具 COMSOL Multiphysics 的二次开发程序。

15.3.1　计算工况

由于坝体水库调控与降雨联合作用，上下游水位必然发生变化。因此，我们有必要对不同工况进行分析，对双江口大坝上下游不同水位工况下的坝基渗流场与渗漏问题进行分析，确定最危险的水位条件，为水位调控提供依据。计算工况主要位上下游水位变化，即 P_1 与 P_2 的变化，具体包括：

(1) 工况 H，正常水位，无大坝，$P_1=P_2=0.3\mathrm{MPa}$。

(2) 工况 MH1，正常蓄水，$P_1=0.3\mathrm{MPa}$，$P_2=2.7\mathrm{MPa}$。

(3) 工况 MH2，雨季前泄洪期，上游水位降低，$P_1=0.3\mathrm{MPa}$，$P_2=1.2\mathrm{MPa}$。

(4) 工况 MH3，雨季期，下游水位升高，上游水位暴涨，$P_1=0.5\mathrm{MPa}$，$P_2=3.1\mathrm{MPa}$。

(5) 工况 MH4，洪水期，上游水位快速升高，$P_1=0.3\mathrm{MPa}$，$P_2=(1.8+0.1t)$ MPa，$t=9\times10^7$。

15.3.2　结果分析

下面就从大坝与水库蓄水导致坝前、坝后水位差作用下，坝基土石混合体渗流场变化,以及不同工况下土石混合体坝基的渗流、水压力分布特征等方面分别讨论。

　　1) 大坝引起坝基渗流场变化分析

　　大坝加载以及水库蓄水引起上下游水位差异导致坝基土石混合体中渗流场的显著变化。需要指出,两种工况下坝基渗流场的渗流总是绕过块石在土体中流动,变化主要发生在土石混合体的土体中;块石在各种工况下均可近似看为不透水介质,但块石的存在却放大了土体中渗流的变化。自然状态下(工况 H)坝基渗流场基本为垂直向下以很小的流速渗流,区域内流速基本一致,土体中流速为 1.4×10^{-6} m/s(局部几个点异常应为块石形状引起的计算误差),如图 15-6(a)所示。大坝建成后(MH 工况)下,大坝附近渗流场的流速与渗流方向均发生很大变化,渗流方向基本为上游向下游水平流动,流速陡增,最大处达到 14×10^{-6} m/s;而向远处渗流场仍然以等速向下流动为主,如图 15-6(b)所示。

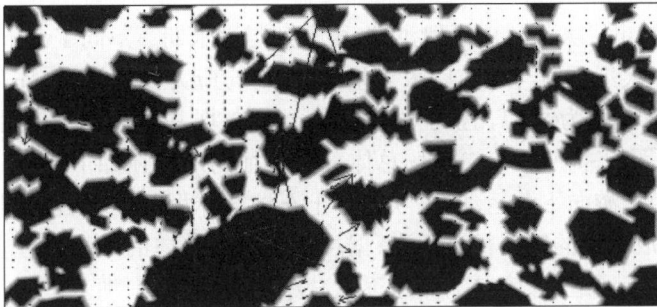

(a) 工况H

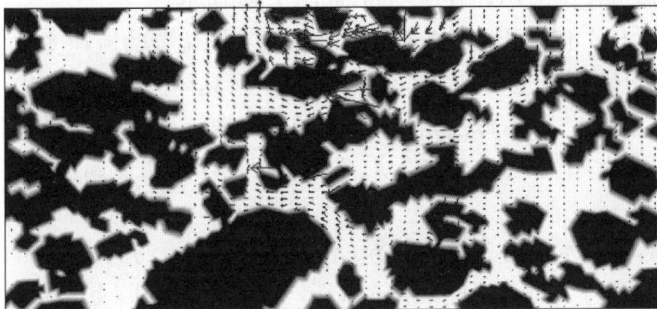

(b) 工况MH1

图 15-6　修建大坝前后坝基处土石混合体渗流场分布对比

　　大坝的重力作用与水库蓄水在大坝前后形成高水压力差无疑是坝基渗流场变化的主要因素,而上述两个作用中,大坝重力作用对坝基有一定的压实作用,但由于块石组成的骨架结构承担了主要坝体重力,渗流发生的主要介质——土体的压密效果并不显著,体现为坝基渗透系数降低不明显;此外,大坝阻止了水从坝底部向上排泄的通道。另一方面,在上下游260m的高水压力差作用下,强势推动水由上游向下游以最直接通道定向运动并寻找排泄通道;由于大坝底部土体向上排泄通道被阻,渗流只能在土体中水平运动,在下游寻找排泄通道,如图15-6(b)所示。

这种定向、强径流的渗流特征必然在渗流的同时产生很大的渗透力,带动渗流通道中细颗粒向排泄口移动,即极易形成很强的管涌现象,甚至发生土流。其后果是导致坝基土石混合体中土体流失,使块石的骨架结构形成架空结构,块石就有了足够的移动空间;在坝体重力作用,块石尽管不可能被压坏,但其组成骨架结构必然破坏,导致整个坝基失稳,从而危及坝体安全。

2) 不同工况的对比分析

为全面、准确评价土石混合体坝基渗透稳定性,考虑水库水位调控与降雨影响的不同工况分析是非常有必要的。下面就对前文假定的四种工况计算结果进行对比分析。

图15-7给出了大坝建成后泄洪期、雨季期与洪水期等不同工况下坝基渗流场的分布图。在大坝重力与坝前后水头差(渗流场与应力场的耦合)作用下,坝基渗流场的分布特征极为相似,且与水库正常蓄水期坝基渗流场分布也很相似,如图15-6(b)与图15-7所示。渗流场总体分布特征均可描述如下:渗流总是绕过块石在土体中由上游向下游运动,大坝底部土石混合体坝基中块石之间的土体内渗流最强,均形成明显的定向径流通道;据坝基土石混合体的结构特征,坝基自上而下形成3条径流通道;渗流向下流速逐渐减小,而大坝外围坝基中流速则小得多。计算也表明,土石混合体坝基水压力边界的改变并没有导致其渗流场分布特征的变化;但是渗流流速的大小却有所不同,如图15-8所示。

图15-8给出了不同工况下土石混合体坝基不同位置的流速变化。图中浅部、中部与中深部分别代表土石混合体坝基不同深度,具体位置参见图15-7(c)中灰色线位置所示。总体上,随着深度增加,渗流场的流速逐渐减小;而局部出现渗流场中下层流速高于上层流速,这是由于局部区域所在径流通道到达这些位置是通道较窄的部位。

另一方面,由于水压力条件的差异,不同工况下渗流的流速在相同位置不尽相同。工况MH3处于雨季期,下游水位微涨,上游水位暴涨,上下游水压力差最大(达2.6MPa),产生渗流流速也最大,最大处达到15.2×10^{-6}m/s。工况MH4假定暴雨使上游水位快速涨到正常蓄水水位,而下游水位不变。其计算结果与正常蓄水条件下的渗流场分布基本一致,如图15-8中(a)与(d)所示。这表明,水压差快速增加并不会导致坝基渗流场的明显变化。工况MH2处于泄洪期,上游水位降低,水压力差最小,其渗流场流速总体明显低于其他几种工况。

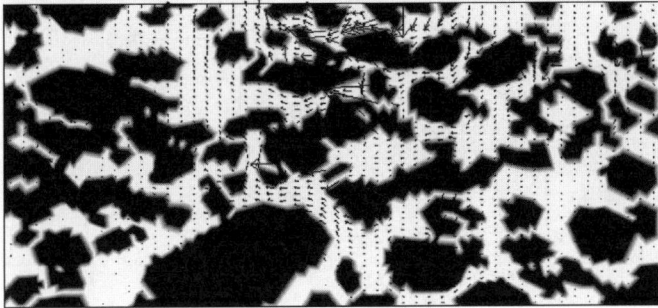

(a) 工况MH2

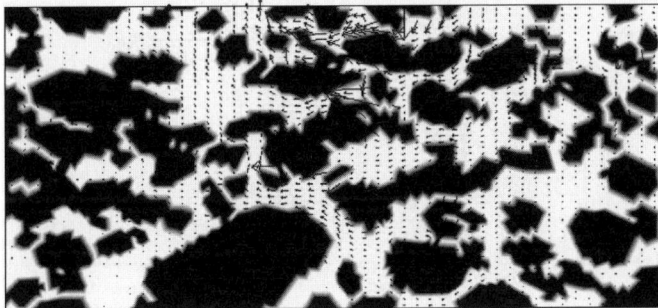

(b) 工况MH3

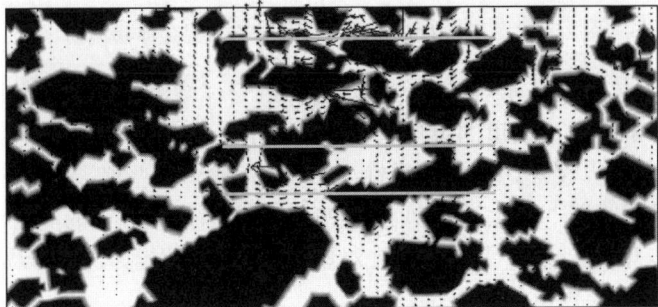

(c) 工况MH4

图 15-7　修建大坝后不同工况坝基土石混合体渗流场

　　结合渗流场分布特征及其流速的对比分析,我们初步认为水压力差越大,土石混合体坝基内的流速越大,坝基中径流通道的径流强度就越大。就本章分析的双江口土石混合体坝基渗透稳定而言,处于雨季期的工况 MH3 极易形成径流通道的管涌现象,最不利于坝基的渗透稳定。

　　通常坝基与坝区的渗流场、应力场计算分析中,大都将复杂的土石混合体河床堆积等效为连续介质进行计算,人为性地忽略了土石混合体的结构特征。但是,本

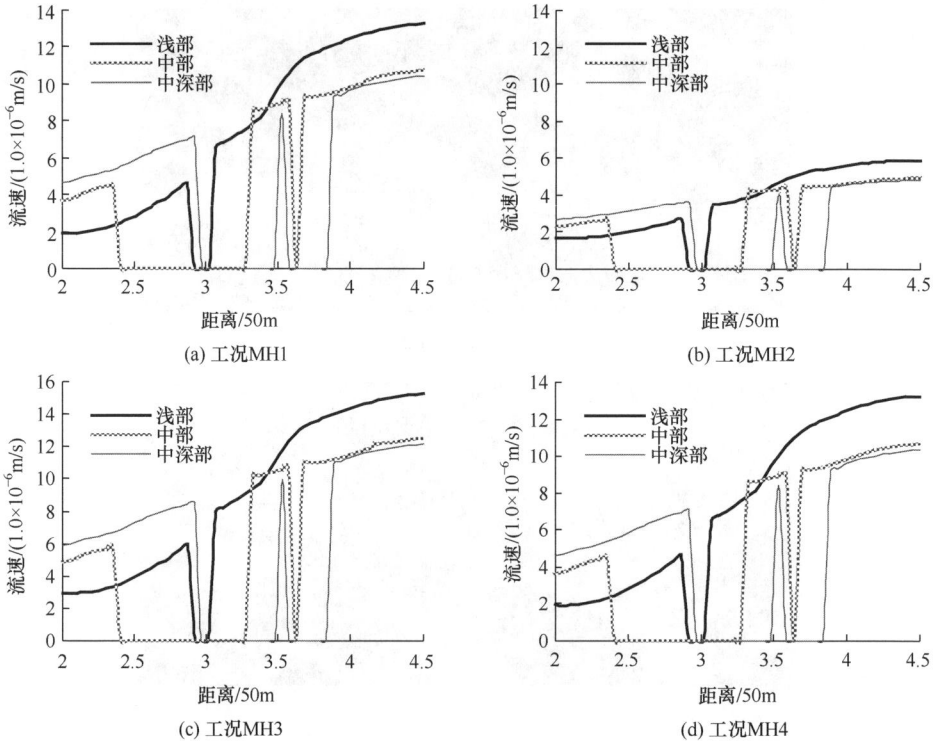

(a) 工况MH1

(b) 工况MH2

(c) 工况MH3

(d) 工况MH4

图 15-8　修建大坝后不同工况坝基土石混合体渗流场

章计算表明,坝体重力与水压力差作用下土石混合体渗流场与连续介质截然不同,尤其是其内部定向径流通道的出现是其渗透稳定的核心问题,不容忽视。

此外,本次计算仅考虑坝基的弹性变形,且尚缺少一些必要的计算参照,因此计算结果只是反映了一个大致趋势,要想知道坝基部位较真实的应力场和渗流场,有必要进一步开展渗流-应力耦合的针对性试验测试工作,为进一步做好坝基渗流场-应力场的分析提供可靠依据。

15.4　本 章 小 结

根据本书第 12 章与第 13 章关于固流耦合问题的求解方法与土石混合体固流耦合特性分析的研究成果,本章以大渡河双江口坝基渗透稳定性进行研究,主要结论如下:

(1) 大渡河水电资源丰富,多数大坝以河床堆积而成的土石混合体为坝基。当前建设中的双江口大坝就需要论证土石混合体坝基渗透稳定性。

（2）根据双江口坝址区概况,概化了大坝重力与坝前后高水头差联合作用下的土石混合体坝基渗流、应力耦合的物理模型。

（3）研究表明,大坝的重力作用与水库蓄水在大坝前后形成高水压力差无疑是土石混合体坝基内定向、强径流形成的主要因素,这也必然产生很大的渗透力,带动渗流通道中细颗粒向排泄口移动,即极易形成很强的管涌现象,甚至发生土流。

（4）水压力差越大,土石混合体坝基内的流速越大,坝基中径流通道的径流强度就越大。就双江口可能存在工况而言,雨季期坝基的渗透稳定是最差的。

参 考 文 献

[1] 张伯华.铜街子水电站的工程地质条件及水文地质条件.水力发电,1992,11:20-24.

[2] 张倬元,陈叙伦,刘世青,等.丹棱-思濛砾石层成因与时代.山地学报,2000,18(s1):8-16.

[3] 马东涛,崔鹏,陈书涛,等.南水北调西线工程调水区地质灾害问题.山地学报,2003,21(5):582-588.

[4] 盛金昌,速宝玉,赵坚,等.渗流应力耦合分析在溪洛渡电站坝址区的应用.岩土力学,2000,21(4):410-415.

《新世纪工程地质学丛书》出版说明

人类社会进入 21 世纪已经十多年了。随着国家经济发展战略调整和大规模工程建设的推进,许多前所未有的工程地质与环境问题逐渐凸显出来。我国"西部大开发"战略的实施,对激活西部经济、缩小东西部差异起到了积极的推动作用,而西部大规模能源资源开发、城镇化、交通网络、能源传输线、跨流域调水等基础设施建设也扰动了地质环境的原始平衡,引发了大量工程地质灾害。人们在向沿海要土地、向海洋要资源和国家安全的过程中,不仅大大扩展了发展空间,在海洋资源开发、填海工程、港口建设、海岸带国防建设中,也遭遇到空前的"蓝色挑战"。在资源开采和工程建设向深部延拓的进程中,高地压、高水压、高地温、有害气体引发的灾难性事件频频发生,一再警示着人类:上天难,入地更难!汶川地震、舟曲泥石流、南旱北涝、黄河断流,自然灾害肆虐"地球村",越来越成为人类社会生存发展的重要威胁。

我国的工程地质工作者在协调工程建设与人类生存环境尖锐矛盾的过程中,进行了积极的理论和实践探索,十多年来积累了丰厚的研究成果。他们闯入工程建设的禁区,把地壳动力学和区域稳定性理论推进到青藏高原及其周边的构造活跃区;他们深化了对地质介质工程特性的研究,对西部黄土、沿海软土和吹填土、有机土等特殊土,以及高地应力环境下岩体的特性和工程行为有了新的认识;他们对国家规模的大型基础设施建设中的工程地质问题开展了系统研究,解决了一批经典理论没有遇到的问题;他们在应对区域性或极端事件引发的大规模地质灾害及其灾后重建中进行了探索性实践,把我国地质灾害防治工作逐步领向有序化、规范化;在工程地质技术创新中,人们敏锐地发现和不断引进相关领域的新成果,以遥感监测技术、地球物理探测技术、数字信息技术等为代表的新技术应用,使工程地质探测、测试、实验、监测、分析与改造技术上了一新台阶。这些新成果的不断涌现,把我国的工程地质学科推向了一个新的水平。

为了总结新时期工程地质学科的新成果,提炼工程地质新理论,推进工程地质新技术、新方法的发展,中国地质学会工程地质专业委员会决定组织出版《新世纪工程地质学丛书》,并成立了丛书规划委员会。丛书将以近十多年来广泛关注的工程地质问题为主线,以重大科研成果为基础,融传统与创新为一体,采用开放自由的方式组织出版。丛书以作者申请和丛书规划委员会推荐相结合的方式选题,由规划委员会审批出版。

我们相信,《新世纪工程地质学丛书》的出版一定会对我国工程地质学科的发展起到积极的推进作用。